高职高专电气自动化专业“十二五”规划教材

电气CAD制图与设计

杨 筝 主编　　郭红山 副主编

化学工业出版社

·北 京·

本教材主要介绍AutoCAD的基础知识及在电气领域中的应用实例，系统地讲解了AutoCAD的使用方法和应用技巧。以机械电气设计、建筑电气设计、电力工程设计、过程控制系统设计实例为主线，介绍了机械电气、建筑电气、电力工程、自动控制等电气图的绘制与识图技巧、方法。

本教材可作为职业院校电气、自动化、建筑电气、电厂电力、机电一体化等电类专业电气CAD课程的教材，也可作为相关技术工人的培训教材。

图书在版编目（CIP）数据

电气CAD制图与设计/杨筝主编. —北京：化学工业出版社，2015.3（2022.1重印）
高职高专电气自动化专业“十二五”规划教材
ISBN 978-7-122-22811-6

Ⅰ. ①电… Ⅱ. ①杨… Ⅲ. ①电气制图-AutoCAD软件-高等职业教育-教材 Ⅳ. ①TM02-39

中国版本图书馆CIP数据核字（2015）第010153号

责任编辑：刘 哲 刘 青　　装帧设计：韩 飞
责任校对：王素芹

出版发行：化学工业出版社（北京市东城区青年湖南街13号 邮政编码100011）
印 刷：北京京华铭诚工贸有限公司
装 订：三河市振勇印装有限公司
787mm×1092mm 1/16 印张17¼ 字数 443千字 2022年1月北京第1版第9次印刷

购书咨询：010-64518888　　售后服务：010-64518899
网 址：http://www.cip.com.cn
凡购买本书，如有缺损质量问题，本社销售中心负责调换。

定 价：36.00元

前 言

在电气工程设计领域，出现了很多优秀的电气设计软件。AutoCAD是一个通用软件，它能够完成电气工程绘图的绝大多数任务，如电气工程中使用的各种电气系统图、框图、逻辑图、接线图、电气平面图、设备布置图、元器件表格等的绘制，受到广大电气工程技术人员的欢迎，是适合进行电气设计的工具软件。本书通过多个实例，详细介绍了利用AutoCAD绘制电气工程图的方法。同时本书介绍了AutoCAD软件环境无缝集成的电气设计专业软件AutoCAD® Electrical，能使设计和修改电气控制系统比以往更快，从而提高设计效率，减少错误，自动执行关键控制系统设计任务并促进协作。

本书共分3篇。第1篇是基础知识篇（包括1～5章），其中第1章介绍电气工程制图的技术要求，第2章介绍AutoCAD 2014中文版基础知识，第3章介绍绘图辅助工具及基本绘图命令，第4章介绍二维对象编辑，第5章介绍图形尺寸标注及块的创建。第2篇是设计实例篇（包括6～10章），第6章介绍常用电气元件的绘制，第7章介绍机械电气控制设计实例，第8章介绍建筑电气设计实例，第9章介绍电力工程设计实例，第10章介绍过程控制系统设计实例。第3篇是进阶提高篇，第11章介绍电气工程专用绘图软件 AutoCAD Electrical，通过本章的学习，读者可以应用ACE来设计复杂的电气工程图。

本书的主要特点是：

1. 识图与绘图相结合，使读者在掌握使用AutoCAD绘制电气图形的同时，能够识别各类电气图形；

2. 提供典型电气工程的设计思路，充分体现AutoCAD的设计技巧；

3. 涵盖电气设计的各个专业学科，读者可有针对性地学习相关章节，做到有的放矢；

4. 书中全部电气图形符号均采用最新国标，所有实例均经过实践检验；

5. 实例讲解，深入浅出，读者只需按书中实例操作，即可在最短时间内掌握AutoCAD在电气领域的应用；

6. 精选了大量实践题目，为读者提供AutoCAD应用水平的实践平台；

7. 对AutoCAD® Electrical进行了新增功能说明，使读者的制图水平和效率可进一步地提高。

在本书的编写过程中，相关电气工程设计技术人员提供了有价值的电气工程实例，并对全书的编写提出了有价值的建议。化学工业出版社为本书的出版给予了大力支持与帮助。在此，向关心和支持本书出版的所有单位和个人，以及参考文献的作者表示衷心的感谢。

本书由黄河水利职业技术学院杨筝任主编，负责大纲的制定以及全书的组织和定稿，并编写了第1、7、11章。郭红山任副主编，负责统稿，并编写了第2、3、4章。参加编写的还有李国彬（第5章）、张书亮（第6、8章）、程爱玲（第9章）、崔瑞卿（第10章）。

由于编者水平有限，书中存在的不足恳请读者批评指正。

编　者

2015年3月

CONTENTS
电气CAD制图与设计

目 录

第1篇 基础知识篇

第 4 章 二维对象编辑

第3篇 进阶提高篇

第1篇　基础知识篇

第 1 章　电气工程制图的技术要求

本章主要介绍电气工程图的基本知识，包括电气工程图的种类及特点、电气工程 CAD 制图的规范、电气图形符号的构成与分类。绘制电气工程图需要遵循众多的规范，正是因为电气工程图是规范的，所以设计人员可以大量借鉴以前的工作成果，将旧图样中使用的标题栏、表格、元件符号甚至经典线路照搬到新图样中，稍加修改即可使用。通过本章的学习，读者可以对电气工程图有一个初步认识。

学习重点

- 了解电气工程图的分类与特点。
- 熟悉电气工程 CAD 制图规范。
- 了解电气符号的构成与分类。

1.1　电气工程图的分类及特点

电气工程图的使用非常广泛，几乎遍布工业生产和日常生活的各个环节。本节根据电气工程的应用范围，介绍电气工程的大致分类，并介绍其应用特点。

1.1.1　电气工程图的分类

电气工程图用来阐述电气工程的构成和功能，描述电气装置的工作原理，提供安装和维护使用的信息。电气工程的规模不同，该项工程电气图的种类和数量也不同。一项工程的电气图通常装订成册，包含以下内容。

（1）目录和前言

目录便于检索图样，由序号、图样名称、编号、张数等构成。

前言中包括设计说明、图例、设备材料明细表、工程经费概算等。

设计说明的主要目的在于阐述电气工程设计的依据、基本指导思想与原则，图样中未能清楚表明的工程特点、安装方法、工艺要求、特殊设备的安装使用说明，以及有关的注意事项等的补充说明。

图例即图形符号，一般只列出本套图样涉及到的一些特殊图例。

设备材料明细表列出该项电气工程所需的主要设备和材料的名称、型号、规格和数量，可供经费预算和购置设备材料时参考。

工程经费概算用于大致统计出电气工程所需的经费，可以作为工程经费预算和决算的重要依据。

（2）电路图

电路图主要表示系统或装置的电气工作原理，又称电气原理图。例如，为了描述电动机带有保护的连续运转控制原理，要使用图 1-1 所示的电路图才能清楚地表示其工作原理。按钮 SF1 用于启动电动机，按下它可让交流接触器 QA1 的线圈通电，同时 QA1 的常开辅助触点闭合，实现自锁，并且闭合交流接触器 QA1 的主触点，电动机实现连续运转。按钮 SF2 用于使电动机停止运转，按下 SF2 电动机就停转。

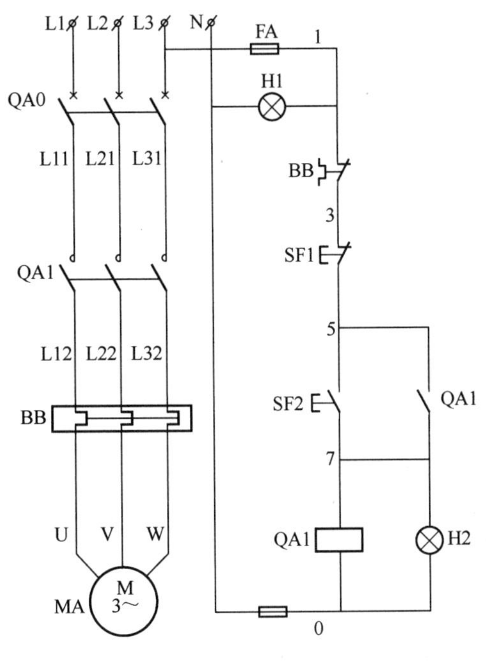

图 1-1　电动机电路图

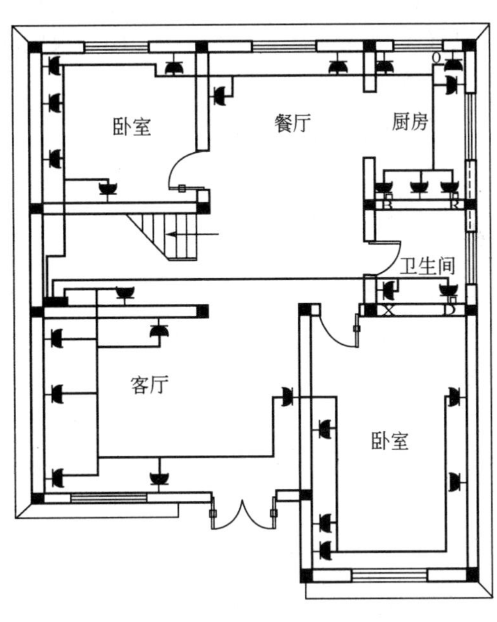

图 1-2　某别墅的照明平面图

（3）接线图

接线图主要用于表示电气装置内部各元件之间及外部其他装置之间的连接关系，有单元连线图、电线电缆配置图等类型。

（4）电气平面图

电气平面图表示电气工程中电气设备、装置和线路的平面布置，一般在建筑平面图中绘制出来。根据用途不同，电气工程平面图可分成线路平面图、变电所平面图、动力平面图、照明平面图、弱电系统平面图、防雷与接地图等。图 1-2 是某别墅的照明平面图，图中表示照明设备的布置和连接。

（5）设备布置图

设备布置图主要表示各种电气设备和装置的布置形式、安装方式及相互位置之间的尺寸关系，通常由平面图、立面图、断面图、剖面图等组成。图 1-3 表示盘面各种设备的布置及尺寸。

（6）大样图

大样图用于表示电气工程某一部件、构件的结构，用于指导加工与安装，部分大样图为国家标准图。

（7）产品使用说明书用电气图

厂家往往在产品使用说明书中附上电气工程中选用设备和装置电气图。

（8）其他电气图

电气系统图、电路图、接线图、平面图是最主要的电气工程图。但在一些较复杂的电气工程中，为了补充和详细说明某一局部工程，还需要使用一些特殊的电气图，如功能图、逻辑图、印制板电路图、曲线图、表格等。

（9）设备元件和材料表

设备元件和材料表是把一电气工程所需主要设备、元件和相关的数据列成表格，表示其名称、符号、型号、规格、数量。这种表格主要用于图上符号所对应的元件名称和有关数据，应与图联系起来阅读。以图 1-3 所示的控制盘盘面布置图为例，可列出设备元件表如图 1-4 所示。

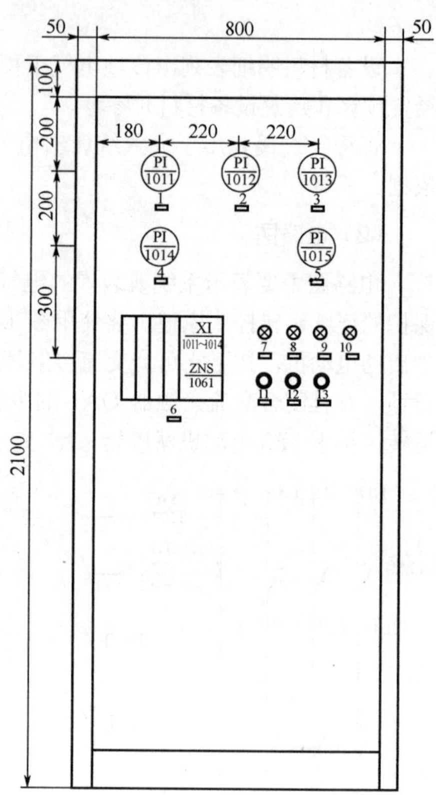

图 1-3　控制盘盘面布置图

11～13	S1, S2, S3	按钮	LA19-11J-LA19-11		2/1	红1 绿2
7～10	H1, H2, H3, H4	指示灯	AD11-25/41		2	绿2 红2
6	XI-1011～XI-1014	振动监测仪	PT2010		1	
5	PI-1015	弹簧管压力表	Y-100ZT	0～1.0MPa	1	
4	PI-1014	弹簧管压力表	Y-100ZT	0～1.0MPa	1	
3	PI-1013	弹簧管压力表	Y-100ZT	0～0.6MPa	1	
2	PI-1012	弹簧管压力表	Y-100ZT	0～0.4MPa	1	
1	PI-1011	膜盒压力计	YE-100ZT	-60～0kPa	1	
序号	代号	名称	型号及规格		数量	备注

图 1-4　设备元件表

1.1.2　电气工程图的一般特点

（1）图形符号、文字符号和项目代号是构成电气图的基本要素

图形符号、文字符号和项目代号是构成电气图的基本要素，一些技术数据也是电气图的主要内容。电气系统、设备或装置通常由许多部件、组件、功能单元等组成。一般是用一种图形符号描述和区分这些项目的名称、功能、状态、特征、相互关系、安装位置、电气连接等，不必画出它们的外形结构。

在一张图上，一类设备只用一种图形符号。比如各种熔断器都用同一个符号表示。为了区别同一类设备中不同元件的名称、功能、状态、特征以及安装位置，必须在符号旁边标注文字符号。例如，不同功能、不同规格的熔断器分别标注为 FA1、FA2、FA3。为了更具体地区分，除标注文字符号、项目代号外，有时还要标注一些技术数据，如图中熔断器的有关技术数据，如 RL-15/15A 等。

（2）简图是电气工程图的主要形式

简图是用图形符号、带注释的围框或简化外形表示系统或设备中各组成部分之间相互关系的一种图。电气工程图绝大多数都采用简图这种形式。

简图并不是内容“简单”，而是形式的“简化”，它是相对于严格按几何尺寸、绝对位置等绘制的机械图而言的。电气工程图中的系统图、电路图、接线图、平面布置图等都是简图。

（3）元件和连接图是电气图描述的主要内容

一种电气装置主要由电气元件和电气连接线构成，因此，无论是说明电气工作原理的电路图，表示供电关系的系统图，还是表明安装位置和接线关系的平面图和接线图等，都是以电气元件和连接线为主要描述内容。也因为对元件和连接线描述方法不同，从而构成了电气图的多样性。

连接线在电路图中通常有多线表示法、单线表示法和混合表示法。每根连接线或导线各用一条线表示的方法，称为多线表示法。两根或两根以上的连接线只用一条线表示的方法，称为单线表示法。在同一图中，单线和多线同时使用的方法称为混合表示法。

（4）电气元件在电路图中的两种表示方法

用于电气元件的表示方法可分别采用集中表示法和分开表示法。

集中表示法是把一个元件各组成部分的图形符号绘制在一起的方法。比如在图 1-5（a）中，断路器的线圈及辅助触头集中绘制在一起。这种图整体感强，比较直观，容易理解。但当项目较多时，阅读比较困难，通常将其绘制成分开式电路如图 1-5（b）所示。

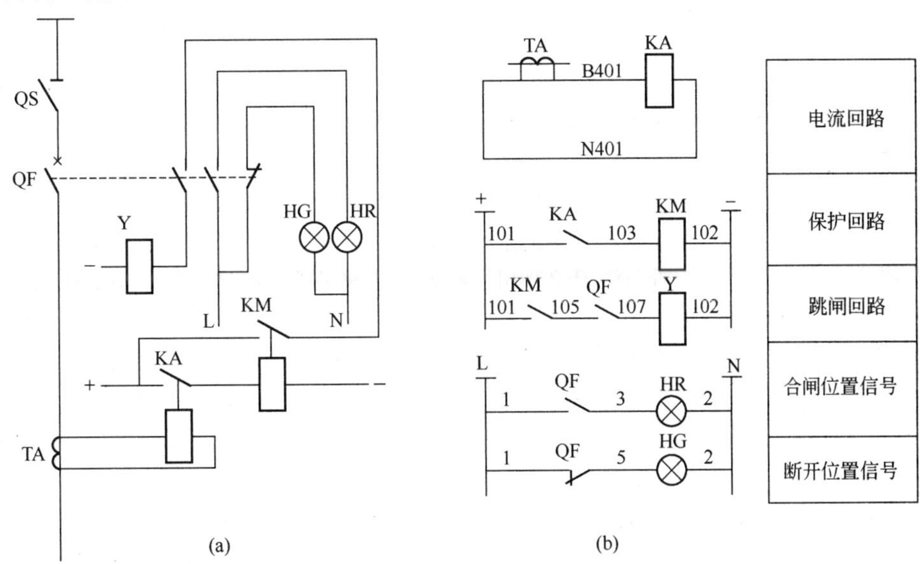

图 1-5 集中式与分开式电路图互换示例

分开表示法是以回路为中心绘制的，各个元件不管属于哪一个项目，只要是同一个电路，都要画在一个回路中。例如图 1-5（b）的继电器 KA、KM 的线圈和触点就画在不同的电路中。

（5）控制柜布置图

控制柜布置图应标出仪表、元件在控制盘、操作台、框架上的正面和侧面布置，标注仪表位号、型号、数量、开孔尺寸，并标示出仪表盘、操作台和框架的外形尺寸及颜色，标注铭牌等。

① 控制柜布置图一般按 1∶5 比例绘制，当需要选用其他比例时，应符合 GB 4557 的规定。

② 线条　控制柜的轮廓用粗实线绘制。

③ 标注　控制柜布置图上应标注控制柜的型号及项目代号。

④ 尺寸标注　尺寸线一般标注在柜外，如果在柜外标注不清楚时，允许标注在柜内。控制柜正面布置图上，项目安装尺寸应按中心线标注；横向尺寸应从控制柜中心向两边标注，纵向尺寸应从盘顶向下连续标注。

⑤ 明细表　控制柜布置图上项目明细表应包括序号、位置代号、文字代号、名称、型号规格、单位、数量、备注等内容。

⑥ 控制柜布局　控制柜布局应做到布局合理、图面清晰，控制柜四周要留有一定距离，左右各不小于 80mm，上部不小于 40mm。在控制柜中，上段一般为稳压电源、电源开关，中段一般为配电器、继电器等辅助仪表，下段一般为接线端子和接地铜条。

⑦ 端子布局　柜内端子布局一般采用横向排列，两排端子间距离应不小于 150mm；采用汇线槽配线法时，端子排间距离不小于 160mm；最低的端子排距柜底距离应不小于 250mm；固定电缆用的电缆挡距柜底应不小于 150mm。

（6）控制柜接线图

控制柜接线图的依据是原理图和控制柜布置图。

① 图面布置　控制柜接线图上的各个设备（包括开关、端子排等）应当按照相应布置图绘制其轮廓，即控制柜安装的仪表按正面布置图的背面（正面布置图的立轴镜像反转）视图绘制，架装仪表按控制盘内框架正面布置图绘制。绘制过程中可不按比例绘制仪表轮廓，但应当遵循“相对位置准确”和“轮廓表达准确”的原则。“相对位置准确”原则即是该设备的位置应当与在控制柜上位置相对应，不能将控制柜下部的设备画到上面，将控制柜正面左侧的设备画到控制柜背面的左侧。“轮廓表达准确”原则上即是该设备的外形轮廓应当准确，即不能将正方形设备画成长方形，将圆形画成方形。

控制柜接线图上的各个设备，应当按接线面进行布置，即处在同一接线平面内的设备（开关、端子排等）应当绘制在一个区域内。如果出于绘图方便，某些设备、端子排和电气元件不能按接线平面布置，则可在图面上的适当位置绘制出这些设备、端子排和电气元件，用虚线框起来，然后用文字注明安装位置。

控制柜上的信号端子排、电源箱端子排、接地端子排以及其他电气元件可按《自控专业工程设计用图形符号》规定进行编号。例如，信号端子排用 SX 表示，电源箱端子排用 PX 表示。如果一块控制柜有多个相同的端子排，可采用另外加后缀方法表示，例如 3 号控制柜上有两个信号端子排，可分别表示为 3SX-1 和 3SX-2。

控制柜接线图的图面布置，通常是在图中的中间大区域内布置各个电气设备和仪表等，在图纸的上面区域绘制电源箱端子排 PX，下面区域绘制信号端子排 SX 和 IX。如果图面布置不下，可将 PX、SX 和 IX 端子排绘制在图纸右侧设备材料表上面区域内，并且要用文字注明各个端子排的安装位置。一般情况下应单独设置接地端子排（接地汇流排），将各个设备的接地端连接在接地端子排（汇流排）上。如果不宜单独设置接地端子排（接地汇流排），则可以在信号端子排

SX 上安排一段端子作接地连接之用，但是需要在该接地段的两端空出若干端子以隔离其他信号端子排。

② 连接的表达

a．直接接线法。优点是直观，缺点是图面线条多，适用于元件少的情况。

b．单元接线法。将有联系且安装位置相互靠近元件划为一个单元，以虚线将它们框起来，并给单元编号，每个单元内部接线不画出来，每个单元与其他单元或接线端子排以短线连接，在短线上画小圆圈，圆圈内标明电缆根数。画面连接简单，但不能表达元件间的连接关系。

c．相对呼应接线法。相对呼应接线法要求首先将控制盘上的端子排、仪表、元件等进行编号，绘制出其各个端子并标上端子号，在相应端子上画一短线，在短线上标出对方连接点的编号（一呼），同时在对方连接点上标上本方的编号（一应）。这就是相对呼应接线法的由来，这种方法使用最多。呼应编号不应超过 8 个字母。引入、引出电缆应标明方向，电气元件等连线如需跨柜，应从接线端子引出再跨柜连接。

1.2　电气工程 CAD 制图的规范

电气工程设计部门设计、绘制图样，施工单位按图样组织工程施工，所以图样必须有设计和施工等部门共同遵守的一定的格式和一些基本规定、要求。这些规定包括建筑电气工程图自身的规定和机械制图、建筑制图等方面的有关规定。本节根据国家标准 GB 18135—2000《电气工程 CAD 制图规则》的有关规定，介绍电气工程制图的规范。

1.2.1　图纸的格式

图幅是指图纸幅面的大小，所有绘制的图形都必须在图纸幅面以内。GB 18135—2000《电气工程 CAD 制图规则》包含了电气工程制图图纸幅面及格式的相关规定，绘制电气工程图纸必须遵照此标准。

（1）图纸的格式

图幅分为横式幅面和立式幅面，国标规定的电气图纸的幅面有 A0～A4 五种。绘制电气图纸时，应该优先采用表 1-1 中所规定的图纸基本幅面。

表 1-1　图纸幅面及图框格式尺寸

幅面代号	A0	A1	A2	A3	A4
B×L	1189×841	841×594	594×420	420×297	297×210
e	20		10		
c	10			5	
a	25				

必要时，可以使用加长幅面。加长幅面的尺寸，按选用的基本幅面大一号的幅面尺寸来确定。例如 A2×3 的幅面，按 A1 的幅面尺寸确定，即 e 为 20（或 c 为 10），具体选择时可参考图 1-6。

选择幅面尺寸的基本前提是：保证幅面布局紧凑、清晰和使用方便。

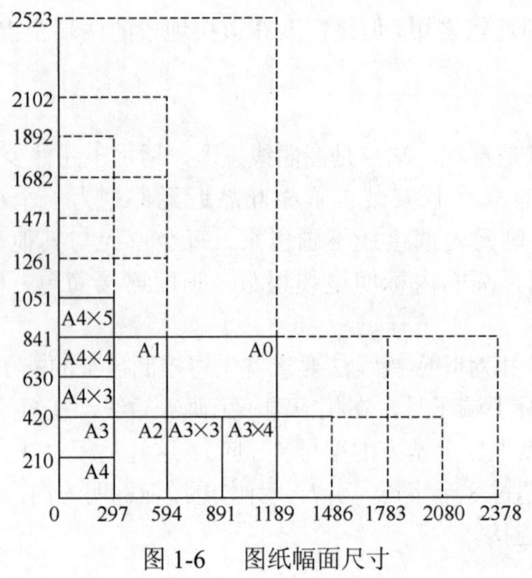

图 1-6　图纸幅面尺寸

(2) 图框

根据布图的需要，图纸可横放，也可竖放。图纸四周要画出画框，以留出周边。图框分需要留装订边的图框和不留装订边的图框，这两种图框的尺寸如表 1-1 所示。图 1-7 和图 1-8 分别为这两种图框的图样示例。

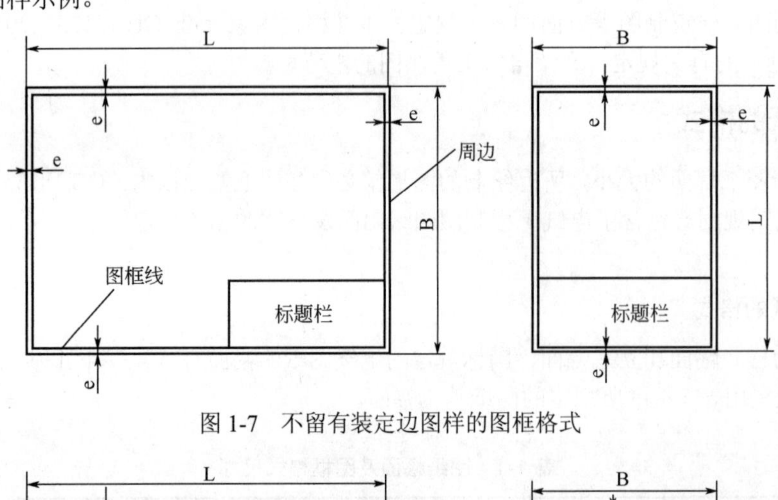

图 1-7　不留有装定边图样的图框格式

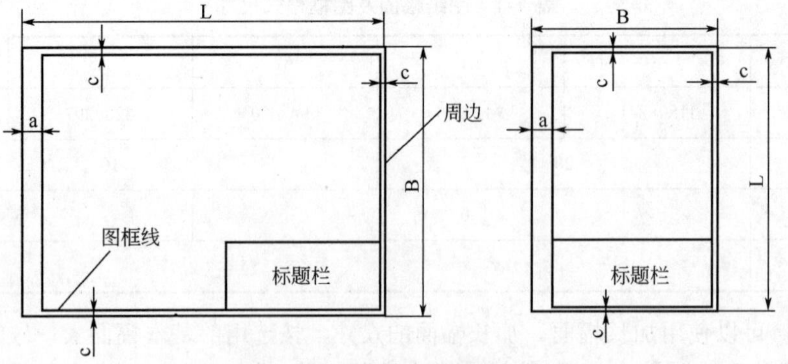

图 1-8　留有装定边图样的图框格式

(3) 标题栏和明细栏

① 标题栏　标题栏是用来确定图样的名称、图号、张次、更改和有关人员签署等内容的栏

目，位于图样的下方或右下方。图中的说明、符号等均以标题栏的文字方向为准。

目前我国尚没有统一规定标题栏的格式，各设计部门标题栏格式不一定相同。通常采用的标题栏格式应有以下内容：设计单位名称、工程名称、项目名称、图名、图别、图号等。图 1-9 是一种标题栏格式，可供读者借鉴。

设计单位名称				工程		设计阶段
批准		设计		图名		
总工程师		校核				
专业负责人		CAD制图				
日期		比例		图号		共 张 第 张

图 1-9 标题栏格式

② 明细栏 明细栏一般由序号、代号、名称、数量、材料、质量（单件、总件）、备注等组成，也可按实际需要增加或减少项目。

序号：填写图样中相应组成部分的顺序号。

代号：填写图样中相应组成部分的图样代号或标准号。

名称：填写图样中相应组成部分的名称，必要时可写出其型号及尺寸。

数量：填写图样中相应组成部分在装配时所需的数量。

材料：填写图样中相应组成部分的材料标记。

质量：填写图样中相应组成部分单件和总件数的计算质量。以千克（kg）为单位时可以不写出其计量单位。

备注：填写该项的附加说明或其他有关的内容。

（4）图号

每张图在标题栏中应有一个图号。一套完整的工程图纸通常由多张标有不同图号的图样组成。内容较多的复杂图，为表达清楚也可分为多张分解图，这时，每张分解图都应在彼此相关的地方编制张序号。例如图号为 4752 的图由 3 张图构成，图号以连续顺序应为 4752-1、4752-2、4752-3 或 4752/1、4752/2、4752/3。

如果在一张图上有几种类型的图，应通过附加图号的方式，使图幅内的每个图都能清晰地分辨出来。

（5）图幅分区

为了确定图样中图形的位置和其他用途，应对图幅进行分区。

图幅分区的方法是：在图的边框处，竖边方向从上而下用大写字母编号，横边方向从左向右用阿拉伯数字编号；分区数最好是偶数；每一分区的长度为 25～75mm，或根据功能不均匀分配。

图幅分区以后，相当于在图样上建立了一个坐标。电气图中的图形通常是项目或连线，其位置则由此“坐标”而唯一地确定下来。

项目或连线等图形在图纸上的位置可以用以下方式表示：

① 用行的代号（大写字母）表示；

② 用列的代号（阿拉伯数字）表示；

③ 用区的代号表示。

区的代号是字母与数字的组合，且字母在前，数字在后。

在具体使用时，对水平布置的电路，一般只标明行的标记；对垂直布局的电路，一般只需标明列的标记；复杂的电路需用组合标记，使读者清楚地知道某个元件或部分电路的功能，以利于理解整个电路的工作原理。

符号位置采用图号、页次、图区编号的组合索引法。索引代号的组成如下：

□ / □ / □

图号　页次　图区号

当某图号仅有一页图样时，只写图号和图区的行、列号；在只有一个图号时，则图号可以省略。而元件的相关触点只出现在一张图样上时，只标出图区号。

在电气原理图中，接触器和继电器线圈与触点的从属关系应用附图表示。即在电气原理图相应线圈的下方，给出触点的文字符号，并在其下面注明相应触点的索引代号，对未使用的触点用“×”表明，有时也可省去触点图形符号的表示法。

1.2.2　图线

根据电气图的需要，图线的宽度应根据图线的大小和复杂程度，在下列系数中选择：0.18、0.25、0.35、0.5、0.7、1.0mm，图线的线型、颜色等可按表 1-2 选用。图线如果采用两种或两种以上宽度，粗线对细线宽度之比应不小于 2∶1。

表 1-2　图线的形式与应用

线型编号	图线名称	线型	线宽/mm	颜色	一般用途
1	实线 1		1.0 0.7	蓝 红	（1）外轮廓线、建筑轮廓线 （2）钢筋 （3）小型断层线 （4）钢筋分缝线 （5）材料断层线 （6）标题字符 （7）母线
2	实线 2		0.5	黄	
3	实线 3		0.35	绿	（1）剖面图 （2）重合剖面轮廓线 （3）粗地形线 （4）风化界线、浸润线 （5）示坡线 （6）钢筋图结构轮廓线 （7）曲面上的素线 （8）边界线 （9）表格中的分格线 （10）引出线 （11）细地形线 （12）尺寸线、尺寸界线 （13）设备和元件的可见轮廓线 （14）电缆、电线、导体回路
4	实线 4		0.25	白	
5	实线 5		0.18	青	
6	虚线 1	----------------	0.7	红	（1）单线管路图和三线管路图不可见管线 （2）推测地层界线 （3）不可见结构分缝线 （4）不可见轮廓线 （5）原轮廓线 （6）设备和元件的不可见轮廓线 （7）不可见电缆、电线、母线、导体回路
7	虚线 2	----------------	0.5	黄	
8	虚线 3	----------------	0.35	绿	
9	虚线 4	----------------	0.25	白	
10	点画线		0.25 0.18	白 青	（1）中心线 （2）轴线 （3）对称线

续表

线型编号	图线名称	线型	线宽/mm	颜色	一般用途
11	双点画线	——··——··——	0.25	白	（1）原轮廓线 （2）假想投影轮廓线 （3）运动构件在极限或中间位置的轮廓线 （4）相配线（两剖面图对接线）
12	点线	··············	0.5	黄	（1）牵引线 （2）岩性分界线

在同一图样中，表达同一结构的线型、线宽应一致。虚线、点画线及双点画线的画长和间隔长度也应各自大致相等。相互平行的图线，其最小间隙不应小于 0.7mm。

1.2.3　文字

（1）字体

在绘制电气工程图时，往往需要在图样中加入文本进行说明或注释，文本中使用字体应符合 GB/T14691 的有关规定。

在 AutoCAD 绘图环境中宜采用以下字体格式：

- 中文　HZTXT.SHX（仿宋体单线），此种字体是一种专用工程字体；
- 拉丁字母、数字　ROMANS.SHX（罗马体单线）。

（2）文本字符尺寸

常用的文本字体高度有以下七种，用户在使用时可以从中选择：2.5mm、3.5mm、5mm、7mm、10mm、14mm、20mm。

图样及表格中的字体均采用正体字书写。汉字的高度 h 不应小于 3.5mm，数字、字母的高度 h 不应小于 2.5mm；字宽一般为 $h/\sqrt{2}$。如需要书写更大的字，其字体高度应按 $\sqrt{2}$ 的比率递增。表示指数、分数、极限偏差、注脚等的数字和字母，应采用小一号的字体。不同情况字符高度如表 1-3 和表 1-4 所示。

表 1-3　最小字符高度　mm

图幅	A0	A1	A2	A3	A4
汉字	5	5	3.5	3.5	3.5
数字和字母	3.5	3.5	2.5	2.5	2.5

表 1-4　图样中各种文本尺寸　mm

文本类型	中文		字母或数字	
	字高	字宽	字高	字宽
标题栏图名	7～10	5～7	5～7	3.5～5
图形图名	7	5	5	3.5
说明抬头	7	5	5	3.5
说明条文	5	3.5	3.5	2.5
图形文字标注	5	3.5	3.5	2.5
图号和日期	5	3.5	3.5	2.5

（3）表格中的字符

表格中的数字书写：带小数的数值，按小数点对齐；不带小数的数值，按个位对齐。表格中的文本书写按正文左对齐。

1.2.4 比例

由于图幅有限，而实际的设备尺寸大小不同，需要按照不同的比例绘制才能安置在图中。图形与实物的比值称为比例。大部分电气工程图是不按比例绘制的，某些位置图则按比例绘制或部分按比例绘制。

电气工程图采用的比例一般为 1∶10，1∶20，1∶50，1∶100，1∶200，1∶500。例如，图样比例为 1∶100，图样上某段线路为 15cm，则实际长度为 15cm×100＝1500cm。

1.2.5 尺寸标注

电气图上的标注尺寸数据是有关电气工程施工和构件加工的重要依据。

尺寸由尺寸线、尺寸界线、尺寸起止点（实心箭头或 45°斜短画线）、尺寸数字四个要素组成。

尺寸标注的基本原则：

① 物件的真实大小应以图样上的尺寸数字为依据，与图形大小及绘图准确度无关；

② 图样中的尺寸数字，如没有明确说明，一律以 mm 为单位；

③ 图样中所标注的尺寸，为该图样所示机件的最后完工尺寸；

④ 物件的每一尺寸，一般只标注一次，并应标注在反映该结构最清晰的图形上；

⑤ 一些特定尺寸必须标注符号，如直径符号 ϕ、半径符号 R、球符号 S 等；

尺寸线起点和终点标记可以采用箭头、斜画线或空心圆。

当采用箭头时，箭头可以空心或实心，但在一张图上只能采用一种形式的箭头。但在空间太小或不宜画箭头的地方可以用斜画线或圆点代替。采用斜画线时，用短线倾斜 45°角画斜画线。采用空心圆时，用直径为 3mm 的小空心圆来表示。

1.2.6 注释和详图

（1）注释

用图形符号表达不清楚或某些含义不便用图形符号表达时，可在图上加注释。注释可采用两种方式：一是直接放在所要说明的对象附近；二是在所要说明的对象附近加标记，而将注释放在图中其他位置或另一页。当图中出现多个注释时，应将这些注释按编号放在与其内容相关的图纸上，注释方法采用文字、图形、表格等形式，其目的是把对象表达清楚。

（2）详图

详图实质是用图形来注释，就是把电气装置中某些零部件和连接点等结构、做法及安装工艺要求放大并详细表达出来。详图位置可放在要详细表示对象的图上，也可放在另一张图上，但必须要用一标志把它们联系起来。

1.3 电气图形符号的构成和分类

按简图形式绘制的电气工程图中，元件、设备、装置、线路及其安装方法等都是借用图形符号、文字符号和项目代号来表达的，分析电气工程图，首先要明了这些符号的形式、内容、含义以及它们之间的相互关系。

1.3.1　电气图形符号的构成

电气图形符号包括一般符号、符号要素、限定符号和方框符号。

（1）一般符号

一般符号是用来表示一类产品或此类产品特征的简单符号，如电阻、开关、电容等。

（2）符号要素

符号要素是一种具有确定意义的简单图形，必须同其他图形组合构成一个设备或概念的完整符号。例如，电容由极板和接线端两个符号要素组成。符号要素一般不能单独使用，只有按照一定方式组合起来才能构成完整的符号。符号要素的不同组合可以构成不同的符号。

（3）限定符号

一种用以提供附加信息的加在其他符号上的符号，称为限定符号。限定符号一般不代表独立的设备、器件和元件，仅用来说明某些特征、功能和作用等。限定符号一般不单独使用。当一般符号加上不同的限定符号，可得到不同的专用符号。例如，在开关的一般符号上加不同的限定符号，可分别得到隔离开关、断路器、接触器、按钮开关、转换开关。

（4）方框符号

用以表示元件、设备等的组合及其功能，既不给出元件、设备的细节，也不考虑所有连接的一种简单的图形符号。

方框符号在框图中使用最多。电路图中的外购件、不可修理件也可用方框符号表示。

1.3.2　电气图形符号的分类

电气图中的图形符号和文字符号必须符合国家标准规定。国家标准化管理委员会是负责国家标准的指导、修订和管理的组织。一般来说，国家标准是在参照国际电工委员会（IEC）和国际标准化组织（ISO）所颁布标准的基础上制定的。近几年，有关电气图形符号和文字符号的国家标准变化较大。GB 4728—1984《电气简图用图形符号》更改较大，而 GB 7159—1987《电气技术中的文字符号制定通则》早已废止。

（1）现在和电气制图有关的国家标准

① GB/T 4728《国家电气简图用图形符号》

② GB/T 5465《电气设备用图形符号》

③ GB/T 20063《简图用图形符号》

④ GB/T 5094《工业系统、装置与设备以及工业产品——结构原则与参考代号》

⑤ GB/T 20939《技术产品及技术产品文件结构原则字母代码——按项目用途和任务划分的主类和子类》

⑥ GB/T 6988《电气技术用文件的编制》

（2）最新的《国家电气简图用图形符号》国家标准 GB/T 4728 的内容

① GB/T 4728.1—2005　第 1 部分：一般要求

内容包括内容提要、名词术语、符号的绘制、编号使用及其他规定。

② GB/T 4728.2—2005　第 2 部分：符号要素、限定符号和其他常用符号

内容包括轮廓和外壳、电流和电压的种类、可变性、力或运动的方向、流动方向、材料的类

型、效应或相关性、辐射、信号波形、机械控制、操作件和操作方法、非电量控制、接地、接机壳和等地位、理想电路元件等。

③ GB/T 4728.3—2005　第 3 部分：导线和连接件

内容包括电线、屏蔽或胶合导线、同轴电缆、端子与导线连接、插头和插座、电缆终端头等。

④ GB/T 4728.4—2005　第 4 部分：基本无源元件

内容包括电阻器、电容器、电感器、铁氧体磁芯、压电晶体、驻极体等。

⑤ GB/T 4728.5—2005　第 5 部分：半导体管和电子管

如二极管、三极管、晶闸管、电子管等。

⑥ GB/T 4728.6—2005　第 6 部分：电能的发生与转换

内容包括绕组、发动机、变压器等。

⑦ GB/T 4728.7—2005　第 7 部分：开关、控制和保护器件

内容包括触点、开关、开关装置、控制装置、启动器、继电器、接触器和保护器件等。

⑧ GB/T 4728.8—2005　第 8 部分：测量仪表、灯和信号器件

内容包括指示仪表、记录仪表、热电偶，遥测装置、传感器、灯、电铃、蜂鸣器、喇叭等。

⑨ GB/T 4728.9—1999　第 9 部分：电信：交换与外围设备

内容包括交换系统、选择器、电话机、电报和数据处理设备、传真机等。

⑩ GB/T 4728.10—1999　第 10 部分：电信：传输

内容包括通信电路、天线、波导管器件、信号发生器、激光器、调制器、解调器、光纤传输线路等。

⑪ GB/T 4728.11—2005　第 11 部分：建筑安装平面布置图

内容包括发电站、变电所、网络、音响和电视的分配系统、建筑用设备、露天设备等。

⑫ GB/T 4728.12—1996　第 12 部分：二进制逻辑元件

内容包括计数器、存储器等。

⑬ GB/T 4728.13—1996　第 13 部分：模拟元件

内容包括放大器、函数器、电子开关等。

第 2 章　AutoCAD 2014中文版基础知识

提　要

本章主要介绍 AutoCAD 2014 的基本功能，软件的启动和关闭，绘图环境的组成，工具栏的打开和关闭方法，图形文件的创建、打开和保存方法，以及 AutoCAD“选项”工具、图形单位、绘图界限的设置方法，缩放和平移命令的使用，图形输出打印等内容，为后面进行系统学习做好准备。

学习重点

- AutoCAD 2014 的中文版基本功能。
- 图形文件的创建、打开和保存。
- 工具栏的打开和关闭。
- AutoCAD“选项”工具、图形单位、绘图图限的设置。
- 图形的缩放与平移。
- 图形输出与打印。

CAD（Computer Aided Design）是指计算机辅助设计，是指以计算机系统作为主要手段来生成和运用各种数字信息与图形信息，帮助设计人员从事产品的开发、修改、分析和优化设计的一门技术。

2.1　AutoCAD 2014 中文版的基本功能

AutoCAD 是由美国 Autodesk 公司开发的通用计算机辅助设计（Computer Aided Design，CAD）软件，具有易于掌握、使用方便、体系结构开放等优点，能够绘制二维图形与三维图形、标注尺寸、渲染图形以及打印输出图纸，目前已广泛应用于机械、建筑、电子、航天、造船、石油化工、土木工程、地质、气象、冶金、纺织、轻工、商业等领域。

AutoCAD 自 1982 年问世以来，已经经历了十余次升级，其每一次升级，在功能上都得到逐步增强且日趋完善。也正因为 AutoCAD 具有强大的辅助绘图功能，因此，它已成为工程设计领域中应用最为广泛的计算机辅助绘图与设计软件之一。

AutoCAD 2014 是根据当今技术的快速发展和用户的需求而开发的 CAD 设计工具，它体现了世界 CAD 技术的发展趋势。它以能在 Windows 平台下更方便、更快捷地进行绘图和设计工作，以更高质量与更高速度的超强图形功能、三维功能、Internet 功能，而为广大用户所喜爱，并广泛流行。与 AutoCAD 先前的版本相比，它在性能和功能方面都有较大的增强，同时保证与低版本完全兼容。

2.1.1 绘制与编辑图形

AutoCAD 的“绘图”菜单中包含有丰富的绘图命令，使用它们可以绘制直线、构造线、多段线、圆、矩形、多边形、椭圆等基本图形，也可以将绘制的图形转换为面域，对其进行填充。如果再借助于“修改”菜单中的修改命令，便可以绘制出各种各样的二维图形。

对于一些二维图形，通过拉伸、设置标高和厚度等操作就可以轻松地转换为三维图形。使用“绘图”→“建模”命令中的子命令，用户可以很方便地绘制圆柱体、球体、长方体等基本实体以及三维网格、旋转网格等曲面模型。同样再结合“修改”菜单中的相关命令，还可以绘制出各种各样的复杂三维图形。

2.1.2 标注图形尺寸

尺寸标注是向图形中添加测量注释的过程，是整个绘图过程中不可缺少的一步。AutoCAD 的“标注”菜单中包含了一套完整的尺寸标注和编辑命令，使用它们可以在图形的各个方向上创建各种类型的标注，也可以方便、快速地以一定格式创建符合行业或项目标准的标注。

标注显示了对象的测量值，对象之间的距离、角度，或者特征与指定原点的距离。在 AutoCAD 中提供了线性、半径和角度三种基本的标注类型，可以进行水平、垂直、对齐、旋转、坐标、基线或连续等标注。此外，还可以进行引线标注、公差标注，以及自定义粗糙度标注。标注的对象可以是二维图形或三维图形。

2.1.3 渲染三维图形

在 AutoCAD 中，可以运用雾化、光源和材质，将模型渲染为具有真实感的图像。如果是为了演示，可以渲染全部对象；如果时间有限，或显示设备和图形设备不能提供足够的灰度等级和颜色，就不必精细渲染；如果只需快速查看设计的整体效果，则可以简单消隐或设置视觉样式。

2.1.4 输出与打印图形

AutoCAD 不仅允许将所绘图形以不同样式通过绘图仪或打印机输出，还能够将不同格式的图形导入 AutoCAD 或将 AutoCAD 图形以其他格式输出。因此，当图形绘制完成之后，可以使用多种方法将其输出。例如，可以将图形打印在图纸上，或创建成文件以供其他应用程序使用。

2.2 AutoCAD 2014 中文版的硬件和软件环境

2.2.1 硬件要求

内存：2GB（推荐使用 4GB）。

硬盘：6GB 的可用磁盘空间用于安装。

读入设备：DVD 光盘驱动器。

显示设备：1024×768 显示分辨率真彩色（推荐 1600×1050）显示器及相应的显卡。

定点设备：鼠标或数字化仪表等。

输出设备：绘图仪或打印机。

2.2.2　软件要求

支持安装于 Windows 8、Windows 7 或 Windows XP 等的操作系统，同时需要安装 Microsoft Internet Explorer 7 或更高版本的 Web 浏览器。AutoCAD 2014 中文版必须安装到中文版的操作系统上。

2.3　AutoCAD 2014 中文版的启动和退出

2.3.1　AutoCAD 2014 中文版的启动

软件正确安装后，系统将在桌面上创建一个快捷图标，并在“开始”菜单中的“程序”菜单中创建一个 AutoCAD 2014 中文版程序组。用鼠标双击桌面上 AutoCAD 2014 图标或者执行开始菜单程序组中的 AutoCAD 2014 程序项，均可启动 AutoCAD 2014 中文版。启动后首先显示“欢迎”对话框，操作它可开始绘制一张新图或打开已有的图形文件，也可以查看 AutoCAD 新功能介绍及相关功能的学习视频等。如果不希望在启动时显示这一对话框，可单击“欢迎”对话框中的“启动时显示”复选项，将其中的“√”去掉（即关闭），如图 2-1 所示。

图 2-1 “欢迎” 画面

AutoCAD 2014 成功启动后的画面如图 2-2 所示。

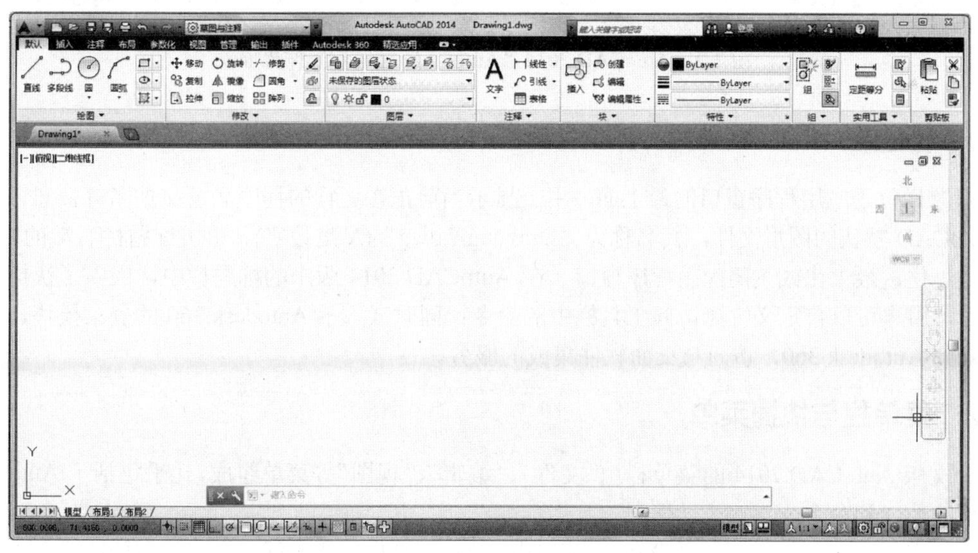

图 2-2　AutoCAD 2014 中文版主界面

2.3.2　AutoCAD 2014 中文版的退出

退出 AutoCAD 时，应按下列方法之一进行：

① 从下拉菜单中选取：“文件” → “退出”。

② 通过键盘在命令行输入命令："Exit" 或 "Quit"。

③ 单击工作界面标题行右边的 "关闭" 按钮。

④ 按下<Alt>+F4 组合键。

2.4 AutoCAD 2014 中文版的绘图界面

AutoCAD 2014 与 Windows 其他应用程序一样，其工作空间主要由菜单栏、工具栏、绘图窗口、文本窗口与命令行、状态行等元素组成。用户可以根据需要安排适合自己的工作界面，图 2-3 所示为 "AutoCAD 经典" 工作界面。

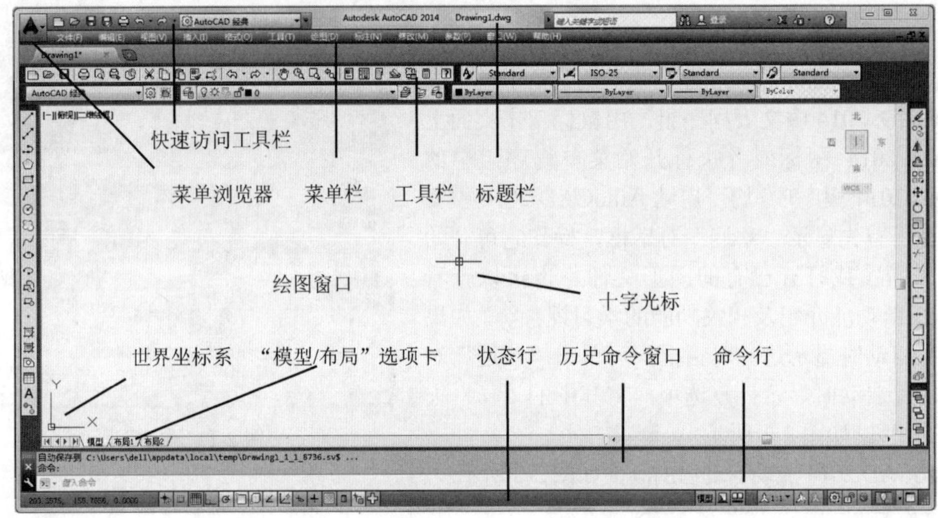

图 2-3　AtuoCAD 2014 "AutoCAD 经典" 工作界面

2.4.1 标题栏

标题栏位于应用程序窗口的最上面，用于显示当前正在运行的程序名及文件名等信息，如果是 AutoCAD 默认的图形文件，其名称为 "Drawing*N*.dwg" (*N* 是数字)。单击标题栏右端的按钮，可以最小化、最大化或关闭应用程序窗口。在 AutoCAD 2014 版中的标题栏中，嵌入了快捷访问工具栏，用户可以自定义快捷访问工具栏中的命令；同时嵌入了 Autodesk 360 的登录模块，以快速登录到 Autodesk 360，访问与桌面软件集成的服务。

2.4.2 菜单栏与快捷菜单

中文版 AutoCAD 2014 的菜单栏由"文件"、"编辑"、"视图"等菜单组成，几乎包括了 AutoCAD 中全部的功能和命令。

快捷菜单又称为上下文相关菜单。在绘图区域、工具栏、状态行、模型与布局选项卡以及一些对话框上右击时，将弹出一个快捷菜单，该菜单中的命令与 AutoCAD 当前状态相关。使用它们可以在不启动菜单栏的情况下快速、高效地完成某些操作。

2.4.3 工具栏

工具栏是应用程序调用命令的另一种方式，它包含许多由图标表示的命令按钮。

在 AutoCAD 中，系统共提供了 20 多个已命名的工具栏。默认情况下，缺省配置的 4 个工具栏的“标准”工具栏、“对象特性”工具栏、“绘图”工具栏、“编辑”工具栏处于打开状态。它们被放置在绘图区上部和绘图区的左侧，使用时可以根据需要移动鼠标把光标指向工具栏的空白处，按住鼠标左键并拖动光标，将工具栏移动到绘图区外的其他地方，也可拖动到绘图区中形成浮动工具栏。它们列出了主要的绘图工具命令、绘图命令、编辑命令，以方便操作。

如果要显示当前隐藏的工具栏，可在任意工具栏上右击，此时将弹出一个快捷菜单，通过选择命令可以显示或关闭相应的工具栏，如图 2-4 所示。如果把光标指向某个按钮并停顿一下，屏幕上就会显示出该工具按钮的名称（称为工具提示），并在状态行中给出该按钮的简要说明。

图 2-4　工具栏快捷菜单

2.4.4　绘图窗口

在 AutoCAD 中，绘图窗口是用户绘图的工作区域，所有的绘图结果都反映在这个窗口中。可以根据需要关闭其周围和里面的各个工具栏，以增大绘图空间。如果图纸比较大，需要查看未显示部分时，可以单击窗口右边与下边滚动条上的箭头，或拖动滚动条上的滑块来移动图纸。

在绘图窗口中除了显示当前的绘图结果外，还显示了当前使用的坐标系类型以及坐标原点、*X* 轴、*Y* 轴、*Z* 轴的方向等。默认情况下，坐标系为世界坐标系（WCS）。

绘图窗口的底部有“模型”（Model）、“布局 1”（Layort1）、“布局 2”（Layort2）三个标签，它们用来控制绘图工作是在模型空间还是在图纸空间进行。AutoCAD 的默认状态是在模型空间，一般的绘图工作都是在模型空间进行，单击“布局 1”或“布局 2”标签可进入图纸空间，图纸空间主要完成打印输出图形的最终布局。如果将鼠标指向任意一个标签，单击右键，可以使用弹出的右键菜单新建、删除、重命名、移动或复制布局，也可以进行页面设置等操作。

2.4.5　命令行与文本窗口

“命令行”窗口位于绘图窗口的底部，用于接收用户输入的命令，并显示 AutoCAD 提示信息。在 AutoCAD 2014 中，“命令行”窗口可以拖放为浮动窗口，如图 2-5 所示。

图 2-5　AutoCAD 2014 命令行和文本窗口

"AutoCAD 文本窗口"是记录 AutoCAD 命令的窗口，是放大的"命令行"窗口，它记录了已执行的命令，也可以用来输入新命令。在 AutoCAD 2014 中，可以选择"视图"→"显示"→"文本窗口"命令，执行"Textscr"命令或按<F2>键来打开 AutoCAD 文本窗口，它记录了对文档进行的所有操作。

2.4.6 状态行

状态行用来显示 AutoCAD 当前的状态，如当前光标的坐标、命令和按钮的说明等。

在绘图窗口中移动光标时，状态行的"坐标"区将动态地显示当前坐标值。坐标显示取决于所选择的模式和程序中运行的命令，共有"相对"、"绝对"和"无"三种模式。

状态行中还包括如推断约束、捕捉、栅格、正交、极轴追踪、对象捕捉、对象追踪、允许/禁止动态 UCS、动态输入、线宽、选择循环、模型（或图纸）等功能按钮。这些按钮按下表示打开，弹起表示关闭。用鼠标单击某项即可打开或关闭相应模式，如图 2-6 所示。

图 2-6　AutoCAD 2014 状态行

2.5 AutoCAD 2014 中文版的图形文件管理

在 AutoCAD 2014 中，图形文件管理包括创建新的图形文件、打开已有的图形文件、关闭图形文件以及保存图形文件等操作。

2.5.1 AutoCAD 2014 的文件格式

AutoCAD 2014 中文版的文件格式有多种，可以向 AutoCAD 的低版本兼容。标准的 AutoCAD 文件格式是以".dwg"为扩展名，默认为 AutoCAD 2013 格式，用户可以通过选项设置成 AutoCAD 2010 及更低版本格式，这样较低版本也可以打开 AutoCAD 2014 中文版图形文件。另外，AutoCAD 还有以".dws"为扩展名的图形标准格式，以及以".dwt"为扩展名的图形样板格式等。

2.5.2 新建图形文件

选择"文件"→"新建"命令（New），或在"标准"工具栏中单击"新建"按钮。可以创建新图形文件，此时将打开"选择样板"对话框。

在"选择样板"对话框中，可以在"名称"列表框中选中某一样板文件，这时在其右面的"预览"框中将显示出该样板的预览图像。单击"打开"按钮，可以以选中的样板文件为样板创建新图形，此时会显示图形文件的布局（选择样板文件 acad.dwt 或 acadiso.dwt 除外）。例如，以样板文件 Gb_a4-Color Dependent Plot Styles 创建新图形文件后如图 2-7 所示。

2.5.3 打开图形文件

打开图形文件的方式有：

① 菜单栏　单击"文件"菜单→"打开"命令；

②"标准"工具栏　单击"标准"图标；

③ 命令行　输入"Open"并回车。

命令执行后可以打开已有的图形文件，此时将打开"选择文件"对话框。选择需要打开的图形文件，在右面的"预览"框中将显示出该图形的预览图像。默认情况下，打开的图形文件的格式为".dwg"。

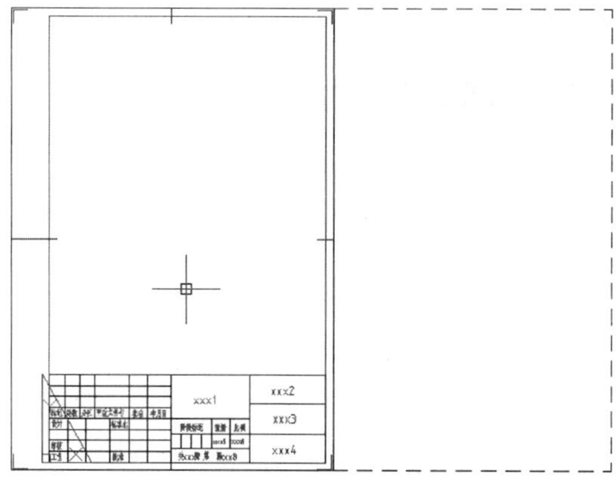

图 2-7　AutoCAD 2014 的选择样板对话框和创建新图形文件

在 AutoCAD 中，可以以“打开”、“以只读方式打开”、“局部打开”和“以只读方式局部打开”四种方式打开图形文件。当以“打开”、“局部打开”方式打开图形时，可以对打开的图形进行编辑，如果以“以只读方式打开”、“以只读方式局部打开”方式打开图形时，则无法对打开的图形进行编辑。参见图 2-8。

图 2-8　AutoCAD 的“打开”选项控制

2.5.4　保存图形文件

在 AutoCAD 中，可以使用多种方式将所绘图形以文件形式存入磁盘。

①“标准”工具栏　单击“保存”图标，以当前使用的文件名保存图形。

② 菜单栏　单击“文件”菜单→“保存”，以当前使用的文件名保存图形。

③ 菜单栏　单击“文件”菜单→“另存为”，将当前图形以新的名称保存。

④ 命令行　输入“Qsave”以当前使用的文件名保存图形输入“Saveas”　将当前图形以新的名称保存。

在第一次保存创建的图形时，系统将打开“图形另存为”对话框。默认情况下，文件以“AutoCAD 2013 图形（*.dwg）”格式保存，也可以在“文件类型”下拉列表框中选择其他格式，如 AutoCAD 2010/LT2010 图形（*.dwg）、AutoCAD 2007/LT2007 图形（*.dwg）以及 AutoCAD

图形样板（*.dwt）等。

2.5.5 关闭图形文件

关闭图形文件的方式有：

① 菜单栏　单击“文件”菜单→“关闭”命令；

② 绘图窗口　单击“关闭”按钮 ；

③ 命令行　输入“Close ”并回车。

图 2-9　AutoCAD 的关闭文件“警告”提示对话框

命令执行后可以关闭当前图形文件。如果当前图形没有存盘，系统将弹出 AutoCAD 警告对话框（图 2-9），询问是否保存文件。此时，单击“是(Y)”按钮或直接按 Enter 键，可以保存当前图形文件并将其关闭；单击“否(N)”按钮，可以关闭当前图形文件但不存盘；单击“取消”按钮，取消关闭当前图形文件操作，既不保存也不关闭。

如果当前所编辑的图形文件没有命名，那么单击“是(Y)”按钮后，AutoCAD 会打开“图形另存为”对话框，要求用户确定图形文件存放的位置和名称。

2.6 AutoCAD 2014 的绘图环境设置

绘图时，用户可根据需要修改 AutoCAD 所提供的缺省系统配置内容，以确定一个最佳的、最适合自己习惯的系统配置。在“选项”对话框中有“文件”、“显示”、“打开和保存”、“打印”、“系统”、“用户系统配置”、“草图”、“选择”、“配置”9 个标签。选择不同的标签，将显示不同的选项。

2.6.1 设置显示性能

在“选项”对话框中，用户可以使用“显示”选项卡设置绘图界面的显示格式、图形显示精度等，“显示”选项卡如图 2-10 所示。

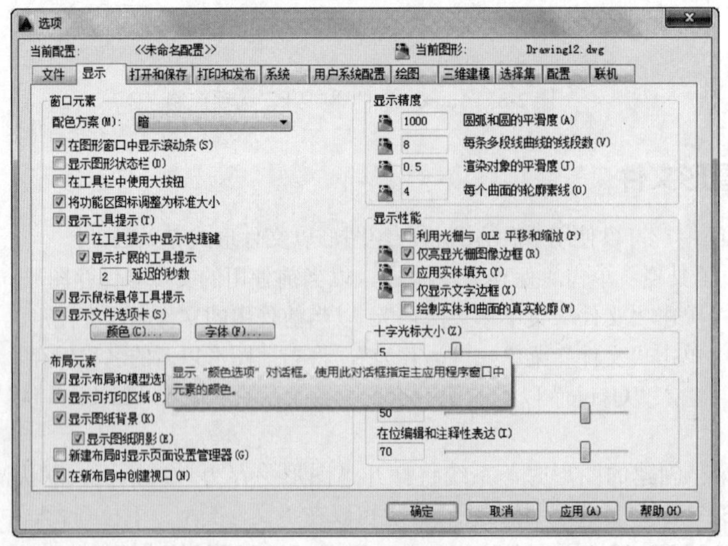

图 2-10“显示”选项卡

（1）窗口元素

用户可以设置 AutoCAD 绘图环境特有的显示设置。各选项的功能如下。

① 图形窗口中显示滚动条　控制在绘图区域的底部和右侧是否显示滚动条。

② 显示图形状态栏　显示“绘图”状态栏，将显示用于缩放注释的若干工具。图形状态栏处于打开状态时，将显示在绘图区域的底部。

③ 在工具栏中使用大按钮　以 32×30 像素的更大格式显示图标。默认显示尺寸为 15×16 像素。

④ 显示工具提示　当光标移动到工具栏按钮上时，控制是否显示工具栏提示；当光标移动到工具栏的按钮上时，是否显示快捷键以及控制扩展工具提示的显示。

⑤ 颜色　显示“颜色选项”对话框。使用此对话框指定主应用程序窗口中各元素的颜色，参见图 2-11。

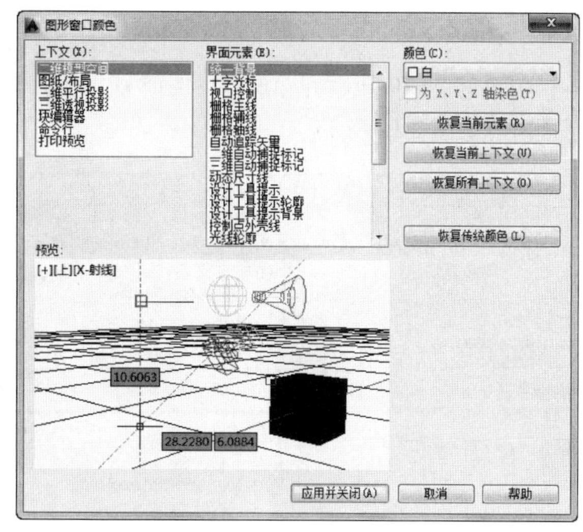

图 2-11　颜色设置对话框

⑥ 字体　显示“命令行窗口字体”对话框。使用此对话框可以指定命令行窗口文字的字体。

（2）显示精度

可以设置控制对象的显示质量。如果设置较高的值提高显示质量，则性能将受到显著影响。

① 圆弧和圆的平滑度　控制圆、圆弧和椭圆的平滑度。值越高，生成的对象越平滑，重生成、平移和缩放对象所需的时间也就越多。可以在绘图时将该选项设置为较低的值（如 100），而在渲染时增加该选项的值，从而提高性能。有效取值范围为 1～20000。默认设置为 1000。

② 每条多段线曲线的线段数　设置每条多段线曲线生成的线段数目。数值越高，对性能的影响越大。可以将此选项设置为较小的值（如 6）来优化绘图性能。有效值的范围从–32767 到 32767。默认设置为 8。

③ 渲染对象的平滑度　控制着色和渲染曲面实体的平滑度。将“渲染对象的平滑度”的输入值乘以“圆弧和圆的平滑度”的输入值来确定如何显示实体对象。要提高性能，可在绘图时将“渲染对象的平滑度”设置为 1 或更低。数目越多，显示性能越差，渲染时间也越长。有效值的范围从 0.01 到 10。默认设置为 0.5。

④ 每个曲面轮廓素线　设置对象上每个曲面的轮廓线数目。数目越多，显示性能越差，渲染时间也越长。有效取值范围为 0～2047。默认设置为 4。

（3）布局元素

控制现有布局和新布局的选项。布局是一个图纸空间环境，用户可在其中设置图形的打印格式。可以设置在绘图区域的底部显示“布局”和“模型”选项卡，设置显示可打印区域以及是否显示图纸背景等。

（4）显示性能

“显示性能”选项组设置影响AutoCAD性能的显示。可以设置使用实时PAN 和ZOOM时光栅图像和OLE 对象的显示、光栅图像选择时的显示等选项。

（5）十字光标大小

控制十字光标的尺寸。可以拖动右边的滑块来调整长度，也可以在左边的文本框中输入长度值，有效值的范围从全屏幕的1%～100%。

2.6.2 设置文件打开与保存方式

在“选项”对话框中，用户可以使用“打开和保存”选项卡，设置打开和保存图形文件时有关操作的选择项，该对话框内容如图2-12所示。

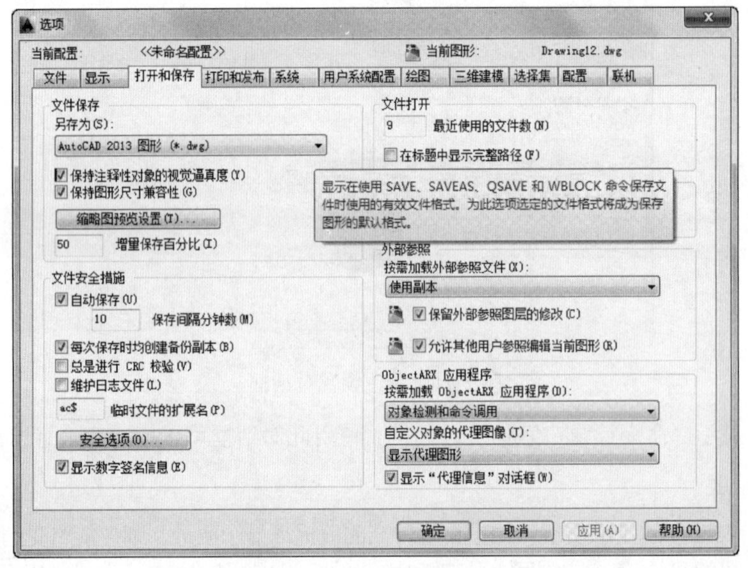

图2-12 “打开和保存”选项卡

（1）文件保存

在“文本保存”选项组中，用户可以设置与保存AutoCAD图形文件有关的项目。设置文件保存格式，保存时是否同时保存图形文件的BMP预览图像，设置图形文件中潜在剩余空间的百分比值等。

（2）文件安全措施

在“文件安全措施”选项组中，用户可以设置避免数据丢失以及检测错误的方法。用户可以设置图形文件自动保存时间，默认是10min。可以设置文件保存时是否创建文件备份，保存文件的同时可以生成扩展名为“.bak”的备份文件，文件大小与原文件一致。如果原图形文件丢失，可以将备份文件的扩展名改为“.dwg”格式，就可以将最近一次保存的图形文件找回来。可以设置是否进行循环冗余校验。也可以通过“安全选项”提供数字签名和密码选项。

（3）文件打开

在“文件打开”选项组中，用户可以设置“文件”下拉菜单底部列出最近打开过的图形文件数目，以及是否在 AutoCAD 窗口顶部的标题后显示当前图形文件的完整路径。

2.6.3　设置图形单位

在 AutoCAD 中，用户可以采用 1∶1 的比例因子绘图，因此，所有的直线、圆和其他对象都可以以真实大小来绘制。例如，如果一个零件长 500cm，那么它可以按 500cm 的真实大小来绘制，在需要打印出图时，再将图形按图纸大小进行缩放。

在中文版 AutoCAD 2014 中，用户可以选择“格式”→“单位”命令，在打开的“图形单位”对话框中设置绘图时使用的长度单位、角度单位，以及单位的显示格式和精度等参数，如图 2-13 所示。

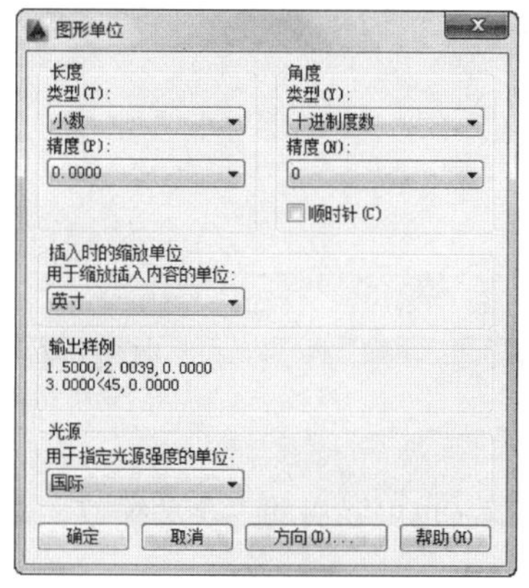

图 2-13　“图形单位”对话框

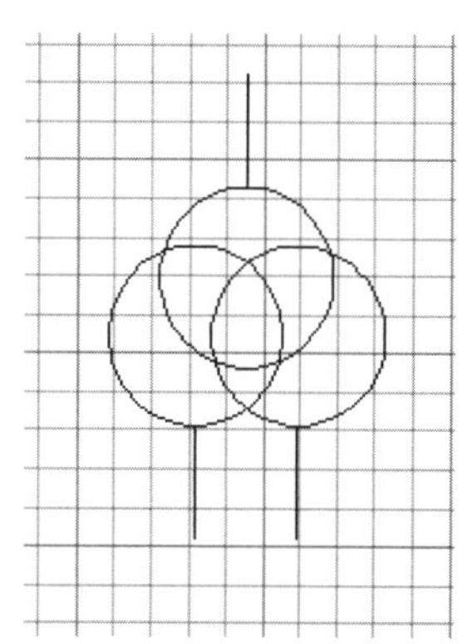

图 2-14　栅格标明的图形界限

2.6.4　设置绘图界限

在中文版 AutoCAD 2014 中，用户不仅可以通过设置参数选项和图形单位来设置绘图环境，还可以设置绘图图限。使用 Limits 命令可以在模型空间中设置一个想象的矩形绘图区域，也称为图限。它确定的区域是可见栅格指示的区域，也是选择“视图”→“缩放”→“全部”命令时决定显示多大图形的一个参数，如图 2-14 所示。当设置系统变量 GRIDSTYLE 的值为 0 时，栅格区域显示为栅格线，值为 1 时则显示为传统的栅格点。

2.7　缩放显示图形

在 AutoCAD 2014 中，将图形放大或者缩小显示，并不改变图形的实际大小，通过这种操作，是为了便于图形的绘制和编辑，便于查看绘图和编辑的结果。

缩放显示图形是 AutoCAD 绘图时非常有用的工具，主要包括全部缩放和范围缩放、窗口缩放和缩放上一个，以及实时缩放和实时平移等。

2.7.1　全部缩放和范围缩放

全部缩放和范围缩放均可以最大化显示图形，所不同的是全部缩放是按照图形的绘图界限最大化显示图形，而范围缩放是按照图形范围最大化显示图形。

（1）全部缩放

单击“缩放”工具栏中的“全部缩放”按钮，或选择菜单“视图”→“缩放”→“全部”命令，即可启动“全部缩放”（Zoom All）命令，利用该命令可以将绘图界限以内的图形全部显示在绘图区，如图 2-15 所示。

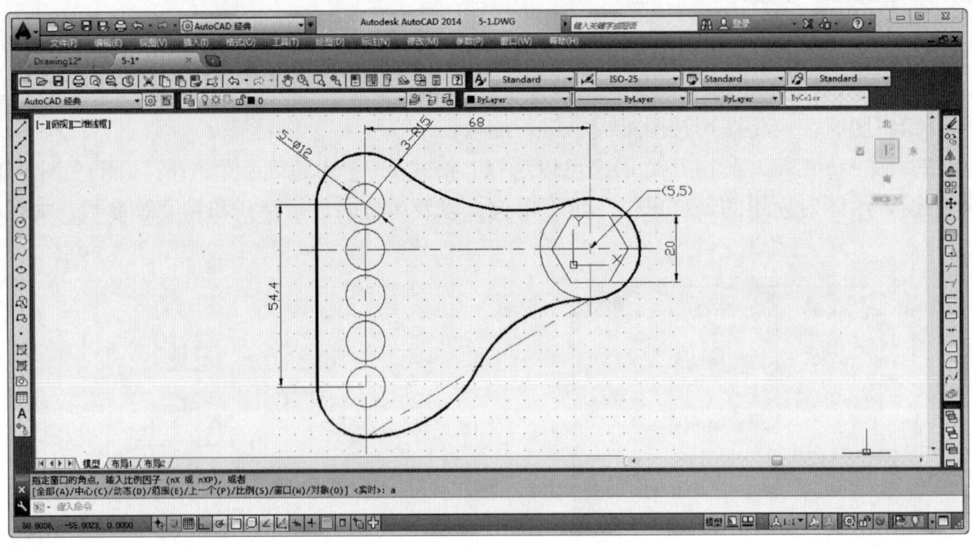

图 2-15 全部显示

在命令行输入 Zoom 命令后回车，然后输入 A 并回车，也可以启动“全部缩放”命令。

（2）范围缩放

单击“缩放”工具栏中的“范围缩放”按钮，或选择菜单“视图”→“缩放”→“范围”命令，即可启动“范围缩放”（Zoom Extents）命令，利用该命令可以按照图形的范围将图形最大化地显示在绘图区。

在命令行输入 Zoom 命令后回车，然后输入 E 并回车，也可以启动“范围缩放”命令。

2.7.2 窗口缩放和缩放上一个

窗口缩放是缩放显示图形时使用最灵活、最频繁的一种方式。利用“窗口缩放”命令缩放显示图形后，可以进行绘图、编辑、标注等操作，然后利用“缩放上一个”命令返回到上一个缩放状态。

（1）窗口缩放

单击“标准”工具栏或“缩放”工具栏中的“窗口缩放”按钮，或选择菜单“视图”→“缩放”→“窗口”命令，即可启动“窗口缩放”（Zoom Window）命令，利用该命令可以将指定的矩形窗口内的图形最大化显示在绘图区。

在命令行输入 Zoom 命令后回车，然后输入 W 并回车，也可以启动“窗口缩放”命令。

（2）缩放上一个

单击“标准”工具栏中的“缩放上一个”按钮，或选择菜单“视图”→“缩放”→“上一个”命令，即可启动“缩放上一个”（Zoom Previous）命令，利用该命令可以返回到上一个缩放显示的图形中。

AutoCAD 可保存最近 10 次缩放所显示的图形，利用“缩放上一个”命令可以从后往前一个个重现前面缩放显示的图形。

在命令行输入 Zoom 命令后回车，然后输入 P 并回车，也可以启动“缩放上一个”命令。

2.7.3 实时缩放和实时平移

“实时缩放”命令和“实时平移”命令结合起来使用，可以灵活地调整显示窗口。

（1）实时缩放

单击“标准”工具栏中的“实时缩放”按钮，或选择菜单“视图”→“缩放”→“实时”命令，即可启动“实时缩放”（Zoom Realtime）命令。

启动“实时缩放”命令后，光标变为，按住鼠标左键不放，垂直向上移动，可以放大图形，垂直向下移动，可以缩小图形。要退出实时缩放模式，可按下<Esc>键或右击，在弹出的快捷菜单中选择“退出”命令。

对图形进行实时缩放，还可以利用智能鼠标左右键之间的滚轮，向前滚动可以放大图形，向后滚动可以缩小图形。滚轮每转动一步，图形将被放大或者缩小 10%。

（2）实时平移

单击“标准”工具栏中的“实时平移”按钮，或选择菜单“视图”→“平移”→“实时”命令，即可启动“实时平移”（Pan Realtime）命令。

启动实时平移命令后，光标变为，按住鼠标左键并移动光标，即可任意移动图形。

拖动绘图区右面的滚动条，或连续单击其上下的两个按钮，可以上下平移图形；拖动绘图区下面的滚动条，或连续单击其左右的两个按钮，可以左右平移图形。

2.8 图形输出打印

图形输出是 AutoCAD 的一个重要环节。利用 AutoCAD 2014 绘制的图形最终要打印在图纸上才能应用于实际生产中。如果不需要对图形进行重新布局，可通过模型空间输出图形。通过模型空间输出图形前，先要进行打印机或绘图仪、打印页面的设置。图形既可以在模型空间打印输出，也可以在图纸空间打印输出。

打印图纸的关键问题之一是打印比例，如果图样是按 1∶1 绘制的，在打印时就应考虑要将图样打印到何种幅面图纸上，来决定打印的输出比例。有时还要调整图形在图纸上的位置和方向。当然，如果在绘制图形前就已经定义并绘制出了图形框线、绘框线，绘图时又根据工程实物尺寸按比例进行了折算，打印时的比例就直接是 1∶1。

2.8.1 添加和配置打印或绘图仪

用户可通过“绘图仪管理器”来添加和配置打印机或绘图仪。

（1）命令执行方式

① 选择菜单栏“文件”→“绘图仪管理器（M）…”。

② 选择菜单栏“工具”→“选项（N）…”→“打印和发布”选项卡→“添加或配置绘图仪（P）…”。

③ 在命令行输入“plottermanager”，再按回车键。

执行命令后，系统弹出“绘图仪管理器”窗口，如图 2-16 所示。

（2）选项说明

如果要使用现有的输出设备，可双击“绘图仪管理器”窗口中输出设备的名称，在弹出的“绘图仪配置编辑器”中根据需要设置“基本”、“端口”、“设备和文档设置”选项卡。“设备和文档设置”选项卡如图 2-17 所示。

图 2-16 “绘图仪管理器”窗口

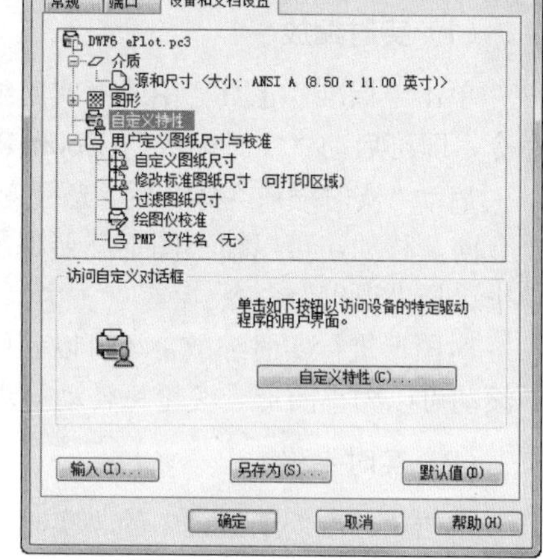

图 2-17 “设备和文档设置”选项卡

如果要添加新的输出设备，可双击“绘图仪管理器”窗口中的“添加绘图仪向导”图标，然后按向导提示完成添加新的输出设备。

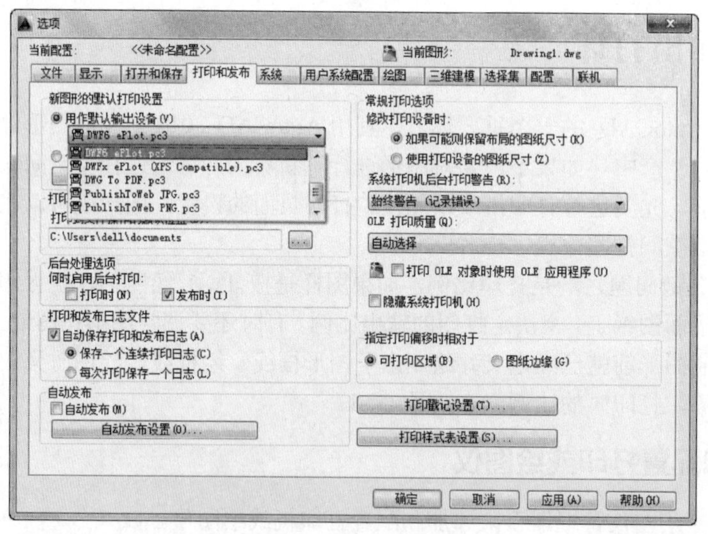

图 2-18 将 DWF6 ePlot.pc3 虚拟打印机设置为默认的输出设备

配置好输出设备后，如果以后经常要使用该输出设备，可在系统配置中将该输出设备设置成默认的输出设备。其方法是：单击菜单“工具”→“选项（N）...”→“打印和发布”选项卡，在默认的打印输出设备下拉列表框中选择要默认的输出设备即可。如图 2-18 所示，将 DWF6 ePlot.pc3 虚拟打印机设置为默认的输出设备。

2.8.2　设置图形输出页面

"页面设置管理器" 用来设置图形输出页面。

（1）命令执行方式

① 选择 "文件" 菜单→ "页面设置管理器（G）…"。

② 在命令行输入 "pagesetup"，再按回车键。

执行命令后，系统弹出 "页面设置管理器" 对话框，如图 2-19 所示。

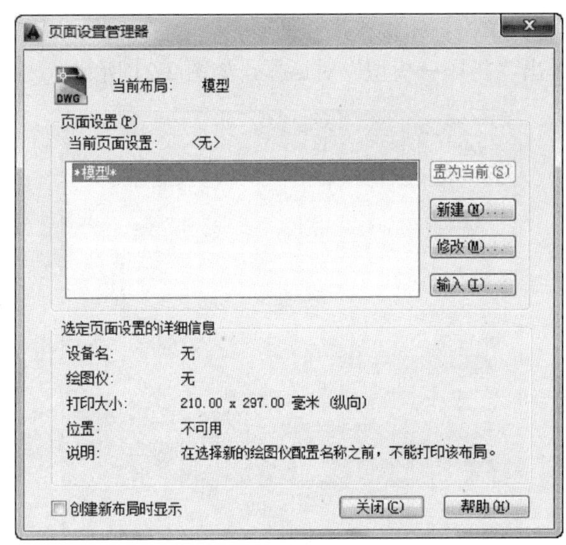

图 2-19 "页面设置管理器" 对话框

（2）选项说明

在"页面设置管理器"对话框中，"新建（N）…"按钮用来新建一种页面样式；"修改（M）…"按钮用来对现有页面样式进行修改；"输入（I）…"用来借用已有的页面样式。如单击"修改（M）…"按钮，将弹出 "页面设置—模型" 对话框，如图 2-20 所示。

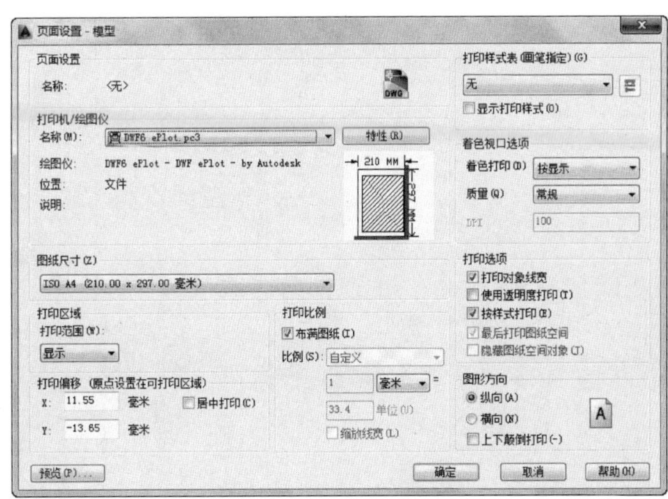

图 2-20　"页面设置—模型" 对话框

在“页面设置—模型”对话框中，“打印机/绘图仪”设置区用来选择输出设备的名称；“图纸尺寸”设置区用来选择图纸的大小；“打印区域”设置区用来选择打印图形的范围；“打印样式”设置区用来选择已有的打印样式；“图形方向”设置区用来选择图形相对于图纸的打印方向。

2.8.3 打印图形

设置好输出设备和页面后就可将图形打印输出。打印输出命令的输入方法有：

① 选择“文件”菜单→“打印（P）…”；

② 在命令行输入“plot”（或快捷命令 Ctrl+p），再按回车键；

③ 在标准工具栏选中并单击打印按钮“ ”。

执行命令后，系统弹出“打印—模型”对话框，如图 2-21 所示。

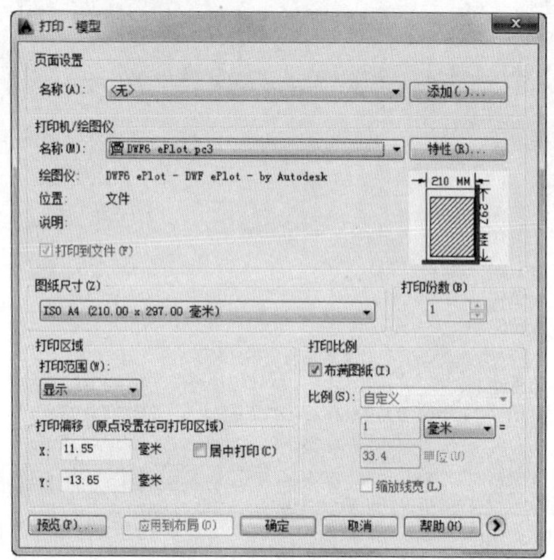

图 2-21“打印—模型”对话框

根据前面已设置好的“页面设置”，在选择要打印的“打印范围”和“打印份数”后，单击“确定”按钮，完成打印。

第 3 章 绘图辅助工具及基本绘图命令

提 要

本章将介绍栅格、捕捉、正交、极轴、对象捕捉及自动追踪等精确绘图命令；介绍图层的创建和使用方法；介绍坐标系统的概念和坐标的应用，利用坐标精确定位点。介绍常用的绘图方法和二维绘图命令，能够利用直线、射线、圆等命令绘制图形。掌握图案填充命令的使用。掌握文字样式的设置方法，能够注写单行和多行文字。能够创建和使用表格。

学习重点

- 栅格和捕捉功能的设置方法。
- 极轴和正交的使用。
- 对象捕捉和自动追踪的使用方法。
- 使用对象捕捉和自动追踪功能绘制综合图形的方法。
- 图层的创建、设置、管理和使用方法。
- 坐标系统的概念。
- 直角坐标、极坐标以及绝对坐标和相对坐标的使用。
- 绘制二维图形对象的基本方法。
- 直线、点、射线、构造线、多线、多段线等的绘制。
- 矩形、正多边形、圆、圆弧、椭圆、椭圆弧、云线等的绘制。
- 设置和编辑图案填充。
- 文字样式和表格样式的创建。
- 掌握注写单行文字、注写多行文字和注写表格的命令。
- 特殊字符的注写。
- 表格的创建方法。

在 AutoCAD 中设计和绘制图形时，如果对图形尺寸比例要求不太严格，可以大致输入图形的尺寸，用鼠标在图形区域直接拾取和输入。但是，有的图形对尺寸要求比较严格，必须按给定的尺寸绘图。这时可以通过常用的指定点的坐标法来绘制图形，还可以使用系统提供的捕捉、对象捕捉、对象追踪等功能，在不输入坐标的情况下快速、精确地绘制图形。AutoCAD 的“草图设置”对话框如图 3-1 所示。

图层是用户组织和管理图形的强有力工具。在中文版 AutoCAD 2014 中，所有图形对象都具有图层、颜色、线型和线宽这 4 个基本属性。用户可以使用不同的图层、不同的颜色、不同的线型和线宽绘制不同的对象和元素，方便控制对象的显示和编辑，从而提高绘制复杂图形的效率和准确性。

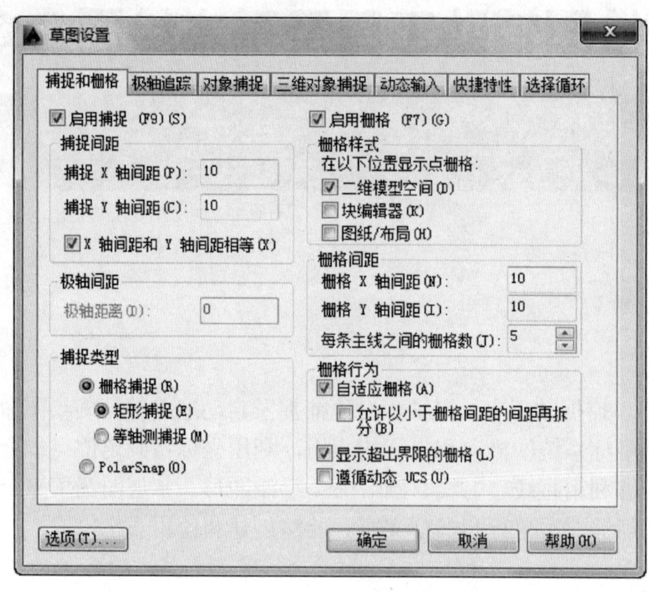

图 3-1“草图设置”对话框

在 AutoCAD 2014 中，使用“绘图”菜单中的命令，可以绘制点、直线、圆、圆弧和多边形等简单二维图形。二维图形对象是整个 AutoCAD 的绘图基础，因此要熟练地掌握它们的绘制方法和技巧。

3.1 精确绘图工具

3.1.1 栅格和捕捉功能

在绘制图形时，尽管可以通过移动光标来指定点的位置，但却很难精确指定点的某一位置。在 AutoCAD 中，使用“捕捉”和“栅格”功能，可以用来精确定位点，提高绘图效率。

（1）打开或关闭捕捉和栅格

“捕捉”用于设定鼠标光标移动的间距。“栅格”是一些标定位置的小点，起坐标纸的作用，可以提供直观的距离和位置参照。要打开或关闭“捕捉”和“栅格”功能，可以选择以下几种方法：

① 在 AutoCAD 程序窗口的状态栏中，单击“捕捉”和“栅格”按钮；

② 按<F7>键打开或关闭栅格，按<F9>键打开或关闭捕捉；

③ 选择“工具”→“绘图设置”命令，打开“草图设置”对话框，在“捕捉和栅格”选项卡中选中或取消“启用捕捉”和“启用栅格”复选框。

（2）相关参数的设置

利用“草图设置”对话框中的“捕捉和栅格”选项卡，可以设置捕捉和栅格的相关参数，各选项的功能如下。

“启用捕捉”复选框　打开或关闭捕捉方式。选中该复选框，可以启用捕捉。

“捕捉间距”选项组　设置捕捉 *X* 和 *Y* 方向的间距，限制光标仅在指定的 *X* 和 *Y* 间隔内移动。

“启用栅格”复选框　打开或关闭栅格的显示。选中该复选框，可以启用栅格。

“栅格样式”选项组　用于在二维上下文中设定栅格样式。可以设置二维模型空间，将块编辑器、图纸/布局的栅格样式设定为点栅格。

“栅格间距”选项组　设置栅格间距。如果栅格的 *X* 轴和 *Y* 轴间距值为 0，则栅格采用“捕捉”的 *X* 轴和 *Y* 轴间距的值。

“栅格行为”选项组　控制显示栅格的外观、界限等。“自适应栅格”可以控制实时缩放时栅格的显示密度；“显示超出界线的栅格”可以使超出 Limits 命令指定的区域显示栅格；“遵循动态 UCS”可以更改栅格平面以跟随动态 UCS 的 *XY* 平面。如图 3-2 所示。

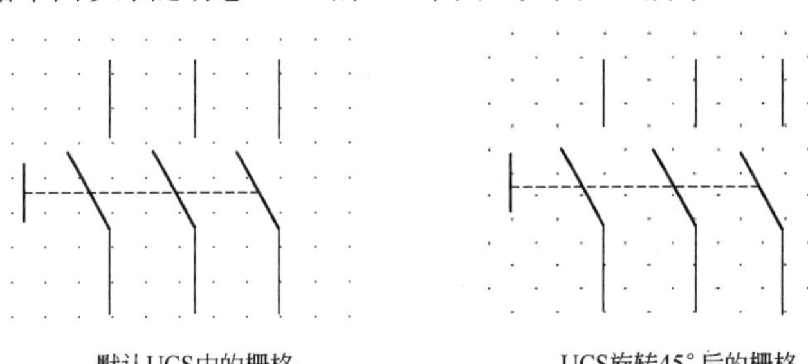

图 3-2　捕捉角度的设置

“极轴间距”选项组　控制“极轴捕捉”的增量距离，距离值可以在下面的“极轴距离中设置”。

“捕捉类型和样式”选项组　可以设置捕捉类型和样式，包括“栅格捕捉”和“极轴捕捉”（Polarsnap）两种。

① 栅格捕捉　设置栅格捕捉类型。如果指定点，光标将沿垂直或水平栅格点进行捕捉。可以设置为矩形捕捉和等轴测捕捉模式。

a．矩形捕捉。将捕捉样式设置为标准“矩形”捕捉模式。当捕捉类型设置为“栅格”并且打开“捕捉”模式时，光标将捕捉矩形捕捉栅格。

b．等轴测捕捉。将捕捉样式设置为“等轴测”捕捉模式。当捕捉类型设置为“栅格”并且打开“捕捉”模式时，光标将捕捉等轴测捕捉栅格。

② 极轴捕捉　将捕捉类型设置为“极轴捕捉”。可以按照“极轴距离”中指定的距离进行捕捉。如果打开了“捕捉”模式并在极轴追踪打开的情况下指定点，光标将沿在“极轴追踪”选项卡上相对于极轴追踪起点设置的极轴对齐角度进行捕捉。捕捉及栅格选项如图 3-3 所示。

3.1.2　正交功能

AuotCAD 提供的正交模式也可以用来精确定位点，它将定点设备的输入限制为水平或垂直。在正交模式下，可以方便地绘出与当前 *X* 轴或 *Y* 轴平行的线段。在 AutoCAD 程序窗口的状态栏中单击“正交”按钮，或按<F8>键，可以打开或关闭正交方式。

打开正交功能后，输入的第一点是任意的，但当移动光标准备指定第二点时，引出的橡皮筋线已不再是这两点之间的连线，而是起点到光标十字线的垂直线中较长的那段线，此时单击，橡皮筋线就变成所绘直线。

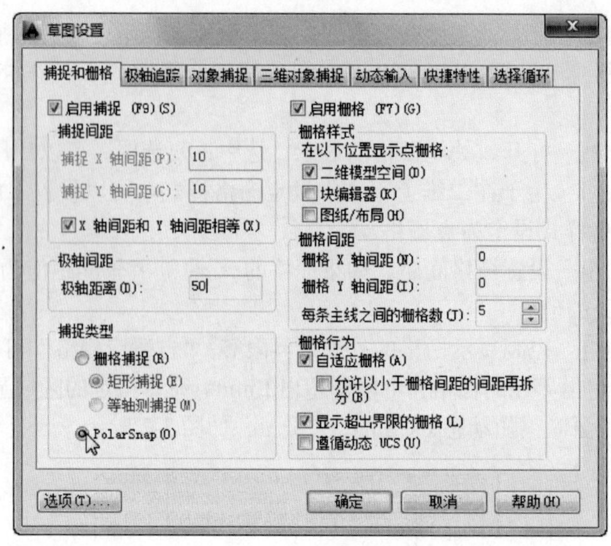

图 3-3　设置极轴捕捉

3.1.3　极轴追踪

按<F10>键或在状态栏的“极轴追踪”按钮上单击鼠标左键，可打开或关闭极轴追踪功能。

（1）极轴追踪

使用极轴追踪的功能，可以用指定的角度来绘制对象。用户在极轴追踪模式下确定目标点时，系统会在光标接近指定的角度方向上显示临时的对齐路径，并自动地在对齐路径上捕捉距离光标最近的点（即极轴角固定、极轴距离可变），同时给出该点的信息提示，用户可据此准确地确定目标点，如图 3-4 所示。

从图中可以看到，使用极轴追踪关键是设置极轴角。用户在“草图设置”对话框的“极轴追踪”选项卡中可以对极轴角进行设置，如图 3-5 所示。

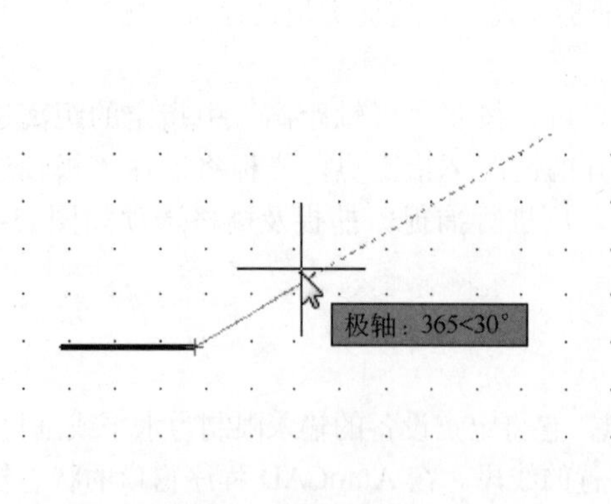

图 3-4　极轴追踪

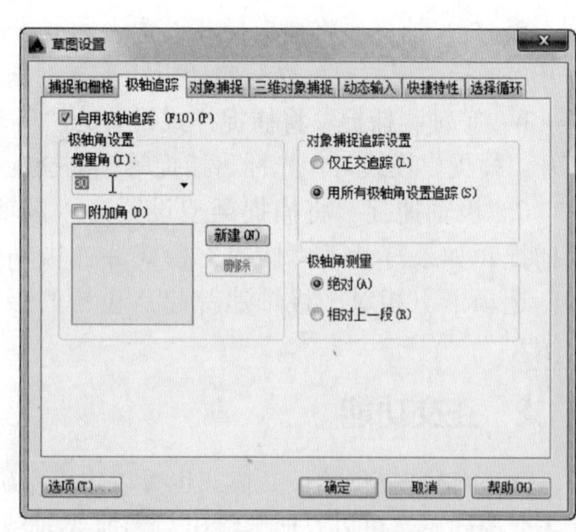

图 3-5　极轴追踪角度设置

（2）极轴角的设置

① 增量角　在框中选择或输入某一增量角后，系统将沿与增量角成整倍数的方向上指定点

的位置。例如，增量角为 45°，系统将沿着 0°、45°、90°、135°、180°、225°、270°和 315°方向指定目标点的位置。

② 附加角　除了增量角以外，用户还可以指定附加角来指定追踪方向。注意，附加角的整数倍方向并没有意义。如用户需使用附加角，可单击“新建”按钮在表中添加，最多可定义 10 个附加角。不需要的附加角可用“删除”按钮删除。

③ 极轴角测量单位　极轴角的测量方法有两种。

● 绝对：以当前坐标系为基准计算极轴追踪角。

● 相对上一段：以最后创建的两个点之间的直线为基准计算极轴追踪角。如果一条直线以其他直线的端点、中点或最近点等为起点，极轴角将相对该直线进行计算。

（3）极轴捕捉距离设置

使用极轴捕捉，可以在极轴追踪时，准确地捕捉临时对齐方向上指定间距的目标点。

注意，当“极轴追踪”模式设置为打开时，用户仍可以用光标在非对齐方向上指定目标点，这与“捕捉”模式不同。当这两种模式均处于打开状态时，只能以捕捉模式（包括栅格捕捉和极轴捕捉）为准。

（4）使用极轴替代角度

可以输入一个极轴替代角度来指定极轴追踪角。其方法是：在命令行提示点时输入角度值，并在角度值前添加一个左尖括号“<”。下面命令序列显示了在 Line 命令过程中输入 33 替代角度来绘制由已知点起角度为 33°、长度为 100 的直线段。

```
命令：Line
指定第一点：指定直线的起点
指定下一点（放弃（U））：<33
角度替代：33
指定下一点（放弃（U））：100
```

（5）极轴追踪应用举例

下面以绘制一条长度为 50 个单位与 X 轴成 60°角的直线为例，说明极轴追踪的具体应用。步骤如下。

① 在状态栏“极轴追踪”功能按钮上单击右键，打开“草图设置”对话框，选中“启用极轴追踪”，并将“增量角”设置为 30°。单击“确定”关闭对话框。

② 输入直线命令“Line”回车，在绘图区选择第一点，移动鼠标，当光标跨过 0°或者 30°及其倍数角度时，AutoCAD 将显示对齐路径和工具栏提示，如图 3-6 所示。虚线为对齐路径。

③ 当显示提示 60°角的时候，输入线段长度 50 并回车，AutoCAD 就在绘图区绘出了与 X 轴成 60°角且长度为 50 的一段直线。当光标从该角度移开时，对齐路径和工具栏提示消失。

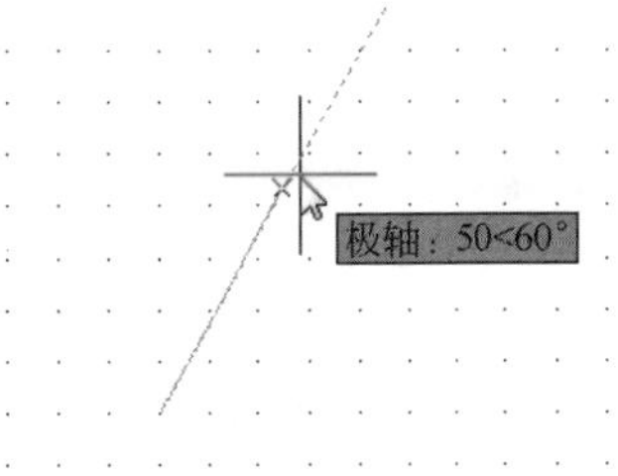

图 3-6　极轴追踪应用

3.1.4　对象捕捉和对象捕捉追踪

在绘图的过程中，经常要指定一些对象上已有的点，例如端点、圆心和两个对象的交点等。如果只凭观察来拾取，不可能非常准确地找到这些点。在 AutoCAD 中，可以通过“对象捕捉”工具栏和“草图设置”对话框等方式调用对象捕捉功能，迅速、准确地捕捉到某些特殊点，从而精确地绘制图形。

（1）对象捕捉

打开“草图设置”对话框，选择“对象捕捉”选项卡，如图 3-7 所示。选定需要的选项后，AutoCAD 将应用选定的捕捉模式去准确捕捉对象的关键点。另外，也可以使用“对象捕捉”工具栏，根据需要单独选择捕捉模式。

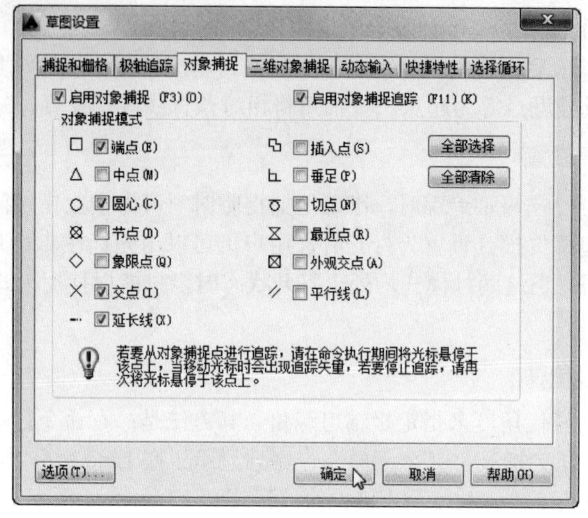

图 3-7　对象捕捉模式设置

① 启用对象捕捉　打开或关闭执行对象捕捉。当对象捕捉打开时，在“对象捕捉模式”下选定的对象捕捉处于活动状态。

② 启用对象捕捉追踪　打开或关闭对象捕捉追踪。使用对象捕捉追踪，在命令中指定点时，光标可以沿基于其他对象捕捉点的对齐路径进行追踪。系统自动捕捉到对象上所有符合条件的几何特征点，并显示相应的标记。要使用对象捕捉追踪，必须打开一个或多个对象捕捉。

③ 对象捕捉模式　列出可以在执行对象捕捉时打开的对象捕捉模式。

a. 端点。捕捉到圆弧、椭圆弧、直线、多线、多段线线段、样条曲线、面域或射线最近的端点，或捕捉宽线、实体或三维面域的最近角点。如图 3-8 所示。

b. 中点。捕捉到圆弧、椭圆、椭圆弧、直线、多线、多段线线段、面域、实体、样条曲线或参照线的中点。

c. 圆心。捕捉到圆弧、圆的圆心，或椭圆、椭圆弧的中心点。如图 3-9 所示。

d. 节点。捕捉到点对象、标注定义点或标注文字起点。

e. 象限。捕捉到圆弧、圆、椭圆或椭圆弧的象限点。如图 3-10 所示。

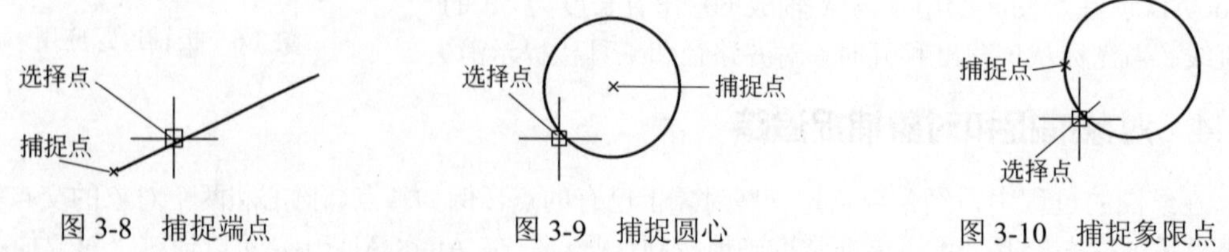

图 3-8　捕捉端点　　图 3-9　捕捉圆心　　图 3-10　捕捉象限点

f. 交点。捕捉到圆弧、圆、椭圆、椭圆弧、直线、多线、多段线、射线、面域、样条曲线或参照线的交点。“延伸交点”不能用作执行对象的捕捉模式。“交点”和“延伸交点”不能和三维实体的边或角点一起使用。

g．延伸。当光标经过对象的端点时，显示临时延长线或圆弧，以便用户在延长线或圆弧上指定点。

h．插入点。捕捉到属性、块、形或文字的插入点。

i．垂足。捕捉圆弧、圆、椭圆、椭圆弧、直线、多线、多段线、射线、面域、实体、样条曲线或参照线的垂足。当正在绘制的对象需要捕捉多个垂足时，将自动打开“递延垂足”捕捉模式。可以用直线、圆弧、圆、多段线、射线、参照线、多线或三维实体的边作为绘制垂直线的基础对象。

j．切点。捕捉到圆弧、圆、椭圆、椭圆弧或样条曲线的切点，如图 3-11 所示。该点与上一点相连，所形成的直线与圆或圆弧相切。

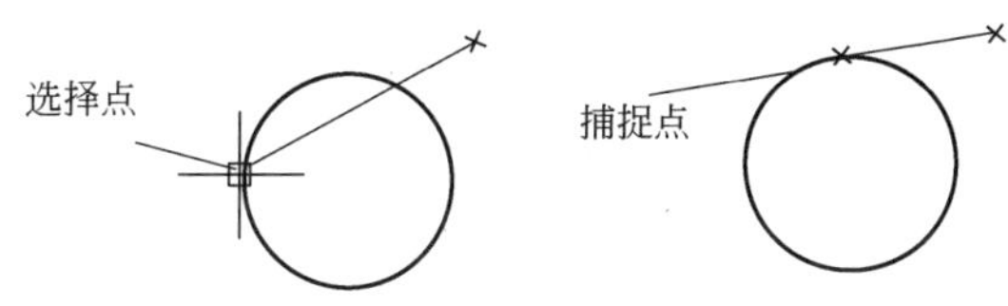

图 3-11　捕捉切点

k．最近点。捕捉到圆弧、圆、椭圆、椭圆弧、直线、多线、点、多段线、射线、样条曲线或参照线的最近点。

l．外观交点。捕捉到不在同一平面但是可能看起来在当前视图中相交的两个对象的外观交点。“延伸外观交点”不能用作执行对象捕捉模式。“外观交点”和“延伸外观交点”不能和三维实体的边或角点一起使用。

注意：如果同时打开“交点”和“外观交点”执行对象捕捉，可能会得到不同的结果。

m．平行。无论何时提示用户指定矢量的第二个点时，都要绘制与另一个对象平行的矢量。指定矢量的第一个点后，如果将光标移动到另一个对象的直线段上，即可获得第二个点。如果创建的对象的路径与这条直线段平行，将显示一条对齐路径，可用它创建平行对象。

④ 对象捕捉工具栏

如图 3-12 所示，用户在使用捕捉时也可以打开对象捕捉工具栏，单独启用某种捕捉模式。各按钮的功能如下。

图 3-12　对象捕捉工具栏

临时追踪点：创建用于“对象捕捉”的临时追踪点。

捕捉自：在命令中定位点自参照点的偏移。

捕捉到端点：捕捉直线段或圆弧等实体的端点。

捕捉到中点：捕捉直线段或圆弧等实体的中点。

捕捉到交点：捕捉直线段、圆弧、圆等实体之间的交点。

捕捉到外观交点：捕捉两个对象的外观交点。

捕捉到延伸线：捕捉实体延长线上的点。捕捉此点前，应先捕捉该实体上的某端点。

捕捉到圆心：捕捉圆或圆弧的圆心。

捕捉到象限点：捕捉圆或圆弧上 0°、90°、180°、270°位置上的点。

捕捉到切点：捕捉所画线段与某圆或圆弧的切点。

捕捉到垂足：捕捉所画线段与某直线段、圆、圆弧或其延长线垂直的点。

捕捉到平行线：捕捉与某线平行的点。此不能捕捉绘制实体的起点。

捕捉到插入点：捕捉图块的插入点。

捕捉到节点：捕捉由“Point”等命令绘制的点。

捕捉到最近点：捕捉直线、圆、圆弧等实体上最靠近光标方框中心的点。

无捕捉：不执行当前选择的对象捕捉。

对象捕捉设置：设置执行对象捕捉模式。

（2）覆盖捕捉模式

在 AutoCAD 中，对象捕捉模式又可以分为运行捕捉模式和覆盖捕捉模式。

在“草图设置”对话框的“对象捕捉”选项卡中，设置的对象捕捉模式始终处于运行状态，直到关闭为止，称为运行捕捉模式。

如果在点的命令行提示下输入关键字（如“End”、“Mid”等），单击“对象捕捉”工具栏中的工具或在对象捕捉快捷菜单中选择相应命令，只临时打开捕捉模式，称为覆盖捕捉模式，仅对本次捕捉点有效，在命令行中显示一个“于”标记。设置覆盖捕捉模式后，系统将暂时覆盖运行捕捉模式。

（3）对象捕捉追踪功能

“对象捕捉追踪”和“极轴追踪”都属于 AutoCAD 的“自动追踪”功能，“自动追踪”有助于按指定角度或与其他对象的指定关系绘制对象。当“自动追踪”打开时，临时对齐路径有助于以精确的位置和角度创建对象。

使用对象捕捉追踪沿着对齐路径进行追踪，对齐路径是基于对象捕捉点的。已获取的点将显示一个小加号（+），一次最多可以获取❼个追踪点。获取了点之后，当在绘图路径上移动光标时，相对于获取点的水平、垂直或极轴，对齐路径将显示出来。例如，可以基于对象端点、中点或者对象的交点，沿着某个路径选择一点。

例如，已知有一条水平直线 *ab*，要画一条与水平成 45° 角并且与过端点 *b* 的垂直线相交的线段 *ac*。步骤如下。

① 打开对象捕捉模式，设置捕捉端点，并打开对象追踪，绘制直线段 *ab*。

② 单击直线的起点 *a* 开始绘制直线，将光标移动到直线的端点 *b* 处捕捉到该点。沿垂直对齐路径移动光标，直至出现极轴追踪路径为止（极轴 45°，垂直 90°），单击鼠标确定点 *c* 的位置，如图 3-13 所示。

默认情况下，对象捕捉追踪设置为正交。对齐路径将显示在始于已获取的对象点的 0°、90°、180° 和 270° 方向上。用户可以在“草图设置”—“极轴追踪”中“对象捕捉追踪”选项组里设置“用所有极轴角设置追踪”，即使用增量角、附加角等方向显示追踪路径，如图 3-14 所示。

注意：对象捕捉追踪应与对象捕捉配合使用。使用对象捕捉追踪时，必须打开一个或多个对象捕捉，同时启用对象捕捉。但极轴追踪的状态不影响对象捕捉追踪的使用，即使极轴追踪处于关闭状态，用户仍可在对象捕捉追踪中使用极轴角进行追踪。

3.1.5 使用动态输入

在 AutoCAD 2014 中，使用动态输入功能可以在指针位置处显示标注输入和命令提示等信息，从而极大地方便了绘图。

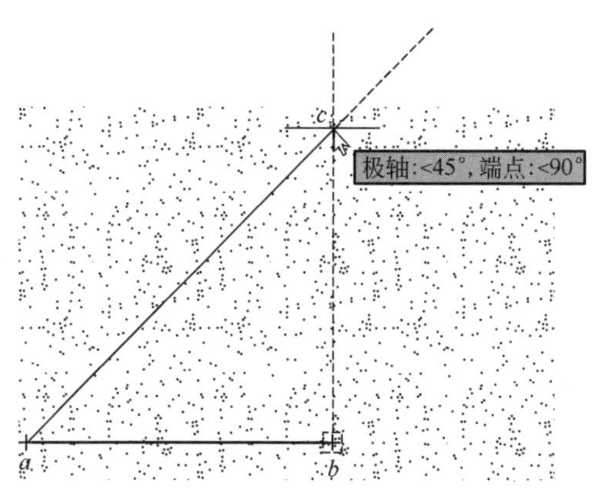

图 3-13 对象捕捉追踪的应用

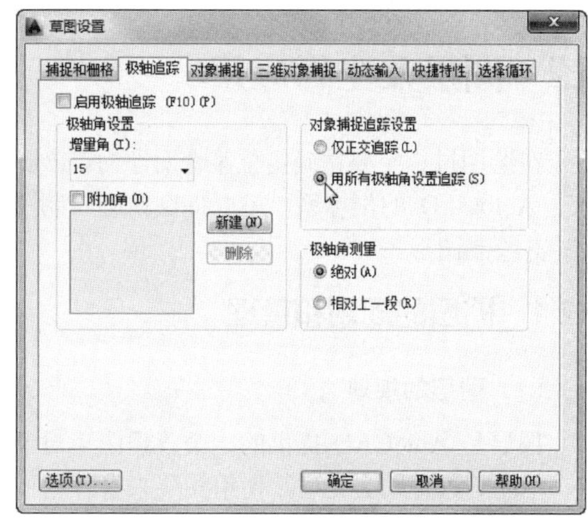

图 3-14 设置对象追踪角度及模式

（1）启用指针输入

在“草图设置”对话框的“动态输入”选项卡中，选中“启用指针输入”复选框可以启用指针输入功能。可以在“指针输入”选项组中单击“设置”按钮，使用打开的“指针输入设置”对话框设置指针的格式和可见性，如图 3-15 所示。

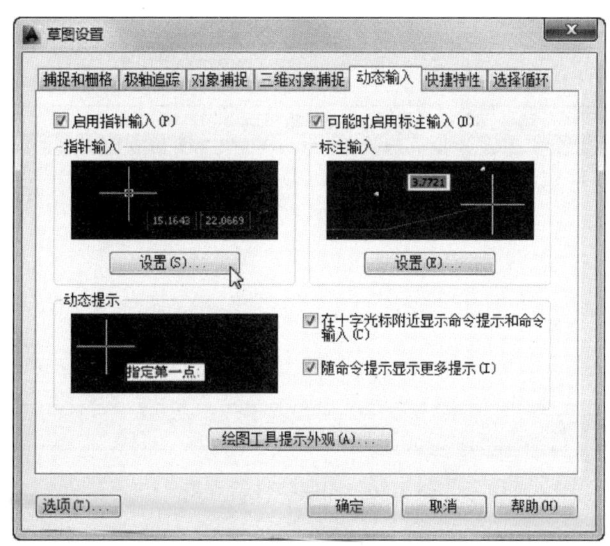

图 3-15 设置动态输入方式

（2）用标注输入

在“草图设置”对话框的“动态输入”选项卡中，选中“可能时启用标注输入”复选框，可以启用标注输入功能。在“标注输入”选项组中单击“设置”按钮，使用打开的“标注输入的设置”对话框，可以设置标注的可见性。

（3）显示动态提示

在“草图设置”对话框的“动态输入”选项卡中，选中“动态提示”选项组中的“在十字光标附近显示命令提示和命令输入”复选框，可以在光标附近显示命令提示。

3.2 图层及坐标应用

在绘图过程中要精确定位某个对象时，必须以某个坐标系作为参照，以便精确拾取点的位置。通过 AutoCAD 的坐标系，可以提供精确绘制图形的方法，可以按照非常高的精度标准，准确地设计并绘制图形。

3.2.1 图层的规划和管理

（1）图层的规划

图层是 AutoCAD 提供的一个管理图形对象的工具，用户可以根据图层对图形几何对象、文字、标注等进行归类处理，使用图层来管理它们，不仅能使图形的各种信息清晰、有序，便于观察，而且也会给图形的编辑、修改和输出带来很大的方便。

通过建立图层，可以将图形分为若干组，例如一张电气工程图可以分连接线组、母线组、开关组、尺寸标注组等，将每组作为一个图层。在绘图过程中，用户可以根据需要随时设定图层特性，这样可以提高绘图效率，减少意外删除图线的可能。

① 图层特性管理器　AutoCAD 提供了图层特性管理器，利用该工具用户可以很方便地创建图层以及设置其基本属性。选择“格式”→“图层”命令，即可打开“图层特性管理器”对话框，如图 3-16 所示。

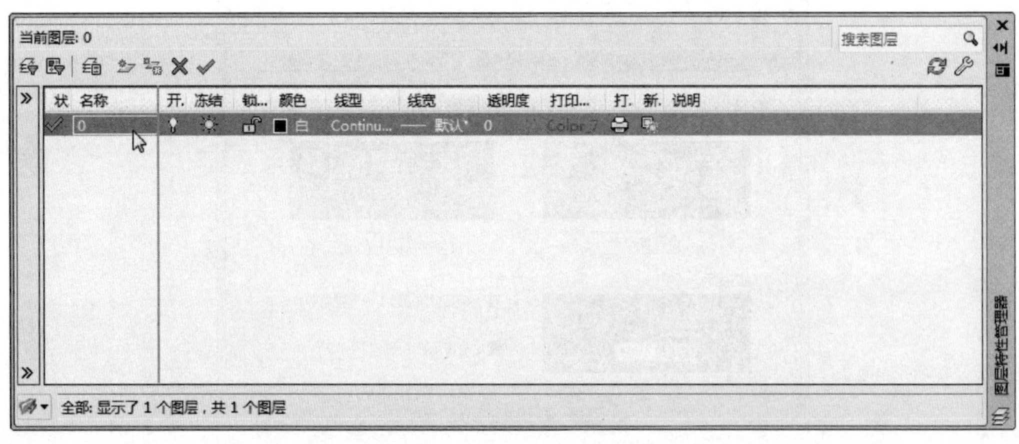

图 3-16　图层特性管理器

② 创建新图层　开始绘制新图形时，AutoCAD 将自动创建一个名为 0 的特殊图层。默认情况下，图层 0 将被指定使用 7 号颜色（白色或黑色，由背景色决定）、Continuous 线型、默认线宽及 Normal 打印样式，用户不能删除或重命名该图层 0。在绘图过程中，如果用户要使用更多的图层来组织图形，就需要先创建新图层。

在“图层特性管理器”对话框中单击“新建图层”按钮，可以创建一个名称为“图层 1”的新图层。默认情况下，新建图层与当前图层的状态、颜色、线型、线宽等设置相同。

当创建了图层后，图层的名称将显示在图层列表框中，如果要更改图层名称，可单击该图层名，然后输入一个新的图层名并按<Enter>键即可。

③ 设置图层颜色　颜色在图形中具有非常重要的作用，可用来表示不同的组件、功能和区域。图层的颜色实际上是图层中图形对象的颜色。每个图层都拥有自己的颜色，对不同的图层可

以设置相同的颜色，也可以设置不同的颜色，绘制复杂图形时就可以很容易区分图形的各部分。

新建图层后，要改变图层的颜色，可在“图层特性管理器”对话框中单击图层的“颜色”列对应的图标，打开“选择颜色”对话框，如图 3-17 所示。

④ 设置图层线型　线型是指图形基本元素中线条的组成和显示方式，如虚线和实线等。在 AutoCAD 中既有简单线型，也有由一些特殊符号组成的复杂线型，以满足不同国家或行业标准的要求，如图 3-18 所示。

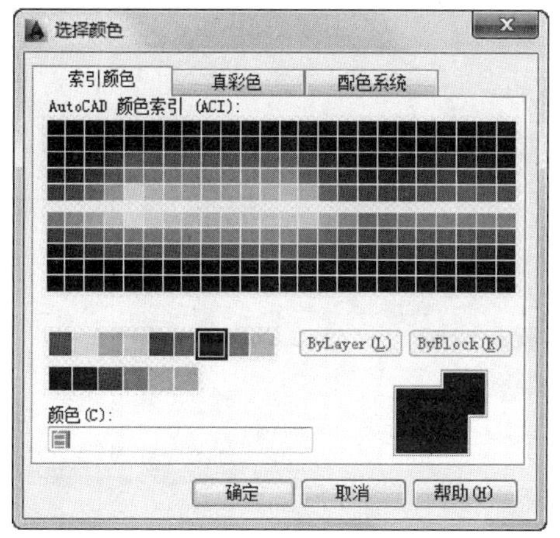

图 3-17 “选择颜色”对话框

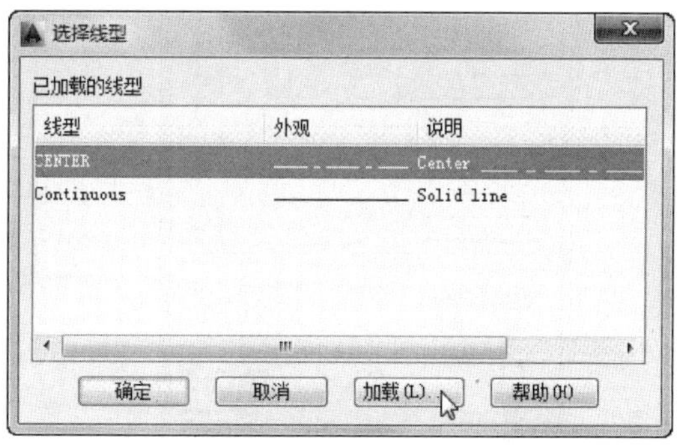

图 3-18 “选择线型”对话框

a. 设置图层线型。在绘制图形时要使用线型来区分图形元素，这就需要对线型进行设置。默认情况下，图层的线型为 Continuous。要改变线型，可在图层列表中单击“线型”列的 Continuous，打开“选择线型”对话框，在“已加载的线型”列表框中选择一种线型，然后单击“确定”按钮。

默认情况下，在“选择线型”对话框的“已加载的线型”列表框中只有 Continuous 一种线型，如果要使用其他线型，必须将其添加到“已加载的线型”列表框中。可单击“加载”按钮打开“加载或重载线型”对话框，从当前线型库中选择需要加载的线型，然后单击“确定”按钮。

b. 设置线型比例。选择“格式”→“线型”命令，打开“线型管理器”对话框，如图 3-19 所示，可设置图形中的线型比例，从而改变非连续线型的外观。

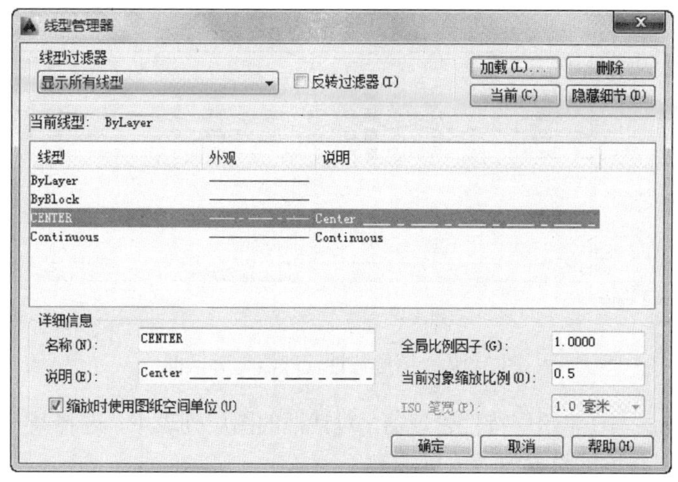

图 3-19 设置线型比例

c．设置图层线宽。线宽设置就是改变线条的宽度。在AutoCAD中，使用不同宽度的线条表现对象的大小或类型，可以提高图形的表达能力和可读性。

要设置图层的线宽，可以在“图层特性管理器”对话框的“线宽”列中单击该图层对应的线宽“——默认”，打开“线宽”对话框，有20多种线宽可供选择。也可以选择“格式”→“线宽”命令，打开“线宽设置”对话框，通过调整线宽比例，使图形中的线宽显示得更宽或更窄。

用不同线宽绘制图形后，需将AutoCAD状态栏中的“线宽”功能按钮打开，方能显示不同线宽效果，如图3-20所示。

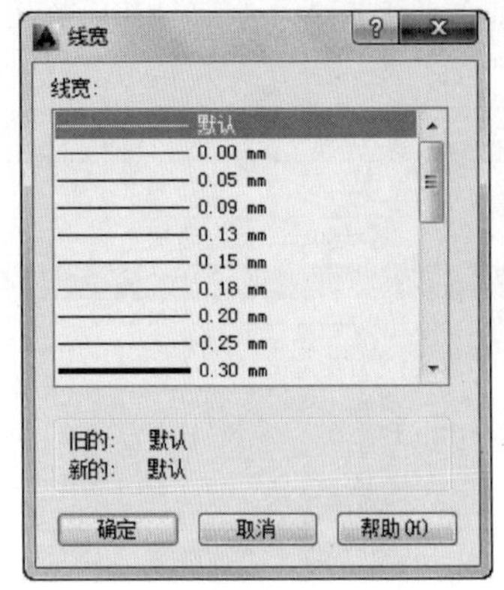

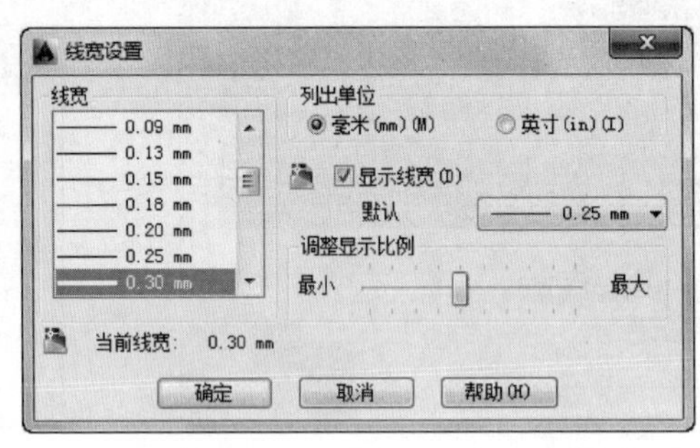

图3-20 设置线宽

（2）图层的管理

在AutoCAD中，使用“图层特性管理器”对话框不仅可以创建图层，设置图层的颜色、线型和线宽，还可以对图层进行更多的设置与管理，如图层的切换、重命名、删除及图层的显示控制等。

① 设置图层特性 使用图层绘制图形时，新对象的各种特性将默认为随层，由当前图层的默认设置决定。也可以单独设置对象的特性，新设置的特性将覆盖原来随层的特性。在“图层特性管理器”对话框中，每个图层都包含状态、名称、打开/关闭、冻结/解冻、锁定/解锁、线型、颜色、线宽和打印样式等特性，如图3-21所示。

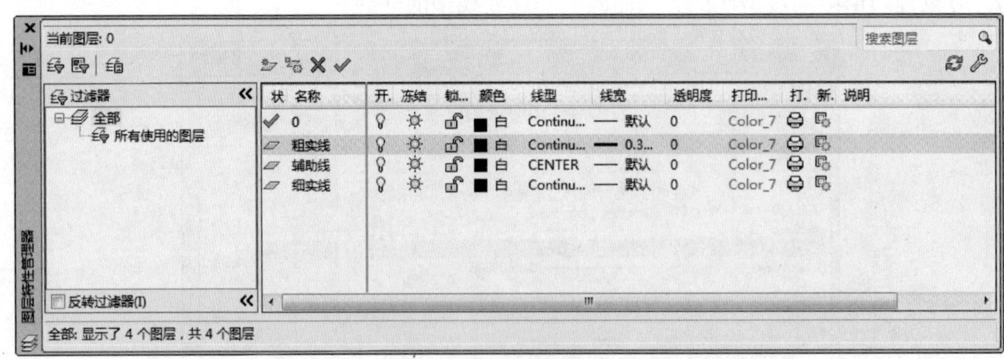

图3-21 “图层特性管理器”对话框

② 切换当前图层 在“图层特性管理器”对话框的图层列表中，选择某一图层后，单击“当前图层”按钮，即可将该层设置为当前层。

在实际绘图时，为了便于操作，也可以通过“图层”工具栏来实现图层切换，这时只需选择要将其设置为当前层的图层名称即可，如图 3-22 所示。

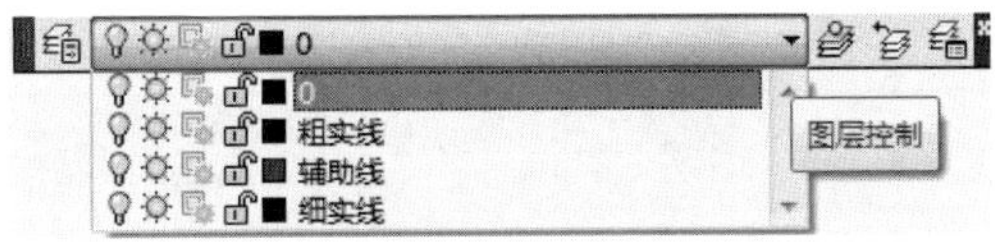

图 3-22 “图层”工具栏

③ 使用“新特性过滤器”过滤图层　在 AutoCAD 中，图层过滤功能大大简化了在图层方面的操作。图形中包含大量图层时，在“图层特性管理器”对话框中单击“新特性过滤器”按钮，可以使用打开的“图层过滤器特性”对话框来命名图层过滤器，如图 3-23 所示。

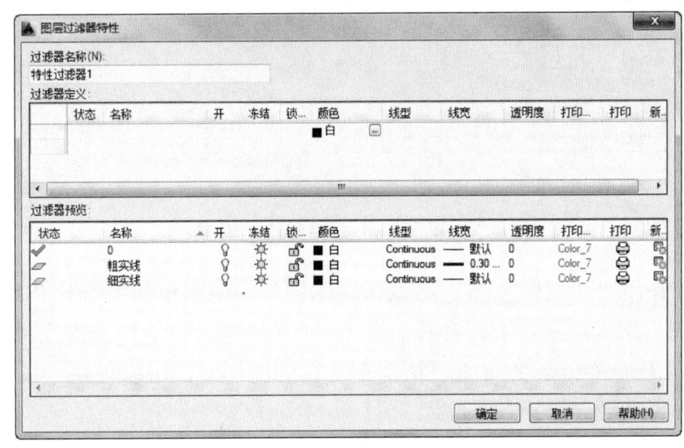

图 3-23 图层过滤器特性

④ 使用“新组过滤器”过滤图层　在 AutoCAD　2014 中，还可以通过“新组过滤器”过滤图层。可在“图层特性管理器”对话框中单击“新组过滤器”按钮，并在对话框左侧过滤器树列表中添加一个“组过滤器 1”（也可以根据需要命名组过滤器）。在过滤器树中单击“所有使用的图层”节点或其他过滤器，显示对应的图层信息，然后将需要分组过滤的图层拖动到创建的“组过滤器 1”上即可，如图 3-24 所示。

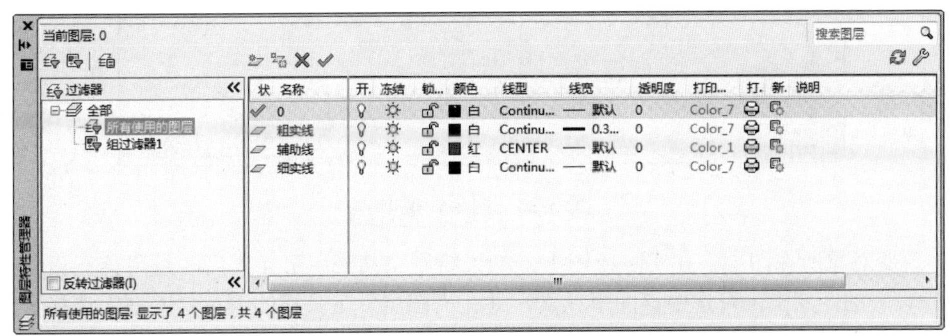

图 3-24 组特性过滤器

⑤ 保存与恢复图层状态　图层设置包括图层状态和图层特性。图层状态包括图层是否打开、冻结、锁定、打印和在新视口中自动冻结。图层特性包括颜色、线型、线宽和打印样式。可以选择要保存的图层状态和图层特性。例如，可以选择只保存图形中图层的“锁定/解锁”设置，忽略所有其他设置。恢复图层状态时，除了每个图层的锁定/解锁设置以外，其他设置仍保持当

前设置。在 AutoCAD 2014 中，可以使用“图层状态管理器”对话框来管理所有图层的状态，如图 3-25 所示。

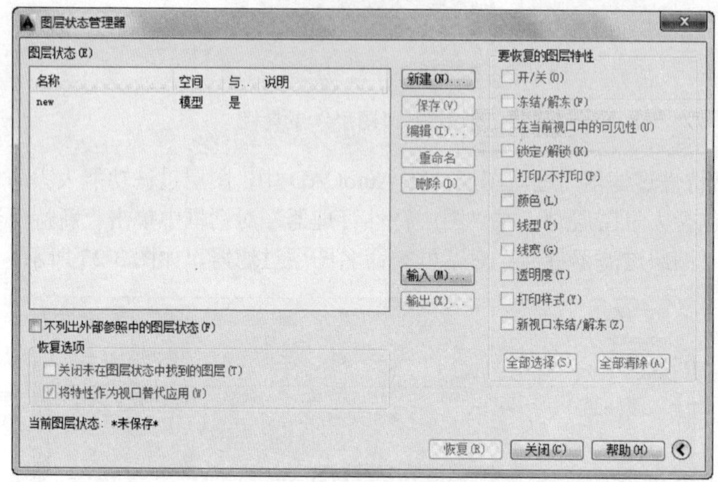

图 3-25 “图层状态管理器”对话框

⑥ 转换图层 使用“图层转换器”可以转换图层，实现图形的标准化和规范化。“图层转换器”能够转换当前图形中的图层，使之与其他图形的图层结构或 CAD 标准文件相匹配。如图 3-26 所示。例如，如果打开一个与某公司图层结构不一致的图形时，可以使用“图层转换器”转换图层名称和属性，以符合该公司的图形标准。

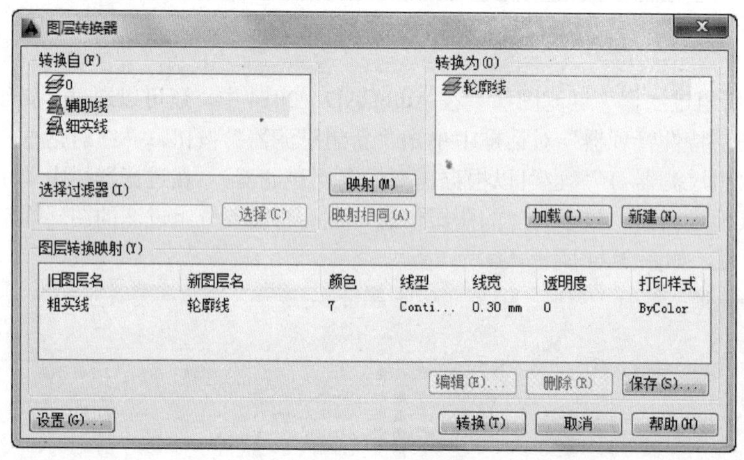

图 3-26 图层转换器

⑦ 改变对象所在图层 在实际绘图中，如果绘制完某一图形元素后，发现该元素并没有绘制在预先设置的图层上，可选中该图形元素，并在“图层”工具栏的下拉列表框中选择预设图层名。或者选择常用工具栏“特性匹配”按钮，根据提示首先选择源对象，然后选择目标对象，即可将目标对象的图层更改到源对象所在图层。

3.2.2 使用坐标系

在绘图过程中要精确定位某个对象时，必须以某个坐标系作为参照，以便精确拾取点的位置。通过 AutoCAD 的坐标系可以提供精确绘制图形的方法，可以按照非常高的精度标准，准确地设计并绘制图形。

（1）笛卡儿坐标系与极坐标系

笛卡儿坐标系又称为直角坐标系，该坐标系统中通过 3 个坐标轴 *X*、*Y*、*Z* 来确定空间中的点。当绘制一张新的图形时，AutoCAD 将图形置于一个坐标系统中，该坐标系统的 *X* 轴为水平轴，向右为正方向；*Y* 轴为垂直轴，向上为正方向；*Z* 轴为垂直于屏幕的轴，向外为正方向，坐标原点为（0,0,0）。例如，某点的直角坐标为（3,4,8）。

极坐标系是由一个极点和一个极轴构成的，极轴的方向为水平向右。如果已知屏幕上一个点到原点的距离及点与原点的连线和 *X* 轴正方向的角度时，可以用数字代表距离，用角度代表方向来确定点的位置。例如，某点 *A* 的极坐标可以表示为（100<45）。

（2）世界坐标系与用户坐标系

坐标系分为世界坐标系（World Coordinate System）和用户坐标系（User Coordinate System）。

默认情况下，在开始绘制新图形时，当前坐标系为世界坐标系，简称 WCS，它包括 *X* 轴和 *Y* 轴（如果在三维空间工作，还有一个 *Z* 轴）。WCS 坐标轴的交汇处显示“口”形标记，但坐标原点并不在坐标系的交汇点，而位于图形窗口的左下角，所有的位移都是相对于原点计算的，并且沿 *X* 轴正向及 *Y* 轴正向的位移规定为正方向。

在 AutoCAD 中，为了能够更好地辅助绘图，经常需要修改坐标系的原点和方向，这时世界坐标系将变为用户坐标系即 UCS。UCS 的原点以及 *X* 轴、*Y* 轴、*Z* 轴方向都可以移动及旋转，甚至可以依赖于图形中某个特定的对象。尽管用户坐标系中 3 个轴之间仍然互相垂直，但是在方向及位置上却更加灵活。在一个图形中，可以设置多个 UCS，还可以对 UCS 进行保存，需要的时候可以很方便地调出保存的 UCS。

（3）坐标的表示方法

在 AutoCAD 2014 中，点的坐标可以使用绝对直角坐标、绝对极坐标、相对直角坐标和相对极坐标 4 种方法表示，它们的特点如下。

① 绝对直角坐标　是从点（0,0）或（0,0,0）出发的位移，可以使用分数、小数或科学记数法等形式表示点的 *X* 轴、*Y* 轴及 *Z* 轴坐标值，坐标间用逗号隔开，例如点（115,220）和（115,220,50）等。

② 绝对极坐标　是从点（0,0）或（0,0,0）出发的位移，但给定的是距离和角度，其中距离和角度用“<”分开，如果距离为正，则代表与方向相同，为负则代表与方向相反。且规定 *X* 轴正向为 0°，*Y* 轴正向为 90°。例如点（50<−60）、（−100<30）等。

③ 相对直角坐标和相对极坐标　相对坐标是指相对于某一点的 *X* 轴和 *Y* 轴位移，或距离和角度。它的表示方法是在绝对坐标表达方式前加上“@”号，如（@−13,8）和（@11<24）。其中，相对极坐标中的角度是新点和上一点连线与 *X* 轴的夹角。

（4）坐标使用实例

下面以绘制 1、2、3 的顺序绘制两段直线为例，来说明绝对坐标和相对坐标的基本使用方法。例如 1 点在笛卡儿坐标系的坐标为（50,100），采用绝对直角坐标方式输入（50,100）定义点 1，2 点在笛卡儿坐标系的坐标为（100,50），采用绝对直角坐标方式输入（100,50）定义点 2。因为点 2 在距点 1 *X* 轴正方向 50 个单位、Y 轴负方向 50 个单位处，故也可以用点 2 相对于点 1 的相对坐标方式输入为（@50,−50）。如果已知点 3 与点 2 的距离为 50，点 3 与点 2 连线与 *X* 轴正方向夹角为 60°，则可以采用相对坐标方式输入（@50<60）定义点 3。绘图结果如图 3-27 粗线所示。

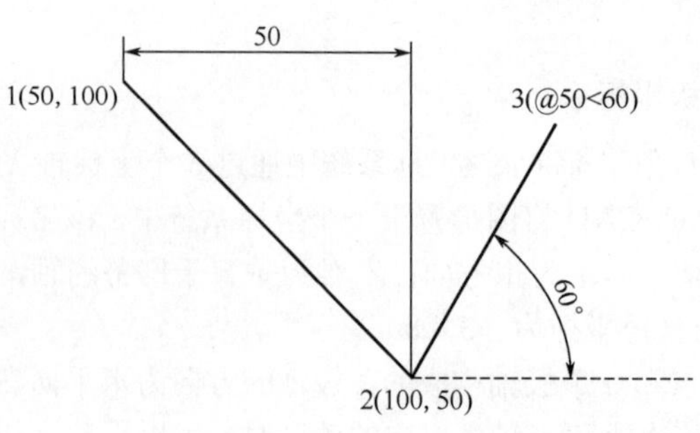

图 3-27　坐标应用示例

3.3　图形绘制工具

为了满足不同用户的需要，使操作更加灵活方便，AutoCAD 2014 提供了多种方法来实现相同的功能。例如，可以使用“绘图”菜单、“绘图”工具栏和绘图命令等多种方法来绘制基本图形对象。

3.3.1　绘图菜单

绘图菜单是绘制图形最基本、最常用的方法，其中包含了 AutoCAD 2014 的大部分绘图命令。选择该菜单中的命令或子命令，可绘制出相应的二维图形。

3.3.2　绘图工具栏

“绘图”工具栏中的每个工具按钮都与“绘图”菜单中的绘图命令相对应，是图形化的绘图命令。

3.3.3　绘图命令

使用绘图命令也可以绘制图形，在命令提示行中输入绘图命令，按回车键，并根据命令行的提示信息进行绘图操作。这种方法快捷，准确性高，但要求掌握绘图命令及其选择项的具体用法。AutoCAD 2014 在实际绘图时，采用命令行工作机制，以命令的方式实现用户与系统的信息交互。而前面介绍的绘图方法，是为了方便操作而设置的，是 3 种不同的调用绘图命令的方式。

（1）命令的输入

在命令行中输入的绘图命令，如正多边形命令“Polygon”并回车调用，命令字符不区分大小写。当命令名有缩写的字时，也可以使用其缩写字符，如直线 LINE 缩写命令为 L。

（2）命令选择项

当执行命令后，AutoCAD 会出现命令行提示。命令行的提示信息是一些用户选择的操作项，又称选择项。如输入“Polygon”，回车后出现如图 3-28 所示的提示。提示项前面不带中括号的部

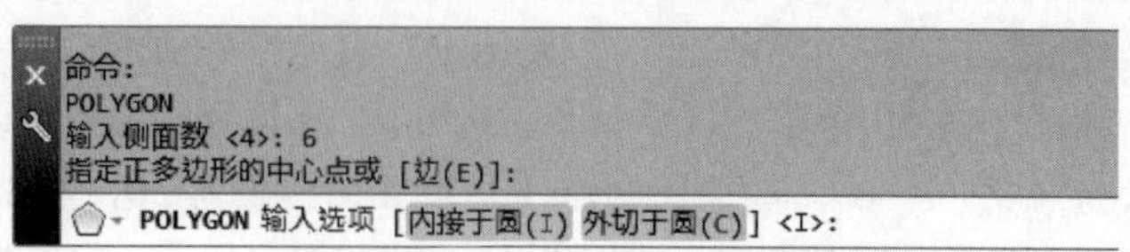

图 3-28　AutoCAD 的命令选项

分为默认执行项。方括号“[ ]”所显示的是可选择项。尖括号“< >”中为缺省项或缺省值。若输入某个选项的字母并回车，则系统接受该选项并执行其所定义的操作。也可以在绘图窗口单击右键，出现相应的浮动菜单，选择相应的选项。

（3）透明命令的使用

在 AutoCAD 中，透明命令是指在执行其他命令的过程中可以执行的命令。常使用的透明命令多为修改图形设置的命令、绘图辅助工具命令，例如“SNAP”、“GRID”、“ZOOM”等。要以透明方式使用命令，应在输入命令之前输入单引号“′” 。命令行中，透明命令的提示前有一个双折号（>>），如图 3-29 所示。完成透明命令后，将继续执行原命令。

```
命令: RECTANG
指定第一个角点或 [倒角(C)/标高(E)/圆角(F)/厚度(T)/宽度(W)]: 'ZOOM
>>指定窗口的角点, 输入比例因子 (nX 或 nXP), 或者
[全部(A)/中心(C)/动态(D)/范围(E)/上一个(P)/比例(S)/窗口(W)/对象(O)] <实时>: A
正在恢复执行 RECTANG 命令。
```

图 3-29　透明命令的使用

（4）命令的重复与撤销

在绘图过程中，可在一次命令结束后按键盘上的回车键或空格键，系统会重新调用刚刚执行的上一次命令。若在执行某个命令过程中想终止该命令，可以按下键盘上的<Esc>键，此时，AutoCAD 退出此命令执行。若选择绘图窗口内的图形对象后，该对象出现高亮关键点（夹点），如图 3-30 所示，按<Esc>键也可以取消这些对象的选择。

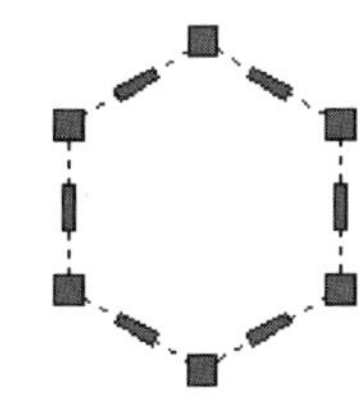

图 3-30　显示夹点

在执行绘图命令时，需取消前面执行的多个操作，可在命令行反复使用“U”(Undo)命令或反复单击标准工具栏上的按钮。当取消一个或多个操作后，若想重复某个操作时，可使用标准工具栏上的按钮，但其只能恢复最后一次的“Undo”操作。

3.4　直线、射线、点的绘制

3.4.1　绘制直线

使用 LINE 命令，可以创建一系列连续的线段。在一条由多条线段连接而成的简单直线中，每条线段都是一个单独的直线对象。可以单独编辑一系列线段中的所有单个线段而不影响其他线段。可以将第一条线段和最后一条线段连接起来，闭合一系列线段。

（1）命令执行方式

① 菜单栏　单击“绘图”菜单→“直线”命令；

②“绘图”工具栏　单击“直线”图标；

③ 命令行　输入“Line”或“L”并回车。

（2）说明

① 指定第一点　指定直线的起点或按<Enter>键从上一条绘制的直线或圆弧继续绘制。

② 如果最近绘制了一条圆弧，它的端点将定义为新直线的起点，并且新直线与该圆弧相切。

③ 闭合（C）　以第一条线段的起始点作为最后一条线段的端点，形成一个闭合的线段环。在绘制了一系列线段（两条或两条以上）之后，可以使用“闭合”选项。

④ 放弃（U） 删除直线序列中最近绘制的线段。多次输入“U”，按绘制次序的逆序逐个删除线段。

⑤ 绘制好直线后，需要结束该命令继续执行，用户可以按空格键或回车键，系统结束本次操作。

⑥ 绘制命令结束后，用户可以按空格或回车键，即可进入刚退出的命令（此特性适用于任何 AutoCAD 命令）。

（3）直线命令实例

绘制如图 3-31 所示符号。

```
命令:Line ↙
Line 指定第一点:150,150↙                    （输入点 1 绝对坐标）
指定下一点或[放弃(U)]:@50<240 ↙             （绘制线段 12）
指定下一点或[放弃(U)]:@25<120 ↙             （绘制线段 23）
指定下一点或[闭合(C)/放弃(U)]:@25<0 ↙        （绘制线段 34）
指定下一点或[闭合(C)/放弃(U)]:回车           （结束 Line 命令）
```

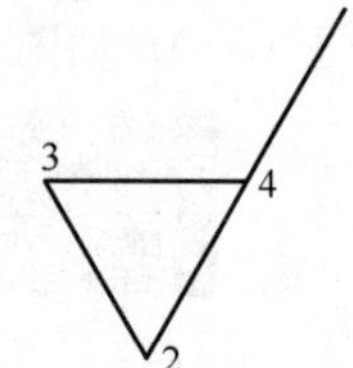

图 3-31 直线绘制举例

3.4.2 射线

射线为一端固定、另一端无限延伸的直线。在 AutoCAD 中，射线主要用于绘制辅助线。

（1）命令执行方式

① 菜单栏 单击“绘图”菜单→“射线”命令。

② 命令行 输入“Ray”并回车。

（2）说明

指定射线的起点后，可在“指定通过点:”提示下指定多个通过点，绘制以起点为端点的多条射线，直到按<Esc>键或<Enter>键退出为止。

3.4.3 点的绘制

在 AutoCAD 2014 中，点对象有单点、多点、定数等分和定距等分 4 种，主要用作绘图时的辅助点。一般在创建点对象之前先设置点样式。

（1）点样式设置

在 AutoCAD 中点的属性有两种：点的样式和点的大小。设置点属性的命令调用方式为：命令行执行“DDPTYPE”或者通过“格式”→“点样式”来执行。

调用该命令后，AutoCAD 弹出“点样式”对话框，如图 3-32 所示。该对话框中提供了 20 种点样式，用户可根据需要来选择其中一种。此外，用户还可以在该对话框中设置点的大小。设置方式有两种。

① 相对于屏幕设置尺寸 即按屏幕尺寸的百分比设置点的显示大小。当执行显示缩放时，显示出的点的大小不改变。

② 用绝对单位设置尺寸 即按实际单位设置点的显示大小。当执行显示缩放时，显示出的点的大小随之改变。

（2）创建点

启动“绘制点”命令的方法有如下几种：

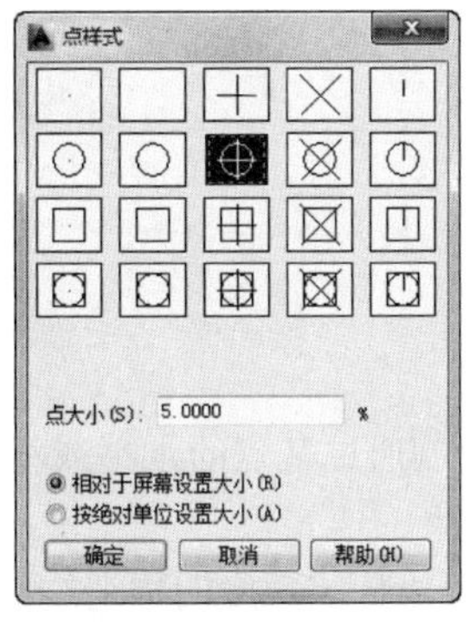

图 3-32　“点样式”对话框

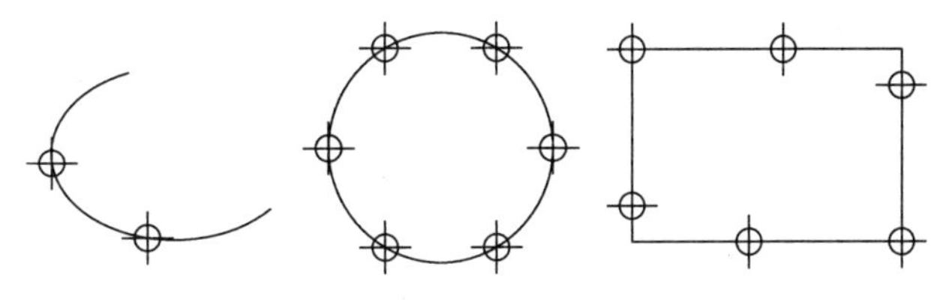

图 3-33　定数等分后的图形对象

① 菜单栏　单击“绘图”菜单→“点　”→“单点”或“多点”;

②“绘图”工具栏　单击“点”图标;

③ 命令行　输入“Point”或“Po”并回车。

（3）创建定数等分点

① 启动“等分点”命令的方法有如下几种：

a．菜单栏　单击“绘图”菜单→“点”→“定数等分”;

b．命令行　输入“Divide”并回车。

定数等分后的对象如图 3-33 所示。

② 说明

a．等分数范围为 2～32767。

b．闭合多段线的定距等分从它们的初始顶点（绘制的第一个点）处开始。

c．圆的定距等分从设置为当前捕捉旋转角的自圆心的角度开始。如果捕捉旋转角为零，则从圆心右侧的圆周点开始定距等分圆。

（4）创建定距测量点

启动“定距等分”命令的方法有如下几种：

① 菜单栏　单击“绘图”菜单→“点”→“定距等分”;

② 命令行　输入“Measure”并回车。

“定距等分”沿选定对象按指定间隔放置点对象，从最靠近用于选择对象的点的端点处开始放置。定距等分效果如图 3-34 所示。

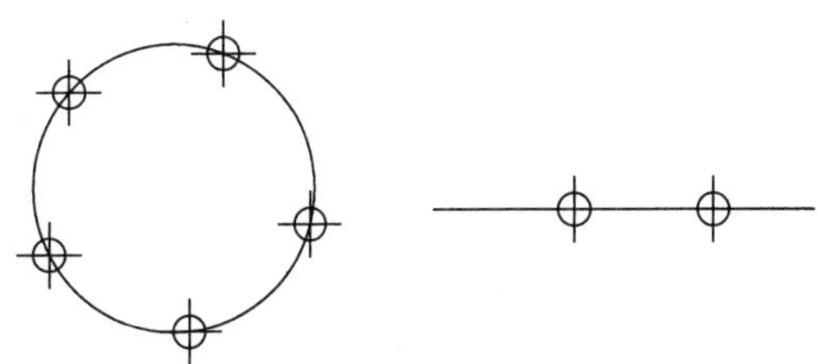

图 3-34　定距等分的图形

3.5　构造线、多线、多段线的绘制

3.5.1　构造线的绘制

构造线为两端可以无限延伸的直线，没有起点和终点，主要用于绘制辅助线及图形定位等。

（1）执行命令方式

① 菜单栏　单击“绘图”菜单→“构造线”。

②“绘图”工具栏　单击“构造线”图标。

③ 命令行　输入“Xline”或“XL”并回车。

（2）命令选项说明

执行上述方法中的任意一种，AutoCAD 将显示提示：

指定点或[水平(H)/垂直(V)/角度(A)/二等分(B)/偏移(O)]:

命令选项说明如下：

① 可以通过指定两点的方法确定构造线的方向，也可以直接绘制通过某点的水平或垂直构造线；

② 角度（A）　绘制与 X 轴为指定夹角的构造线或与某指定线段成特定角度的构造线；

③ 二等分（B）　创建一条参照线，它经过选定的角顶点，并且将选定的两条线之间的夹角平分；

④ 偏移（O）　指定构造线偏离选定对象的距离或通过点，创建平行于另一条直线的参照线。构造线绘制效果如图 3-35 所示。

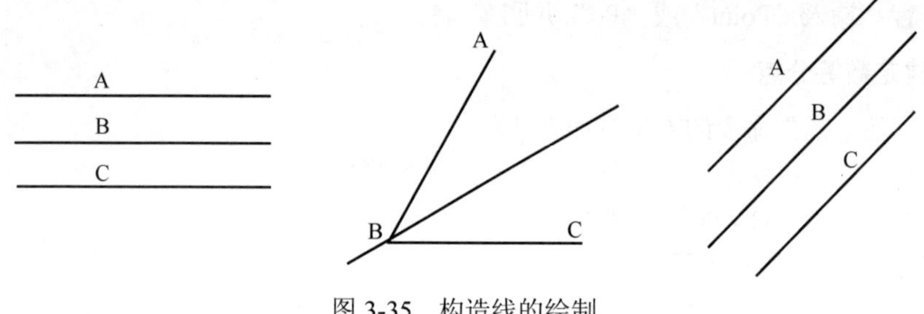

图 3-35　构造线的绘制

3.5.2　多线的绘制

多线也称复合线，是一种特殊类型的直线，由多条平行直线组成，在实际应用中可以快速绘制一些图形对象或参照线段。使用前，应首先设置多线样式。

（1）多线样式的设置

① 菜单栏　单击“格式”菜单→“多线样式”命令。

② 命令行　输入“Mlstyle”并回车。

打开“多线样式”对话框，如图 3-36 所示。

用户可以创建、修改、保存和加载多线样式。多线样式控制元素的数目和每个元素的特性。“Mlstyle”命令还控制背景颜色和每条多线的端点封口，如图 3-37 所示。

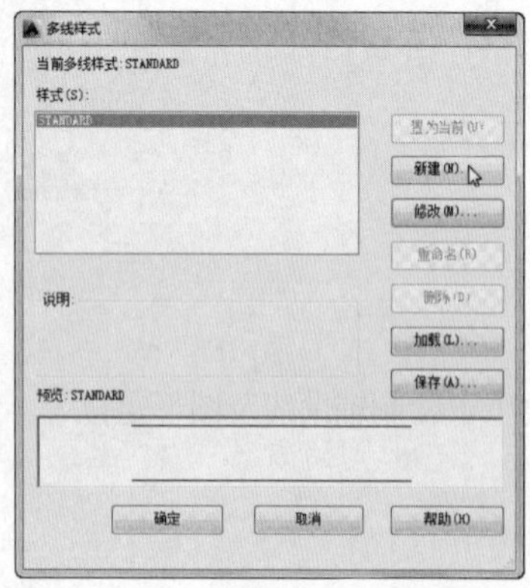

图 3-36　“多线样式”对话框

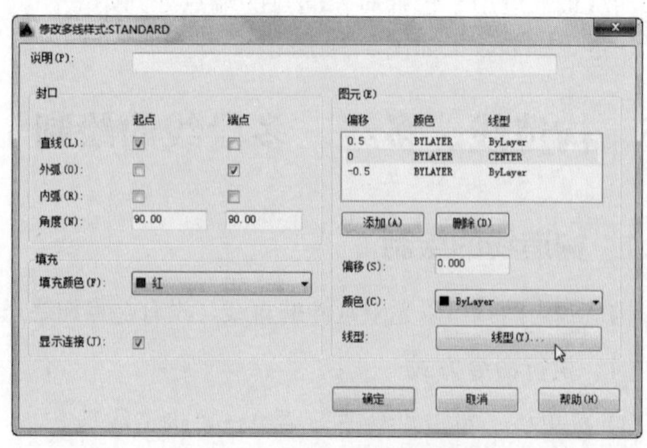

图 3-37　多线特性的设置

提示 不能编辑图形中正在使用的任何多线样式的元素和多线特性。要编辑现有多线样式，必须在使用该样式绘制任何多线之前进行。

（2）绘制多线

① 命令执行方式 设置好多线样式后，可以通过以下方法调用绘制多线的命令：

a．菜单栏 单击“绘图”菜单→“多线(U)” 命令；

b．命令行 输入“Mline”并回车。

② 说明

a．对正（J） 设定多线时，光标对齐元素的位置。有上、下和无三个选项。

b．比例（S） 设定多线元素间宽度相对于定义宽度的比例因子。比例因子越大，则多线越宽。为 0 时，多线重合于一条线。为负值时，多线排列倒置。

c．样式（ST） 指定多线的样式，可以从已创建的多线样式中选择。

3.5.3 多段线的绘制

多段线是作为单个对象创建的相互连接的序列线段。可以创建直线段、弧线段或两者的组合线段。

（1）命令执行方式

可以通过以下方法调用绘制多段线的命令：

① 菜单栏 单击“绘图”菜单→“多段线”命令；

②“绘图”工具栏 单击“多段线”图标；

③ 命令行 输入“Pline”或“PL”并回车。

（2）说明

① 半宽（H） 指定从宽多段线线段的中心到其一边的宽度。起点半宽将成为默认的端点半宽。端点半宽在再次修改半宽之前将作为所有后续线段的统一半宽。宽线线段的起点和端点位于宽线的中心。

② 宽度（W） 指定下一条直线段或圆弧的宽度。

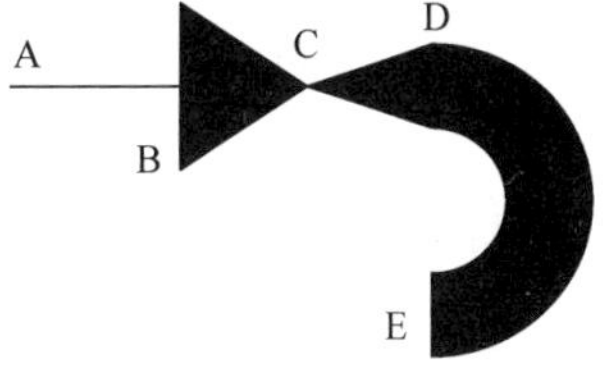

图 3-38 Pline 命令绘制的起点和终点宽度不同的图形

（3）多线命令绘图实例

完成如图 3-38 所示图形的绘制。步骤如下：

命令:Pline↙

指定起点:30,175↙ （指定 A 点坐标）

当前线宽为 0.0000↙

指定下一个点或[圆弧(A)/半宽(H)/长度(L)/放弃(U)/宽度(W)]:@40,0↙

（指定 B 点相对于 A 点的坐标）

指定下一点或[圆弧(A)/闭合(C)/半宽(H)/长度(L)/放弃(U)/宽度(W)]:w↙

指定起点宽度 <0.0000>:40↙

指定端点宽度 <40.0000>:0↙

（设置线段 BC 的起始点线宽）

指定下一点或[圆弧(A)/闭合(C)/半宽(H)/长度(L)/放弃(U)/宽度(W)]:@30,0↙

（指定 C 点相对于 B 点的坐标）

指定下一点或[圆弧(A)/闭合(C)/半宽(H)/长度(L)/放弃(U)/宽度(W)]:w↙

指定起点宽度 <0.0000>:↙

指定端点宽度 <0.0000>:20↙
（设置线段 CD 的起始点线宽）
指定下一点或[圆弧(A)/闭合(C)/半宽(H)/长度(L)/放弃(U)/宽度(W)]:@30,0↙
（指定 D 点相对于 C 点的坐标）
指定下一点或[圆弧(A)/闭合(C)/半宽(H)/长度(L)/放弃(U)/宽度(W)]:a↙
（开始绘制圆弧 DE）
指定圆弧的端点或[角度(A)/圆心(CE)/闭合(CL)/方向(D)/半宽(H)/直线(L)/半径(R)
/第二个点(S)/放弃(U)/宽度(W)]:130,120↙ （指定 E 点绝对坐标）
指定圆弧的端点或[角度(A)/圆心(CE)/闭合(CL)/方向(D)/半宽(H)/直线(L)/半径(R)
/第二个点(S)/放弃(U)/宽度(W)]:↙ （按下<Enter>键取默认切线方向）

3.6 样条曲线、云线的绘制

为了适用工程制图的需要，AutoCAD 提供了绘制样条曲线和云线等特殊图形元素，它们都是由一系列曲线组成的。

3.6.1 样条曲线的绘制

样条曲线是经过或接近一系列给定点的光滑曲线。可以控制曲线与点的拟合程度。常用它绘制出一些形状不规则的曲线造型，如机械零件的外形、地理信息领域的区域界限等曲线。

（1）命令执行方式

可以通过以下方法调用绘制样条曲线的命令：

① 菜单栏 单击“绘图”菜单→“样条曲线”命令；

②“绘图”工具栏 单击“样条曲线”图标；

③ 命令行 输入“Spline”或“SPL”并回车。

（2）说明

① 闭合(C) 闭合样条曲线，并要求指定样条曲线闭合点处的切线方向。不指定切线方向，直接回车，将按默认方向设置。

② 对象（O） 将二维或三维的二次或三次样条拟合多段线转换成等价的样条曲线并删除多段线。

③ 拟合公差（F） 修改拟合当前样条曲线的公差。根据新公差以现有点重新定义样条曲线。可以重复更改拟合公差，但不管选定的是哪个控制点，都会更改所有控制点的公差。如果公差设置为 0，则样条曲线通过拟合点。输入大于 0 的公差，将使样条曲线在指定的公差范围内通过拟合点。

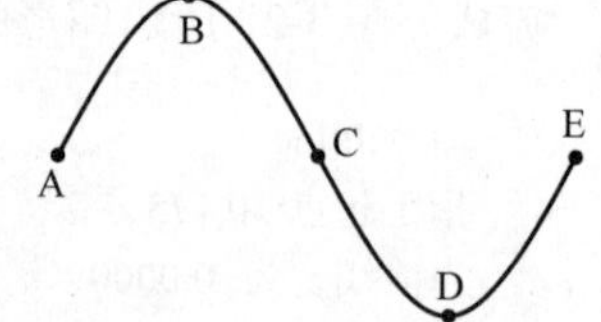

图 3-39 Spline 命令绘制正弦曲线

（3）绘制实例

绘制如图 3-39 所示的正弦曲线。

命令：Spline↙
指定第一个点或[对象(O)]:150,150↙ （指定样条曲线的 A 点）
指定下一点:@50,60↙ （通过相对坐标指定 B 点）
指定下一点或[闭合(C)/拟合公差(F)]<起点切向>:@50,-60↙ （指定 C 点）
指定下一点或[闭合(C)/拟合公差(F)]<起点切向>:@50,-60↙ （指定 D 点）
指定下一点或[闭合(C)/拟合公差(F)]<起点切向>:@50,60↙ （指定 E 点）
指定下一点或[闭合(C)/拟合公差(F)]<起点切向>:↙ （直接回车）

指定起点切向：↙　　　　（回车，取默认值确定起点的切线方向）
指定端点切向:↙　　　　（回车，取默认值确定端点的切线方向，结束 Spline 命令）

3.6.2　云线的绘制

在检查或用红线圈阅图形时，可以使用修订云线功能亮显标记以提高工作效率。修订云线是由连续圆弧组成的多段线，如图 3-40 所示。

图 3-40　修订云线

（1）命令的执行方式

可以通过以下方法调用绘制云线的命令：

① 菜单栏　单击“绘图”菜单→“修订云线”命令；

②“绘图”工具栏　单击“修订云线”图标；

③ 命令行　输入“Revcloud”并回车。

（2）说明

① 弧长（A）　此选项可设定云线的最大和最小弧长值，且最大弧长不能大于最小弧长的 3 倍。

② 对象（O）　该选项可以把圆、矩形等单一封闭的对象转变成云线。转变后可以选择是否反转圆弧等。

3.7　圆、圆弧、椭圆的绘制

圆在工程绘图时常用来表示柱、轴、轮、孔等，AutoCAD 中提供了包括圆、圆弧、椭圆及椭圆弧等图形元素的多种绘图命令，利用这些命令，可以更加高效地绘制图形。

3.7.1　圆的绘制

（1）命令的执行方式

圆是在绘图过程中常用的基本绘图对象。可以使用多种方法创建圆，默认方法是指定圆心和半径。

① 菜单栏　单击“绘图”菜单→“圆”命令。

②“绘图”工具栏　单击“圆”图标。

③ 命令行　输入“Circle”或“C”并回车。

（2）绘制方法

在 AutoCAD 2014 中，可以使用 6 种方法绘制圆，如图 3-41 所示。

3.7.2　圆弧的绘制

常用的绘制圆弧的方法是指定起点、圆弧上一点和端点的三点方法绘制出圆弧。

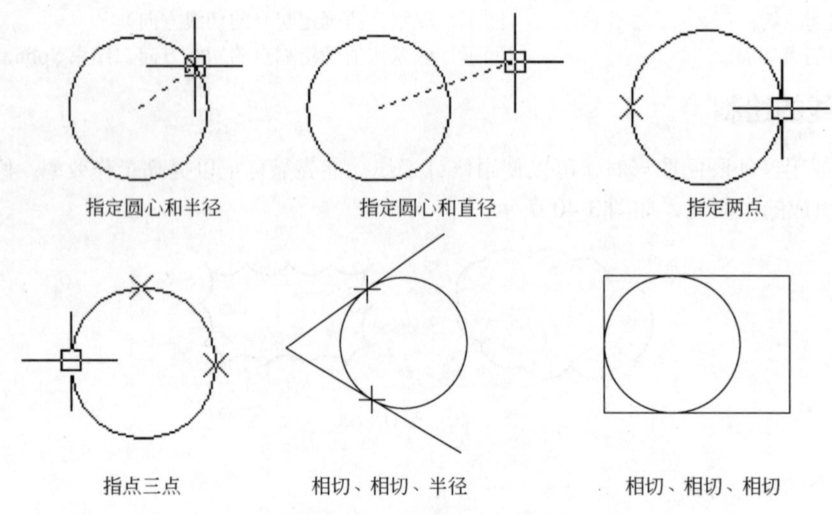

图 3-41　不同方式绘制的圆

（1）命令执行方法

① 菜单栏　单击“绘图”菜单→“圆弧”命令。

②“绘图”工具栏　单击“圆弧”图标。

③ 命令行　输入“Arc”并回车。

（2）说明

主要的绘制圆弧的方法有以下 6 种。

① 用“三点”方法绘制圆弧　这是 AutoCAD 默认的绘制圆弧的方法，指定圆弧的三点：起点、端点（终点）和经过的任意一点，就可以创建一个圆弧。

② 用“起点、圆心、端点”方法绘制圆弧　指定好起点和圆心后，端点是从逆时针方向来确定的，即所画圆弧是指从起点按逆时针到端点所形成的曲线。

③ 用“起点、圆心、角度”方法绘制圆弧　确定好起点和圆心，然后输入圆弧所对应的圆心角，即可确定圆弧，默认正角度为逆时针方向。

④ 用“起点、圆心、长度”方法绘制圆弧　“长度”是圆弧所对的弦长，长度为正值，弦长对应小于半圆的圆弧，长度为负值，弦长对应于半圆的圆弧。

⑤ 用“起点、端点、方向”方法绘制圆弧　“方向”是由起点开始和圆弧相切，可以用鼠标直接确定，也可以用角度来确定。角度是所指方向和 X 轴正方向的夹角。

⑥ 用“起点、端点、半径”方法绘制圆弧　确定好起点和端点，然后输入圆弧所在圆的半径，即可确定圆弧。

不同方法绘制的圆弧如图 3-42 所示。其他绘制圆弧的方法基本上与上述 6 种方法相同。此外还有一个“继续”命令，此命令的作用是可以从上一次绘制的圆弧终点处开始绘制新的圆弧，圆弧之间采用相切过渡。

3.7.3　椭圆的绘制

（1）命令执行方法

① 菜单栏　单击“绘图”菜单→“椭圆”命令。

②“绘图”工具栏　单击“椭圆”图标。

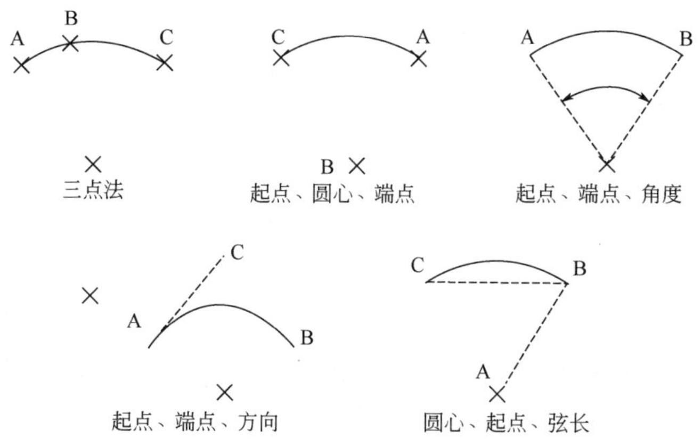

图 3-42　不同方法绘制圆弧

③ 命令行　输入“Ellipse”并回车。

（2）说明

主要的绘制椭圆的方法有以下几种：

① 选择“绘图”→“椭圆”→“中心点”命令，指定椭圆中心、一个轴的端点（主轴）以及另一个轴的半轴长度绘制椭圆；

② 选择“绘图”→“椭圆”→“轴、端点”命令，指定一个轴的两个端点（主轴）和另一个轴的半轴长度绘制椭圆。

3.7.4 绘制椭圆弧

在 AutoCAD 2014 中，椭圆弧的绘图命令和椭圆的绘图命令都是“Ellipse”，但命令行的提示不同。

（1）命令执行方法

① 菜单栏　单击“绘图”菜单→“椭圆”→“圆弧”命令。

② 命令行　输入“Ellipse”并回车。

图 3-43　椭圆弧绘制

（2）说明

```
命令:Ellipse↙
指定椭圆的轴端点或[圆弧(A)/中心点(C)]:_a↙        （画椭圆弧）
指定椭圆弧的轴端点或[中心点(C)]:                 （确定中心点位置）
指定轴的另一个端点:                              （确定第一条轴的端点）
指定另一条半轴长度或[旋转(R)]:                   （确定另一轴长度）
指定起始角度或[参数(P)]:                         （指定椭圆弧的起点）
指定终止角度或[参数(P)/包含角度(I)]:             （指定椭圆弧的端点，结束命令）
```

执行命令后将绘制如图 3-43 所示的椭圆弧。

3.8　矩形、正多边形的绘制

矩形和正多边形都属于多边形图形，是 AutoCAD 常用的图形元素，它们都是组合的图形元素，这些图形也可以用直线命令“LINE”绘制，但不如专门命令快捷。

3.8.1 矩形的绘制

在 AutoCAD 中，可以使用“矩形”命令绘制矩形。

常用的命令执行方法有：

① 菜单栏　单击“绘图”菜单→“矩形”命令；

②“绘图”工具栏　单击“矩形”图标；

③ 命令行　输入“Rectangle”并回车。

```
命令:Rectang↙
指定第一个角点或[倒角(C)/标高(E)/圆角(F)/厚度(T)/宽度(W)]:w↙
指定矩形的线宽 <0.0000>:5↙                          （矩形线宽设置为 5）
指定第一个角点或[倒角(C)/标高(E)/圆角(F)/厚度(T)/宽度(W)]:  （鼠标单击指定第一个角点）
指定另一个角点或[面积(A)/尺寸(D)/旋转(R)]:              （鼠标指定对角点，结束命令）
```

执行命令，选择对应选项，即可绘制出倒角矩形、圆角矩形、有厚度的矩形等多种矩形，如图 3-44 所示。

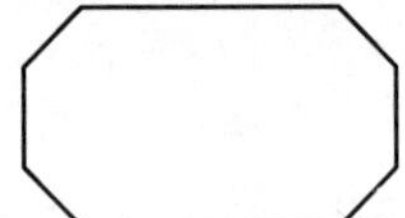
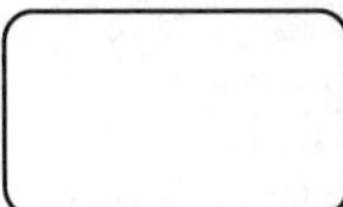

图 3-44　各种类型矩形绘制

3.8.2 正多边形的绘制

在 AutoCAD 中，可以使用“正多边形”命令绘制正多边形。

常用的命令执行方法有：

① 菜单栏　单击“绘图”菜单→“正多边形”命令；

②“绘图”工具栏　单击“正多边形”图标；

③ 命令行　输入“Polygon”并回车。

```
命令:POLYGON↙
输入侧面数 <4>:5↙                          （绘制正五边形）
指定正多边形的中心点或[边(E)]:              （单击鼠标拾取中心点）
输入选项[内接于圆(I)/外切于圆(C)]<C>:c↙     （以外切方式绘制图形）
指定圆的半径:50↙                           （指定假想圆的半径，鼠标控制图形方向）
```

执行该命令可以绘制边数为 3～1024 的正多边形，如图 3-45 所示。

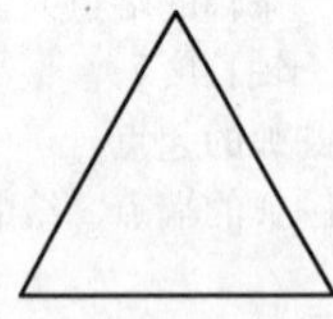
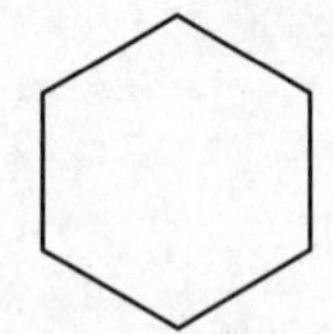
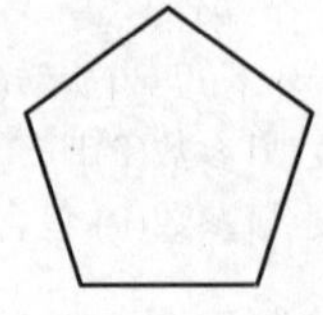

图 3-45　正多边形的绘制

3.9 图案填充的建立与修改

要绘制某些图案以填充图形中的一个区域，从而表达该区域的特征，这种填充操作称为图案

填充。图案填充一般用来表示材料性质或者表面纹理。填充区域要求是由直线、圆、圆弧、椭圆、多线条或样条曲线构成的封闭区域或面域。图案填充的应用非常广泛，例如，在电气工程图中，可以用图案填充表达一个剖面图剖切的区域，也可以使用不同的图案填充来表达不同的零部件或者材料。

3.9.1　图案填充的建立

可以使用“Bhatch”或者“Hatch”命令填充图案。“Bhatch”命令可以创建关联的或者非关联的图案填充。“Hatch”命令只能创建非关联的图案填充，适用于填充非封闭边界的区域，并且此命令仅在命令行中可用。关联图案填充与边界相关联，当用户对边界进行编辑后，所填充的图案会自动随边界的变化而改变。非关联图案填充则与边界是否编辑无关。

（1）命令执行方式

① 菜单栏　单击“绘图”菜单→“图案填充”命令。

②“绘图”工具栏　单击“图案填充”图标▦。

③ 命令行　输入“Bhatch”或者“BH”并回车。

命令执行后，系统将弹出“图案填充和渐变色”对话框，如图 3-46 所示，默认为“图案填充”选项卡。

（2）类型和图案

在“类型和图案”选项组中，可以设置图案填充的类型和图案，主要选项的功能如图 3-46 所示。

①“类型”下拉列表框　设置填充的图案类型，包括“预定义”、“用户定义”和“自定义”三个选项。其中，选择“预定义”选项，可以使用 AutoCAD 提供的图案；选择“用户定义”选项，则需要临时定义图案，该图案由一组平行线或者相互垂直的两组平行线组成；选择“自定义”选项，可以使用事先定义好的图案。

②“图案”下拉列表框　设置填充的图案，当在“类型”下拉列表框中选择“预定义”时该选项可用。在该下拉列表框中可以根据图案名选择图案，也可以单击其后的按钮，在打开的“填充图案选项板”对话框（图 3-47）中进行选择。

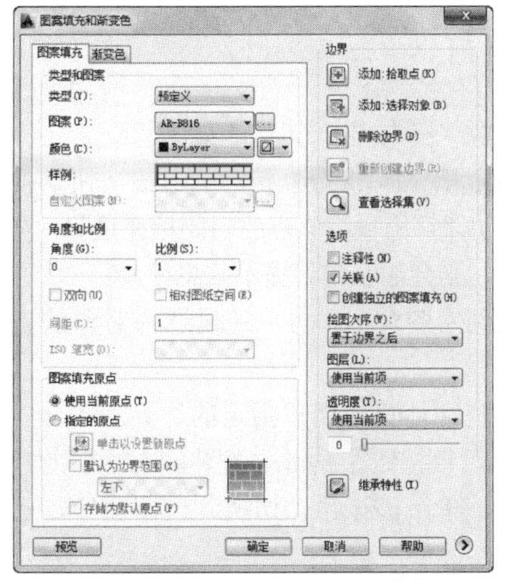

图 3-46 “图案填充和渐变色”对话框

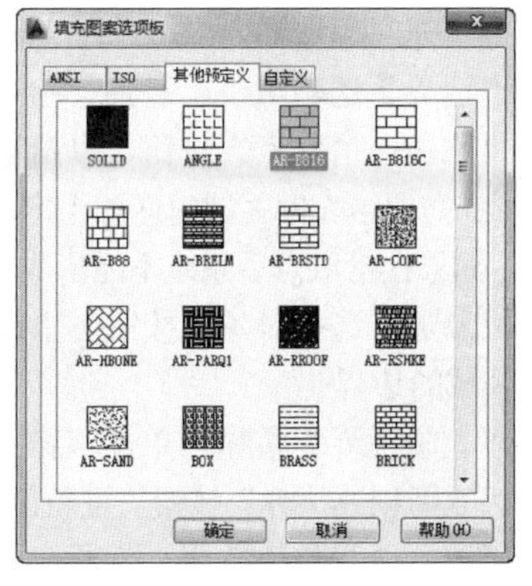

图 3-47 “填充图案选项板”对话框

③“样例”预览窗口　显示当前选中的图案样例，单击所选的样例图案，也可打开“填充图

案选项板”对话框选择图案。

④“自定义图案”下拉列表框 选择自定义图案，在“类型”下拉列表框中选择“自定义”类型时该选项可用。

（3）角度和比例

指定选定填充图案的角度和比例。

① 角度 指定填充图案的纹理角度（相对当前 UCS 坐标系的 X 轴）。

②“双向” 只有当“类型”设置为“用户定义”时，此选项才可用。当使用“用户定义”的图案填充时，不选择该复选框，将使用一组平行线，选择该复选框，将使用两组相互垂直的平行线。

③ 比例 设置图案填充时的比例值。每种图案在定义时的初始比例为 1，可以根据需要放大或缩小。在“类型”下拉列表框中选择“用户自定义”时，该选项不可用。

④“相对图纸空间” 相对于图纸空间单位缩放填充图案。该选项仅适用于布局。

⑤ 间距 只有当“类型”设置为“用户定义”时，此选项才可用。指定“用户定义”图案中的平行直线的间距。

⑥ ISO 笔宽 只有将“类型”设置为“预定义”，并将“图案”设置为可用的 ISO 图案的一种，此选项才可用。根据所选的笔宽来确定有关填充图案的比例。

（4）图案填充原点

控制填充图案生成的起始位置。

在“图案填充原点”选项组中，可以设置图案填充原点的位置，因为许多图案填充需要对齐填充边界上的某一个点。

主要选项的功能如下。

①“使用当前原点”单选按钮 可以使用当前 UCS 的原点（0,0）作为图案填充原点。

②“指定的原点”单选按钮 可以通过指定点作为图案填充原点。其中，单击“单击以设置新原点”按钮，可以从绘图窗口中选择某一点作为图案填充原点；选择“默认为边界范围”复选框，可以以填充边界的左下角、右下角、右上角、左上角或圆心作为图案填充原点；选择“存储为默认原点”复选框，可以将指定的点存储为默认的图案填充原点。

（5）边界

指定填充对象边界。

在“边界”选项组中，包括“拾取点”、“选择对象”等按钮，其功能如下。

①“添加：拾取点”按钮 以拾取点的形式来指定填充区域的边界。单击该按钮切换到绘图窗口，可在需要填充的区域内任意指定一点，系统会自动计算出包围该点的封闭填充边界，同时亮显该边界。如果在拾取点后系统不能形成封闭的填充边界，则会显示错误提示信息。

②“添加：选择对象”按钮 单击该按钮将切换到绘图窗口，可以通过选择对象的方式来定义填充区域的边界。

③“删除边界”按钮 单击该按钮可以取消系统自动计算或用户指定的边界。

④“重新创建边界”按钮 重新创建图案填充边界，该按钮在编辑填充图案时才可以使用。

⑤“查看选择集”按钮 查看已定义的填充边界。单击该按钮，切换到绘图窗口，已定义的填充边界将亮显。

（6）其他选项

在“选项”选项组中，“注释性”指定图案填充为注释性，此特性会自动完成缩放注释过程，从而使注释能够以正确的大小在图纸上打印或显示。“关联”复选框用于创建其边界时随之更新的图案和填充；“创建独立的图案填充”复选框用于创建独立的图案填充；“绘图次序”下拉列表框用于指定图案填充的绘图顺序，图案填充可以放在图案填充边界及所有其他对象之后或之前；在“图层”下拉列表框指定图层后，图案填充将会在相应图层上完成；“透明度”下拉列表框，透明度设定新图案填充或填充的透明度，从而替代当前对象的透明度。

此外，单击“继承特性”按钮，可以将现有图案填充或填充对象的特性应用到其他图案填充或填充对象；单击“预览”按钮，可以使用当前图案填充设置显示当前定义的边界；单击图形或按<Esc>键返回对话框，单击、右击或按<Enter>键接受图案填充。

（7）继承特性

使用选定的图案填充对象的填充特性，对指定的边界进行图案填充。

（8）预览

单击该按钮，可以预览已设置好的填充效果，方便编辑。单击图形或按<Esc>键返回对话框重新设定，单击鼠标右键或回车则接受图案填充。

3.9.2　设置孤岛和边界

在进行图案填充时，通常将位于一个已定义好的填充区域内的封闭区域称为孤岛。单击“图案填充和渐变色”对话框右下角的按钮，将显示更多选项，可以对孤岛和边界进行设置。孤岛检测可以分为普通、外部和忽略三种类型，如图 3-48 所示。

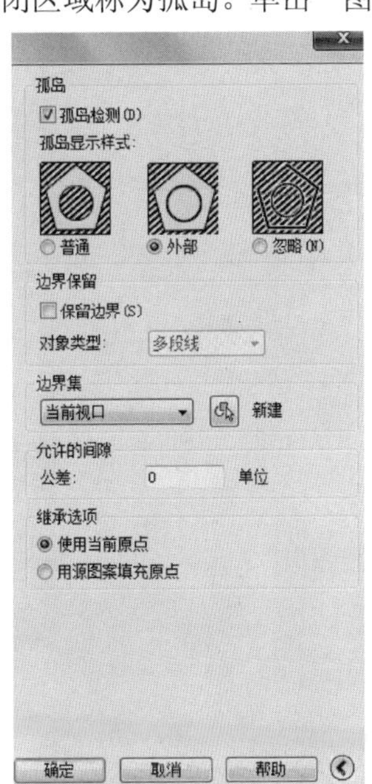

图 3-48　孤岛检测设置

（1）普通

从外部边界向内填充。如果遇到一个内部孤岛，它将停止进行图案填充或填充，直到遇到该孤岛内的另一个孤岛，即从外向内进行隔层填充。

（2）外部

从外部边界向内填充。如果“Hatch”遇到内部孤岛，它将停止进行图案填充或填充。此选项只对结构的最外层进行图案填充或填充，而结构内部保留空白。

（3）忽略

忽略所有内部的对象，填充图案时将通过这些对象。

（4）边界保留

该选项确定在填充图案时是否要保存边界，以及边界保存后的对象类型，对象类型的下拉列表中有“多段线”和“面域”两种类型。

（5）边界集

设置填充图案的边界方式，默认“当前视口”（即所有区域）。可以单击右侧的“新建”选择按钮选择边界集。默认情况下，使用“添加:拾取点”选项定义边界时，图案填充命令将分析当前视口范围内的所有对象。通过重定义边界集，可以忽略某些在定义边界时没有隐藏或删除的对象。对于大图形，重定义边界集还可以加快生成边界的速度，因为命令检查的对象数减少了。

（6）允许的间隙

设置允许的填充边界间隙。在这个间隙范围内都被认为是封闭的边界。默认值为 0，此值指定对象必须封闭区域而没有间隙。

（7）继承特性

使用“继承特性”创建图案填充时，这些设置将控制图案填充原点的位置。

① 使用当前原点　默认情况下，所有图案填充原点都对应于当前的UCS坐标系的原点，原点设置（0,0）。

② 使用源图案填充的原点　选择该选项，使用源图案填充原点。

3.9.3 渐变色填充

使用“图案填充和渐变色”对话框的“渐变色”选项卡，可以创建单色或双色渐变色填充，可以在“方向”选项组中设置光源是否居中、渐变色角度等，如图 3-49 所示。

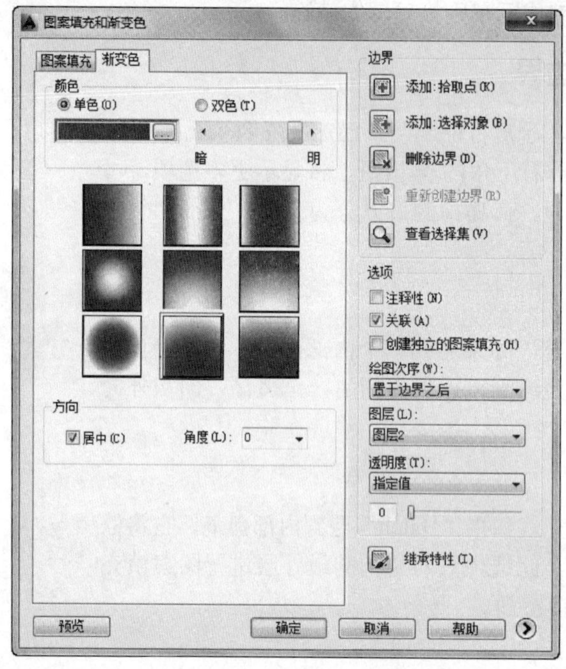

图 3-49　渐变色填充设置

3.9.4 填充图案的编辑

创建了图案填充后，如果需要修改填充图案或修改图案区域的边界，可选择“修改”→“对象”→“图案填充”命令，然后在绘图窗口中单击需要编辑的图案填充，这时将打开“图案填充编辑”对话框，该对话框与“图案填充和渐变色”对话框的内容完全相同，只是定义填充边界和对孤岛操作的某些按钮不再可用。

另外，图案是一种特殊的块，称为“匿名”块，无论形状多复杂，它都是一个单独的对象。可以使用“修改”→“分解”命令来分解一个已存在的关联图案。图案被分解后，它将不再是一个单一对象，而是一组组成图案的线条。同时，分解后的图案也失去了与图形的关联性，因此，将无法使用“修改”→“对象”→“图案填充”命令来编辑。

3.9.5　图案填充命令应用举例

如图 3-50 所示，完成图中图案和渐变色的填充。

（1）新建图形文件

设置合适的绘图界限、线型比例。建立粗实线、细实线、中心线和标注 4 个图层，图层属性设置参见图 3-51。

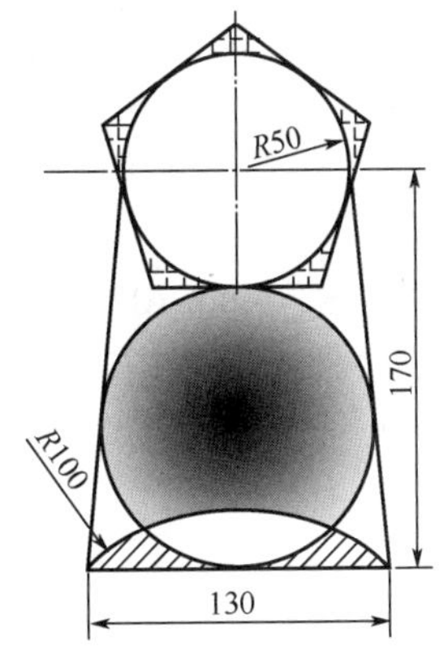

图 3-50　图案填充练习

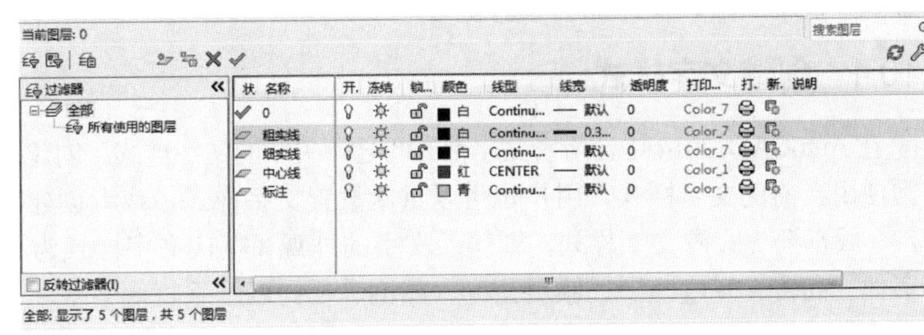

图 3-51　创建的图层即图层特性

（2）绘制图形

① 将“中心线”设置为当前层，在绘图区适当位置绘制图中相交的中心线。

② 切换到“粗实线”图层，打开“对象捕捉”功能，设置捕捉断点、交点，以中心线的交点为圆心，绘制半径 *R*50 的圆，并绘制与圆相切的正五边形。

③ 设置“对象捕捉”，捕捉圆心。命令行输入 L，执行 LINE 命令，绘制底部长度为 130 的直线。绘图方法：在“_line 指定第一点:”提示下，鼠标指向 *R*50 的圆心，捕捉到圆心后垂直向下沿追踪线方向找到距离圆心 170 个单位点，作为直线的起点，沿水平向右绘制长度为 65 的线段。采用同样的方法可以绘制出左边长度为 65 的线段。

④ 绘图菜单选择“圆弧”—“起点、断点、半径（*R*）”的方法，绘制 *R*100 的圆弧。

⑤ 设置“对象捕捉”，捕捉切点。以底部长度 130 直线的两个端点为起点，分别向半径 *R*50 的圆做切线。

⑥ 绘图菜单选择“圆”—“相切、相切、相切（A）”的方法，绘制与正五边形及步骤⑤中两条切线同时相切的内部的圆。完成图形的绘制，图中尺寸标注不需添加。

（3）图案填充

① 正五边形内部图案的填充　首先切换到“细实线”图层。在“图案填充和渐变色”对话框的“图案填充”选项卡下，选择图案类型为“ANGLE”，设置“角度”为 0，“比例”为 1，“孤岛显示样式”选择“外部”，其他选项采用默认设置。单击“添加：选择对象”按钮，回到绘图区域，选择正五边形和半径 *R*50 的圆作为填充边界，单击右键返回到“图案填充和渐变色”对话框，可以单击“预览”查看填充效果，单击“确定”按钮，即可完成正五边形内部的图案填充。

② 圆弧内图案的填充　底部圆弧内图案的填充设置与①中类似，只需要设置图案类型为“ANSI31”即可。选择封闭区域时，单击“添加：拾取点”按钮，在半径 *R*100 的圆弧和长度

130 的直线组成的封闭区域内单击完成选择。

③ 渐变色图案的填充　在“图案填充和渐变色”对话框的“渐变色”选项卡下，选择“双色”填充，颜色 1 和颜色 2 分别选择绿色和黄色，填充效果选择■，方向居中，“角度”为 0，单击“添加：拾取点”按钮，在要填充渐变色的圆和圆弧构成的封闭区域内任意点单击即可。

3.10　创建和使用文字

AutoCAD 中的文字，即指由文字、符号、数字等组成的字符集合体，在实际绘图中主要用于标题栏、技术要求、设计说明等的注写。

3.10.1　创建文字样式

在 AutoCAD 2014 中，所有文字都有与之相关联的文字样式。创建文字对象时，AutoCAD 2014 通常使用当前的文字样式，用户也可以重新设置文字样式，或者创建新的文字样式。在注写文字前，一般都要先设置文字样式，即输入文字的外观（默认文字样式为 standard）。文字样式包括文字字体、高度、宽度因子、倾斜角度、颠倒、反向以及垂直等参数。

（1）“文字样式”对话框

“文字样式”对话框如图 3-52 所示，可通过以下方法打开：

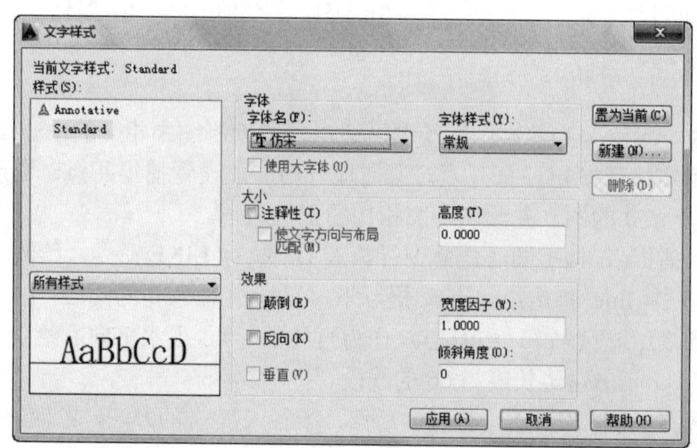

图 3-52　“文字样式”对话框

① 菜单栏　单击“格式”菜单→“文字样式（S）…”；

② 命令行　输入“style”或“st”并回车。

利用“文字样式”对话框可以定义文字的样式，其中各选项的含义和功能见表 3-1。

表 3-1“文字样式”对话框中各选项的功能

设置	默认	说　明
样式	Standard	AutoCAD 2014 只提供一个缺省的文字样式
字体名	Arial	只有已注册的 Truetype 字体及 AutoCAD 字体（.shx）才在下拉列表框中出现
大小	gbcbig.shx	用于非 ASCII 字符集。如中文的特殊造型定义文件，当选中“使用大字体”时，gbcbig.shx 大字体中文单线才能使有，但此时 Window 使用的 Truetype 字体反而不能用
高度	0	字符高度（若输入值不为 0，则输入文字时将不提示文字高度选项）

续表

设置	默认	说　　明
宽度因子	1	字符的纵横比（比例大于 1，字体变宽；反之，字体变窄）
倾斜角度	0	字符倾斜（输入值为正值时字体向右倾斜，负值时向左倾斜，0°时不发生倾斜，其角度范围为–85°～+85°）
颠倒	无	上下颠倒文字
反向	无	左右反向文字
垂直	无	垂直或水平排列文字。只有在选定字体支持双向时可用

单击“文字样式”对话框中“新建（N）…”按钮，系统会弹出“新建文字样式”对话框，如图 3-53 所示，AutoCAD 2014 会自动建立名为“样式 n”的样式（n 是从 1 开始依次排列的阿拉伯数字），用户可直接采用此样式；若不用，则在“样式名”编辑框中输入自己定义的样式名，样式名长达 225 个字符，包括字母、数字以及某些特殊字符。

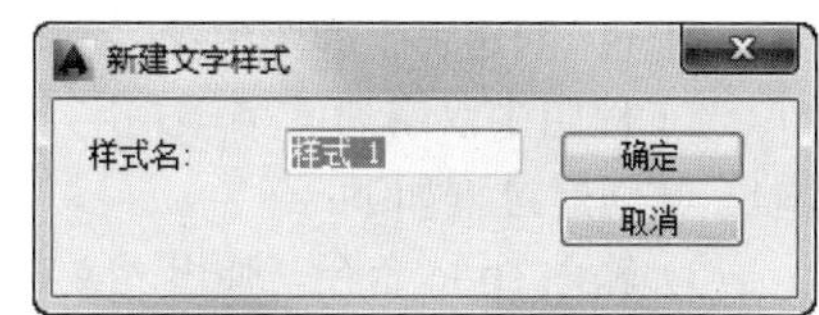

图 3-53“新建文字样式”对话框

在“样式名”文本框中输入新的文字样式名后，单击“确定”按钮，即可创建新建文字样式。用户可以在一张图纸中建立多个文字样式，但只能选择其一为当前文字样式。

（2）字体类型

“文字样式”对话框中“字体”栏，用于设置样式中的字体、字符高度等。单击“字体名”的向下箭头，弹出下拉列表，显示系统提供的字体文件名，用户可选择列表中的某种字体作为当前样式中字符的字体。

列表中的字体文件共分两类：“Truetype”字体和“SHX”字体。

“Truetype”字体是由 Windows 系统提供的字体，包括宋体、黑体、仿宋体、楷体和特殊字体等，而“SHX”字体是 AutoCAD 本身特有的 SHX 矢量化字体。AutoCAD 为区分这两类字体，在字体文件名前用图标“Tr”和“A”加以区别。

若选择 Windows 系统提供的字体文字样式，“使用大字体”选项成灰色，不能够勾选，但如果选择文字样式中“.shx”的字体文件，则会恢复“使用大字体”选项。

在“字体”或“效果”栏中更改任何选项，“预览”窗口会显示文字样式的改变。

若要让图形中的文字使用当前文字样式，选择“应用”，会立即改变文字的文字样式。此时若要恢复以前的文字样式，必须再一次更改文字样式，然后再选择“应用”。

（3）字体高度

“文字样式”对话框中“高度”编辑框用于设置当前样式中的字符高度。有两种设置状态：

① 字符高度值为 0　AutoCAD 2014 都会在命令行提示用户确定字符高度；

② 字符高度值不为 0　AutoCAD 2014 都会直接使用这个高度值，而不再提示用户确定字高。

在相同的高度设置下，Truetype 字体显示的高度要小于 SHX 字体。

（4）字体效果

在“效果”选项组中，用户可以确定字体的某些特征，如宽度比例、倾斜角、颠倒、反向或垂直对齐。以下就各选项进行说明。

“颠倒”复选框，选中或清除，可以确定是否将文字颠倒。

“反向”复选框，用于反向显示字符。

“垂直”复选框，显示垂直对齐的字符。只有在选定字体支持双向时，“垂直”才可用。TrueType 字体的垂直定位不可用。

“倾斜角度”文字框，可以确定文字的倾斜角度。倾斜角度在−85°～+85°范围内。

“宽度因子”文字框，可以设置字体的宽度。当宽度因子为 1 时，按字体文件中定义的标准执行；宽度因子小于 1，字体变窄；宽度因子大于 1 时，字体变宽。输入小于 1.0 的值将压缩文字；输入大于 1.0 的值则扩大文字。

（5）创建文字样式实例

例一：创建“工程图中汉字”文字样式

“工程图中汉字”文字样式用于在工程图中注写符合国家技术制图标准规定的汉字（长仿宋体）。其创建过程如下：

① 输入 style 命令，弹出“文字样式”对话框；

② 单击“新建”按钮，弹出“新建文字样式”对话框，输入“工程图中汉字”文字样式名，单击“确定”按钮，返回“文字样式”对话框；

③ 在“SHX 字体”下拉列表中选择“仿宋”字体，在“高度”编辑框中设高度值为“0.00”，在“宽度比例”编辑框中设宽度比例值为“0.7”，其他使用缺省值；

④ 单击“应用”按钮，完成创建；

⑤ 如不再创建其他样式，单击“关闭”按钮，退出“文字样式”对话框，结束命令。

Auto CAD 中的宋体有“宋体”和“@宋体”之分，在选择字体时需要注意不要选错，带“@”符号的字体是一种垂直字体，如图 3-54 所示。

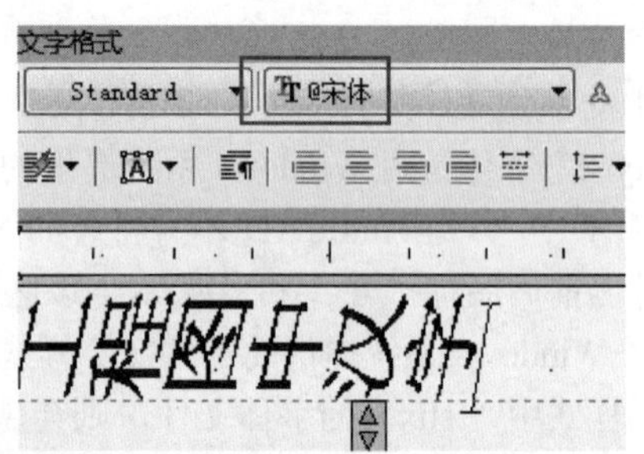

图 3-54 “宋体”和“@宋体”的区别

例二：创建“工程图中尺寸”文字样式

“工程图中尺寸”文字样式用于控制工程图的尺寸数字和注写其他数字、字母。该文字样式使所注尺寸中的尺寸数字符合国家技术制图标准。其创建过程如下：

① 输入 style 命令，弹出“文字样式”对话框；

② 单击“新建”按钮，弹出“新建文字样式”对话框，输入“工程图中尺寸”文字样式名，单击“确定”按钮，返回“文字样式”对话框；

③ 在“SHX 字体”下拉列表中选择“isocp.shx”字体，在“高度”编辑框中设高度值为“0.00”，在“宽度比例”编辑框中输入“1”，在“角度”编辑框中输入“15”，其他使用缺省值；

④ 单击“应用”按钮，完成创建；

⑤ 单击“关闭”按钮，退出“文字样式”对话框，结束命令。

3.10.2　单行文字的创建与编辑

在许多情况下，需创建的文字内容都是很简短的，可以使用单行文字命令进行简短文字的创建与编辑。

（1）单行文字的创建

① 调用单行文字命令的方法

a．菜单栏操作“绘图”→“文字”→，“AI单行文字”。

b．命令行输入“dtext”（或简捷命令 dt）并回车。

在 AutoCAD 2014 中，文字的定位采用 4 条基准线，分别是顶线、中线、基线和底线，这 4 条线位置如图 3-55 所示。

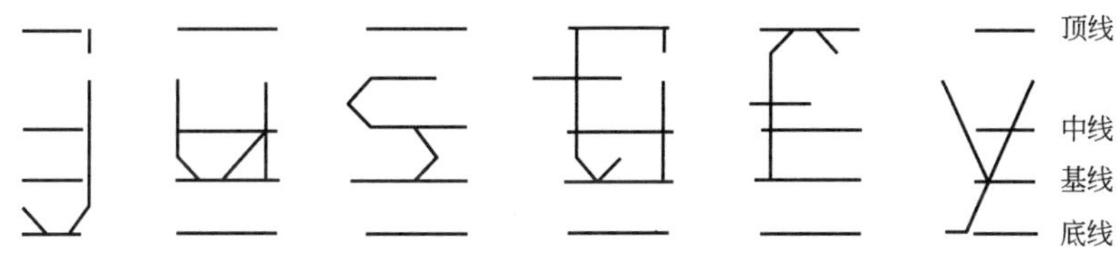

图 3-55　文字定位的 4 条基准线

② 单行文字标注举例　下面是以“起点”方式进行单行文字注写的步骤，具体操作过程如下：

a．调用“DTEXT”命令；

b．命令行窗口显示“当前文字样式：Standard　文字高度：3.5000”，说明当前的文字样式设置；

c．提示“指定文字的起点或[对正(J)/样式(S)]:”，用户需指定单行文字基线的起点位置（这是默认项）；

d．提示“指定高度<3.5000>:”，确定文字高度；

e．指示“指定文字的旋转角度：”，确定文字的旋转角度（正值表示逆时针旋转角度，负值则表示顺时针旋转角度）；

f．提示“输入文字：”，输入所要标注的文字；

g．提示“输入文字：”，可以继续输入文字或按回车键，结束本次命令。

起点　技术要求　A—A　1:200　起点

(a) 旋转角0°

起点　123456

(b) 旋转角为−30°

起点　1:2.5

(c) 旋转角为30°

图 3-56　单行文字注写结果

执行结果如图 3-56 所示。

③ 提示行的其他选项的含义　在上述步骤 c. 时，提示行的其他选项的含义如下。

a．对正（J)。该选项用于设置文字的排列方式及排列方向，执行该项后 AutoCAD 接着提示：

[对齐(A)/调整(F)/中心(C)/中间(M)/右(R)/左上(TL)中上(TC)/右上(TR)/左中(ML)/正中(MC)/右中(MR)/左下(BL)/中下(BC)/右下(BR)]:

提示中的选项用来确定文字的排列形式的。该提示中各选项的含义如下。

● 对齐（Align）。该选项要求用户确定单行文字基线的起点与终点位置，用起点与终点来控制文字对象的排列。确定起点与终点，可以在命令行输入坐标，也可用光标点取。选择该选项，AutoCAD 2014 接着依次提示：

指定文字基线的第一端点：（确定基线的起点）
指定文字基线的第二端点：（确定基线的终点）
输入文字：　　　　　　　（输入字符串，输入完后按回车键）

输入字符串回车确认后，命令行会继续出现“输入文字：”的提示，可以在已输入字符串的下一行位置继续输入字符串；若不再输入，可在“输入文字：”提示符下直接键入回车键，结束本次命令。

此时没有文字的高度值提示，这是由于文字高度根据字符串和文字样式所设定的宽度因子自动确定。图 3-57 是两个同一文字样式、不同字符串长度的文字输出结果。

使用“对齐”方式输入的字符串将均匀分布在用户所指定基线起点与终点之间，文字行的倾斜度由两点间连线角度确定。在图 3-58 中，基线起点与终点的选择顺序会影响字符串标注结果。

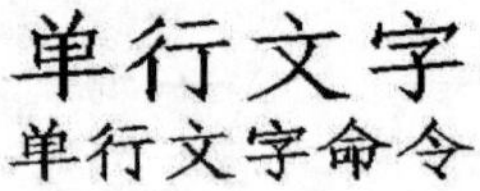

单行文字
单行文字命令

图 3-57　根据字符长度和样式自动设置字高

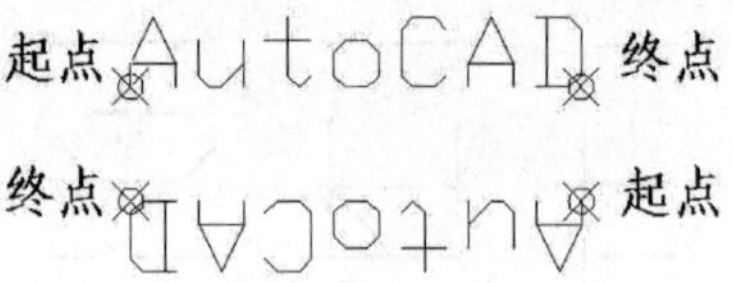

起点 AutoCAD 终点
终点 AutoCAD 起点

图 3-58　不同起点与终点的文字效果

这种对齐方式的结果是：字符串均匀分布于指定的两点之间，且文字行的旋转角度由两点间连线的倾斜角度确定，字高为用户指定的高度，字宽由所确定两点间的距离与字符的数量自动调整。

- 中心（Center）。该选项要求用户指定一点作为文字行基线的中心点，输入字符后，字符将均匀地分布于该中点的两侧。
- 中间 M（Middle）。该选项要求用户指定一点作为文字行中线的中间点。
- 右 R（Right）。该选项要求用户指定一点作为文字行基准线的右端点。
- 左上 TL（Top Left）。该选项要求用户指定一点作为文字行顶线的起点。
- 中上 TC（Top Center）。该选项要求用户指定一点作为文字行顶线的中点。
- 右上 TR（Top Right）。该选项要求用户指定一点作为文字行顶线的终点。
- 左中 ML（Middle Left）。该选项要求用户指定作为文字中线的起点。
- 正中 MC（Middle Center）。该选项要求用户指定一点作为文字行中线的中点。
- 右中 MR（Middle Right）。该选项要求用户指定一点作为文字行中线的终点。
- 左下 BL（Bottom left）。该选项要求用户指定一点作为文字行底线的起点。
- 中下 BC（Bottom Center）。该选项要求用户指定一点作为文字行底线的中点。
- 右下 BR（Bottom Right）。该选项要求用户指定一点作为文字行底线的终点。

b．样式（S）。设置当前使用的文字样式。选择该选项，AutoCAD 2014 接着提示：“输入样式名或[?]<Standard>：”。在此提示下，用户可输入文本文字所用的字体名称，键入“？”则在命令行显示如下提示：

输入要列出的文字样式<*>:

在此提示符下按回车键，系统便打开 AutoCAD 2014 文本窗口，在窗口中列出当前文件中所有文字体文件。

（2）单行文字的编辑

在使用单行文字命令创建文字后，可以像其他对象一样进行编辑修改，如复制、移动、旋转等，同时还可以修改文字的插入点、文字样式、对齐方式、字符大小、方位效果以及文字内容。

① 文字编辑

a．菜单栏操作“修改”→“对象”→“文字”→“ 编辑…”。

b．命令行输入“ddedit”并回车。

选择要编辑的文本后，将回到文本输入状态，用户可重新输入或设置文本格式。

说明：编辑单行文字最快捷的方法是双击需要编辑的文字，然后进行编辑。

② 修改文字特性 用户可以使用对象特性管理器来修改文字的多种特性。选中需要修改特性的文字，单击右键，弹出快捷菜单，选中“对象特性”选项，弹出“对象特性”窗口，如图3-59所示。用户根据“对象特性”窗口的内容，对文字特性做相应的修改。

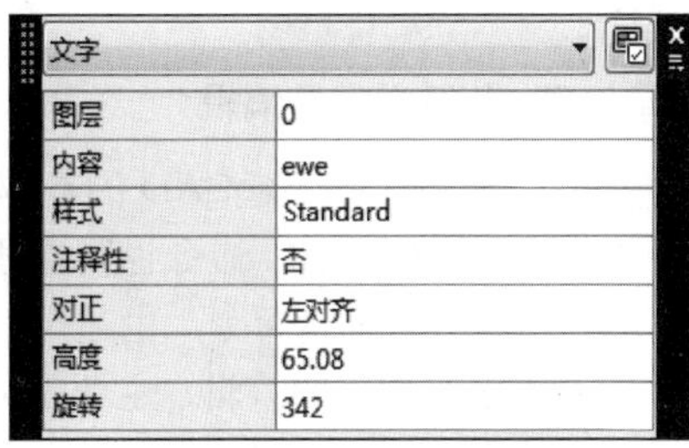

图3-59 对象特性管理器

3.10.3 多行文字的创建与编辑

所谓多行文字就是其行数在两行以上的文字对象。对于较长、较复杂的文字内容，如技术要求、设计说明等，可以使用多行文字。

多行文字命令可以根据用户设置的宽度自动换行，并且在垂直方向延伸，不像单行文字尽在水平方向延伸；可以选用不同的字体；可以实现边输入、边编辑。结束编辑之后，在编辑器内建立的文本将以文本的形式标注在图中指定位置。

（1）多行文字的创建

调用多行文字命令 调用该命令的方法如下：

a．菜单栏，单击“绘图”菜单→“文字”→“A多行文字”；

b．工具栏，在“绘图”工具栏中单击多行文字按钮“A”；

c．命令行，输入“mtext”（或简捷命令mt），再按回车键。

执行多行文字的创建命令后，在需要输入文字的位置用鼠标拉出一矩形区域，并弹出“多行文字编辑器”，如图3-60所示。

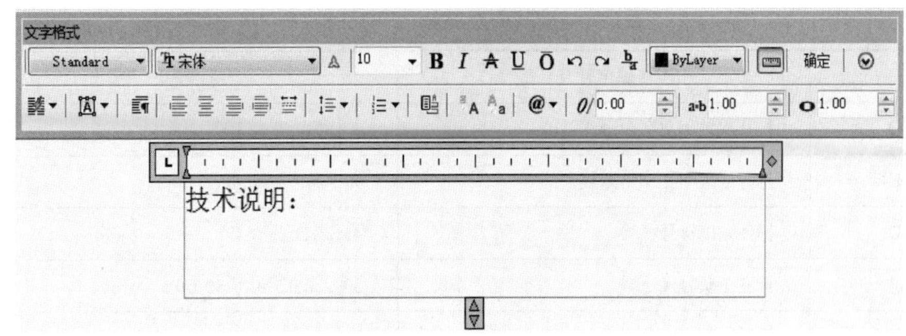

图3-60 多行文字编辑器

“多行文字编辑器”包括“文字格式”工具栏和文字编辑区域，“文字格式”工具栏提供了常用的文字格式调整工具，文字编辑区域用于输入多行文字。其中“0/0.00 倾斜角度”用来决定文字是向前还是向后倾斜，确定文字是向前倾斜还是向后倾斜，倾斜角度表示的是相对于90°方向的偏移角度。“a•b 1.00 追踪”用来减小或增大选定字符之间的间隔，可以将其设置为大于1.0

来增大间隔，设置为小于 1.0 来减小间隔。“1.00 宽度比例”用来加宽或变窄选定的字符，取值范围在 0.1 到 10 之间，大于 1 时加宽，小于 1 时变窄。

用户根据需要对文字格式做相应设置，在文字格式工具栏上单击“多行文字对正”按钮，弹出对正方式列表，可以选择多行文字在文字输入区域内的对齐方式，如图 3-61 所示，并可对文字的大小、字体、效果等进行修改。

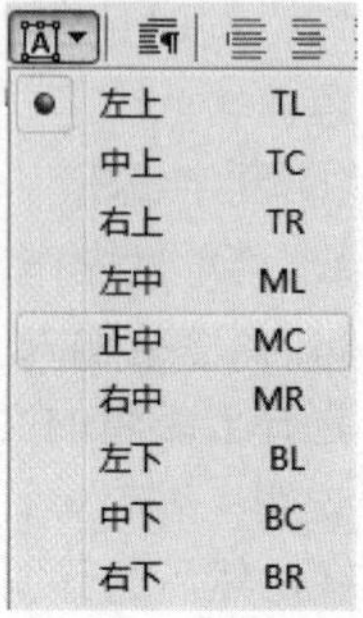

左上 TL
中上 TC
右上 TR
左中 ML
正中 MC
右中 MR
左下 BL
中下 BC
右下 BR

图 3-61　多行文字对齐方式

（2）多行文字的编辑

多行文字作为 AutoCAD 的基本图形对象，在单行文字编辑中使用的 ddedit、ddmodify 命令也同样适用于多行文字的编辑，在后续章节将要介绍的复制、镜像、移动等二维对象编辑命令，也适用于多行文字的编辑。

对于多行文字的编辑，主要是应用“多行文字编辑器”进行操作。用户选择的文字对象是多行文字时，AutoCAD 2014 会弹出如图 3-61 所示的“多行文字编辑器”。在该对话框中，用户可以方便地对已录入的文字进行文字样式、对正方式、段落格式等设置和操作，如对字体、高度、加粗、倾斜等的调整。

此外，多行文字对象可以先分解再进行有关的编辑操作，而单行文字是 AutoCAD 2014 的基本图形对象，不能分解。

多行文字分解后，每一行文字都转化为一个独立的单行文字对象，同一行不同样式的文字也将转化为不同的单行文字对象。

3.10.4　特殊符号及分数输入

（1）AutoCAD 2014 特殊字符输入

① AutoCAD 2014 内部特殊字符输入　绘制工程图中，除了需要标注汉字、英文字符、数字和常用符号外，有时还需要输入特殊符号，如°、±、ϕ等，而这些特殊字符无法直接从键盘直接输入。AutoCAD 2014 提供了用控制码输入特殊字符的方法。AutoCAD 2014 的控制码均由两个百分号（%%）和一个字母（大、小写相同）所构成，如表 3-2 所示。

表 3-2　控制码及其相应的特殊字符

控制码	相应特殊字符及功能	举　例
%%O	打开或关闭文字上画线功能	%%O30 表示 $\overline{30}$
%%U	打开或关闭文字下画线功能	%%U30 表示 $\underline{30}$
%%D	标注角度符号（°）	45%%D 表示 45°
%%P	标注正负号（±）	30%%P0.5 表示 30±0.5
%%C	标注直径符号（ϕ）	%%C50 表示ϕ50
%%%	标注一个百分号（%）	90%%%表示 90%

表 3-2 中，%%O 和%%U 是两个切换开关，在文本中第一次键入此符号，表明上画线功能或下画线功能。这两个控制码只在执行单行文字命令时有效。

输入这些控制符后，控制码会变成相应的特殊符号。

也可以在多行文字命令的文字编辑区域单击鼠标右键，选择“符号（S）”，在该菜单内选择要输入的符号。

② AutoCAD 2014 外部特殊字符输入　外部特殊字符，如希腊字母、数字序号、数学符号等，可以通过汉字输入法中的“软键盘”输入。在需要输入某些特殊字符时，可调出任意一种汉字输入法，右击软键盘，调出“希腊字母”，如图 3-62 所示，用鼠标单击软键盘上的字符，也可敲击键盘上对应的字母键，就可以输入特殊字符。

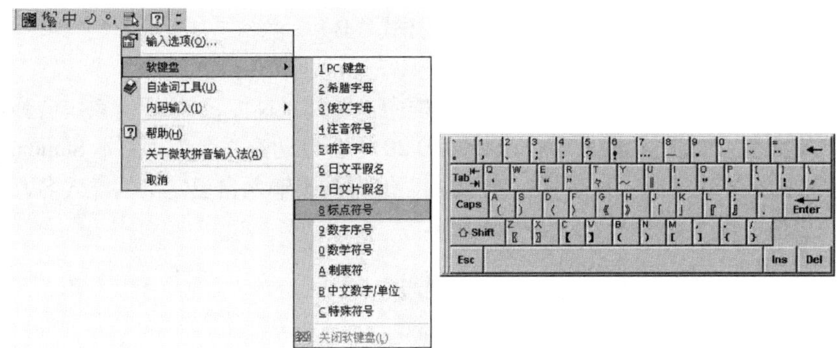

图 3-62　用软键盘输入外部特殊字符

（2）分数的输入

利用多行文字编辑器可以创建堆叠文字。创建堆叠文字，必须在需要堆叠的字符间使用斜杠“/”、乘幂符“^”或井字符“#”，使上述字符左边的文字会堆叠在右边文字的上方。

AutoCAD 2014 在默认情况下，包含“^”的文字转换为左对正的公差值；包含“/”的文字转换为中对正的分数值；斜杠被转化为一条同较长字符串长度相同的水平线；包含“#”的文字转换为被斜线（高度与两个字符串的高度相同）分开的分数，如图 3-63 所示。

输入分数的具体操作方法如下：假如要输入分数“$\frac{32}{177}$”，可以在多行文字编辑器里输入“32/177”，然后将“32/177”选中，单击 $\frac{b}{a}$ 按钮，就可以将其转换为分数的形式。

此外，如要输入指数“X^2”，可以在多行文字编辑器里输入“X2^”，然后选中“2^”，单击 $\frac{b}{a}$ 按钮，就可以得到“X^2”；如要输入“X_1”，则应输入“X^1”，然后选中“^1”，单击 $\frac{b}{a}$ 按钮，就可以得到“X_1”；如要输入“X_1^2”输入“X2^1”，然后选中“2^1”，单击 $\frac{b}{a}$ 按钮，就可以得到“X_1^2”，如图 3-64 所示。

+0.005^-0.003 → $\begin{matrix}+0.005\\-0.003\end{matrix}$

75#98 → 75#98

32/177 → $\frac{32}{177}$

图 3-63　堆叠文字

X2^ → X^2

X^3 → $\begin{matrix}X\\3\end{matrix}$

X2^1 → X_1^2

图 3-64　上标、下标输入

3.11　创建表格样式

表格主要用来展示与图形相关的标准、数据信息、材料信息等内容。在实际的绘图过程中，由于图形类型的不同，使用的表格以及该表格表现的数据信息也不同。此时，可以利用 AutoCAD 2014 提供的表格功能来创建符合当前制图需要的表格，从而清晰、醒目地反映出设计思想及创意。

3.11.1 创建表格样式

（1）“表格样式”对话框

① “表格样式”对话框　如图 3-65 所示，可通过以下方法打开：

a．菜单栏，单击“格式”菜单→“表格样式（B）…”；

b．命令行，输入“tablestyle”（或快捷命令 ts），再按回车键。

② 新建表格样式　单击“表格样式”对话框中“新建（N）…”按钮，系统会弹出“创建新的表格样式”对话框，如图 3-66 所示，AutoCAD 2014 会自动建立名为“副本 Standard”的样式，用户可直接采用此样式；若不用，则在“样式名”编辑框中输入自己定义的样式名，样式名长达 225 个字符，包括字母、数字以及某些特殊字符。

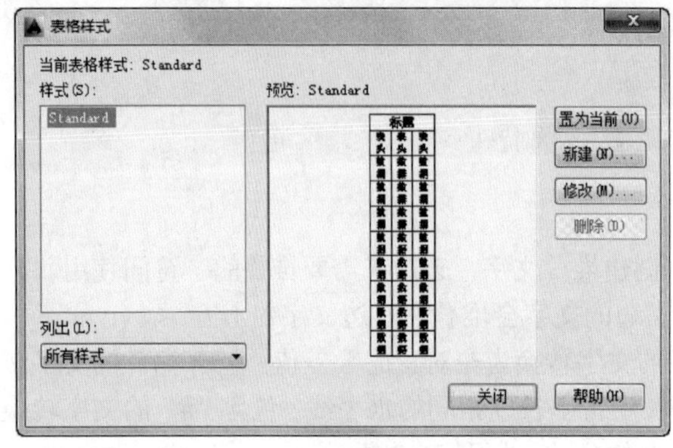

图 3-65 “表格样式”对话框

图 3-66 “创建新的表格样式”对话框

在“新样式名”文本框中输入新的文字样式名后，单击“继续”按钮，弹出“新建表格样式”对话框，如图 3-67 所示，即可创建新建文字样式。用户可以在一张图纸中建立多个文字样式，但只能选择其一为当前文字样式。

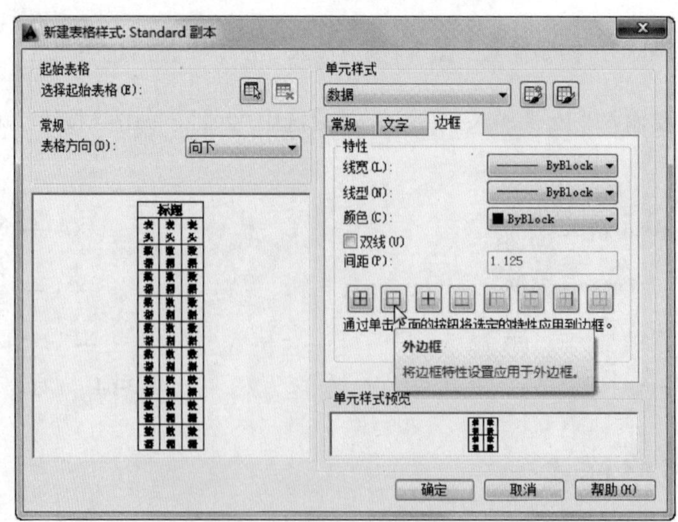

图 3-67 “新建表格样式”对话框

（2）“新建表格样式”对话框

①“起始表格”区域　该区域命令允许用户指定一个已有表格作为新建表格样式的起始表格。单击其中的按钮，AutoCAD 2014 会临时切换到绘图屏幕区域，并提示：

选择表格：

在此提示下选择某一表格后，AutoCAD 2014 返回到“新建表格样式”对话框，并在预览框中显示出该表格，在各对应设置中显示出该表格的样式设置。

② “基本”区域　通过“表格方向”列表框确定插入表格时的表格方向。列表中有“向下”和“向上”两个选择：“向下”表示创建由上而下读取的表格，即标题行和表头行位于表的顶部；“向上”表示创建由下而上读取的表格，即标题行和表头行位于表的底部。

③ 预览框　预览框用于显示新创建表格样式的表格预览图像。

④ “单元样式”区域　“单元样式”区域用来确定单元格的样式，用户可以通过对应的下拉列表确定要设置的对象，即在“数据”、“标题”和“表头”之间选择。

“单元样式”区域中有“基本”、“文字”和“边框”三个选项卡。其中，“基本”选项卡用于设置基本特性，如文字在单元格中的对齐方式等；“文字”选项卡用于设置文字特性，如文字样式等；“边框”选项卡用于设置表格的边框特性，如边框线宽、线型、边框形式等。用户可以直接在“单元样式预览”框中预览对应单元的样式。

完成表格样式的设置后，单击“确定”按钮，AutoCAD 2014 返回到“表格样式”对话框，并将新定义的样式显示在“样式”列表框中。再单击对话框中的“确定”按钮关闭对话框，完成新表格样式的定义。

3.11.2　创建和编辑表格

在 AutoCAD 2014 中，不仅可以利用表格工具来创建表格，还可以利用从外部直接导入表格等方式进行表格的创建。这里主要学习利用表格工具来创建表格。

（1）表格的创建

① 调用创建表格命令的方法　方法如下：

a．菜单栏，单击“绘图”菜单→“表格…”；

b．命令行，输入“table”，再按回车键。

执行命令后，系统启动创建表格命令，弹出“插入表格”对话框，如图 3-68 所示。

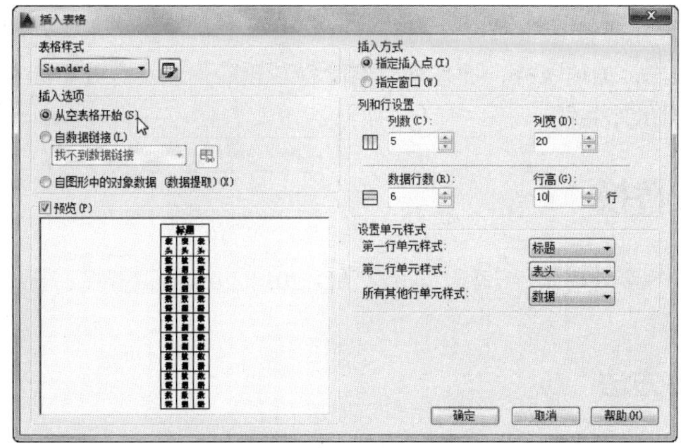

图 3-68　“插入表格”对话框

②“插入表格”对话框各区域命令说明

a.“表格样式”区域。通过下拉列表选择所要使用的表格样式。

b.“插入选项”区域。该区域用来确定如何为表格填写数据。其中，“从空表格开始”单选按钮表示创建一个空表格，然后填写数据；“自数据链接”单选按钮表示根据已有的 Excel 数据表创建表格，选中此单选按钮后，可通过单击按钮（启动“数据链接管理器”对话框）建立与已有 Excel 数据表的链接；“自图形中的对象数据（数据提取）”单选按钮，可以通过数据提取向导来提取图形中的数据。

c.“预览框”区域。该区域用来预览表格的样式。

d.“插入方式”区域。该区域用来确定将表格插入到图形时的插入方式，其中，“指定插入点”单选按钮，表示将通过在绘图窗口指定一点作为表的一角点位置的方式插入表格。如果表格样式将表的方向设置为由上而下读取，插入点为表的左上角点；如果表格样式将表的方向设置为由下而上读取，则插入点位于表的左下角点。“指定窗口”单选按钮，表示将通过指定一窗口的方式确定表的大小与位置。

e.“列和行设置”区域　该区域用于设置表格中的列数、行数以及列宽与行高。

f.“设置单元样式”区域　该区域可以通过与“第一行单元样式”、“第二行单元样式”和“所有其他行单元样式”对应的下拉列表框，分别设置第一行、第二行和其他行的单元样式。每一个下拉列表中有“标题”、“表头”和“数据”三个选择。

通过“插入表格”对话框完成表格的设置后，单击“确定”按钮，而后根据提示确定表格的位置，即可将表格插入到图形，且插入后 AutoCAD 弹出“文字格式”工具栏，同时将表格中的第一个单元格醒目显示，此时就可以直接向表格输入文字。

输入文字时，可以用 Tab 键和箭头键在各单元格之间切换，以便在各单元格中输入文字。单击“文字格式”工具栏中的“确定”按钮，或在绘图屏幕上任意一点单击鼠标拾取键，则会关闭“文字格式”工具栏，完成表格的创建。

（2）表格的编辑

用户既可以修改已创建表格中的数据，也可以修改已有表格，如改变表格的行高、列宽、合并单元格等。

① 编辑表格数据　编辑表格数据，通过双击绘图屏幕中已有表格的某一单元格，AutoCAD 会弹出“文字格式”工具栏，并将表格显示成编辑模式，同时将所双击的单元格醒目显示。在编辑模式修改表格中的各数据后，单击“文字格式”工具栏中的“确定”按钮，即可完成表格数据的修改。

② 修改表格　利用夹点功能即可修改已有表格的列宽和行高，还可利用“表格”工具栏对表格进行各种编辑操作，如插入行、插入列、删除行、删除列以及合并单元格等，其具体操作与 Word 中对表格的编辑操作类似。

3.12　查找与替换

同 Word、WPS 等字处理软件一样，AutoCAD 2014 也提供了查找、替换指定字符串和控制搜索范围及结果的功能。

3.12.1　调用命令方法

① 菜单栏　单击“编辑”菜单→“查找（F）…”。

② 命令行 输入“find”，再按回车键。

③ 快捷菜单操作 在绘图区域单击右键，选中并单击“查找（F）...”。AutoCAD 弹出“查找和替换”对话框，如图 3-69 所示。

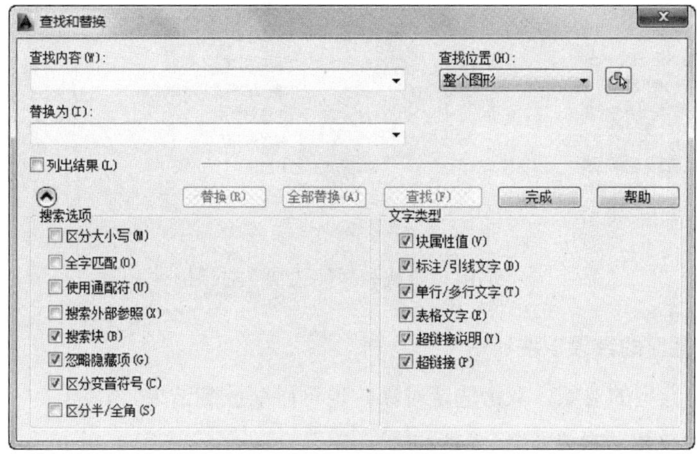

图 3-69 “查找和替换”对话框

3.12.2 对话框各个选项的含义

（1）查找内容

确定要查找的字符串。可以直接在编辑框中输入，也可以通过下拉列表选择。

（2）查找位置

确定查找范围。用户可以通过下拉列表在“整个图形”和“当前选择”之间选择，也可以通过单击“选择对象”按钮，从绘图区中直接拾取。

（3）替换为

确定要替换的新字符串。用户可在编辑框中输入，或在下拉列表中选择。

（4）“列出结果”复选项

查找时，选中“列出结果(L)”复选项，将会显示文本框，并将所查找到的对象列表显示在文本框中，用深色显示。

（5）查找

单击“查找”按钮，AutoCAD 2014 将查找“查找内容”中所指定的字符串，如有满足条件的文字，将显示在搜索结果中。

（6）替换

将查找到的字符串替换为指定的文本。

（7）全部替换

对查找范围中所有相匹配的字符串进行替换。

（8）搜索选项

单击“更多选项”按钮，可以查看、设置搜索选项和文字类型选项组，如图 3-70 所示，通过设置搜索条件，确定查找文本类型和大小写匹配、全字匹配等查找选项，能够使搜索更准确，提高搜索效率。

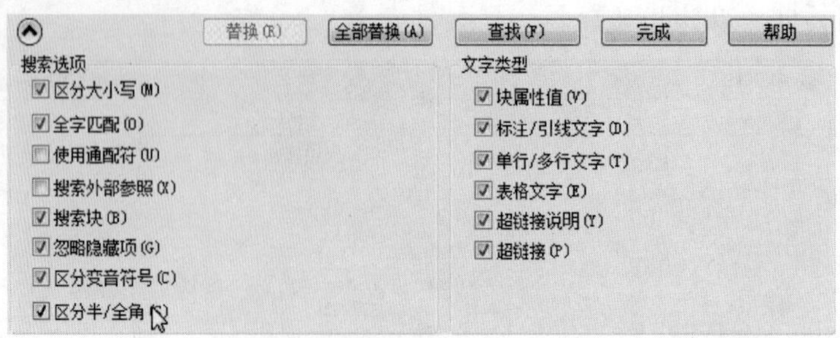

图 3-70 “查找和替换选项”对话框

(9)“缩放到亮显的结果”按钮

缩放至列表中选定的对象。双击选定对象时也可以缩放到结果。

(10)“创建选择集（亮显对象）”按钮

从包含结果列表中亮显的文字的对象中创建选择集。必须找到模型空间或单一布局中所有选定的对象。

(11)“创建选择集（所有对象）”按钮

从包含结果列表中的文字的所有对象中创建选择集。必须找到模型空间或单一布局中的所有对象。

第 4 章 二维对象编辑

本章主要介绍图形对象的选择方式和编辑方法；介绍删除、复制、镜像、移动、偏移、阵列、旋转、修剪、打断、合并、延伸、倒角、圆角、缩放、拉伸等常用编辑命令的使用方法，以及综合运用各种图形编辑命令绘制复杂图形对象的方法；介绍多线和多段线编辑命令的用法；介绍利用对象特性窗口和夹点进行图形编辑的方法和技巧。

学习重点

- 图形对象的各种选择方式。
- 利用删除、复制、镜像、移动、偏移、阵列、旋转等命令编辑图形。
- 利用修剪、打断、缩放、拉伸、拉长、延伸等命令编辑图形。
- 利用倒角、圆角等命令编辑图形。
- 对象的分解。
- 多线和多段线的编辑操作。
- 对象特性窗口的使用和夹点编辑。

在 AutoCAD 中，单纯地使用绘图命令或绘图工具只能创建出一些基本图形对象，要绘制较为复杂的图形，就必须借助于图形编辑命令。在编辑图形之前，选择对象后，图形对象通常会显示夹点。夹点是一种集成的编辑模式，提供了一种方便快捷的编辑操作途径。例如，使用夹点可以对对象进行拉伸、移动、旋转、缩放及镜像等操作。

AutoCAD 提供了两种编辑方式：①先调用编辑命令，然后选择要编辑的对象；②先选择对象，再调用编辑命令。本章将介绍如何选择对象，以及执行一般的和特殊对象的编辑操作。

4.1 对象的选择和编辑对象的方法

在对图形进行编辑操作之前，首先需要选择要编辑的对象。在 AutoCAD 中，选择对象的方法很多。例如，可以通过单击对象逐个拾取，也可利用矩形窗口或交叉窗口选择；可以选择最近创建的对象、前面的选择集或图形中的所有对象，也可以向选择集中添加对象或删除对象。AutoCAD 用虚线亮显所选的对象。

4.1.1 设置选择模式

较为复杂的图形，往往一次要同时对多个对象进行编辑。利用“选项”对话框中的有关选项卡，可以设置对象选择模式。

选择“工具”→“选项”，打开“选项”对话框，选择“选择集”选项卡，进行对象选择设置，如图 4-1 所示。

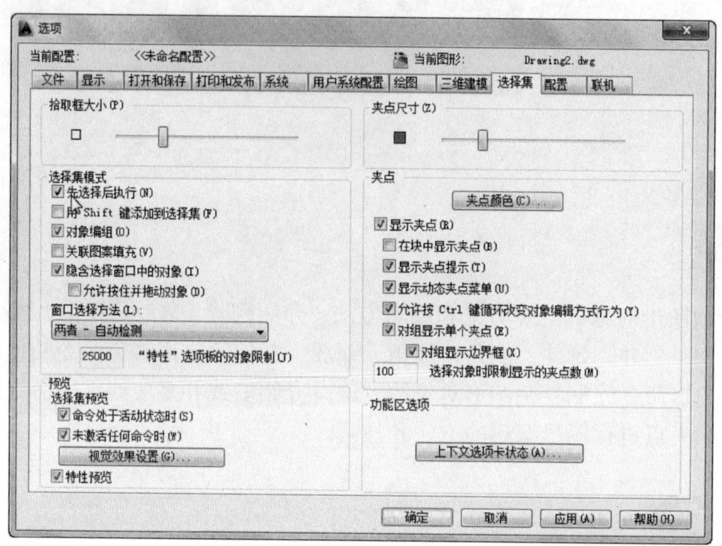

图 4-1 设置选择模式

“选择集”选项卡中各选项的功能如下。

（1）拾取框大小

控制 AutoCAD 拾取框的显示尺寸。拾取框是在编辑命令中出现的对象选择工具。

（2）选择集模式

控制与对象选择方法相关的设置。选择集模式中各复选框的功能如下。

① 先选择后执行 允许在启动命令之前选择对象，被调用的命令对先前选定的对象产生影响。可以用“先选择后执行”来使用的命令，包括删除、块、移动、复制、旋转、缩放、镜像、拉伸、分解、查询、对齐和特性等。

② 用 Shift 键添加到选择集 按<Shift>键并选择对象时，向选择集中添加对象或从选择集中删除对象。要快速清除选择集，可在图形的空白区域绘制一个选择窗口。

③ 对象编组 选择编组中的一个对象就可以选择编组中的所有对象。可以使用“GROUP”命令创建和命名一组选择对象。

④ 关联图案填充 确定选择关联填充时将选定哪些对象。如果选择该选项，那么选择关联填充时也选定边界对象。

⑤ 隐含窗口选择窗口中的对象 在对象外选择了一点时，初始化选择窗口中的图形。从左到右绘制选择窗口，将选择完全处于窗口边界以内的对象；从右到左绘制选择窗口，将选择处于窗口边界以内和与边界相交的对象。

⑥“允许按住并拖动对象”复选项 通过选择一点，然后将定点设备拖动至第二点来绘制选择窗口。如果未选择此选项，则可以用定点设备选择两个单独的点来绘制选择窗口。

（3）夹点尺寸

AutoCAD 中选中的对象上将会显示夹点，此选项可以控制夹点的显示尺寸。

（4）夹点

控制与夹点相关的设置。可以分别设置选中夹点、未选中夹点、悬停夹点以及夹点轮廓的颜色，如图 4-2 所示。

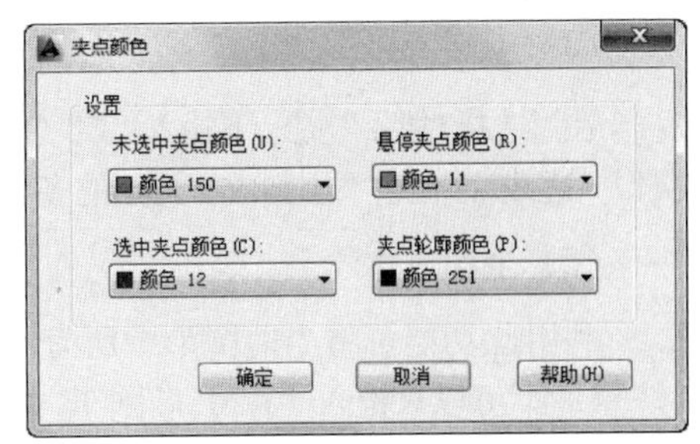

图 4-2　夹点颜色设置

4.1.2　对象的选择方法

根据图形的不同特点和图形修改的需要，用户可以使用不同的方式选择对象。

（1）单击鼠标选择对象

通过鼠标或其他输入设备直接单击图形对象后，对象呈高亮度显示，表示该对象已被选中，可以对其进行编辑。

当一个对象与其他对象彼此接近或重叠时，选择某一个对象时就可以使用循环选择方法。在"选择对象:"提示下选取某对象时，如果该对象与其他一些对象相距很近或者重叠，那么就很难准确地拾取到此对象。但是可以使用"循环对象选择法"。在"选择对象:"提示下按下<Shift>键，将拾取框放在要拾取的对象上，然后反复按下<Space>键，这时就可以循环选择对象，直至所需编辑的对象出现，单击鼠标左键完成对象选择。

（2）窗口方式

当命令行出现"选择对象:"提示时，如果将点取框移到图中空白地方并按住鼠标左键，AutoCAD 会提示：指定对角点，此时如果将点取框移到另一位置后按鼠标左键，AutoCAD 会自动以这两个点取点作为矩形的对顶点，确定一默认的矩形窗口。如果窗口是从左向右定义的，框内的实体全被选中，而位于窗口外部以及与窗口相交的实体均未被选中；若矩形框窗口是从右向左定义的，那么不仅位于窗口内部的对象被选中，而且与窗口边界相交的对象也被选中。事实上，从左向右定义的框是实线框，从右向左定义的框是虚线框。对于窗口方式，也可以在"选择对象:"的提示下直接输入"W"（Windows），则进入窗口选择方式，不过，在此情况下，无论定义窗口是从左向右还是从右向左，均为实线框。如果在"选择对象:"提示下输入"BOX"，然后再选择实体，则会出现与默认的窗口选择方式完全一样。

（3）交叉选择

当提示"选择对象:"时，键入"C"（Crossing），则无论从哪个方向定义矩形框，均为虚线框，均为交叉选择实体方式，只要虚线框经过的地方，实体无论与其相交或包含在框内，均被选中，如图 4-3 所示。

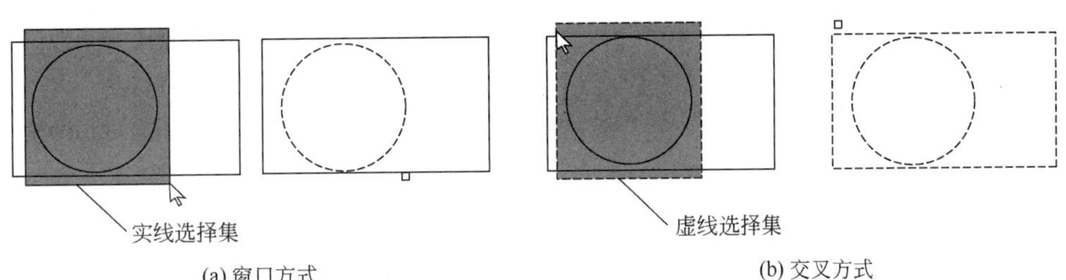

图 4-3　窗口和交叉选择模式

（4）围线方式

在“选择对象：”提示下输入“F”（Fence）后，即可进入此方式。该方式与不规则交叉窗口方式相类似（虚线），但它不用围成一封闭的多边形。执行该方式时，与围线相交的图形均被选中。

（5）全部方式

利用此功能可将当前图形中所有对象作为当前选择集。在“选择对象：”提示下键入“ALL”（注意：不可以只键入“A”）后回车，AutoCAD 则自动选择所有的对象。

（6）扣除方式

在“选择对象：”提示下键入“R”（Remove），即可进入此模式。在此模式下，可以从选择集中扣除一个或一部分。按住<Shift>键的同时选择已选中对象，也可以实现取消选择功能。

（7）返回到加入方式

在扣除模式下，即“删除对象：”提示下键入“A”（Add）并回车，AutoCAD 会再提示：“选择对象：”，则返回到加入模式。

4.1.3 快速选择

通过 AutoCAD 的“快速选择”功能，可以得到一个按过滤条件构造的选择集。输入命令“QSELECT”或从菜单“工具”→“快速选择”命令后，弹出“快速选择”对话框，如图 4-4 所示。可以按指定的过滤对象类型和指定对象过滤的特性、过滤范围等进行选择。

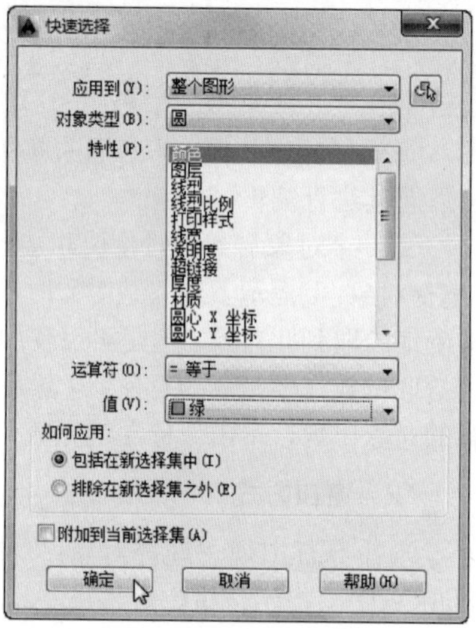

图 4-4 “快速选择”对话框

4.1.4 用选择过滤器选择

在 AutoCAD 2014 中，可以根据对象的特性构造选择集。在命令行输入“Filter”后，将弹出“对象选择过滤器”对话框（图 4-5），就可以构造一定的过滤器并存盘，以后可以直接调用。

使用过滤器选择，需要注意以下几点：

① 可先用选择过滤器选择对象，然后直接使用编辑命令，或在使用编辑命令提示选择对象时，输入“P”（Previous），即前一次选择来响应；

② 在过滤条件中，颜色和线型不是指对象特性因为“随层”而具有的颜色和线型，而是用“COLOUR”、“LINTYPE”等命令特别指定给它的颜色和线型；

③ 已命名的过滤器不仅可以使用在定义它的图形中，还可用于其他图形中。对于条件的选择方式，使用者可以使用颜色、线宽、线型等各种条件进行选择。

4.1.5 对象编辑的方法

在 AutoCAD 中，用户可以使用夹点对图形进行简单编辑，或综合使用“修改”菜单和“修改”工具栏中的多种编辑命令对图形进行较为复杂的编辑。

（1）夹点编辑

选择对象时，在对象上将显示出若干个小方框，这些小方框用来标记被选中对象的夹点。夹点就是对象上的控制点，如图 4-6 所示。

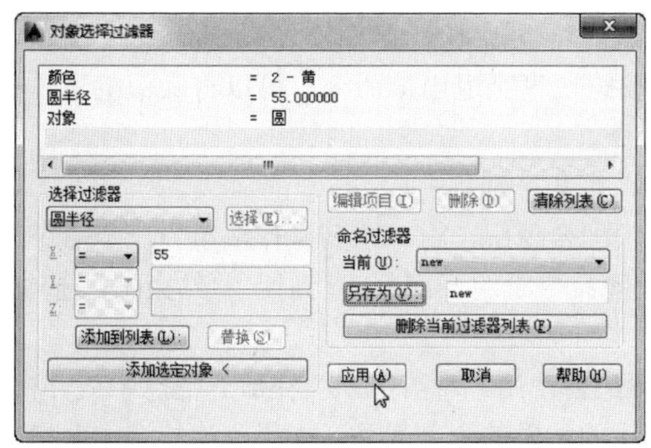

图 4-5 “对象选择过滤器”对话框

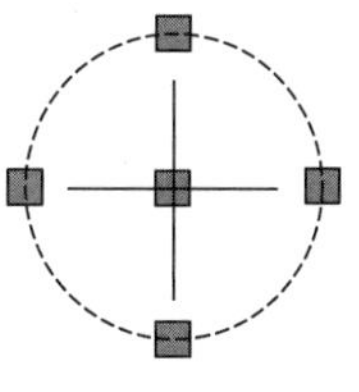

图 4-6 夹点编辑

（2）修改菜单

“修改”菜单用于编辑图形，创建复杂的图形对象。“修改”菜单中包含了 AutoCAD 2014 大部分编辑命令，通过选择该菜单中的命令或子命令，可以完成对图形的所有编辑操作。

（3）修改工具栏

“修改”工具栏的每个工具按钮，都与“修改”菜单中相应的绘图命令相对应，单击即可执行相应的修改操作，如图 4-7 所示。

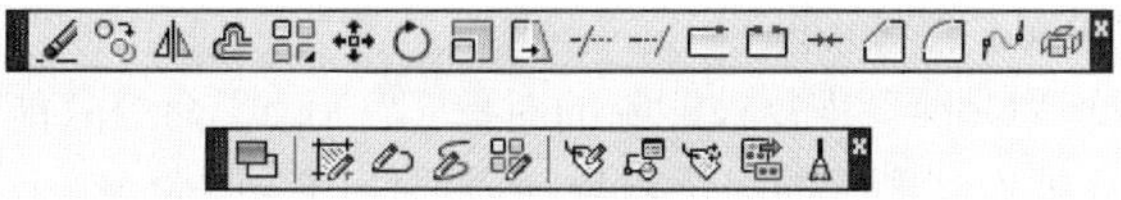

图 4-7 “修改”和“修改Ⅱ”工具栏

4.2 对象的选择、放弃、重做、删除和恢复

4.2.1 放弃

在绘图过程中，如果操作失误，只要没有使用“Quit”或“End”命令结束绘图，AutoCAD 会将全部绘图操作存储在缓冲区中，利用放弃命令可以逐步取消错误的操作。

（1）命令执行方法

可以通过以下方法激活放弃命令：

① 菜单栏 单击“编辑”菜单→“放弃”操作；

②“标准”工具栏 单击“放弃” 图标；

③ 命令行 输入“Undo”或者“U”并回车。

（2）说明

在命令行中输入“Undo”和“U”得到的操作提示是不同的，输入“U”只取消单个命令，输入“Undo”时，则会得到以下操作提示：

输入要放弃的操作数目或[自动(A)/控制(C)/开始(BE)/结束(E)/标记(M)/后退(B)]<1>:

各选项含义如下。

① 数目 指定放弃的操作数（步数），效果与多次输入“U”相同。

② 自动(A) 将单个命令的操作编组，从而可以使用单个“U”命令放弃这些操作。当值为 ON 时，则启动一个命令将对所有操作进行编组，直到退出该命令，可以将操作组当作一个操作放弃。当值为 OFF 时，一次只能取消一个命令。

③ 控制(C) 限制或关闭“Undo”命令，有 4 个选项。

④“开始(BE)”和“结束(E)” 两个选项配合使用，将一系列操作编组为一个命令组。输入“开始(BE)”选项后，所有后面的操作都将成为此命令组的一部分，直到使用“结束(E)”选项。“Undo”和“U”将命令组操作视为单步操作。

⑤“标记(M)”和“后退(B)” 两个选项配合使用，“标记(M)”在放弃信息中放弃标记，“后退(B)”返回到标记位置，放弃直到该标记为止的所做的全部操作。如果一次放弃一个操作，到达该标记时程序会给出通知。

当使用“数目”进行多步放弃时，不能越过标记位置。如有必要，可以放置任意个标记。“后退(B)”一次返回一个标记，并删除该标记。

4.2.2 重做和恢复

重做命令必须在执行“Undo”和“U”命令后才能使用。

可以通过三种方法执行重做命令：

① 菜单栏 单击“编辑”菜单→“重做”；

②“标准”工具栏 单击“重做”图标；

③ 命令行 输入“Redo”并回车。

也可以使用恢复命令“Oops”恢复被删除的对象。“Oops”命令只能恢复上一次“Erase”命令删除的对象，若要恢复被连续删除的多个对象，需要使用重做命令。

4.2.3 删除对象

在绘制图形的过程中，错误的图形不可避免，或者为了绘图方便，经常会绘制一些辅助的图形或定位线，但是这些图形或定位线在最终的图纸中是不能出现的，需要删除。AutoCAD 提供“Erase”命令删除这些不必要的图形或定位线。

调用删除命令的方式有：

① 菜单栏 单击“修改”菜单→“删除”；

②“修改”工具栏 单击“删除”图标；

③ 命令行 输入“Erase”或者“E”并回车。

调用删除命令后，AutoCAD 在命令行给出“选择对象：”提示，选择要删除的对象，按回车或空格键结束对象选择，被选择的对象都会被删除。此时的对象只是临时性地删除，只要不退出当前图形窗口和未进行存盘操作，用户可以用“Oops”或“Undo”命令将删除的对象恢复。

如果在“选项”对话框的“选择”选项卡中，选中“选择模式”选项组中的“先选择后执行”复选框，就可以先选择对象，然后单击“删除”按钮删除。

4.3 对象的复制、镜像、偏移和阵列

4.3.1 复制对象

在工程图纸中，需要编辑重复出现的、形状相同或相似的对象时，可以利用 AutoCAD 提供的图形复制功能来完成。

（1）使用“复制”命令

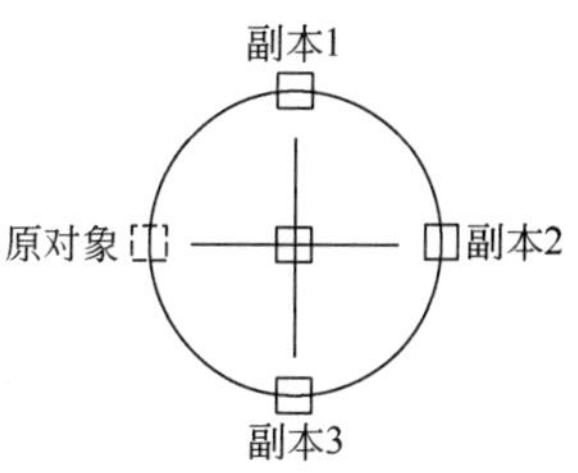

图 4-8 复制多个图形对象

在 AutoCAD 2014 中，可以使用“复制”命令，创建与原有对象相同的图形。

调用复制命令的方式有：

① 菜单栏 单击“修改”菜单→“复制”命令；

②“修改”工具栏 单击“复制”图标；

③ 命令行 输入“copy”并回车。

执行该命令时，首先需要选择对象，然后指定位移的基点和位移矢量（相对于基点的方向和大小）。图 4-8 是利用复制命令的绘图效果，操作步骤如下：

```
命令:_copy
选择对象:找到 1 个                                    （单击左侧正方形作为原始对象）
选择对象:                                             （单击右键确认选择）
当前设置:复制模式 = 多个                              （多重复制）
指定基点或[位移(D)/模式(O)]<位移>:                    （拾取正方形中心作为基点）
指定第二个点或[阵列(A)]<使用第一个点作为位移>:        （复制出上象限点的图形）
指定第二个点或[阵列(A)/退出(E)/放弃(U)]<退出>:        （复制出右象限点的图形）
指定第二个点或[阵列(A)/退出(E)/放弃(U)]<退出>:        （复制出下象限点的图形）
指定第二个点或[阵列(A)/退出(E)/放弃(U)]<退出>:        （回车结束复制命令）
```

几点说明如下。

①“复制”命令有两种使用方式，可以通过“模式（O）”选项设置，也可以通过设置系统变量 COPYMODE 实现。COPYMODE 值设置为 1，一次只能复制一个对象；其值设置为 0，一次可以复制多个对象。

② 利用复制命令中的“阵列（A）”选项，可以以线性阵列的方式，在指定方向上快速复制对象的多个副本。如图 4-9 所示，是利用“阵列（A）”选项，在对象右侧指定距离内绘制出的 5 个副本，均匀分布的效果。命令执行过程如下：

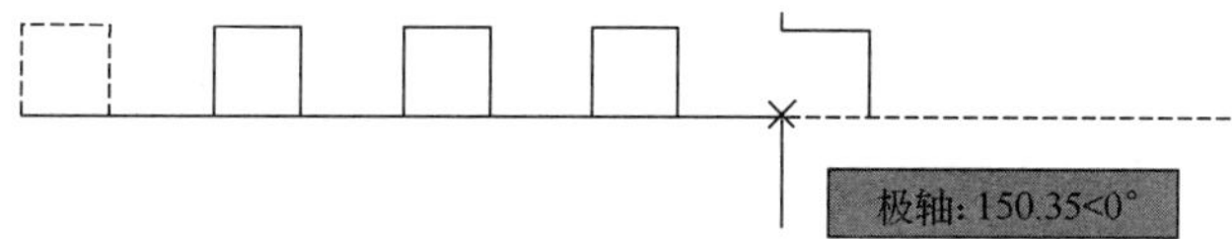

图 4-9 “阵列（A）”选项实现快速复制

```
命令:COPY
选择对象:找到 1 个                                        （选择正方形作为原对象）
选择对象:
当前设置:复制模式=多个
指定基点或[位移(D)/模式(O)]<位移>:                        （单击正方形左下顶点作为基点）
指定第二个点或[阵列(A)]<使用第一个点作为位移>:A           （执行阵列选项）
输入要进行阵列的项目数:5                                  （要复制出 5 个对象）
指定第二个点或[布满(F)]:F                                 （鼠标引导方向，在指定距离内均均匀分布）
指定第二个点或[阵列(A)/退出(E)/放弃(U)]<退出>:            （回车结束复制命令）
```

（2）通过剪贴板复制对象

利用 Windows 的剪贴板工具，也可以方便地实现应用程序间图形数据和文本数据的传递。

在 AutoCAD 中可以通过以下方式实现剪贴板复制对象：

① 菜单栏执行“编辑”→“复制”；
② 单击“标准”工具栏上的“复制”图标；
③ 在命令行中输入“Copylip”并回车；
④ 使用快捷键<Ctrl> + C。
通过以上任一种操作后，使用<Ctrl> + V 命令将复制到剪贴板上的图形粘贴到合适的位置即可。

4.3.2 镜像

镜像命令可以以镜像线对称的方式复制已有对象。

（1）调用镜像命令方法

通过以下方法可以调用镜像命令：
① 菜单栏 单击“修改”菜单→“镜像”命令；
②“修改”工具栏 单击“镜像”图标；
③ 命令行 输入“Mirror”并回车。

执行该命令时，需要选择要镜像的对象，然后依次指定镜像线上的两个端点，命令行将显示“删除源对象吗？[是(Y)/否(N)]<N>:”提示信息。如果直接按回车键，则镜像复制对象，并保留原来的对象；如果输入“Y”，则在镜像复制对象的同时删除原对象，镜像效果如图 4-10 所示。

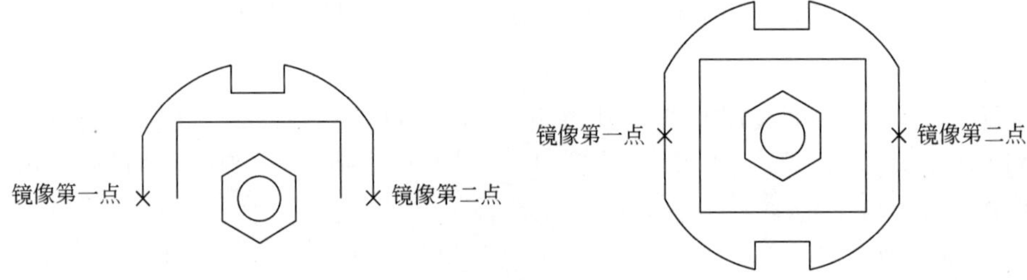

图 4-10 镜像效果图

（2）系统变量“Mirrtext”

在 AutoCAD 2014 中，使用系统变量“Mirrtext”可以控制文字对象的镜像方向。Mirrtext 的缺省值为 1，则文字对象同其他对象一样做镜像处理；如果“Mirrtext”的值设置为 0，则文字对象不做镜像处理。文字对象镜像效果如图 4-11 所示。

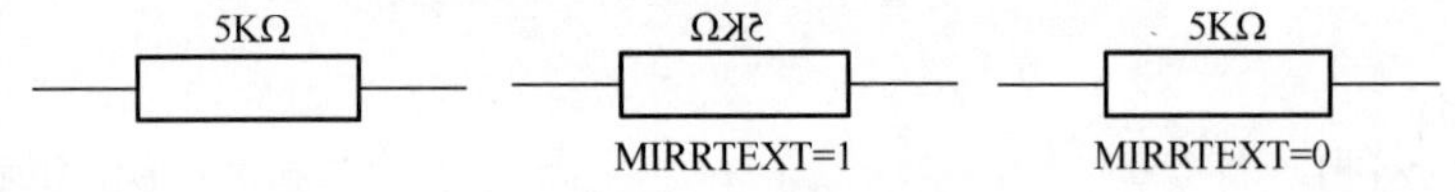

图 4-11 文字对象镜像效果

4.3.3 偏移

在 AutoCAD 2014 中，可以使用“偏移”命令，对指定的直线、圆弧、圆等对象做同心偏移复制。在实际应用中，常利用“偏移”命令的特性创建平行线或等距离分布图形。可以偏移的对象包括直线、圆弧、圆、椭圆和椭圆弧（形成椭圆形样条曲线）、二维多段线 、构造线（参照线）和射线、样条曲线等。

（1）调用偏移命令方法

① 菜单栏 单击“修改”菜单→“偏移”命令。

②“修改”工具栏 单击“偏移”图标。

③ 命令行 输入“Offset”并回车。

执行“偏移”命令，其命令行显示如下提示：

指定偏移距离或[通过(T)/删除(E)/图层(L)]<通过>:

默认情况下，需要指定偏移距离，再选择要偏移复制的对象，然后指定偏移方向，以复制出对象。

（2）说明

① 偏移命令是一个单对象编辑命令，在使用过程中，只能以直接拾取的方式选择对象。

② 以给定偏移距离的方式复制对象时，距离必须大于零。

③ 文字、块等非线性对象不能偏移。

④ 对不同的对象执行偏移命令后，会有不同的结果。例如，直线段、构造线、射线等的偏移是平行复制；圆弧偏移后，新圆弧与旧圆弧具有相同的包含角度，但新圆弧的长度要发生变化；圆或椭圆做偏移后，圆心不变，其大小要发生变化；而对于二维多段线和样条曲线，在偏移距离大于可调整的距离时将自动进行修剪，如图 4-12 和图 4-13 所示。

图 4-12 直线、圆及圆弧、椭圆及椭圆弧的偏移效果

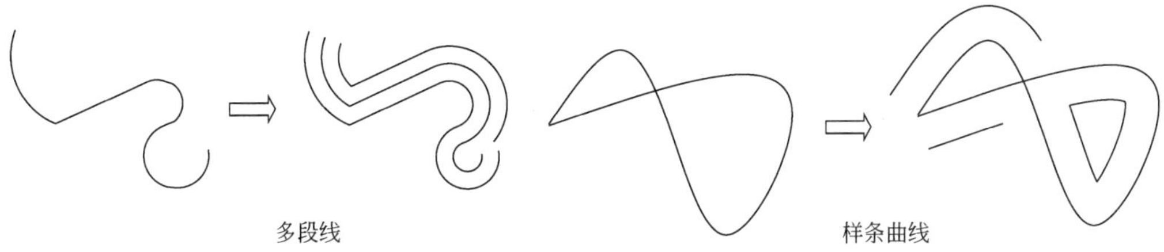

图 4-13 多段线和样条曲线偏移效果

4.3.4 阵列

对象的阵列其实也是一种“复制”对象的方法。在绘图过程中，有时候需要绘制一些规则排列的相同图形，可以使用 AutoCAD 提供的阵列命令。在 AutoCAD 2014 中，阵列可以分为矩形阵列、路径阵列和环形阵列三种类型。

通过以下方法可以调用阵列命令：

① 菜单栏 单击“修改”菜单→“阵列”，选择矩形阵列、路径阵列和环形阵列中的一种；

②“修改”工具栏 单击“阵列”图标，在 AutoCAD 经典视图下，将执行矩形阵列命令；

③ 命令行 输入“Array”并回车；

④ 命令行 输入“ARRAYCLASSIC”，使用传统对话框创建阵列。

（1）矩形阵列

对于如图 4-14 所示的阵列效果，命令执行过程如下：在“修改”工具栏中单击“阵列”图标 ，此时执行矩形阵列命令，命令行提示如下：

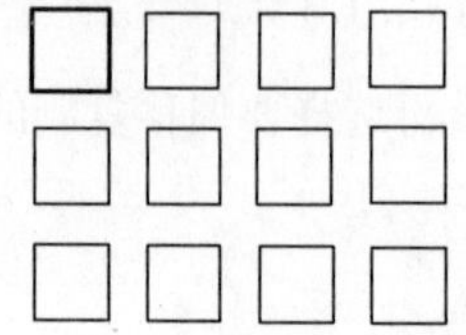

图 4-14 矩形阵列选项设置

命令:_arrayrect
选择对象:找到 1 个
选择对象:
类型 = 矩形 关联 = 是
选择夹点以编辑阵列或[关联(AS)/基点(B)/计数(COU)/间距(S)/列数(COL)/行数(R)/层数(L)/退出(X)]<退出>:AS
创建关联阵列[是(Y)/否(N)]<否>:N （创建非关联阵列）
选择夹点以编辑阵列或[关联(AS)/基点(B)/计数(COU)/间距(S)/列数(COL)/行数(R)/层数(L)/退出(X)]<退出>:S （设置阵列的行列间距）
指定列之间的距离或[单位单元(U)]<30.35>:32
（列间距正值，向 X 轴正方向阵列对象）
指定行之间的距离 <30.35>:-32()
（行间距负值，向 Y 轴负方向阵列对象）
选择夹点以编辑阵列或[关联(AS)/基点(B)/计数(COU)/间距(S)/列数(COL)/行数(R)/层数(L)/退出(X)]<退出>:L （指定三维阵列的层数和间距）
输入层数或[表达式(E)]<1>:3
指定层之间的距离或[总计(T)/表达式(E)]<1>:50
选择夹点以编辑阵列或[关联(AS)/基点(B)/计数(COU)/间距(S)/列数(COL)/行数(R)/层数(L)/退出(X)]<退出>:X （退出矩形阵列命令）

矩形阵列在执行过程中，也可以通过选择夹点进行编辑，调整阵列的方向、阵列的行列数等，都可以通过夹点控制。

（2）路径阵列

AutoCAD2014 的路径阵列工具沿整个路径或部分路径平均分布对象。如图 4-15 所示的图形，在“修改”菜单中，选择“阵列”—“路径阵列”命令，命令行提示如下：

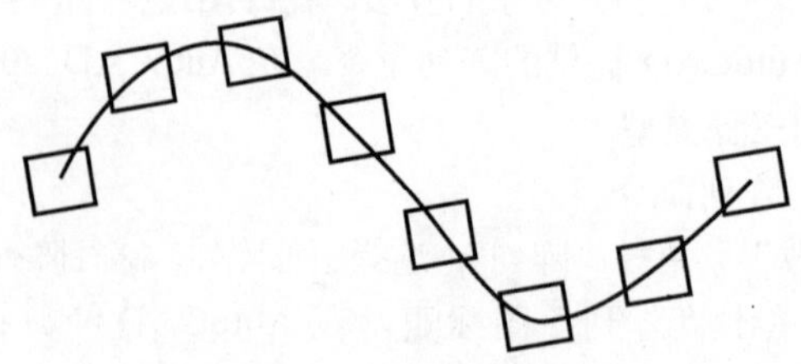

图 4-15 路径阵列

命令:_arraypath

选择对象:找到 1 个
选择对象:
类型 = 路径 关联 = 否
选择路径曲线:
选择夹点以编辑阵列或[关联(AS)/方法(M)/基点(B)/切向(T)/项目(I)/行(R)/层(L)/对齐项目(A)/Z 方向(Z)/退出(X)]<退出>:M （选择阵列时路径方法）
输入路径方法[定数等分(D)/定距等分(M)]<定距等分>:D
选择夹点以编辑阵列或[关联(AS)/方法(M)/基点(B)/切向(T)/项目(I)/行(R)/层(L)/对齐项目(A)/Z 方向(Z)/退出(X)]<退出>:T （设置阵列对象的切向）
指定切向矢量的第一个点或[法线(N)]:
指定切向矢量的第二个点:
选择夹点以编辑阵列或[关联(AS)/方法(M)/基点(B)/切向(T)/项目(I)/行(R)/层(L)/对齐项目(A)/Z 方向(Z)/退出(X)]<退出>:I （设置阵列对象的数目）
输入沿路径的项目数或[表达式(E)]<11>:8
选择夹点以编辑阵列或[关联(AS)/方法(M)/基点(B)/切向(T)/项目(I)/行(R)/层(L)/对齐项目(A)/Z 方向(Z)/退出(X)]<退出>:X （退出命令）

（3）环形阵列

环形阵列是围绕中心点或旋转轴在环形阵列中均匀分布对象。如图 4-16（a）所示，环形阵列出图中的小正方形排列效果执行步骤如下：

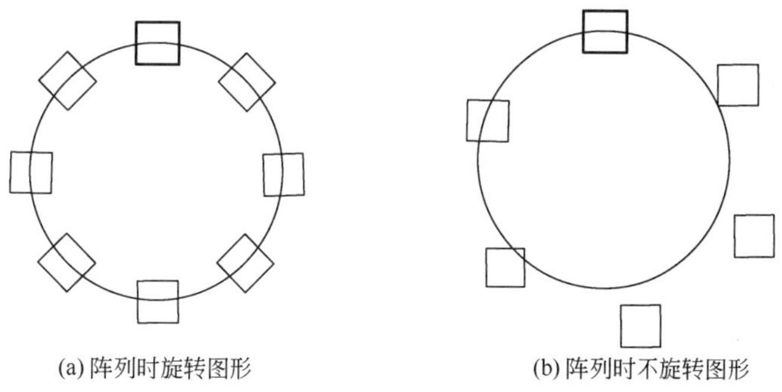
(a) 阵列时旋转图形　　(b) 阵列时不旋转图形

图 4-16 环形阵列

命令:_arraypolar
选择对象:找到 1 个
选择对象:
类型 = 极轴 关联 = 否
指定阵列的中心点或[基点(B)/旋转轴(A)]:B （选择正方形左上顶点为基点）
指定基点或[关键点(K)]<质心>:
指定阵列的中心点或[基点(B)/旋转轴(A)]: （选择圆心作为阵列的中心点）
选择夹点以编辑阵列或[关联(AS)/基点(B)/项目(I)/项目间角度(A)/填充角度(F)/行(ROW)/层(L)/旋转项目(ROT)/退出(X)]<退出>:I
输入阵列中的项目数或[表达式(E)]<6>:8 （阵列后项目数 8 个）
选择夹点以编辑阵列或[关联(AS)/基点(B)/项目(I)/项目间角度(A)/填充角度(F)/行(ROW)/层(L)/旋转项目(ROT)/退出(X)]<退出>:X （退出命令）

如果在“选择夹点以编辑阵列或[关联(AS)/基点(B)/项目(I)/项目间角度(A)/填充角度(F)/行(ROW)/层(L)/旋转项目(ROT)/退出(X)]<退出>:”提示下输入了“ROT”选项，则提示为：

是否旋转阵列项目？[是(Y)/否(N)]<是>:N （输入 N，阵列时不旋转图形）

阵列之后的效果就如图 4-16（b）所示。

4.4 对象的移动、旋转

4.4.1 对象的移动

移动对象是指对象的重定位，可以在指定方向上按指定距离移动对象，对象的位置发生了改变，但方向和大小不改变。

通过以下方法可以调用移动命令：

① 菜单栏 单击“修改”菜单→“移动”命令；

②“修改”工具栏 单击“移动”图标；

③ 命令行 输入“Move”并回车。

要移动对象，首先选择要移动的对象，然后指定位移的基点和位移矢量。在命令行的“指定基点或[位移(D)]<位移>”提示下，如果单击或以键盘输入形式给出了基点坐标，命令行将显示“指定第二点或 <使用第一个点作位移>:”提示；如果按回车键，那么所给出的基点坐标值就作为偏移量，即将该点作为原点（0,0），然后将图形相对于该点移动由基点设定的偏移量。如图 4-17 所示。

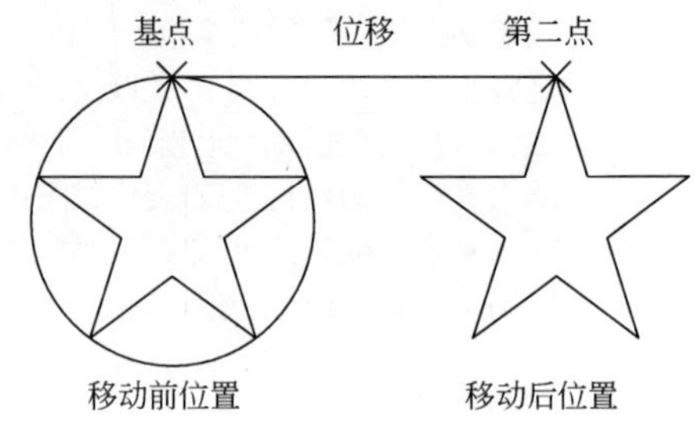

图 4-17 移动图像

4.4.2 旋转对象

AutoCAD 提供的旋转命令，可以方便用户将对象围绕指定的基点旋转指定的角度。

通过以下方法可以调用旋转命令：

① 菜单栏 单击“修改”菜单→“旋转”命令；

②“修改”工具栏 单击“旋转”命令图标；

③ 命令行 输入“Rotate”并回车。

执行该命令后，从命令行显示的“UCS 当前的正角方向：ANGDIR=逆时针 ANGBASE=0”提示信息中，可以了解到当前的正角度方向为逆时针方向，零角度方向与 *X* 轴正方向的夹角为 0°。

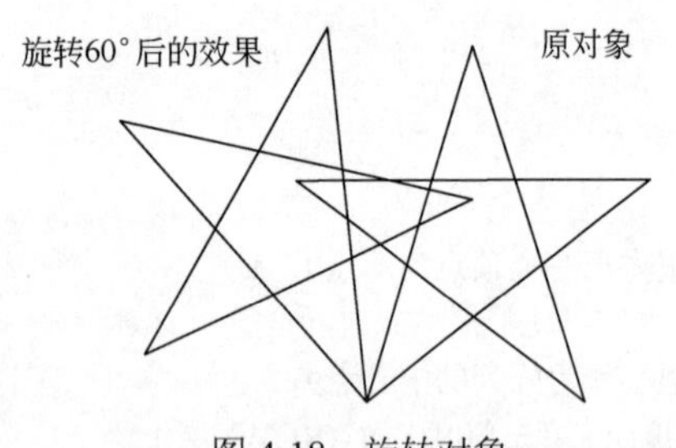

图 4-18 旋转对象

选择要旋转的对象（可以依次选择多个对象），并指定旋转的基点，命令行将显示“指定旋转角度或[复制(C)参照(R)]<O>”提示信息。如果直接输入角度值，则可以将对象绕基点转动该角度，角度为正时逆时针旋转，角度为负时顺时针旋转。如果选择“参照(R)”选项，将以参照方式旋转对象，需要依次指定参照方向的角度值和相对于参照方向的角度值。如图 4-18 所示。

旋转命令举例：旋转右边五星到左边所示位置，命令执行过程如下：

命令:Rotate
UCS 当前的正角方向:ANGDIR=逆时针 ANGBASE=0
选择对象:指定对角点:找到 5 个 （选择要旋转的对象）
选择对象:
指定基点: （指定左下顶点为旋转基点）

```
指定旋转角度，或[复制(C)/参照(R)]<30>:c            （保留原对象）
旋转一组选定对象。
指定旋转角度，或[复制(C)/参照(R)]<30>:60           （逆时针旋转 60°）
```

4.5　对象的修剪、打断和合并

4.5.1　对象的修剪

“修剪”命令是编辑图形过程中使用极为频繁的命令之一，图形经过一系列的编辑后，必然产生一些长度超出要求的线条，利用“修剪”命令可以按照绘图要求修剪这些线条。

（1）修剪命令执行方式

① 菜单栏　单击“修改”菜单→“修剪”命令。

②“修改”工具栏　单击“修剪”图标-/--。

③ 命令行　输入“Trim”并回车。

在 AutoCAD 2014 中，可以作为剪切边的对象有直线、圆弧、圆、椭圆或椭圆弧、多段线、样条曲线、构造线、射线以及文字等。剪切边也可以同时作为被剪边。默认情况下，选择要修剪的对象（即选择被剪切边），系统将以剪切边为界，将被剪切对象上位于拾取点一侧的部分剪切掉。

（2）说明

调用命令后，命令行出现如下提示：

```
选择对象或 <全部选择>:（选择剪切边，用于辅助修剪,需回车完成选择）
选择要修剪的对象，或按住 Shift 键选择要延伸的对象，或
[栏选(F)/窗交(C)/投影(P)/边(E)/删除(R)/放弃(U)]:
```

各选项含义如下。

① 如果按下<Shift>键，同时选择与修剪边不相交的对象，修剪边将变为延伸边界，将选择的对象延伸至与修剪边界相交。

② 栏选(F)/窗交(C)　此时可以以栏选、窗交方式快速选择要修剪的对象。

③ 投影(P)　用来设置修剪操作的空间状态。可以设置为无(N)、UCS(U)、视图(V)三种类型。“无(N)”选项指定无投影，该命令只修剪与三维空间中的剪切边相交的对象。“UCS(U)”选项指定在当前用户坐标系 XOY 平面上投影修剪，该命令将修剪不与三维空间中的剪切边相交的对象。“视图(V)”选项指定沿当前视图方向的投影，该命令将修剪与当前视图中的边界相交的对象。

④ 边(E)　此选项用于设置边的隐含延伸模式，有“延伸(E)/不延伸(N)”两个选项。“延伸”方式修剪时，如果修剪边与被修剪边没有交点，那么 AutoCAD 会将修剪边延长与被修剪边相交后进行修剪；“不延伸(N)”方式修剪时，只按照边的实际相交情况修剪，剪切边与被剪切边没有交点时就不进行修剪。

⑤ 删除(R)　删除选定的对象，此时并不需要退出“修剪”命令。

修剪命令执行效果如图 4-19 所示。

4.5.2　对象的打断

在 AutoCAD 中，使用“打断”命令可部分删除对象或把对象分解成两部分，还可以使用“打断于点”命令将对象在一点处断开成两个对象。

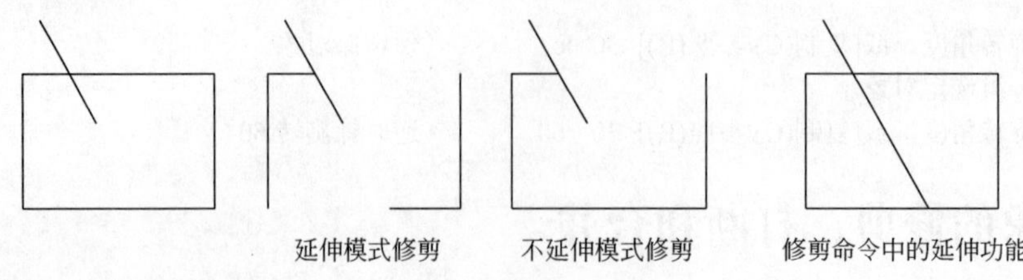

图 4-19　修剪命令图例

（1）打断于点

在“修改”工具栏中单击“打断于点”按钮，可以将对象在一点处断开成两个对象，从而可以对被分解的两部分分别进行编辑处理。它是从“打断”命令中派生出来的。执行该命令时，需要选择要被打断的对象，然后指定打断点，即可从该点打断对象。如图 4-20 所示，此时该样条曲线从 C 点处被分为两个对象。命令执行过程如下：

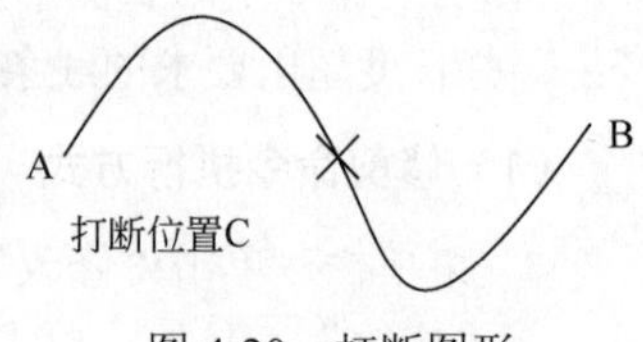

图 4-20　打断图形

命令:Break
选择对象:
指定第二个打断点 或[第一点(F)]:_f　　（默认执行指定第一打断点）
指定第一个打断点:　　（选择 C 点作为第一打断点）
指定第二个打断点:@　　（第二打断点与第一点重合）

（2）打断

通过以下方法可以调用打断命令：

① 菜单栏　单击“修改”菜单→“打断”命令；

②“修改”工具栏　单击“打断”图标；

③ 命令行　输入“Break”并回车。

命令执行后在“选择对象”提示下，选择要打断的对象，此时接着提示“指定第二个打断点或[第一点(F)]:”，可以指定第二打断点，或输入“F”重新选择一打断点。两个指定点之间的对象部分将被删除。如果第二个点不在对象上，将选择对象上与该点最接近的点。要将对象一分为二并且不删除某个部分，输入的第一个点和第二个点应相同，通过输入“@”指定第二个点即可实现，类似于“打断于点”命令。打断命令执行效果如图 4-21 所示。

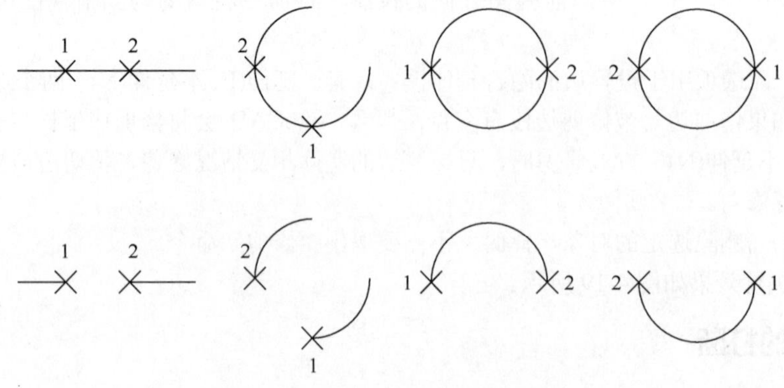

图 4-21　打断图形示例

4.5.3 对象的合并

在 AutoCAD 中，使用 JOIN 可以将相似的对象合并为一个对象。

① 菜单栏 单击“修改”菜单→“合并”命令。

②“修改”工具栏 单击“合并”图标。

③ 命令行 输入“Join”并回车。

可以合并的对象包括圆弧、椭圆弧、直线、多段线、样条曲线等，如图4-22所示。要合并的对象必须位于相同的平面上。

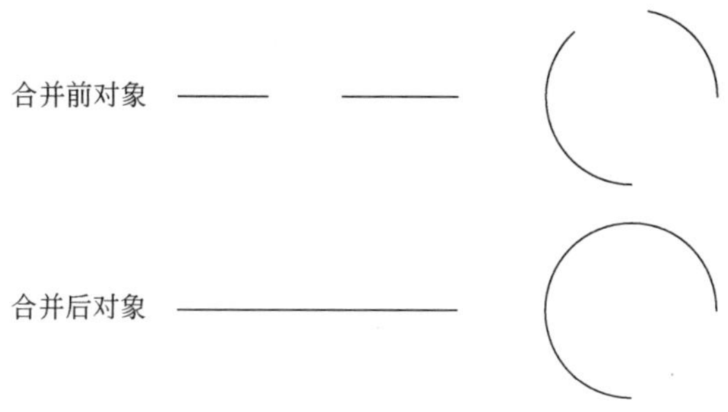

图4-22 合并对象

合并对象时，应注意以下几点。

① 直线对象必须共线（位于同一无限长的直线上），但是它们之间可以有间隙。

② 圆弧对象必须位于同一假想的圆上，但是它们之间可以有间隙。通过命令的“闭合”选项可将源圆弧转换成圆。合并两条或多条圆弧时，将从源对象开始按逆时针方向合并圆弧。合并椭圆弧时具有类似的特性。

4.6 对象的缩放、拉伸、拉长和延伸

4.6.1 对象缩放

AutoCAD 提供了缩放命令。在绘制图形过程中，可以对图形放大或者缩小。

（1）命令输入方式

① 菜单栏 单击“修改”菜单→“缩放”命令。

②“修改”工具栏 单击“缩放”图标。

③ 命令行 输入“Scale”或者“SC”并回车。

（2）说明

① 在命令执行过程中，先选择对象，然后指定基点，在“指定比例因子:”提示下输入比例系数，AutoCAD 将把所选的对象按照此比例系数相对于基点进行缩放。该比例系数应该是大于0的数，当输入的比例系数在0到1之间，AutoCAD 将缩小所选的对象，当输入的比例系数大于1，AutoCAD 将放大所选的对象。

② 可以选择“复制（C）”选项，创建需要缩放对象的副本。

③ 如果选择“参照(R)”选项，对象将按参照的方式缩放，需要依次输入参照长度的值和新的长度值，AutoCAD 根据参照长度与新长度的值自动计算比例因子（比例因子=新长度值/参照长

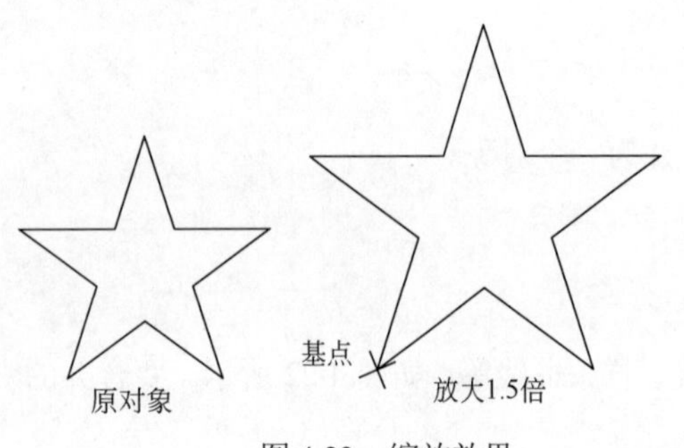

图 4-23　缩放效果

度值)，然后进行缩放。缩放效果见图 4-23。

4.6.2　拉伸对象

拉伸就是在一个方向上，按所确定的尺寸拉长所选的图形对象。

通过以下方法可以调用拉伸命令：

① 菜单栏　单击“修改”菜单→“拉伸”命令；

②“修改”工具栏　单击“拉伸”图标；

③ 命令行　输入“Stretch”并回车。

执行该命令时，可以使用“交叉窗口”方式或者“交叉多边形”方式选择对象，要获得拉伸变形效果，关键在于选择时要使对象部分处于选择窗口内部，然后依次指定位移基点和位移矢量，此时即可移动选择窗口以内的端点，而保持选择窗口以外的端点不动，从而产生拉伸变形。全部位于选择窗口之内的对象，拉伸操作后形状不发生变化，只是产生移动效果。如图 4-24 所示。

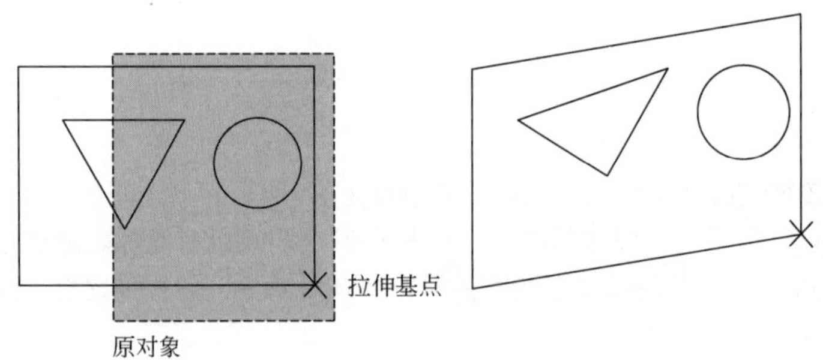

图 4-24　拉伸效果

4.6.3　对象拉长

该命令用于改变直线或曲线的长度，包括多段线、样条曲线、圆弧和椭圆弧段等。

通过以下方法可以调用拉长命令：

① 菜单栏　单击“修改”菜单→“拉长”命令；

② 命令行　输入“Lengthen”并回车。

执行命令后，系统提示如下：

选择对象或[增量(DE)/百分数(P)/全部(T)/动态(DY)]:

“增量(DE)”以指定的增量修改对象的长度，该增量从距离选择点最近的端点处开始测量。“百分数(P)”选项通过指定对象总长度的百分数设置对象长度。“全部(T)”选项通过指定从固定端点测量的总长度的绝对值来设置选定对象的长度，该选项也按照指定的总角度设置选定圆弧的包含角。“动态(DY)”选项打开动态拖动模式，通过拖动选定对象的端点之一来改变其长度，其他端点保持不变。可以选择相应选项，根据提示进行操作。如图 4-25 所示。

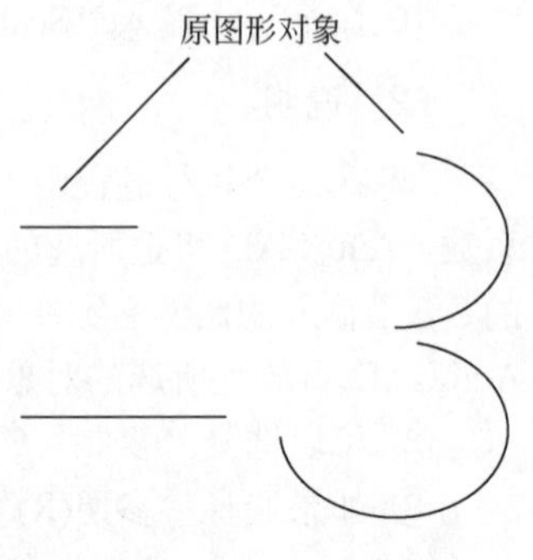

图 4-25　对象拉长

4.6.4 对象延伸

该命令可以将线性对象按照其方向精确地延长到指定边界。

通过以下方法可以调用延伸命令：

① 菜单栏 单击“修改”菜单→“延伸”命令；

②“修改”工具栏 单击“延伸”图标--/；

③ 命令行 输入“Extend”并回车。

延伸与修剪的操作方法类似，不同之处在于：使用延伸命令时，如果在按下<Shift>键的同时选择对象，则执行修剪命令；使用修剪命令时，如果在按下<Shift>键的同时选择对象，则执行延伸命令。该命令可以与前面讲到的修剪命令对照学习，在此不再赘述。延伸效果如图 4-26 所示。

图 4-26 延伸效果

4.7 对象的倒角、圆角

4.7.1 倒角

为了符合实际的要求，常常将图形的拐角进行倒角设置，AutoCAD 的倒角命令为“Chamfer”。

（1）命令执行方式

① 菜单栏 单击“修改”菜单→“倒角”命令。

②“修改”工具栏 单击“倒角”图标。

③ 命令行 输入“Chamfer”并回车。

（2）说明

执行命令并选择对象后，系统提示如下：

（“修剪”模式）当前倒角距离 1 = 0.0000，距离 2 = 0.0000
选择第一条直线或[放弃(U)/多段线(P)/距离(D)/角度(A)/修剪(T)/方式(E)/多个(M)]:

命令提示中各选项的含义如下。

① 多段线(P) 对多段线的每个拐角进行倒角，倒角成为多段线的新线段。对于以“闭合(C)”方式封闭的多段线，执行该选项后，多段线的每个拐角进行倒角。

② 距离（D） 设置倒角距离。倒角距离如果太大，则 AutoCAD 会给出“距离太大*无效*”的提示。

③ 角度(A) 设置一个倒角距离和一个角度进行倒角。倒角角度如果太大，则 AutoCAD 同样会给出“距离太大*无效*”的提示。

④ 修剪(T) 设置倒角后是否对倒角边进行修剪。以修剪模式对相交的两条直线倒角时，AutoCAD 总是保留所点取的那部分对象。

⑤ 方式(E) 确定按什么方式倒角，是用两个距离进行倒角，还是用一个距离、一个角度进行倒角。

⑥ 多个(M) 可以连续为多组对象的边倒角。

对象倒角效果如图 4-27 所示。

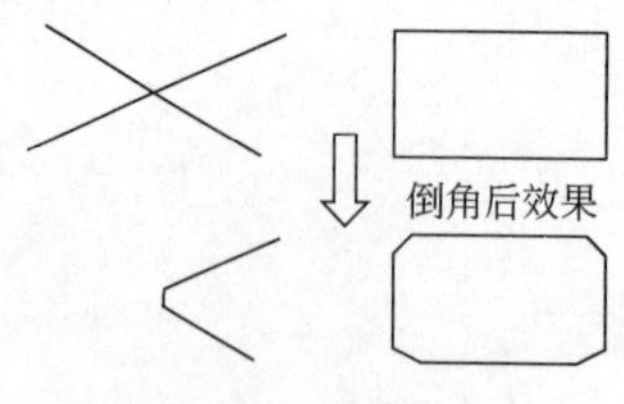

图 4-27　倒角效果

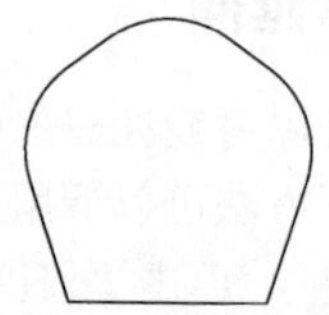

图 4-28　正五边形的圆角效果

4.7.2　圆角

圆角就是通过一个指定半径的圆弧，光滑地连接两个对象。

通过以下方法可以调用圆角命令：

① 菜单栏　单击“修改”菜单→“圆角”命令；

②“修改”工具栏　单击“圆角”图标；

③ 命令行　输入“Fillet”并回车。

执行命令并选择对象后，系统提示如下：

选择第一个对象或[放弃(U)/多段线(P)/半径(R)/修剪(T)/多个(M)]:

输入 R 选项，指定半径大小，即可进行圆角操作。圆角命令其他选项和倒角非常类似，在此不再介绍。圆角效果如图 4-28 所示。

4.8　对象的分解

对于矩形、块等由多个对象编组成的组合对象，如果需要对对象中的每一部分进行单独编辑，就需要先将它分解开。

通过以下方法可以调用分解命令：

① 菜单栏　单击“修改”菜单→“分解”命令；

②“修改”工具栏　单击“分解”图标；

③ 命令行　输入“Explode”并回车。

选择需要分解的对象后按回车键，即可分解图形并结束该命令。如图 4-29 所示。

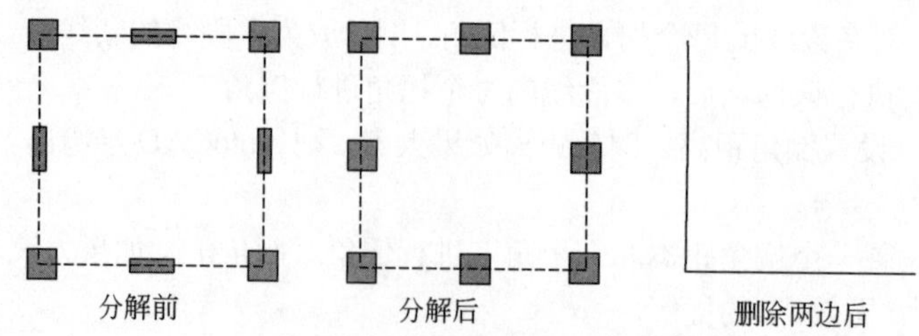

图 4-29　分解正方形并对部分编辑

4.9　多段线和多线编辑

AutoCAD 的多线和多段线编辑命令是两个专用编辑命令，分别用于编辑多线和多段线。

4.9.1　编辑多线

（1）命令输入方式

① 菜单栏　单击“修改”菜单→“对象”→“多线”命令。

② 命令行　输入“Mledit”并回车。

命令执行后，即打开“多线编辑工具”对话框，如图 4-30 所示。该对话框将显示工具，并以 4 列显示样例图像。第一列控制交叉的多线，第二列控制 T 形相交的多线，第三列控制角点结合和顶点，第四列控制多线的打断。

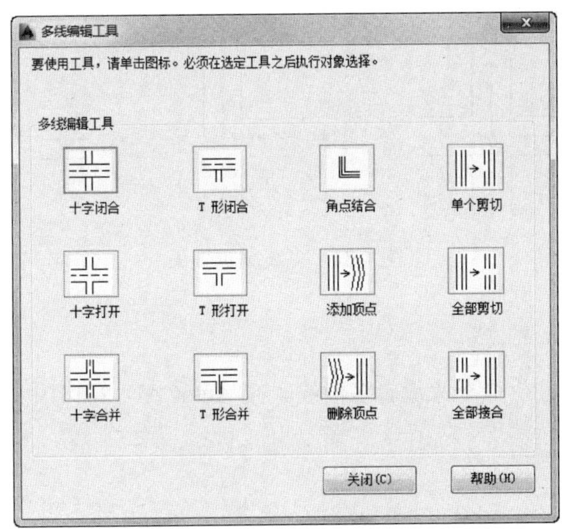

图 4-30　“多线编辑工具”对话框

（2）说明

编辑多线的步骤：需要先单击对话框中的相应图标，然后在绘图区中选择需要编辑的多线。对话框中各编辑工具功能如下。

① 十字闭合　在两条多线之间创建闭合的十字交点。选择此工具，可以在第二条多线和第一条多线的交点处断开第一条多线的所有元素。

② 十字打开　在两条多线之间创建打开的十字交点。可以打断两条多线交点处第一条多线的所有元素和第二条多线的边线。

③ 十字合并　在两条多线之间创建合并的十字交点。此工具可以实现打断两条多线交点处除了中线之外的所有元素。选择多线的次序并不重要。

④ T 形闭合　在两条多线之间创建闭合的 T 形交点。将第一条多线修剪或延伸到与第二条多线的交点处。

⑤ T 形打开　在两条多线之间创建打开的 T 形交点。将第一条多线修剪或延伸到与第二条多线的交点处，生成开口交叉。

⑥ T 形合并　在两条多线之间创建合并的 T 形交点。执行后第一条多线的中线与第二条多线的中线相交。

⑦ 角点接合　在多线之间创建角点接合。将多线修剪或延伸生成两条多线的一个连接角。

⑧ 添加顶点和删除顶点　向多线上添加一个顶点和从多线上删除一个顶点。

⑨ 单个剪切　在选定多线元素中创建可见打断。

⑩ 全部剪切　创建穿过整条多线的可见打断。

⑪ 全部接合　将已被剪切的多线线段重新接合起来。

多线编辑效果如图 4-31 所示。

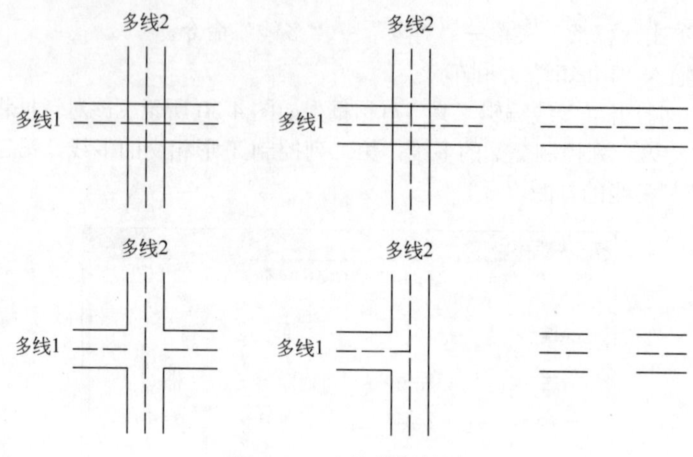

图 4-31　多线编辑效果

4.9.2　编辑多段线

AutoCAD 提供“Pedit”命令来编辑多段线。在 AutoCAD 2014 中，可以一次编辑一条或多条多段线。

（1）命令输入方式

① 菜单栏　单击“修改”菜单→“对象”→“多段线”命令。

②“修改Ⅱ”工具栏　单击“编辑多段线”图标。

③ 命令行　输入“Pedit”并回车。

（2）具体操作步骤

① 调用多段线或直线命令，绘制如图 4-32 所示多段线。

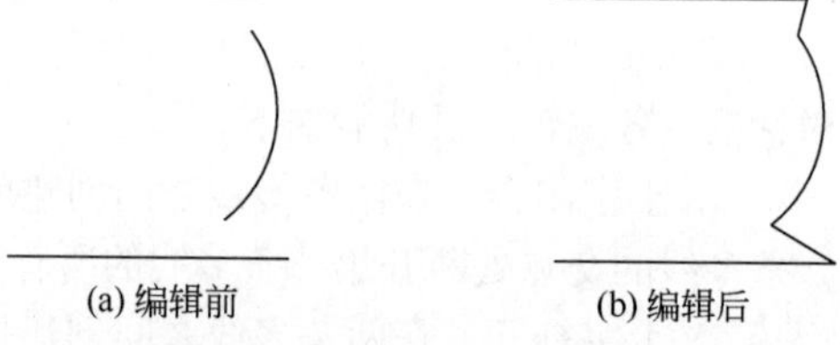

图 4-32　多段线编辑效果图

② 调用“Pedit”命令，对多段线进行编辑。

③ 提示“选择多段线或[多条(M)]：”，输入“M”选择多条多段线（如果选择的是线段或圆弧，AutoCAD 会提示“选择的对象不是多段线，是否将其转换为多段线<Y>”，输入 Y 则将其转换为多段线）。

④ 提示“输入选项[闭合(C)/合并(J)/宽度(W)/编辑顶点(E)/拟合(F)/样条曲线(S)/非曲线化(D)/线型生成(L)/放弃(U)]：”，选择“合并（J）”，如直接回车则结束多段线编辑，其他选项的含义如下。

a．闭合(C)/打开(O)。闭合创建闭合多段线，多段线的第一个顶点和最后一个顶点连接起来。打开则可以将已经闭合的多段线打开，删除多段线的闭合线段。

b．合并（J）。将其他相邻的多段线、线段或圆弧连接到该多段线中，连接后作为一个多段线整体存在，并继承该多段线的属性（图层、颜色、线型等）。如果该多段线已经拟合，则连接后恢复原状。连接后 AutoCAD 会显示提示信息，告诉用户连接了几个对象。

c．宽度（W）。为整个多段线指定新的统一宽度。

d．编辑顶点（E）。编辑多段线的顶点。可以重新调整顶点位置，指定顶点切线方向以及添加新顶点，在某点处打断多段线等。

e．拟合（F）。将多段线拟合成一条光滑的曲线，拟合后的曲线经过多段线的每个顶点。

f．样条曲线（S）。将多段线拟合成样条曲线，拟合后的样条曲线（称为样条曲线拟合多段线）将通过第一个和最后一个顶点，曲线将尽可能靠近其他顶点但并不一定通过它们。可以生成二次和三次拟合样条曲线多段线。

g．非曲线化（D）。删除由拟合曲线或样条曲线插入的多余顶点，拉直多段线的所有线段。

h．线型生成（L）。生成经过多段线顶点的连续图案线型。关闭此选项，将在每个顶点处以点画线开始和结束生成线型。“线型生成”不能用于带变宽线段的多段线。

⑤ 提示“输入模糊距离或[合并类型(J)]<0.0000>:”，输入 J 设置合并类型为“添加”，并输入适当的模糊距离，回车确认。

⑥ 合并类型和合并距离的设置　输入“J”进入“合并类型”选项后，AutoCAD 会提示：

```
合并类型 = 增加线段
输入模糊距离或[合并类型(J)]<0.0000>:
```

该提示第一行说明当前的合并类型为“添加”，第二行要求输入距离或选择合并类型，此时可以输入一个值作为合并距离。如果直接输入距离值，则 AutoCAD 将端点距离小于该距离的多段线相互连接为一条多段线，连接点的形状由连接类型确定。

在“合并类型（J）”选项，可以选择“延伸(E)/添加(A)/两者都(B)”中的一种作为合并类型。当两条多段线的端点之间有间隔时，合并类型决定了如何将端点合并起来，其中，“延伸”通过将线段延伸或剪切至最接近的端点来合并选定的多段线；“添加”通过在最接近的端点之间添加直线段来合并选定的多段线；“两者都”如有可能，通过延伸或剪切来合并选定的多段线，否则，通过在最接近的端点之间添加直线段来合并选定的多段线。效果如图 4-33 所示。

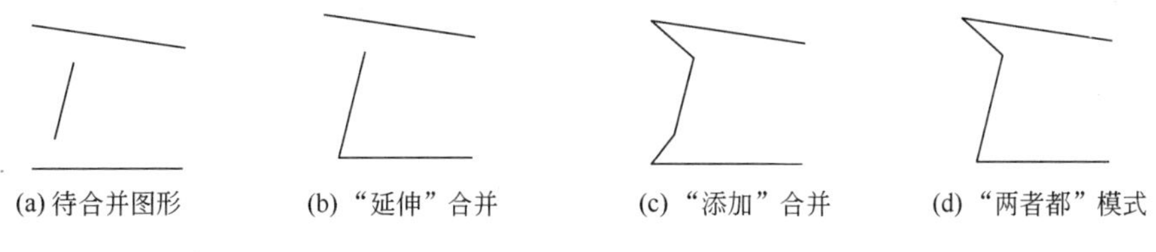

图 4-33　多段线合并

4.10　夹点编辑

4.10.1　使用夹点拉伸对象

在 AutoCAD 中，夹点是一种集成的编辑模式，提供了一种方便快捷的编辑操作途径。在不执行任何命令的情况下选择对象，显示其夹点，然后单击其中一个夹点作为拉伸的基点，命令行将显示如下提示信息：

```
** 拉伸 **
指定拉伸点或[基点(B)/复制(C)/放弃(U)/退出(X)]:
```

默认情况下，指定拉伸点（可以通过输入点的坐标或者直接用鼠标指针拾取点）后，AutoCAD 将把对象拉伸或移动到新的位置。因为对于某些夹点，移动时只能移动对象而不能拉伸对象，如文字、块、直线中点、圆心、椭圆中心和点对象上的夹点。

4.10.2 使用夹点移动对象

移动对象仅仅是位置上的平移，对象的方向和大小并不会改变。要精确地移动对象，可使用捕捉模式、坐标、夹点和对象捕捉模式。在夹点编辑模式下确定基点后，在命令行提示下输入“MO”进入移动模式，命令行将显示如下提示信息：

```
** 移动 **
指定移动点或[基点(B)/复制(C)/放弃(U)/退出(X)]:
```

通过输入点的坐标或拾取点的方式来确定平移对象的目的点后，即可以基点为平移的起点，以目的点为终点将所选对象平移到新位置。

4.10.3 使用夹点旋转对象

在夹点编辑模式下，确定基点后，在命令行提示下输入“RO”进入旋转模式，命令行将显示如下提示信息：

```
** 旋转 **
指定旋转角度或[基点(B)/复制(C)/放弃(U)/参照(R)/退出(X)]:
```

默认情况下，输入旋转的角度值后或通过拖动方式确定旋转角度后，即可将对象绕基点旋转指定的角度。也可以选择“参照”选项，以参照方式旋转对象，这与“旋转”命令中的“对照”选项功能相同。

4.10.4 使用夹点缩放对象

在夹点编辑模式下确定基点后，在命令行提示下输入“SC”进入缩放模式，命令行将显示如下提示信息：

```
** 比例缩放 **
指定比例因子或[基点(B)/复制(C)/放弃(U)/参照(R)/退出(X)]:
```

默认情况下，当确定了缩放的比例因子后，AutoCAD 将相对于基点进行缩放对象操作。当比例因子大于 1 时放大对象；当比例因子大于 0 而小于 1 时缩小对象。

4.10.5 使用夹点镜像对象

与“镜像”命令的功能类似，镜像操作后将删除原对象。在夹点编辑模式下确定基点后，在命令行提示下输入“MI”进入镜像模式，命令行将显示如下提示信息：

```
** 镜像 **
指定第二点或[基点(B)/复制(C)/放弃(U)/退出(X)]:
```

指定镜像线上的第 2 个点后，AutoCAD 将以基点作为镜像线上的第 1 点，新指定的点为镜像线上的第 2 个点，将对象进行镜像操作并删除原对象。

4.11 对象特性窗口的使用

在 AutoCAD 中，对象特性（Properties）是一个比较广泛的概念，即包括颜色、图层、线型等通用特性，也包括各种几何信息，还包括与具体对象相关的附加信息，如文字的内容、样式等。

在前面各章节中已经学习了各种编辑、修改和查询命令来访问对象的特性，但这些命令一般只涉及对象的一种或几种特性，如果用户想访问特定对象的完整特性，则可通过“特性”窗口来实现，该窗口是用以查询、修改对象特性的主要手段，也可以通过它浏览、修改满足应用程序接口标准的第三方应用程序对象。

4.11.1 打开“特性”选项板

选择“修改”→“特性”命令，或选择“工具”→“特性”命令，也可以在“标准”工具栏中单击“特性”按钮，打开“特性”选项板，如图 4-34 所示。

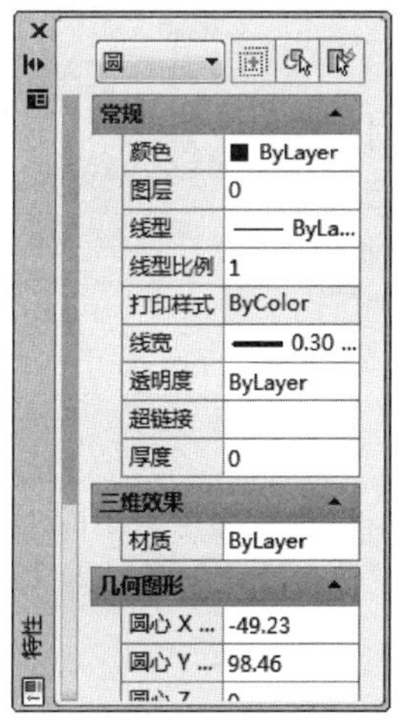

(a) 单个对象特性

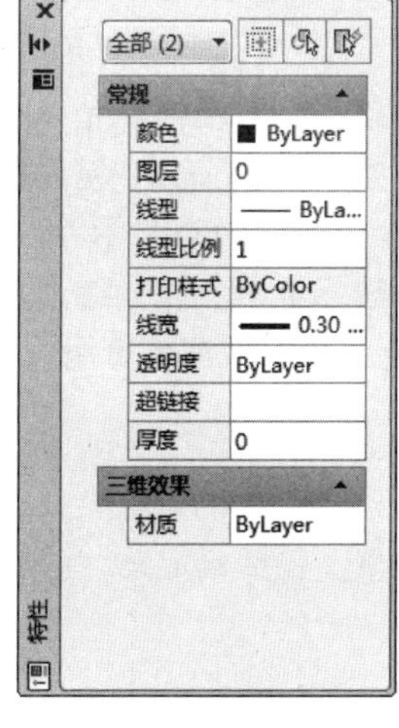

(b) 多个对象特性

图 4-34 “对象特性”选项板

“特性”选项板默认处于浮动状态。在“特性”选项板的标题栏上右击，将弹出一个快捷菜单。可通过该快捷菜单确定是否隐藏选项板、是否在选项板内显示特性的说明部分以及是否将选项板锁定在主窗口中。

“特性”窗口不影响用户在 AutoCAD 环境中的工作，用户仍可以执行 AutoCAD 命令，进行各种操作。

4.11.2 “特性”选项板的功能

“特性”选项板中显示了当前选择集中对象的所有特性和特性值，在没有对象被选中时，窗口显示整个图纸的特性及它们的当前设置；选中一个对象时，窗口内列出该对象的全部特性及其当前设置；当选中多个不同对象时，将显示它们的共有特性。

在“特性”窗口中可以直接修改所选中对象的多个属性。在 AutoCAD 2014 中，对象的 9 个基本属性，即颜色、图层、线型、线型比例、打印样式、线宽、透明度、超链接、厚度，都可以在“特性”窗口中对其进行修改。

对所有对象属性的修改和使用命令对其进行编辑其实是一样的，区别只是修改在“特性”窗口里完成而已。

4.11.3 “快速选择”对话框

可以在“快速选择”对话框中指定过滤条件以及根据该过滤条件创建选择集的方式，如图 4-35

所示。其各部分功能如下。

（1）应用到

将过滤条件应用到整个图形或当前选择集（如果存在）。要选择将在其中应用该过滤条件的一组对象，可使用“选择对象”按钮。完成对象选择后，按<ENTER>键重新显示该对话框。“应用到”将设置为“当前选择”。

如果选择了“附加到当前选择集”，过滤条件将应用到整个图形。

（2）选择对象

临时关闭“快速选择”对话框，允许用户选择要对其应用过滤条件的对象。按<ENTER>键返回到“快速选择”对话框。更改“应用到”框以显示“当前选择”。只有选择了“包括在新选择集中”并清除“附加到当前选择集”选项时，“选择对象”按钮才可用。

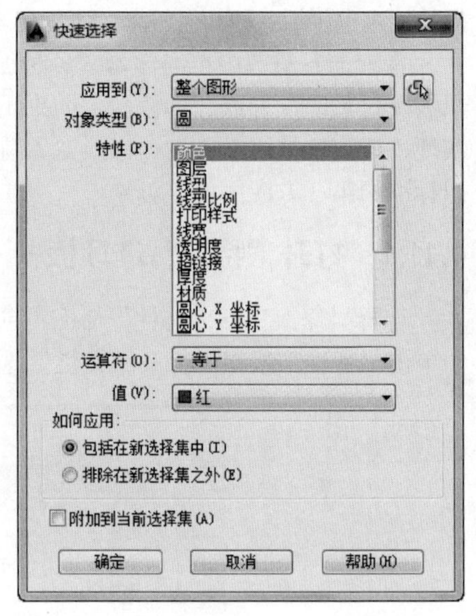

图 4-35 “快速选择”对话框

（3）对象类型

指定要包含在过滤条件中的对象类型。如果过滤条件正应用于整个图形，则“对象类型”列表包含全部的对象类型，包括自定义。否则，该列表只包含选定对象的对象类型。

（4）特性

指定过滤器的对象特性。此列表包括选定对象类型的所有可搜索特性。选定的特性决定“运算符”和“值”中的可用选项。

（5）运算符

控制过滤的范围。根据选定的特性，选项可能包括“等于”、“不等于”、“大于”、“小于”和“* 通配符匹配”。对于某些特性，“大于”和“小于”选项不可用。“* 通配符匹配”只能用于可编辑的文字字段。

（6）值

指定过滤器的特性值。如果选定对象的已知值可用，则“值”成为一个列表，可以从中选择一个值。否则，输入一个值。

（7）如何应用

指定是将符合给定过滤条件的对象包括在新选择集内或是排除在新选择集之外。选择“包括在新选择集中”，将创建其中只包含符合过滤条件的对象的新选择集。选择“排除在新选择集之外”，将创建其中只包含不符合过滤条件的对象的新选择集。

（8）附加到当前选择集

指定是将由“QSELECT”命令创建的选择集，替换当前选择集，还是附加到当前选择集。

4.12 参照约束

参数化图形是一项用于具有约束的设计的技术。约束是应用至二维几何图形的关联和限制。

有两种常用的约束类型：几何约束和标注约束。几何约束控制对象相对于彼此的关系，标注约束控制对象的距离、长度、角度和半径值。

在工程的设计阶段，通过约束，可以在试验各种设计或进行更改时强制执行要求。对对象所做的更改可能会自动调整其他对象，并将更改限制为距离和角度值。用户可以在设计中应用几何约束确定对象的形状，然后应用标注约束以确定对象的大小。

4.12.1　几何约束

几何约束是指利用设置的几何关系确定几何要素之间的相对位置。在对图形编辑过程中，当其中一个几何要素位置发生变化时，其他几何要素的位置根据几何约束自动与其保持原来的几何关系，实现了几何图形的参数化设计。

几何约束包括重合、垂直、相切、平行、水平、竖直、共线、同心、平滑、对称、相等、固定 12 种约束。在命令行输入“GEOMCONSTRAINT”命令，或者在菜单“参数”—“几何约束”的下级子菜单中选择一个命令，即可以启动相应的几何约束命令，如图 4-36 所示。

在 Auto CAD 的状态栏中“推断约束”按钮上单击右键，打开“约束设置”对话框，启用或者取消推断约束功能。启用“推断几何约束”功能后，约束应用于选定对象将显示约束栏。如图 4-37 所示。

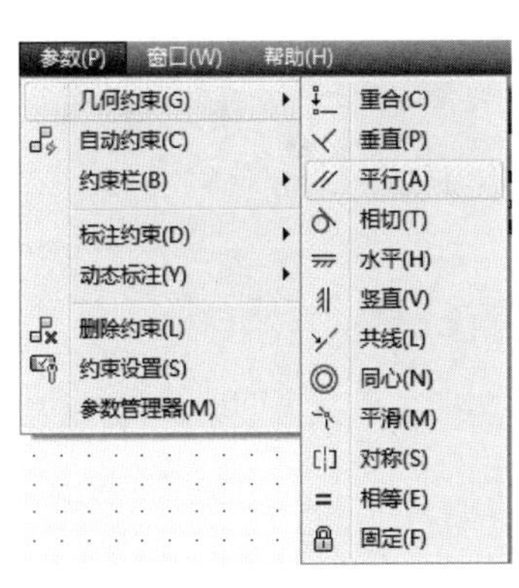

图 4-36　“几何约束”的下级子菜单

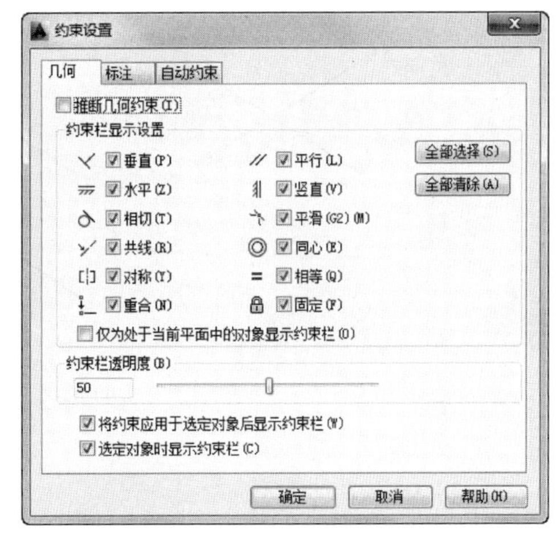

图 4-37　“约束设置”对话框

下面举几个几何约束设置的例子。

（1）重合约束

利用重合约束可以使对象上的约束点与某个对象重合，也可以使其与对象上的约束点重合。图 4-38 所示的圆和直线设置重合约束的步骤如下：

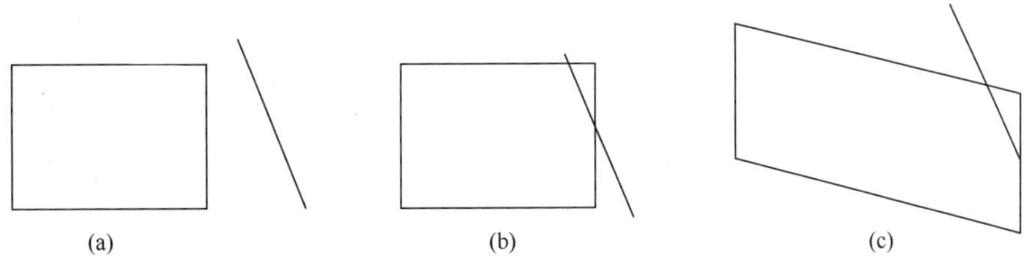

图 4-38　重合约束实例

命令:_GcCoincident
选择第一个点或[对象(O)/自动约束(A)]<对象>:　　（选择矩形右边线中点）
选择第二个点或[对象(O)]<对象>:
[选择直线中点，直线重合到矩形上，图（b）]
命令:_GcCoincident
选择第一个点或[对象(O)/自动约束(A)]<对象>:　　（选择直线下端点）
选择第二个点或[对象(O)]<对象>:
[选择矩形右边线中点，矩形重合到直线上，图（c）]

执行重合约束命令时，先选择的对象保持位置不变，后选择的对象重合到先选择的对象上。重合约束后，不同的对象合并成一个整体，如果需要对合并后的对象单独编辑，可以执行菜单“参数”—“删除约束”命令后进行。

（2）平行约束

利用平行约束，可以使选定的直线相互平行。图 4-39 所示的两条直线设置平行约束的步骤如下：

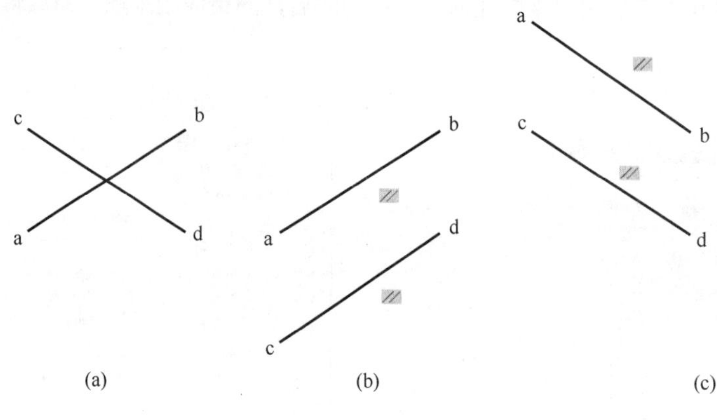

图 4-39　平行约束实例

命令:_GcParallel
选择第一个对象:（选择直线 ab）
选择第二个对象: [选择直线 cd，cd 调整到与 ab 平行，直线 ab 位置未变，图（b）]
命令:_GcParallel
选择第一个对象:（选择直线 cd）
选择第二个对象: [选择直线 ab，ab 调整到与 cd 平行，直线 cd 位置未变，图（c）]

与重合约束类似，在平行约束设置过程中，先选择的对象保持位置不变，后选择的对象调整为与先选择的对象平行。

（3）对称约束

利用对称约束可以使选定对象受对称约束，相对于选定直线对称。图 4-40 所示的直线 ab 和 cd 设置对称约束的步骤如下：

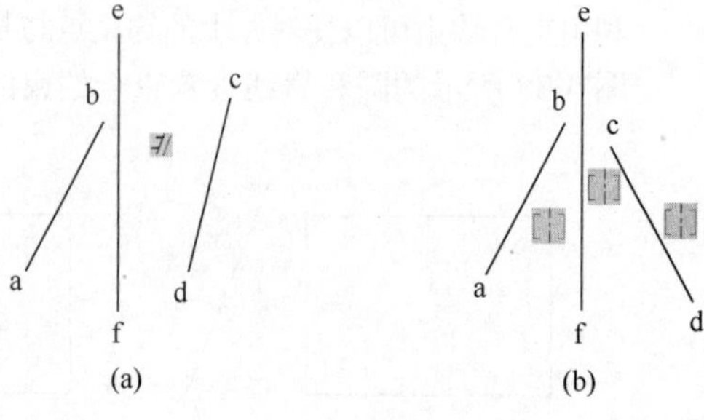

图 4-40　对称约束实例

命令:_GcSymmetric
选择第一个对象或[两点(2P)]<两点>:　　（选择直线 ab）

选择第二个对象: （选择直线 cd）
选择对称直线: （选择直线 ef）

由上面操作结果可知，直线 ab 和 cd 在做对称约束设置时，并不是端点与端点的对称，而是角度对称，即两者与对称线 ef 的夹角相同。

如果是两个圆设置对称约束，则两个圆的圆心和半径都对称，如图 4-41 所示；如果是两个圆弧设置对称约束，则两个圆弧的圆心和半径也都对称，但圆弧的端点不一定对称，如图 4-42 所示。

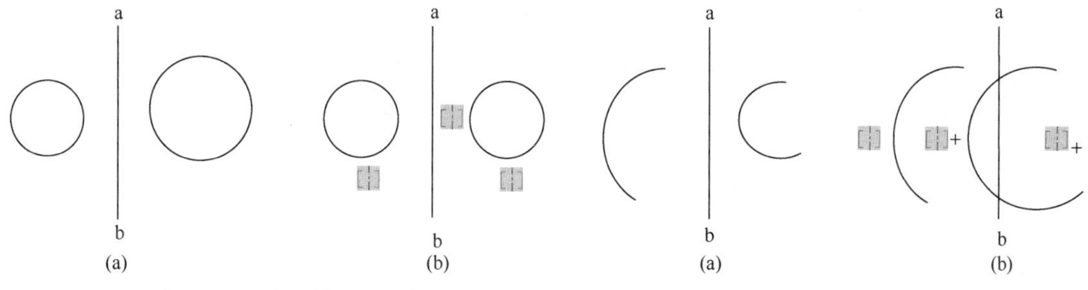

图 4-41 两个圆的对称约束

图 4-42 两个圆弧的对称约束

（4）固定约束

利用固定约束可以固定直线端点或中点、圆或圆弧的圆心的位置。如图 4-43 所示的直线 ab，与图中的圆已经设置了相切约束，则为其设置固定约束的步骤如下：

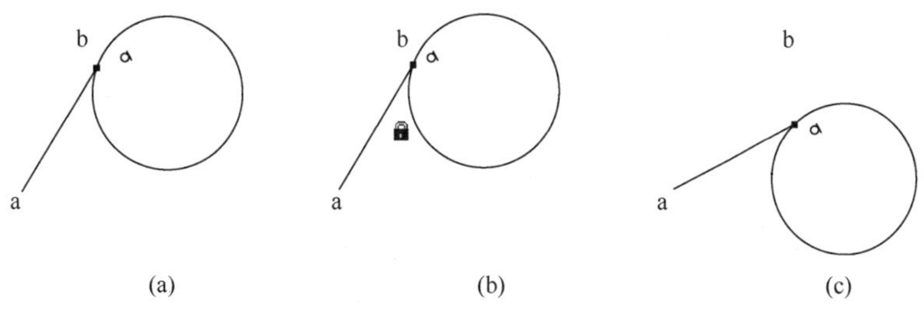

图 4-43 直线的固定约束

在图 4-43 中，图（b）已经设置 a 点固定，此时如果圆的位置发生变化，直线 ab 将绕端点 a 旋转后与圆保持相切关系，如图（c）所示。

（5）删除约束

选择菜单“参数”—“删除约束”命令，一次单击几何约束的所有对象，可以删除这些对象间的几何约束。删除几何约束后，绘图区将不显示原有的接合约束图表。

4.12.2 自动约束

选择菜单“参数”—“自动约束”命令，即可启动“自动约束”命令，利用该命令可以按已有的几何关系，例如重合、相切、垂直等设置几何约束。

下面以图 4-44 为例说明设置自动约束的方法及其应用。

首先将ϕ100 的圆及与之相切的两条直线自动

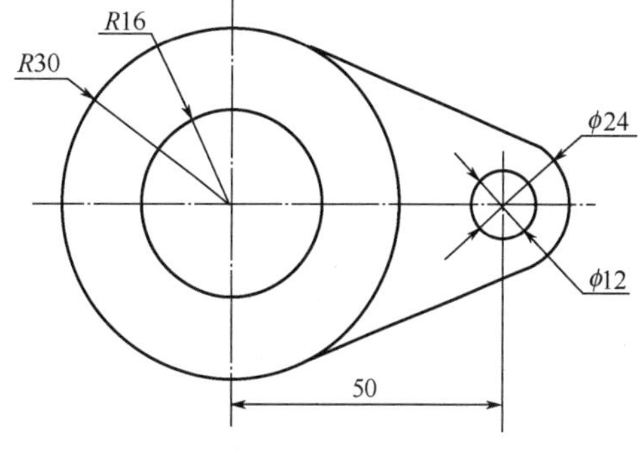

图 4-44 自动约束实例

设置为相切约束。

```
命令:_AutoConstrain                              （执行菜单“参数”—“自动约束”命令）
选择对象或[设置(S)]:找到 1 个                    （单击选择 R30 的圆）
选择对象或[设置(S)]:找到 1 个，总计 2 个         （单击选择与 R30 的圆相切的直线）
选择对象或[设置(S)]:找到 1 个，总计 3 个
                                                 （单击与 R30 的圆相切的另一条直线）
选择对象或[设置(S)]:<ENTER>
                         （结束命令，系统提示“已将 2 个约束应用于 3 个对象”）
```

同样的方法可以将ϕ24 的圆弧及与之相切的两条直线自动设置为相切，将ϕ24 和ϕ12 自动设置为同心约束，将ϕ12 的圆及其竖直中心线自动设置为竖直约束和重合约束。

选择菜单“参数”—“几何约束”—“固定”选项，单击ϕ60 的圆，将该圆设置为固定约束，及其圆心固定不变。

设置约束的结果如图 4-45 所示，此时如果ϕ24 的圆弧位置发生变化，则图形将自动发生变化，且保持原有的几何关系不变，从而实现了几何图形的参数化设计。图 4-46 是将ϕ24 的圆弧向右移动 5 个单位后图形的变化结构，可以看到相切及同心圆关系均未发生变化。

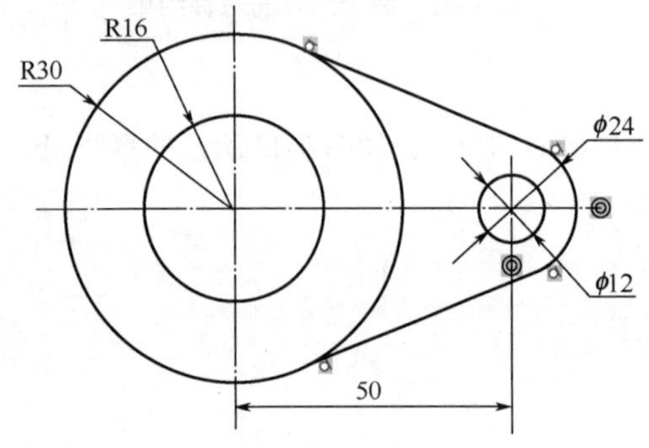

图 4-45　约束设置状态

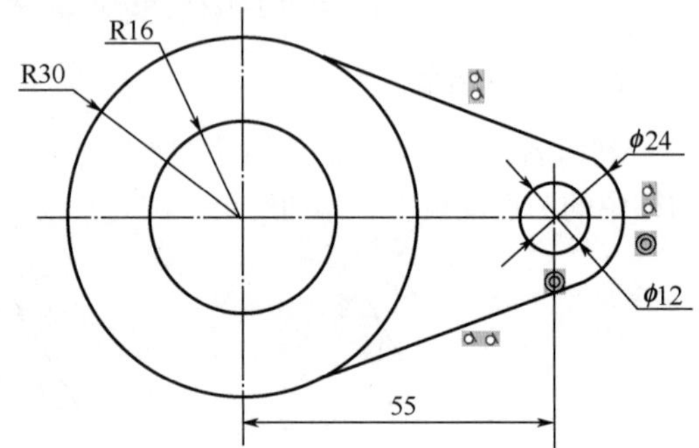

图 4-46　利用几何约束进行参数化设计

4.12.3 标注约束

标注约束指约束对象上两个点或不同对象上两个点之间的距离，或者不同对象间的角度关系、圆和圆弧的半径、直径大小，以及标注添加的位置等。标注约束有对齐、水平、竖直、角度、半径、直径、线性 7 种类型。

在命令行输入“DIMCONSTRAINT”命令，或者在菜单“参数”—“标注约束”的下级子菜单中选择一个命令，即可以启动对应的“标注约束”命令，如图 4-47 所示。

标注约束的格式，可以在“约束设置”对话框的“标注”选项卡下设置，如图 4-48 所示。

图 4-49 是对矩形、相交直线和圆分别进行线性、角度和半径三种标注约束的示例。标注约束添加过程如下：

```
命令:DIMCONSTRAINT
当前设置:约束形式 = 动态
输入标注约束选项[线性(L)/水平(H)/竖直(V)/对齐(A)/角度(AN)/半径(R)/直径(D)/形式(F)/转换(C)]
<角度>:L                                  （为矩形添加线性标注约束）

指定第一个约束点或[对象(O)]<对象>:   （选择矩形左下角顶点）
```

指定第二个约束点:　　　　　　　　　（选择矩形右下下角顶点）
指定尺寸线位置:　　　　　　　　　　（鼠标在适当位置单击，确定尺寸线位置）
标注文字 ＝34　　　　　　　　　　　［长约束为 34 个单位，如图（a）］

命令:DIMCONSTRAINT
当前设置:约束形式 ＝ 动态
输入标注约束选项[线性(L)/水平(H)/竖直(V)/对齐(A)/角度(AN)/半径(R)/直径(D)/形式(F)/转换(C)]
<线性>:AN　　　　　　　　　　　　（为相交直线添加角度标注约束）
选择第一条直线或圆弧或[三点(3P)]<三点>:
选择第二条直线:　　　　　　　　　　（依次选择两条相交直线）
指定尺寸线位置:　　　　　　　　　　（鼠标在适当位置单击，确定尺寸线位置）
标注文字 ＝147　　　　　　　　　　［角度值约束为 147°，如图（b）］

命令:DIMCONSTRAINT
当前设置:约束形式 ＝ 动态
输入标注约束选项[线性(L)/水平(H)/竖直(V)/对齐(A)/角度(AN)/半径(R)/直径(D)/形式(F)/转换(C)]
<角度>:R　　　　　　　　　　　　　（为圆添加半径标注约束）
选择圆弧或圆:　　　　　　　　　　　（单击选择圆形）
标注文字 ＝14　　　　　　　　　　　（圆半径约束为 14 个单位）
指定尺寸线位置:　　　　　　　　　　（鼠标在适当位置单击，确定尺寸线位置）

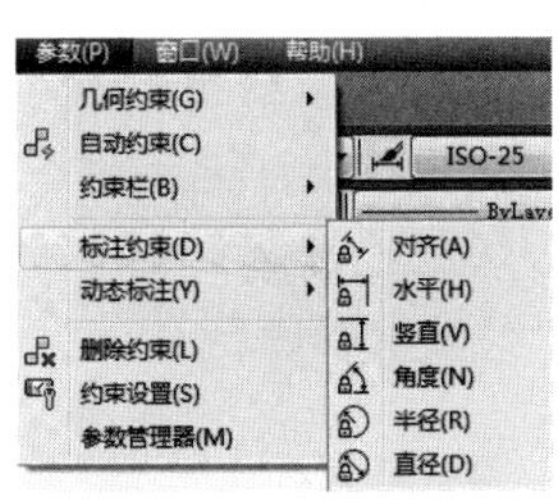

图 4-47 “标注约束”的下级子菜单

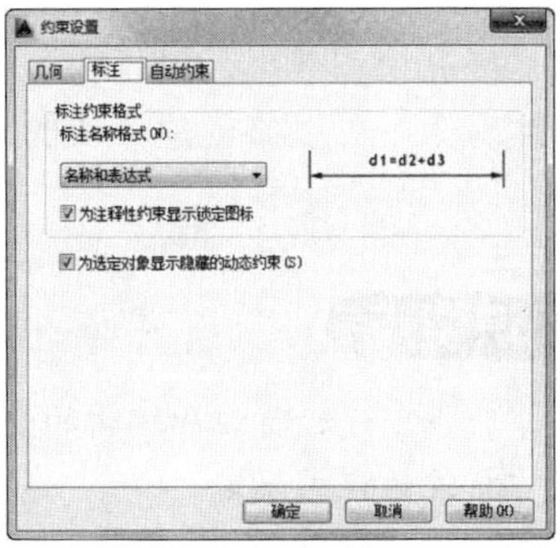

图 4-48 “约束设置”对话框“标注”选项卡设置

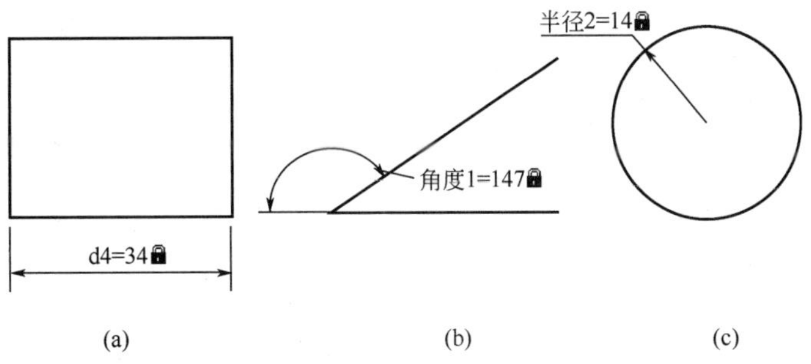

(a)　　(b)　　(c)

图 4-49　为图形添加标注约束

在图 4-49 中，添加标注约束后，矩形的下边线长度固定为 34，两直线的夹角为 147°，圆的半径长度为 14，且长度、角度和半径值均固定不可修改。如果用户想修改这三个值，可以执行菜单“参数”—“删除约束”后再修改。

利用几何约束和标注约束，可以快速确定几何要素之间的相互位置，确定对象的长度、角度关系等，实现参数化的设计，能够极大提高绘图效率。

第 5 章　图形尺寸标注及块的创建

尺寸标注是绘图工作中的一个重要步骤。作为一种图形信息，图形的尺寸标注对于设计工作来说十分重要。对于电气工程图，尺寸标注反映有关设备的大小和相对位置。并且在一个工程项目中，要在设计过程中和其他设计成员进行交流，尺寸数据也能帮助设计人员清楚地表达自己的设计思想，使交流更加容易。

利用 AutoCAD 绘图时，经常需要重复绘制相同的图形和符号。为了避免重复绘图，节省磁盘空间，提高绘图效率，可以将这些重复出现的图形，如电阻符号、变压器符号等创建为块。利用插入命令可以将创建为块的图形对象，以任意的比例和方向插入到其他图形的任意位置。

知识要点

- 了解尺寸标注创建、标注和编辑的全过程。
- 掌握尺寸标注的样式设定。
- 掌握各种尺寸标注命令。
- 了解块创建、注写和编辑的全过程。
- 掌握块的特点、创建和插入命令及块的属性，了解块创建、注写和编辑的全过程。

5.1　尺寸标注的基本知识

5.1.1　尺寸标注工具栏

AutoCAD 2014 提供了很强的尺寸标注功能，可为用户节省宝贵的时间，减少图上的错误。AutoCAD 2014 在尺寸标注中又新增不少功能，使用户在绘图时，能够方便地利用工具栏、下拉菜单或命令对图形进行标注，或者对已经存在的标注对象进行修改。AutoCAD 2014 尺寸标注工具栏如图 5-1 所示。

尺寸标注工具栏图标、标注下拉菜单和标注命令对应关系及功能如表 5-1 所示。

ISO-25

图 5-1 “尺寸标注”工具栏

表 5-1　尺寸标注工具栏各图标与中英文命令对照表

图　标	英文命令	中文菜单	功　　能
	Dimlinear	线性（L）	用此标注的尺寸是实体在当前坐标系下 X 和 Y 方向上的尺寸
	dimaligned	对齐（G）	用此标注实体斜向的长度尺寸
	dimarc	弧长（H）	用此标注圆弧或多段线弧线段上的距离
	dimordinate	坐标（O）	用此标注某个点的坐标值
	dimradius	半径（R）	用此标注圆或圆弧的半径，数值前有半径符号“R”
	dimjogged	折弯（J）	用此标注圆或圆弧的半径，数值前有半径符号“R”
	dimdiameter	直径（D）	用此标注圆或圆弧的直径，数值前有直径符号“ϕ”
	dimangular	角度（A）	用此标注角度，数值上有角度符号“°”
	qdim	快速标注（Q）	用此标注可以实现对多个对象的快速连续标注、基线标注、半径标注等
	dimbaseline	基线（B）	用此标注可以从一个基线出发标注多个正向线性尺寸，从里到外布置
	dimcontinue	连续（C）	用此标注可以连续标注多个正向线性尺寸，布置在一条直线上
	dimspace	标注间距（R）	用此可以自动调整图形中现有的平行线性标注和角度标注，以使其间距相等或在尺寸线处相互对齐
	dimbreak	折断标注（K）	用此标注可以使标注、尺寸延伸线或引线不显示，似乎它们是设计的一部分
	tolerance	公差…（T）	用此标注形位公差的符号和数值
	dimcenter	圆心（M）	用此标注圆或圆弧的圆心
	diminspect	检验（I）	用此使用户可以有效地传达检查所制造的部件的频率，以确保标注值和部件公差位于指定范围内
	dimjogline	折弯线性（J）	用此可以将折弯线添加到线性标注。折弯线用于表示不显示实际测量值的标注值
	dimedit	编辑标注	用此命令可使用多行文字编辑器修改文本、指定尺寸界限的倾角、指定文本旋转角等
	dimtedit	编辑标注文字（X）	用此命令可动态显示尺寸文本位置，调整尺寸文本位置，也可以回答选择项
		更新（U）	用此命令可以用新的尺寸标注样式更新已标注的尺寸
	dimstyle	标注样式…（S）	用此命令可进入“标注样式”对话框
ISO-25		标注样式控制	显示当前样式，从下拉列表中，选取已经设置好的尺寸标注样式

5.1.2　尺寸标注的组成

一个完整的标注尺寸由尺寸界线、尺寸线、尺寸箭头和尺寸文本四部分组成，有时还包括中心标记和指引线。通常 AutoCAD 2014 把尺寸的尺寸线、尺寸界线、尺寸箭头、尺寸文本以块的形式放在图形文件中，一个尺寸为一个对象，如图 5-2 所示。

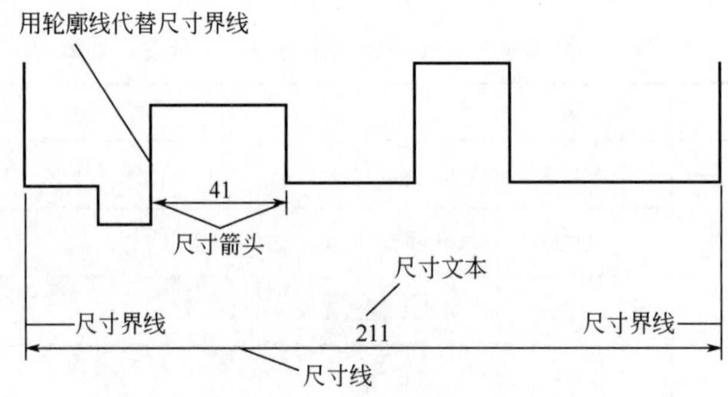

图 5-2　尺寸标注的组成

（1）尺寸界线

为了标注清晰，通常使用尺寸界线将尺寸引到实体之外。尺寸界线通常出现在标注对象的两端，用来表示尺寸线的开始和结束。尺寸界线一般从标注定义点引出，超出尺寸线一定距离，将尺寸线标注在图形之外。在复杂图形的标注中，可以利用中心线或者图形轮廓线来代替尺寸界线。

（2）尺寸线

尺寸线可以是一条两端带箭头的单线段或两条带单箭头的线段。角度标注时，尺寸线是两端带有箭头的一条弧或带单箭头的两条弧。

（3）尺寸箭头

尺寸箭头用来标注尺寸线的两端。通常出现在尺寸线与尺寸界线的两个交点上，用来表示尺寸线的起始位置以及尺寸线相对于图形实体的位置。AutoCAD 2014 提供了多种箭头形式供用户选择，机械制图中多使用实心箭头，工程图中则使用斜线代替箭头。

（4）尺寸文本

尺寸文本用来标明两个尺寸界线之间的距离或角度。它可以是基本尺寸，也可以是带公差的尺寸。

（5）中心标记

中心标记是一个短小的小十字交叉线“＋”，用来表示圆或圆弧的中心位置。中心标注是中心标记的延伸，用户可以用中心标记，也可以用中心线标注，也可以不使用。

（6）指引线

用来指引注释性文字，一般由箭头和两条成一定角度的线段组成。

（7）标注定义点

用户标注图形对象的端点，也可以作为尺寸界线的端点。标注定义点是隐形的，当拾取尺寸标注的整体对象时，标注定义点会作为夹点显示出来，可以使用夹点编辑进行操作。

5.1.3　尺寸标注的类型

AutoCAD 2014 尺寸标注的类型有许多，主要有线性标注、对齐标注、基线标注、连续标注、角度标注、半径标注和直径标注、公差标注和引线标注等。各种常规类型的尺寸标注示例如图 5-3 所示。

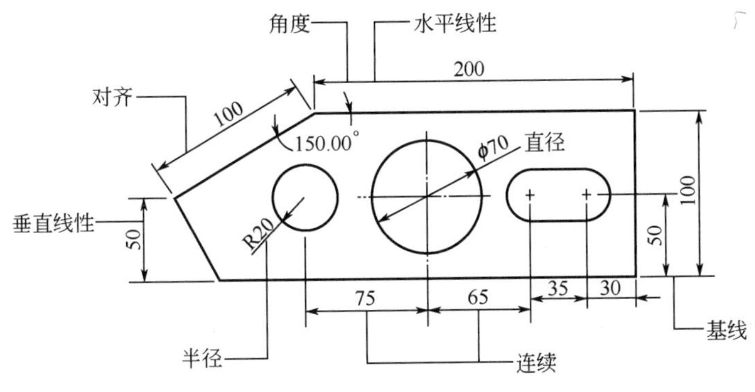

图 5-3 尺寸标注类型示例

5.2 尺寸标注样式的设置

尺寸标注样式的设置主要是对尺寸的各部分，包括尺寸线、尺寸界线、尺寸文本和箭头的式样、大小以及它们之间的相对位置进行设置，以满足用户在不同情况下的标注需要。

5.2.1 新建标注样式

在 AutoCAD 2014 中，创建尺寸标注通常是先创建标注样式，再进行尺寸标注，其操作步骤如下。

（1）命令执行方式

① 菜单栏 单击“格式”菜单→“标注样式（D）…”。

② 菜单栏 单击“标注”菜单→“标注样式（S）…”。

③ 命令行 输入“dimstyle”或“ddim”（或快捷命令 d）并按回车键。

④ 样式工具栏 选中并单击“ ”。

执行命令后，系统弹出“标注样式管理器”对话框，如图 5-4 所示。

（2）对话框中各项的含义

① 当前标注样式 列出当前的尺寸标注样式名称。

② 样式 显示已有的尺寸标注。

③ 列出 列表显示，当单击右边的箭头时，显出列表内容的类型，可选择显示所有样式或正在使用的样式。

④ 预览 在样式预览窗口中预览选中的样式，为用户提供可视化的操作反馈，用户可以看到尺寸样式更改的效果，减少了出错的可能。

⑤ 说明 显示选取的尺寸标注样式说明。

⑥ 新建 新建尺寸标注样式。单击该按钮，将出现图 5-5 所示的“创建新标注样式”对话框。在该对话框下单击继续按钮，开始新建标注样式的操作。

修改标注样式、新建标注样式、替代当前样式三个对话框的内容是相同的，这是标注样式管理器中最重要的对话框，如图 5-6 所示。

“新建（修改、替代）标注样式”对话框分为 7 个选项卡：“线”、“符号和箭头”、“文字”、“调整”、“主单位”、“换算单位”和“公差”。系统的默认设置是基础样式的设置，用户可以在这个基础上修改其中的若干项目，使其适应标注要求，完成后按下“确定”按钮。

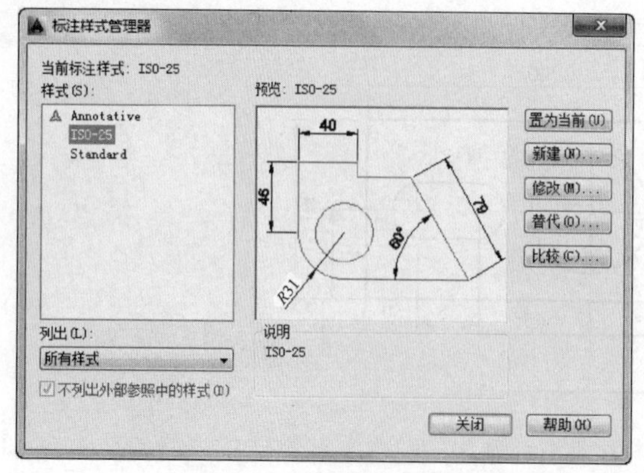

图 5-4 “标注样式管理器”对话框

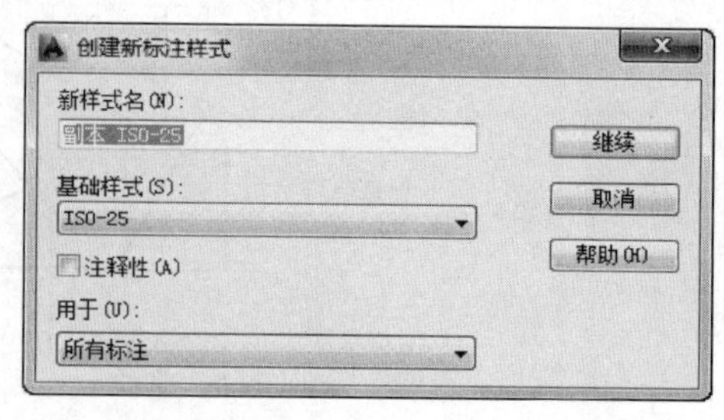

图 5-5 “创建新标注样式”对话框

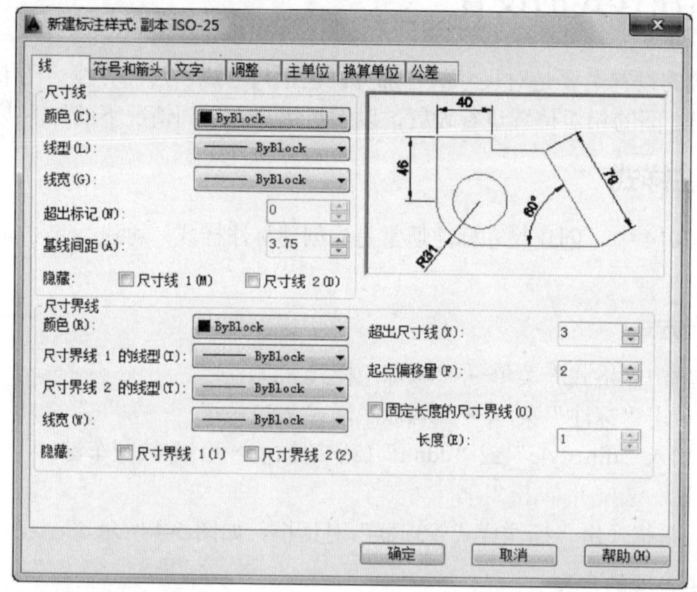

图 5-6 “新建（修改、替代）标注样式”对话框

5.2.2 新建标注样式设置

（1）设置“线”选项卡

在“新建标注样式”对话框中的“线”选项卡（图 5-6）中，可以设置尺寸线和尺寸界线的格式。

①“尺寸线”选项区提供了设置尺寸线参数特征的选项

a.“颜色”、“线型”和“线宽”。设置标注尺寸线的颜色、线型和宽度。通过下拉列表选择，一般设置为 Bylayer（随层），以便能够使用图层对标注进行方便的控制。

b.“超出标记”。使用短斜线作为箭头的标记时，可以输入一个数值来控制基线标注的各个尺寸界线的长度。

c.“基线间距”。当用户使用基线标注时，该文本框中的数值用来控制基线标注各个尺寸线之间的距离。一般可取文字高度的 1.5～2 倍。

d.“隐藏”。两个复选框分别控制是否隐藏第一条、第二条尺寸线及相应的尺寸箭头。

②“尺寸界线”选项区提供了尺寸界线参数特征的设置选项

a.“颜色”、“尺寸界线 1 的线型”、“尺寸界线 2 的线型”和“线宽”。设置标注尺寸界线的颜色、线型和宽度。通过下拉列表选择，一般设置为 Bylayer（随层），以便能够使用图层对标注进行方便的控制。

b.“超出尺寸线”和“起点偏移量”。分别用来控制尺寸界线超出尺寸线的长度和尺寸界线的起点与用户的标注定义点之间的距离。一般取文字高度的 1/4。

c.“隐藏”。两个复选框分别控制是否隐藏第一条或第二条尺寸界限。

d.“固定长度的尺寸界线”。该复选框用来设置尺寸界线的长度。选中该复选框，“长度”框即可设置尺寸界线的长度。

（2）设置“符号和箭头”选项卡

在“新建标注样式”对话框中的“符号和箭头”选项卡（图 5-7）中，可以设置箭头、圆心标记、弧长符号和半径标注折弯的格式。

①“第一个”和“第二个”　设置两个尺寸箭头的形状，用户可以通过下拉列表给当前标注样式指定适当的箭头形式。默认状态下，两个箭头的形状保持一致，用户可以通过修改使两者不一致。

②“引线”　设置引线的箭头形状，与第一个尺寸箭头形状的设置类似，可以指定适当的箭头形式。

③“箭头大小”　设置尺寸箭头的大小，一般设置为与文字高度相同或接近。

④“圆心标记”选项区　设置圆心的标记形式，有“无”、“标记”和“直线”三种标记形式可供选择。在选中“标记”时，可设定标记大小。

⑤“弧长符号”选项区　设置弧长符号，有“标注文字的前缀”、“标注文字的上方”和“无”。

⑥“半径折弯标注”选项区　设置半径标注折弯的角度，即“折弯角度”。

⑦“线性折弯标注”选项区　设置折弯高度的因子，即“折弯高度因子”。

⑧“折断标注”选项区　设置折断尺寸的间隔距离，即“折断大小”。

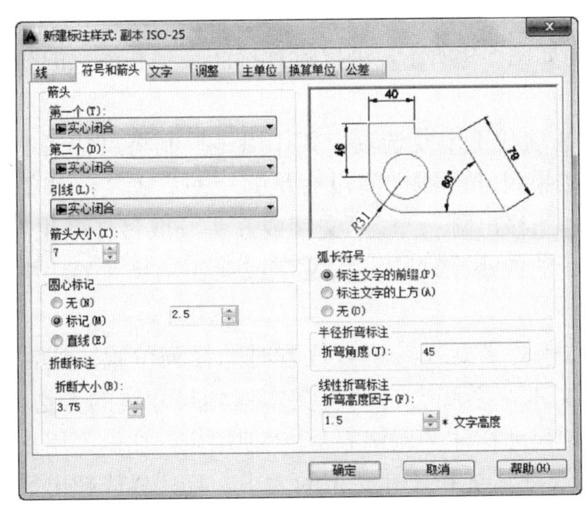

图 5-7　“符号和箭头”选项卡

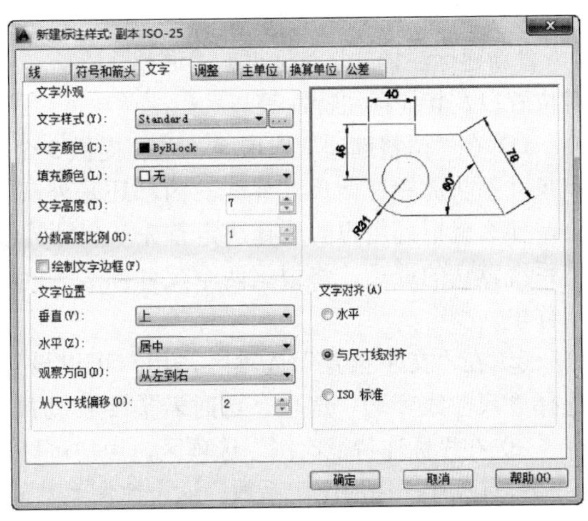

图 5-8　“文字”选项卡

（3）设置“文字”选项卡

“新建标注样式”对话框中的“文字”选项卡界面如图 5-8 所示。通过该选项卡，可以对尺寸文本的文字样式、颜色、高度、文字尺寸线的相对位置及对齐方式进行设置。

①“文字样式” 显示和设置尺寸文本的文字样式。从下拉列表中，可以选择一种已经定义的文字样式作为尺寸文本的字体样式，也可以使用文字样式名称列表框右侧的按钮，打开“文字样式”对话框，为标注文本设置标注样式。

②“文字颜色” 控制尺寸标注文本的字符颜色，一般使用 ByBlock（随块）或 ByLayer（随层）选项。

③“填充颜色” 设置标注中文字背景的颜色。如果单击“选择颜色”（在“颜色”列表的底部），将显示“选择颜色”对话框，也可以输入颜色名或颜色号。

④“文字高度” 设置尺寸标注文本的高度。如果在文字样式对话框中设置文字高度为非零，那么在“文字高度”中所设置的标注文本高度将不起作用，AutoCAD 2014 会自动按照文字样式中定义的文字高度来标注尺寸文本。如果在文字样式中设置文字高度为零（自由字高），那么在“文字高度”中设置的标注文本高度将会作为实际的标注文字高度。

⑤“分数高度比例” 设置分数尺寸文本的相对高度，该文本框只有采用分数制表示尺寸数字时才有效。

⑥“绘制文字边框” 在工程制图中，通常在基本参考尺寸外面加上边框以区别于定型尺寸。

⑦ 在“文字位置”选项区，用户可以设置尺寸标注文字的排列位置。“垂直”设置尺寸文本相对尺寸线在垂直方向的排列方式，“水平”设置尺寸标注文本在水平方向上相对于尺寸线、尺寸界线的位置。“观察方向”可以控制标注文字的观察方向，可以按从左到右阅读方式放置文字，也可以按照从右到左阅读的方式放置文字。

⑧“从尺寸线偏移” 设置一个数值来控制尺寸文本和尺寸线之间的距离，一般取文字高度的 1/4。

⑨“文字对齐”选项区，用户可以设置位于尺寸界线内外的尺寸文本的标注方向。选择“水平”，无论尺寸文本是位于尺寸线内部还是外部，都沿水平方向标注。选择“与尺寸线对齐”，尺寸文本都将沿着尺寸线的方向标注。选择“ISO”，位于尺寸界线内部的标注文字将沿着尺寸线方向标注，而位于尺寸界线外部的标注文字则沿着水平方向标注。

（4）设置“调整”选项卡

“新建标注样式”对话框的“调整”选项卡界面如图 5-9 所示，可以设置标注文字和箭头的相对位置以及其他标注特性等。

① 在“调整选项”选项区，系统提供 5 个单选项和 1 个复选项，其作用是控制将尺寸文本和尺寸箭头放置在两尺寸界线的内部还是外部。如果尺寸界线之间没有足够空间放置文字和箭头，那么就根据用户的选择决定首先从尺寸界线之间移出哪一个。“文字或箭头，取最佳效果”是系统默认的选项，将根据两个尺寸界线之间距离的大小来决定，将文字或箭头从尺寸界线中间移出。

② 在“文字位置”选项区，用户可以设置尺寸文字离开其缺省位置时的排列位置。通常选择“尺寸线旁边”选项，这时若需要移动尺寸文本，系统会自动将文本移到尺寸线的旁边。

③ 在“标注特征比例”选项区，用户可以设置尺寸标注的比例系数。“使用全局比例”用来控制所有尺寸标注的比例系数。这个比例系数能对尺寸箭头和尺寸文字的大小、尺寸界线超出尺寸线的距离等参数产生影响，而对测量的长度、形位公差、角度等参数不起作用。“将标注缩放到布局”则根据当前模型空间视口和布局空间之间的比例确定比例因子。

④ 在“优化”选项区，用户可以设置尺寸标注文字的微调选项。选择“手动放置文字”，AutoCAD 2014 将忽略任何水平方向的标注设置，允许用户使用光标在图形区域中指定尺寸文本

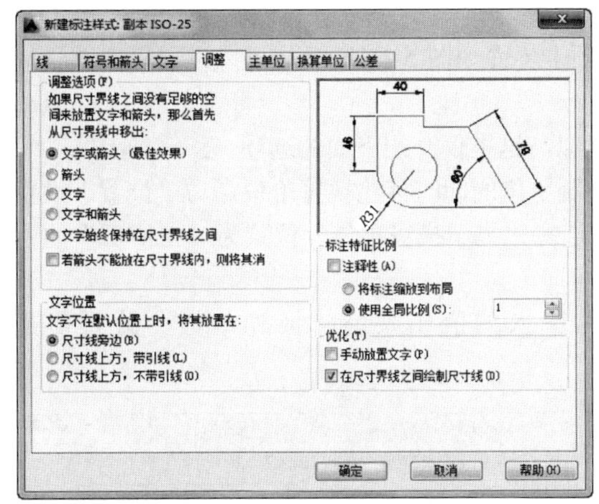

图 5-9 “调整”选项卡

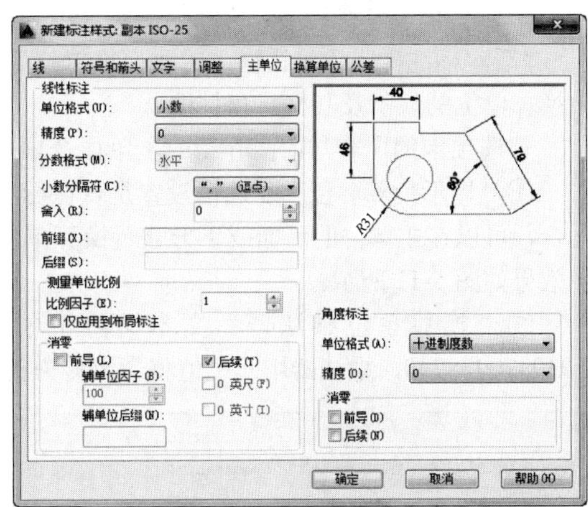

图 5-10 “主单位”选项卡

的标注位置。“在尺寸界线之间绘制尺寸线”选择该复选框后，如果两条尺寸界线之间的距离太小，尺寸标注文本被放置到尺寸界线之外，AutoCAD 2014 会自动在两条尺寸界线之间绘制一条直线，以连接尺寸线。否则，两条尺寸界线之间无直线连接，会导致尺寸线的断开。

（5）设置“主单位”选项卡

“新建标注样式”对话框中的“主单位”选项卡界面如图 5-10 所示，可以设置主单位及其各种参数，以控制尺寸单位、角度单位、精度等级和比例系数等尺寸标注的基本单位格式。

①“单位格式”　显示或设置基本尺寸的单位格式，系统提供了 6 个选项供用户使用：“科学”、“小数”、“工程”、“建筑”、“分数”和“Windows 桌面”。

②“精度”　控制除角度标注以外的尺寸精度。

③“分数格式”　设置分数型尺寸文本的标注格式，提供 3 个选项：水平、对角和不堆叠。

④“小数分隔符”　设置小数点的分隔符样式，提供三种形式的符号：句号、逗号和空格。

⑤“舍入”　显示或设置尺寸文字的舍入值，该文本框的数值将用来控制尺寸标注数字的舍入值。

⑥“前缀”和“后缀”　文本框中可以根据需要输入尺寸文本的前缀和后缀。

⑦“比例因子”　控制线性尺寸的比例系数。使用该选项之后，标注线性尺寸（线性、对齐、半径、直径、坐标、基线、连续）时，标注的数值是实际长度乘以标注的比例因子。

⑧“仅应用到布局标注”复选框　可用来控制当前模型空间和图纸空间的比例系数。

⑨“消零”　控制尺寸标注时的零抑制问题，如选择“后续”复选框后，在遇到类似于尺寸 0.2000 的标注时系统标注为 0.2。可以选择“前导”以启用小于一个单位的标注距离的显示，以辅单位为单位。

辅单位因子：将辅单位的数量设定为一个单位。它用于在距离小于一个单位时以辅单位为单位计算标注距离。例如，如果主单位为 cm，而辅单位后缀以 mm 显示，则输入 10。

辅单位后缀：在标注值子单位中包含后缀。可以输入文字或使用控制代码显示特殊符号。例如，输入 mm 可将.1cm 显示为 1mm。

⑩ 在“角度标注”选项区，用户可以设置角度标注尺寸的单位格式和精度以及零抑制问题。系统提供了下面的选项可供设置：“单位格式”显示或设置角度型尺寸标注时用的单位格式。系统提供了 4 个选项供用户选择：十进制度数、度/分/秒、百分度和弧度。

（6）设置“换算单位”选项卡

“新建标注样式”对话框中的“换算单位”选项卡界面如图 5-11 所示，可以设置标注测量值中换算单位的显示及其格式和精度。

该选项卡的内容与前面介绍的主单位选项卡类似，这里仅介绍下面的选项。

①“显示换算单位”复选框设置是否在标注公制单位的同时标注换算单位。与“位置”设置配合，可以在主单位的后面或下方显示换算单位，选择“显示换算单位”位置为“主值后”的标注效果如图 5-11 所示。

②“换算单位乘法器”文本框将主单位与输入的值相乘创建换算单位。缺省值是 0.039370078740，乘法器用此比值将毫米转为英寸。

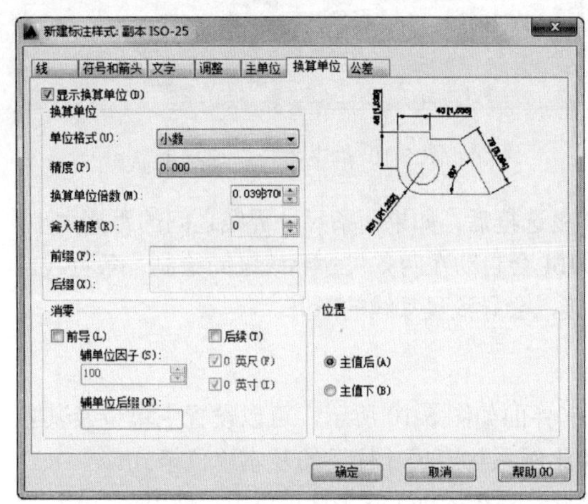
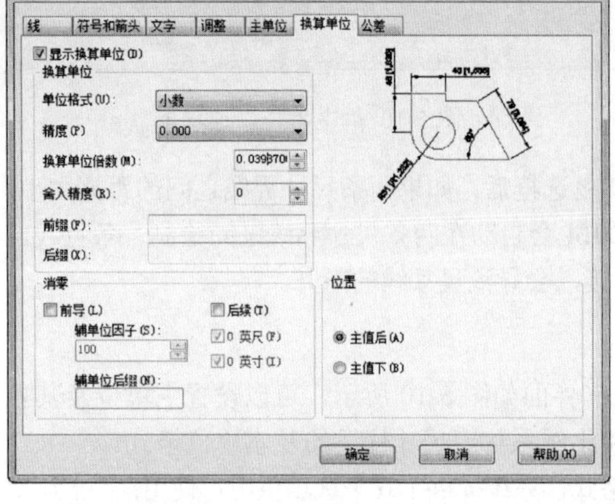

图 5-11 “换算单位”选项卡

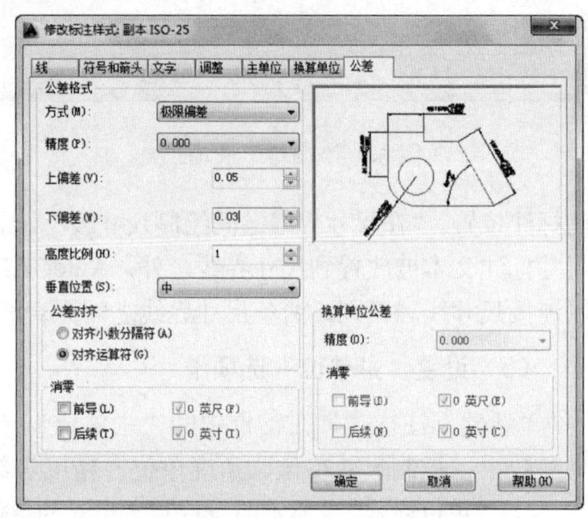

图 5-12 “公差”选项卡

（7）设置“公差”选项卡

“新建标注样式”对话框中的“公差”选项卡如图 5-12 所示，可以设置尺寸公差的格式，包括尺寸公差的标注方式、公差文本的字体高度以及尺寸公差文本相对于主单位的对齐方式。

①“方式” 提供设置尺寸公差的五种类型：“无”选项用来关闭尺寸公差的显示；公差中正负偏差的值相同时使用“对称”选项；公差中正负偏差的值不同时使用“极限偏差”选项；“极限尺寸”将加上和减去偏差值合并到标注值里，并将最大标注显示在最小标注的上方；“基本尺寸”选项将在标注文字的周围绘制一个框，这个格式用于说明理论上的精确尺寸。

②“精度” 设置公差值的精度，在“上偏差”文本框中输入数值，以确定尺寸的上偏差，默认为正值；在“下偏差”文本框中输入数值，以确定尺寸的下偏差，默认为负值。

③“高度比例” 用于设置尺寸标注公差文本的字高与主单位字高的比值。

④“垂直位置” 设置对称公差和极限公差的垂直位置。在下拉列表中提供了三种选择，选“上”使公差文字和标注文字顶部对齐，选“中”把公差文字与标注文字的中部对齐，选“下”将公差文字与标注文字的底部对齐。

5.3 长度尺寸标注

长度尺寸标注是标注图形任意两点间线性方面的尺寸，又分为线性标注、基线标注、连续标注、旋转标注、对齐标注等多种类型。对不同的类型，尺寸标注的命令也不相同。

5.3.1　线性标注

线性标注用来标注当前用户坐标系 *X*、*Y* 平面中两点之间的距离，可以通过指定标注定义点或通过指定标注对象的方法进行标注，标注水平尺寸、垂直尺寸、旋转尺寸都可以用线性标注。

（1）命令执行方式

① 菜单栏　单击“标注”菜单→“线性（L）”。

② 命令行　输入“dimlinear”或“dimlin”（或快捷命令 dli），再按回车键。

③ 标注工具栏　选中并单击“”。

执行命令后，系统启动线性标注命令。

（2）选项说明

按照 AutoCAD 2014 给出的命令提示，捕捉两条尺寸标注的定义点，系统给出标注选项的提示：

```
指定第一条尺寸界线原点或 <选择对象>:      （鼠标单击要标注对象的第一个端点）
指定第二条尺寸界线原点:                    （鼠标单击要标注对象的第二个端点）
指定尺寸线位置或
[多行文字(M)/文字(T)/角度(A)/水平(H)/垂直(V)/旋转(R)]:
```

此时可以指定标注线的位置，或者输入选项中的字母来编辑标注文字或确定其位置。

① 在命令行中输入 M，回车，启动多行文字编辑器，表示计算出来的测量值。在“多行文字编辑”中，在蓝底背景字的前面或后面输入文字，表示在标注文字的前面或后面添加文字。要想替换标注文字，可以先删除蓝底背景字，然后输入新文字，单击“确定”按钮。

② 调用选项 T，可以在命令提示行中输入文字替换原来的文字，按<Enter>键就能在标注文本中显示新的文字。

③ 调用选项 A，可以由用户指定放置标注文字的旋转角度。

④ 使用线性标注时，AutoCAD 2014 会基于当前光标的位置自动创建一个水平或垂直的测量值，用户也可以调用选项 H 或 V 明确指定线性标注是水平标注或者垂直标注。

⑤ 调用选项 R 指定标注测量的旋转角度。

完成标注文字选项设置后，用户就可以使用鼠标在绘图区域中指定标注尺寸线的位置，AutoCAD 2014 会给出下面的提示“标注文字= * * *”，该线性标注的创建就已经完成。

线性标注调用不同选项的标注效果如图 5-13 所示。

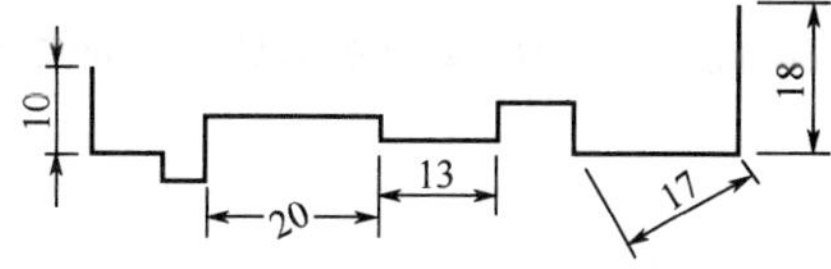

图 5-13　线性标注各选项的标注效果

5.3.2　对齐标注

在绘图过程中，常常需要标注某一条倾斜线段的实际长度，又不能得到线段的倾斜角度，就需要使用对齐标注的功能。

（1）命令执行方式

① 菜单栏　单击“标注”菜单→“对齐（G）”。

② 命令行　输入“dimaligned”（或快捷命令 dal），再按回车键。

③ 标注工具栏　选中并单击“”。

执行命令后，系统启动对齐标注命令。

标注过程与线性标注类似，只是在对齐标注中，尺寸线与尺寸界线引出点的连线平行，因此标注文字显示的长度是标注线段的实际距离。

（2）选项说明

按照 AutoCAD 2014 给出的命令提示，捕捉两条尺寸界限的标注定义点后按回车键。系统给出标注选项的提示：

选择标注对象：
指定尺寸线位置或[多行文字（M）/文字（T）/角度（A）]：

如果需要对标注文字的内容和旋转角度进行修改，用户可以参照线性标注的方法进行操作。最后用鼠标在屏幕绘图区域中指定标准尺寸的位置，完成标注操作。对齐标注各选项的标注效果如图 5-14 所示。

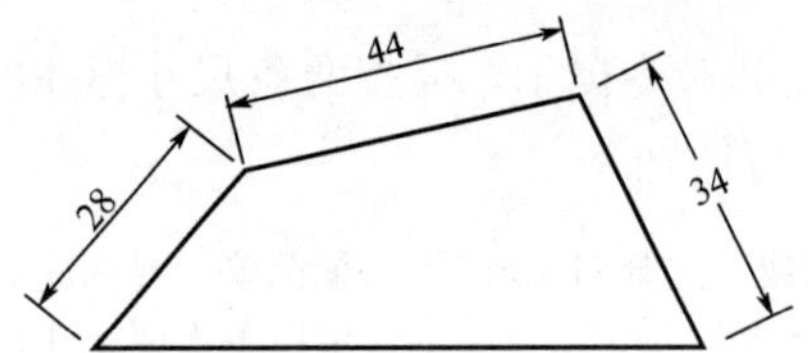

图 5-14　对齐标注各选项的标注效果图

5.3.3　基线标注

在工程绘图中，常以某一条线或某一个面作为基准，测量其他直线或者平面到该基准的距离，这就是基线标注。与其他标注形式不同，在创建基线标注之前，必须光创建（或选择）一个线性标注或角度标注作为基准标注，AutoCAD 2014 将会从基准标注的第一个尺寸界限处测量基线标注。

（1）命令执行方式

① 菜单栏　单击“标注”菜单→“基线（B）”。

② 命令行　输入“dimbase”或“dimbaseline”（或快捷命令 dba），再按回车键。

③ 标注工具栏　选中并单击“”。

执行命令后，系统启动基线标注命令。

（2）选项说明

调用基线标注的命令后，系统命令行提示：

指定第二条尺寸界线原点或[放弃(U)/选择(S)]<选择>：

用户可以在屏幕中直接用光标选择下一个标注定义点，也可以按下回车键用鼠标选择下一个标注的实体对象。调用选项 S 可以由用户重新定义基准。

选择标注定义点后，AutoCAD 2014 会给出尺寸长度的提示，形如“标注文字= * * *”，并再次给出下一步骤的提示，用户可以按提示操作，继续创建标注，直到完成标注操作后，按下回车键结束命令。

标注过程中，AutoCAD 2014 自动将当前标注放至前一个标注之上，两者之间的距离是在“标注样式”对话框的“直线和箭头”选项卡中指定的基线间距。

图 5-15 所示基线标注效果的执行过程如下：

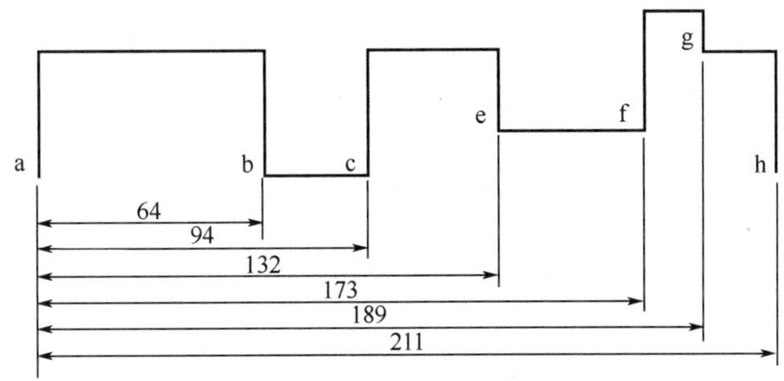

图 5-15　基线标注效果图

① 首先设置好标注样式，文字、箭头高度为 5，基线间距设置为 7.5；
② 首先调用线性标注命令标注最左端的尺寸“64”，作为基准标注；
③ 调用基线标注命令，完成其余尺寸的标注。
调用基线标注命令后，系统提示以下内容：

```
命令:_dimbaseline
选择基准标注:                                        （选择 a 点的尺寸界限）
指定第二条尺寸界线原点或[放弃(U)/选择(S)]<选择>:     （标注 ac 段）
标注文字 =94
指定第二条尺寸界线原点或[放弃(U)/选择(S)]<选择>:     （标注 ae 段）
标注文字 =132
指定第二条尺寸界线原点或[放弃(U)/选择(S)]<选择>:     （标注 af 段）
标注文字 =173
指定第二条尺寸界线原点或[放弃(U)/选择(S)]<选择>:     （标注 ag 段）
标注文字 =189
指定第二条尺寸界线原点或[放弃(U)/选择(S)]<选择>:     （标注 af 段）
标注文字 =211
指定第二条尺寸界线原点或[放弃(U)/选择(S)]<选择>:     （结束标注命令）
```

5.3.4　连续标注

在标注图形时，还可能使用到连续标注。连续标注是首尾相连的尺寸标注，它把前一个标注的第二尺寸界线作为下一个标注的第一尺寸界线（原点），所有的标注用一条公共的尺寸线，连续标注用于需要将每一个尺寸测量出来，并可以相加得到总测量值的情况。与基准线标注相同，在创建连续标注之前，必须先创建（选择）一个线性标注或角度标注作为基准标注，AutoCAD 2014 将会从基准标注的第二尺寸界线处开始连续标注。

（1）命令执行方式

① 菜单栏　单击“标注”菜单→“连续（C）”。
② 命令行　输入“dimcontinue”或“dimcint”（或快捷命令 dco），再按回车键。
③ 标注工具栏　选中并单击“”。
执行命令后，系统启动连续标注命令。

（2）选项说明

调用“连续标注”的命令后，系统命令行提示：

```
指定第二条尺寸界线原点或[放弃(U)/选择(S)]<选择>:
```

用户可以在屏幕中直接用鼠标选择下一个标注定义点，也可以按下回车键用光标选择下一个要标注的实体对象。调用选项 S 可以由用户重新指定基准。

定义每一个标注定义点后，系统会给出上一次的测量提示，形如“标注文字= * * *”，同时在图形中显示尺寸文本。用户可在命令行的提示下继续创建标注，直到完成标注操作之后，按下<Enter>键结束命令。

连续标注和基线标注一样可以应用在多个角度的标注中，在操作时基准标注相应转换成角度标注。

连续标注的执行过程与基线标注类似，标注效果如图 5-16 所示。

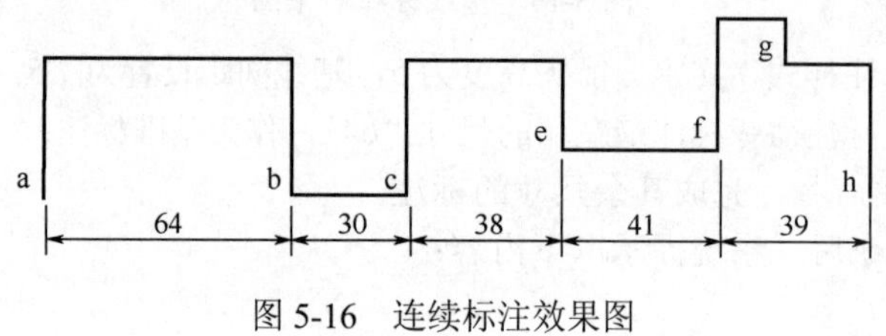

图 5-16　连续标注效果图

5.4　半径、直径的标注

5.4.1　半径的标注

半径标注命令用于标注圆或圆弧的半径尺寸。

（1）命令执行方式

① 菜单栏　单击“标注”菜单→“半径（R）”。

② 命令行　输入“dimradius”或“dimrad”（或快捷命令 dra），再按回车键。

③ 标注工具栏　选中并单击“”。

执行命令后，系统启动半径标注命令。

（2）选项说明

调用半径标注的命令后，系统命令行提示：

选择圆弧或圆：

用户单击标注对象后，系统会给出标注文本的信息提示“标注文字= * * *”，并给出命令行提示：

指定尺寸线位置或[多行文字(M)/文字(T)/角度(A)]：

确定尺寸线的位置，完成标注操作。

半径标注几种常见的标注效果如图 5-17 所示。

图 5-17　半径标注效果图

5.4.2　直径的标注

直径标注命令用于标注圆或圆弧的直径尺寸。

（1）命令执行方式

① 菜单栏　单击“标注”菜单→“直径（D）”。

② 命令行　输入“dimdiameter”或“dimdia”（或快捷命令 ddi），再按回车键。

③ 标注工具栏　选中并单击“”。
执行命令后，系统启动直径标注命令。

（2）选项说明

调用直径标注的命令后，系统命令行提示：

选择圆弧或圆：

用户单击标注对象后，系统会给出标注文本的信息提示“标注文字=＊＊＊”，并给出命令行提示：

指定尺寸线位置或[多行文字(M)文字/(T)/角度(A)]：

确定尺寸线的位置，完成标注操作。

半径标注和直径标注的操作步骤非常简单，但是在复杂图形中，假如在所标注的圆中放不下尺寸标注文字及箭头，尺寸标注的位置和标注形式就有不小的学问，合适的尺寸线位置能使图形标注结果清晰明了。

直径标注效果如图 5-18 所示。

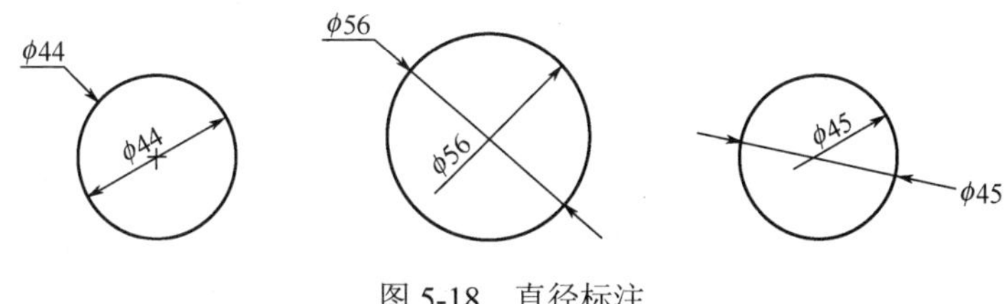

图 5-18　直径标注

5.5　角度标注及其他标注

5.5.1　角度标注

在机械制图中，经常要对零件的角度或者切削的角度进行标注，这就要用到角度标注的功能。另外，角度标注还可以对某一段圆弧或圆上的一部分圆弧进行标注。

（1）命令执行方式

① 菜单栏　单击“标注”菜单→“角度（A）”。
② 命令行　输入“dimangular”（或快捷命令 dan），再按回车键。
③ 标注工具栏　选中并单击“”。
执行命令后，系统启动角度标注命令。

（2）选项说明

调用角度标注的命令后，系统命令行提示：

选择圆弧、圆、直线或<指定顶点>：

此时，可直接选择一段圆弧，指定圆上的两点、两条不平行的直线来标注角度；也可以在回车后按照“指定角的顶点：”、“指定角的第一个端点：”、“指定角的第二个端点”的顺序进行角度标注。AutoCAD 2014 将自动确定角度尺寸的标注定义点，并给出下面的命令提示：

指定标注弧线位置或[多行文字(M)/文字(A)]：

用户可以使用鼠标确定尺寸线的位置，也可以调用选项对标注文本的内容和角度进行调整。在确定尺寸线位置后，系统会给出“标注文字= * * *”的信息，完成该角度的标注。

在角度标注选择标注定义点时，一般可以不考虑两个端点的先后顺序。但在有些情况下是要考虑先后顺序的。

5.5.2 引线标注

（1）快速引线命令

该命令需要从命令行输入“qleader”（或快捷命令 le），再按回车键启动。

调用快速引线命令标注倒角效果，如图 5-19 所示。执行步骤如下。

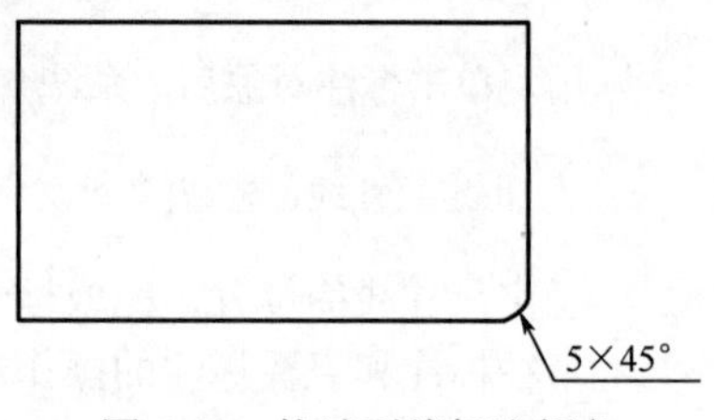

图 5-19 快速引线标注倒角

输入 S 设置好引线注释类型为多行文字，最后一行加下画线等选项。

```
命令:QLEADER
指定第一个引线点或[设置(S)]<设置>:S          （输入 S 设置相关选项）
指定第一个引线点或[设置(S)]<设置>:            （指定倒角处为引线起点）
指定下一点:                                    （指定引线的第二点）
指定文字宽度 <0>:                              （文字宽度默认为 0，宽度不受限制）
输入注释文字的第一行 <多行文字(M)>:            （直接回车执行 M 选项，启动多行文
                                                字编辑器，输入多行文字）
```

两点说明。

① 命令执行过程中，在“输入注释文字的第一行 <多行文字(M)>:”提示下，若用户直接回车，则弹出“多行文字编辑器”对话框，完成文字的输入。也可以直接在提示项后输入文字，此时的输入文字为单行文字对象。

② 选择设置（S）选项时，AutoCAD 2014 弹出“引线设置”对话框。对话框中有“注释”、“引线和箭头”和“附着”三个选项卡，分别具有不同的内容。

“注释”选项卡如图 5-20 所示。在该选项卡中用户可以设置注释的类型各文本格式选项。

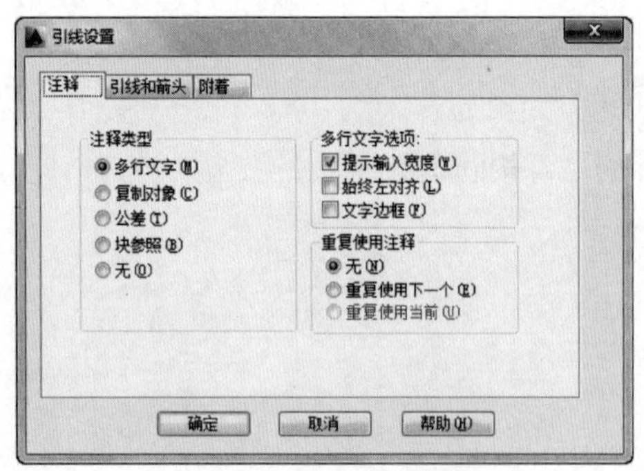

图 5-20 “注释”选项卡

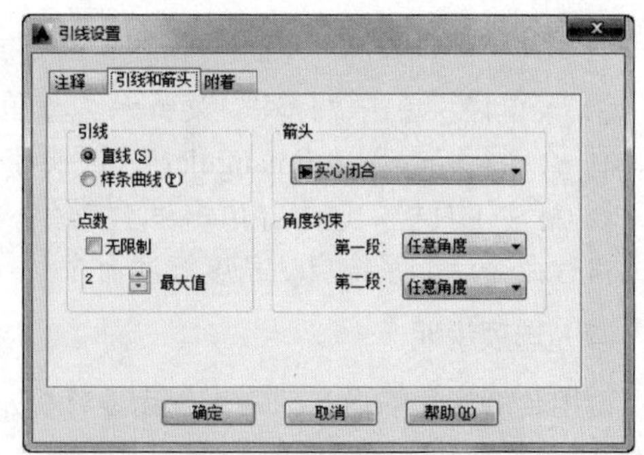

图 5-21 “引线和箭头”选项卡

“引线和箭头”选项卡如图 5-21 所示。在“引线”设置区，用户可以通过单选按钮设置引线的类型。在“箭头”设置区单击其右边的箭头，用户可以从下拉列表中选取箭头类型，也可以选择“用户箭头...”重新设置。在“点数”设置区确定指引线的点数的最大值。“角度约束”设置区限制引线的旋转角度。第一段限制起始引线角度的大小，单击右边的箭头，用户可以通过下拉列

表进行设置。用同样的方法设置第二段的角度。

“附着”选项卡如图 5-22 所示。用户可以通过该对话框设置尺寸标注文字的附着方式。在该对话框的底部，复选项控制是在标注文字的底部画线。

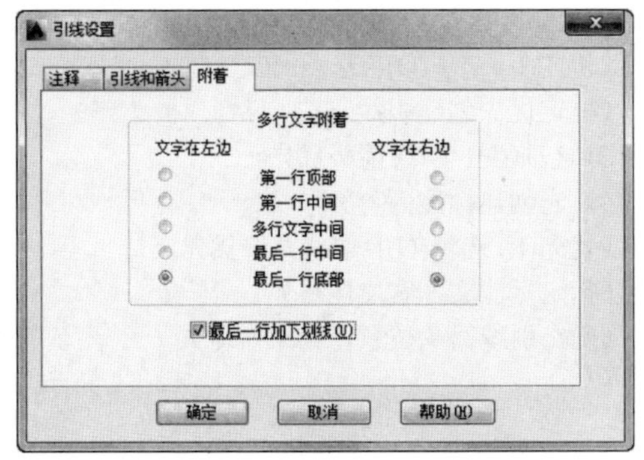

图 5-22 “附着”选项卡

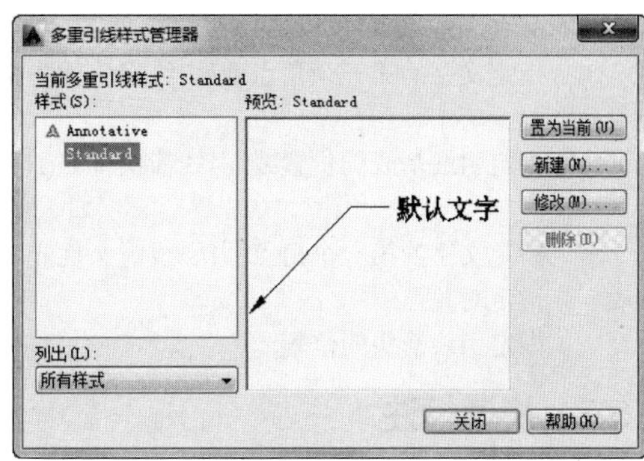

图 5-23 “多重引线样式管理器”对话框

（2）多重引线命令

利用多重引线标注，用户可以标注（标记）注释、说明等。

在进行多重引线标注之前，需要先设置标注样式。选择菜单“格式”—“多重引线样式”，AutoCAD 打开“多重引线样式管理器”对话框，如图 5-23 所示。

在该对话框中，“当前多重引线样式”用于显示当前多重引线样式的名称。“样式”列表框用于列出已有的多重引线样式的名称。“列出”下拉列表框用于确定要在“样式”列表框中列出哪些多重引线样式。“新建”按钮用于创建新的多重引线样式。单击“新建”按钮，AutoCAD 打开如图 5-24 所示的“创建新多重引线样式”对话框，用户指定样式名和参照的“基础样式”，单击“继续”后将打开“修改多重引线样式”对话框，如图 5-25 所示。

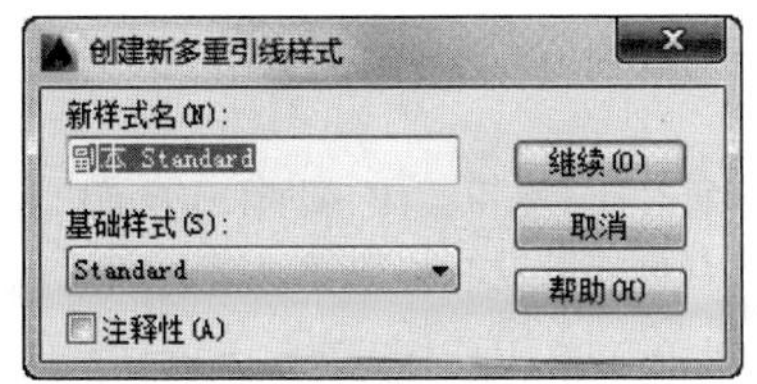

图 5-24 “创建新多重引线样式”对话框

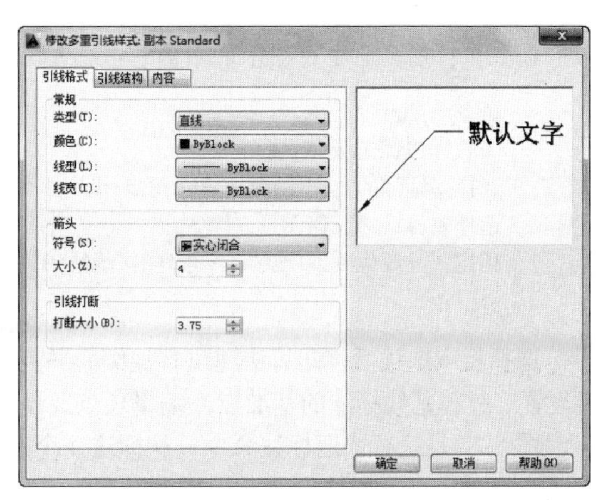

图 5-25 “修改多重引线样式”对话框

与之前介绍的“快速引线”设置对话框类似，在“修改多重引线样式”对话框中，有引线格式、引线结构和内容三个选项卡，分别用以设置引线及指引箭头的格式、引线的点数及角度以及标注的具体内容等项目。

设置好引线样式，即可执行多重引线命令。命令执行方式：

① 菜单栏　单击“标注”菜单→“多重引线”命令；

② 命令行　输入“MLEADER”命令，再按回车键。

调用多重引线命令，创建如图 5-26 所示的引线标注，命令执行过程如下：

图 5-26　多重引线标注

命令:_mleader
指定文字的第一个角点或[引线箭头优先(H)/引线基线优先(L)/选项(O)]<选项>:L
（指定优先创建引线基线）
指定引线基线的位置或[引线箭头优先(H)/内容优先(C)/选项(O)]<引线箭头优先>:C
（优先创建标注内容）
指定文字的第一个角点或[引线箭头优先(H)/引线基线优先(L)/选项(O)]<引线基线优先>:
指定对角点:　（指定标注文本宽度区域）
指定引线箭头的位置:　（确定引线箭头位置，结束命令）

5.5.3 快速标注

快速标注是 AutoCAD 2000 以后版本增加的功能。它是交互式的、动态的和自动化的尺寸标注生成器。使用快速标注，标注一系列相邻或相近实体目标，可以大大提高标注的效率。快速标注的功能允许同时标注多个对象的尺寸，也可以对图形中现有的尺寸标注布置进行快速的编辑，还可以建立新的尺寸标注。使用快速标注时，可以重新确定基线和尺寸标注的基点数据，因此在建立一系列的基线与连续标注时特别有效，同时该命令还允许同时标注多个圆弧和圆的尺寸。

（1）命令执行方式

① 菜单栏　单击“标注”菜单→“快速标注（Q）”。

② 命令行　输入“qdim”，再按回车键。

③ 标注工具栏　选中并单击“”。

执行命令后，系统启动快速标注命令。

（2）选项说明

命令执行后，命令行提示如下内容：

命令:_qdim
关联标注优先级 = 端点
选择要标注的几何图形:指定对角点:找到 4 个　（选择要快速标注的图形对象）
选择要标注的几何图形:
指定尺寸线位置或[连续(C)/并列(S)/基线(B)/坐标(O)/半径(R)/直径(D)/基准点(P)/编辑(E)/设置(T)]
<连续>:　（选择标注类型）

选择相应选项后，即可快速进行连续、并列、基线、坐标、半径和直径标注等，同时允许重新设置连续和基线标注的基准点、编辑顶点及设置关联标注的优先级等。

图 5-27 是执行快速标注命令一次标注 4 个圆的圆心距离和半径大小的效果。

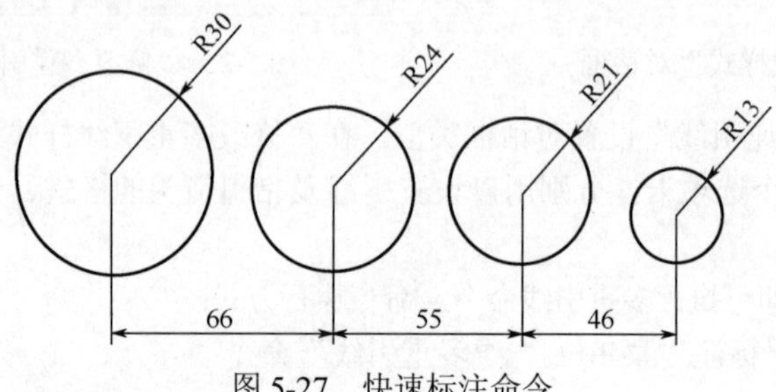

图 5-27　快速标注命令

在应用快速标注时，经常遇到的图形都是较为复杂的图形，选择实体的技巧性比较强。适当地选择标注实体，能够提高标注效率，并对操作的结果产生影响。

5.5.4　公差标注

调用公差标注，输入形位公差。形位公差表示特征的形状、轮廓、方向、位置和跳动的允许偏差。可以通过特征控制框来添加形位公差，特征控制框至少由两个组件组成。第一个特征控制框包含一个几何特征符号，表示应用公差的几何特征，例如位置、轮廓、形状、方向或跳动。形位公差控制直线度、平面度、圆度和圆柱度，轮廓制直线和表面。

（1）命令执行方式

① 菜单栏　单击“标注”菜单→“公差（T）…”。

② 命令行　输入“tolerance”，再按回车键。

③ 标注工具栏　选中并单击“”。

执行命令后，系统启动公差标注命令，弹出“形位公差”对话框，如图 5-28 所示。

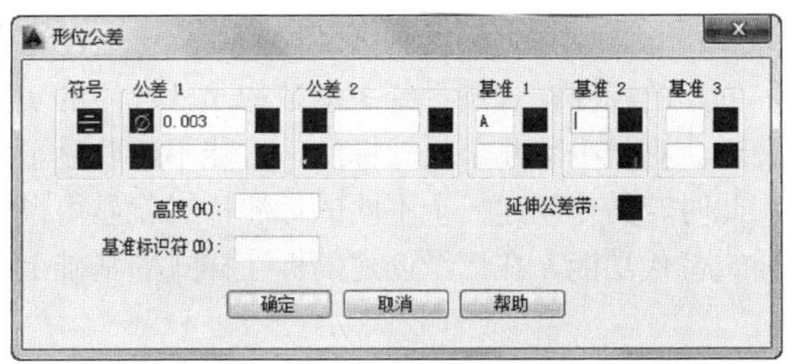

图 5-28　“形位公差”对话框

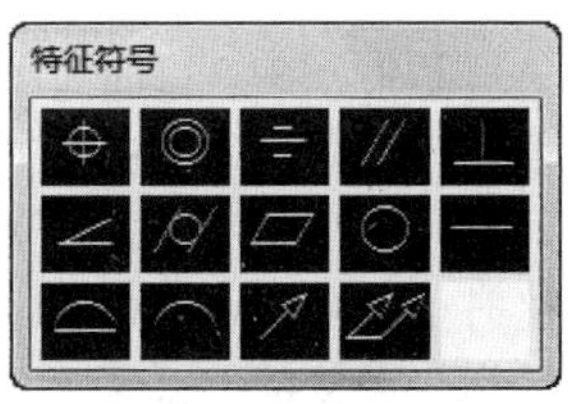

图 5-29　“特征符号”对话框

（2）选项说明

输入公差符号：单击“形位公差”对话框中的“符号”按钮，弹出“特征符号”对话框，如图 5-29 所示，用户可选择合适的公差符号。

输入“形位公差”的其他内容与输入公差符号的方法相同。

在“形位公差”对话框内输入如图 5-30（a）所示的内容，标注效果如图 5-30（b）所示。

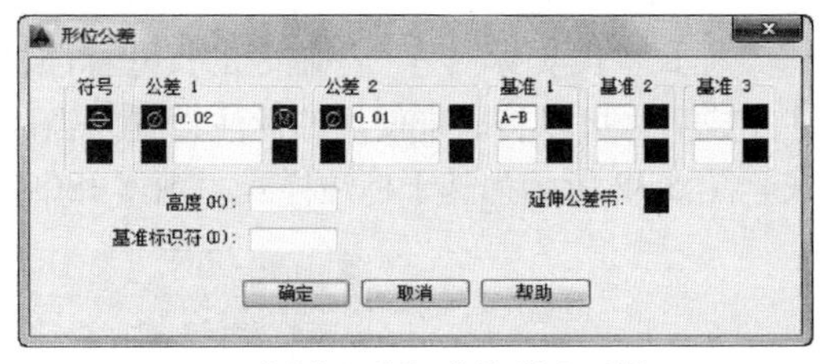

(a)“形位公差”对话框输入示例

(b)“形位公差”标注效果图

图 5-30　“形位公差”标注

5.6　尺寸标注的修改

5.6.1　编辑标注

尺寸标注是在标注样式的控制下完成的，修改尺寸标注也可以通过修改相应的标注样式来实现。在“标注样式管理器”中，从左侧标注样式列表框中选择要修改的标注样式，单击对话框中的“修改”按钮，系统会弹出“修改标注样式”对话框，该对话框的操作与创建标注样式完全相同，修改完成后，使用该样式创建的标注随之修改。在另一种情况下，用户还需要对个别标注进行单独的修改。AutoCAD 2014 为这些需要提供了许多灵活的修改功能。

“修改标注样式”对话框和“新建标注样式”对话框的项目完全一样，如图 5-31 所示。

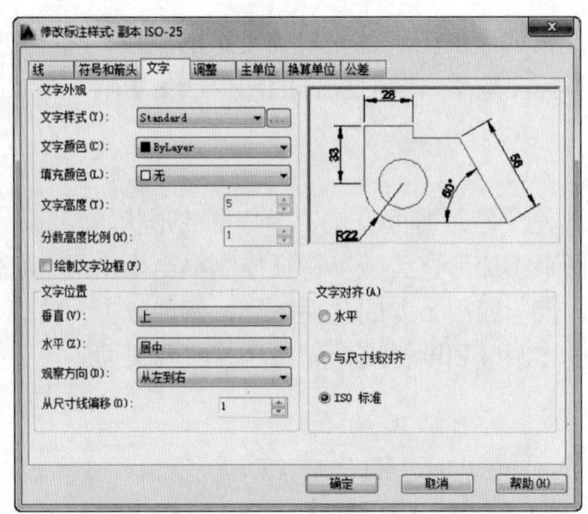

图 5-31 “修改标注样式”对话框

5.6.2 替代标注

在工程制图中，可能会出现这样的情况，创建的标注样式满足绝大多数的尺寸标注的实际要求，但是有少数几个尺寸标注结果还是很不合适。对于少数几个尺寸标注，可能不需要显示尺寸界线，或者修改文字和箭头位置等特殊要求，此时若另外创建一个不同的标注样式就显得很繁琐了。这时可以使用 AutoCAD 2014 中提供的样式替代功能，在已经创建的标注样式的基础上，为单独的标注定义替代标注样式。

在“标注样式管理器”中，从左侧标注样式列表中选择要修改的标注样式，单击对话框图中的“替代”按钮，系统会弹出“替代当前样式”对话框，该对话框的操作与“新建标注样式”对话框完全相同，按照标注要求修改完成后，利用该样式进行标注，不影响原来的标注。

样式替代实际上是一个临时的尺寸标注样式，可以使生成的标注样式修改某些特征参数。标注完成后，可以将原来使用的标注设置为当前样式，系统会自动删除临时生成的替代尺寸标注样式。图 5-32 所示为基于标注样式“副本 ISO-25”创建的替代标注样式。

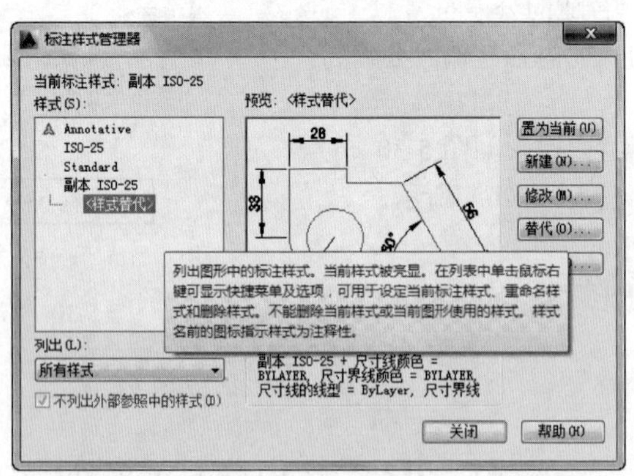

图 5-32 创建样式替代

5.7 创建块

在工程制图中，要绘制的图形对象常常相同或相近，且要多次地重新绘制，可利用 AutoCAD 2014

的复制功能来实现，但这种方法对多重复图形操作时不易进行调整图形对象，效率不是很高，因此，AutoCAD 2014 提供了图块操作。图块是由用户保存并命名的一组对象，它可以方便地按一定比例和角度在绘图空间多次引用，并可进行相应修改。它还可以附带一些文字信息，这些信息称为块属性，与图形一起形成块，常用来制作如图纸的图框等只需修改文字的块。为了方便由几个人共同完成一项设计任务，AutoCAD 2014 还可以从外部引用图形文本，这样在设计过程中极大提高了用户绘图的效率。下面主要介绍块的操作、块属性的设置及外部参照等内容。

5.7.1 块的创建与编辑

图块是一个或一组对象的组合，由用户绘制并定义，主要应用于重复的图形对象的插入，它可以减少用户的作图时间，方便在不同文件中调用，以提高绘图效率。可先把要制成块的图形绘制好，然后设置好该块的属性，并调用命令存储块。当需要使用时，就可按指定位置、指定比例和指定角度的方法插入图形块。

（1）块的特点

① 提高了制图的效率和质量　利用图块把工程图形中常用的标准件做成块库（如电气设备的图形几何符号和仪器图形及符号等）。绘制图形时，只要在指定位置插入图块库中相应的块，即可绘得该图形，且可反复插入多次，也可以把本部门或本行业中常用的图形创建成图块库，这样既可以减少大量重复性的工作，又有助于图形的统一和标准化，提高绘图效率，所绘制的图形质量也有所保证。

② 方便的图形修改编辑　在图形中大量引用一个块时，当想对图块都进行相同的修改时，不需要对每一个图块进行修改，而只是修改其中一图块后，再对它以相同图块名重新定义块，则图中所有引用其的图块都会自动更新，这就大大方便了图形的修改。

③ 节省文件存储空间　AutoCAD 2014 对绘图空间绘制的每一个图形元素，都将对象的相关信息（如对象的类型、位置、图层、线型和颜色等）保存至相应的文件中。如果在一幅图中有大量相同的图形，AutoCAD 2014 系统保存文件时会把大量相同的信息存入其中，因而占用了很多存储空间。而在绘图中大量引用相同图块时，图块单独保存对象相关信息，插入图块处理系统只记录其块名、插入点坐标等少量信息，从而节省了文件存储空间。

④ 可以添加属性　在 AutoCAD 2014 中，用户可为图块定义文字属性，在绘图中引用该图块时，可通过修改该属性值，达到指定位置显示相应文字的目的。

说明　组成图块的每个对象都可以有自己的图层、线型、颜色等特性，但在插入时，图块中“0”图层上的对象将被绘制到当前图层上，其他图层上的对象仍在原图层上绘制，图块中与当前图形中同名的图层将在当前图形中同名的图层中绘制，不同的图层将在当前图形中增加相应的图层，所以为了以后绘制图和输出的方便，应使图块中实体所在的图层与当前图形保持一致。

（2）块的创建

块的创建有两种：一种为内部块，是指存在于某个图形文件内部块，该块只能在所在图形文件中调用；另一种为外部块，又称为存储块，是指以独立的文件形式存储的图块，这类图块文件可以被其他的 CAD 图形文件所引用。

① 内部块的创建

a．命令执行方式

菜单栏　单击“绘图”菜单→“块（K）”→“创建（M）…”。

命令行　输入“block”或“bmake”（或快捷命令b），再按回车键。

绘图工具栏　选中并单击“”。

执行命令后，系统会打开“块定义”对话框，如图5-33所示。

b. 选项说明

（a）名称。用于输入要新建块的名称，也可列出已建块的名称。

（b）基点。用于确定图块在引用时插入的基点。

单击“拾取点”按钮后，系统切回绘图窗口，此时用户可指定一点作为块引用的插入点，选择后系统又自动返回“块定义”对话框，并确定指定点的坐标位置。

“*X*、*Y*、*Z*”文本框可直接输入块插入点的坐标值，当使用拾取点按钮，选定插入点时，其也相应列出插入点的*X*、*Y*、*Z*的坐标数值，默认坐标值为（0,0,0）。

（c）对象。用于确定组成块的对象。

“选择对象”按钮，用于选择图形作为块对象。用户单击此按钮后，系统切换回绘图窗口中，用户选择好要定义的图形后，回车可返回“块定义”对话框，结束对象选择。

“快速选择”按钮，用于快速选择对象的过滤条件。用户单击该按钮后，系统自动弹出“快速选择”对话框，如图5-34所示，让用户设置过滤条件。

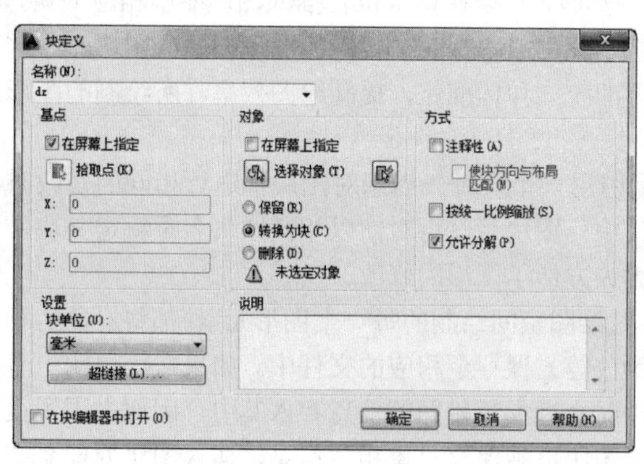

图5-33　“块定义”对话框

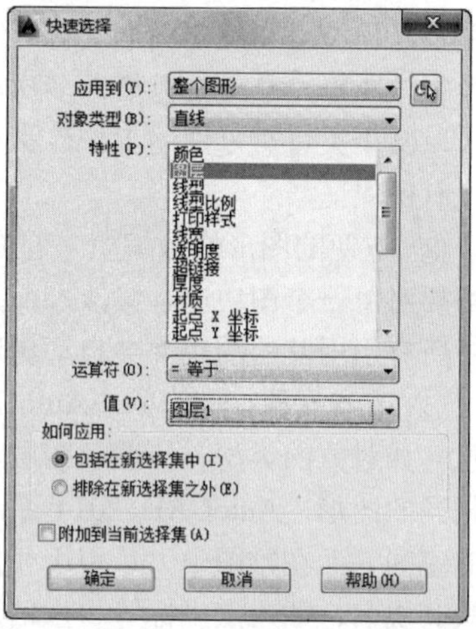

图5-34　“快速选择”对话框

“保留（R）”，选中此单选框时，图块定义好后，被图块选用的图形保持原来图形属性不变，即不被转换为图块。

“转换为块（C）”，用于创建图块后，选中块的图形也会被转化为一个图块。

“删除（D）”，表示建块后，删除组成块图形对象的图形。

（d）方式。用来定义块的显示方式。

“注释性（A）”用来指定块是否为注释性对象。

“按统一比例缩放（S）”用来指定插入块时是按统一的比例缩放，还是沿各坐标轴方向采用不同的缩放比例。

“允许分解”用来设置指定插入是否可以将其分解，即分解成组成块的各基本对象。

（e）设置。用来指定块的插入单位和超链接。

“块单位”指定下拉列表框，通过对应的下拉列表选择即可。

（f）说明编辑。用于为定义的图块简单说明。

c. 定义块举例（定义电阻图块）

操作步骤

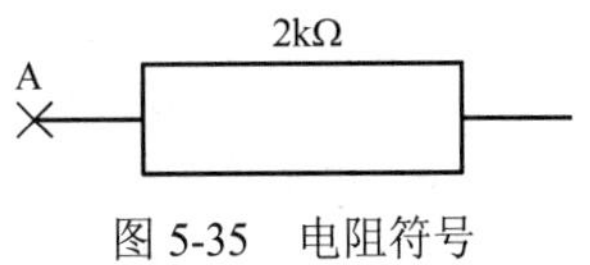

图 5-35　电阻符号

（a）首先绘制好电阻的图形符号，如图 5-35 所示。

（b）单击创建块按钮，系统弹出“块定义”对话框，如图 5-33 所示。

（c）在名称下拉列表框中输入块名称“电阻”。

（d）单击拾取点，选取图中“A”点作为图块插入基点。

（e）单击选择对象按钮，框选要创建成块的图形。

（f）选中“转换为块”单选框，定义图块的同时，也把选中的图形同时转换为块。

（g）单击“确定”按钮完成块的创建。

说明　创建好块后，如要修改图块中的图形，先用分解命令把图块分解，然后进行修改图块。修改完后，再执行以上定义块的操作，块名称取与原块相同的块名，即可更新块的内容。

② 外部块的创建

a．命令执行方式。

命令行　输入“wblock”（或快捷命令 w），再按回车键。

执行命令后，系统弹出“写块”对话框，如图 5-36 所示。

b．对话框选项含义

（a）源。用于选取块的对象来源。

块　选取后将激活右边的下拉列表框，选择已定义好的块作为存储的对象。

整个图形（E）　选中时，把当前绘图窗口上全部图形写入磁盘文件。

对象（O）　由用户选择对象的方式存块，选中后，“基点”和“对象”两框架组可选。

（b）基点。同“块定义”对话框选项控件相同。

（c）对象。同“块定义”对话框选项控件相同。

（d）目标。用于定义存储块文件的路径和文件名，包括两个选项：

文件名和路径　显示存储块的路径及块文件名，可单击其在右边的按钮，从弹出的“预览文件夹”对话框中确定文件的保存位置；

插入单位　用以选择在插入图块时参照的度量单位。

c．写块操作举例

（a）首先，在绘图窗口绘制好要创建的外部块图形，如图 5-37 所示。

图 5-36　“写块”对话框

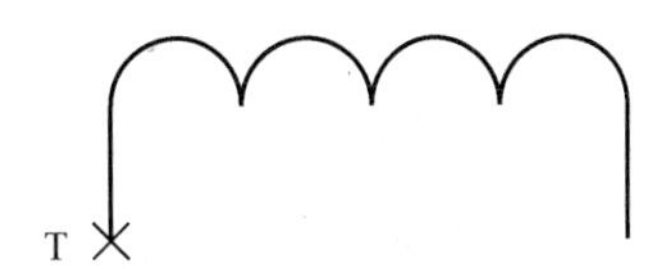

图 5-37　写块操作实例

（b）在命令行输入 WBLOCK 命令并回车，系统打开写块对话框。

（c）在原框架组选择“对象”，由用户确定建块的图形。

（d）单击“拾取点”选择按钮“T”点为插入块时的基点，如图 5-37 所示。

（e）单击“选择对象”按钮，在绘图窗口选择图形对象，并选择“从图形中删除（D）”，即转换图形为块后，不在绘图窗口保留该图形。

（f）在“文件名和路径”中确定存放块的文件路径及块的名称（块存储是以文件形式存放的，其文件的扩展名为.dwg）。

（g）单击“写块”对话框“确定”按钮，存储块操作完成。

需要说明的是绘制外部块图形一般用 1∶1 的比例绘制，待插入块时用户可以根据当前图形的实际情况调整比例，这样比较容易控制插入图形的大小。

（3）块的插入

AutoCAD 2014 系统提供方便引用块的操作，在插入块时可设置块的比例、插入点的坐标及旋转角度等，还可以在插入块后分解图块为单独的图形对象。

① 命令执行方式

a．菜单栏。单击“插入”菜单→“块（B）…”。

b．命令行。输入“Insert”或“Ddinsert”（或快捷命令 i），再按回车键。

c．绘图工具栏。选中并单击“”。

执行命令后，系统弹出“插入”对话框，如图 5-38 所示

② 对话框选项说明

a．名称。可输入或选择插入块的名称，也可以单击“浏览”按钮，在指定路径找到外部块。

b．路径。用于外部块存储路径。

c．插入点。确定图块插入点的位置。

d．缩放比例。用于设定插入块的比例值。

e．旋转。设定插入块的旋转角度。

f．分解。选择该选项时，系统把插入图块分散成图形对象。

③ 实例说明插入块　在电阻 R_1 的后面插入同样规格的电阻 R_2，如图 5-39 所示，操作步骤如下：

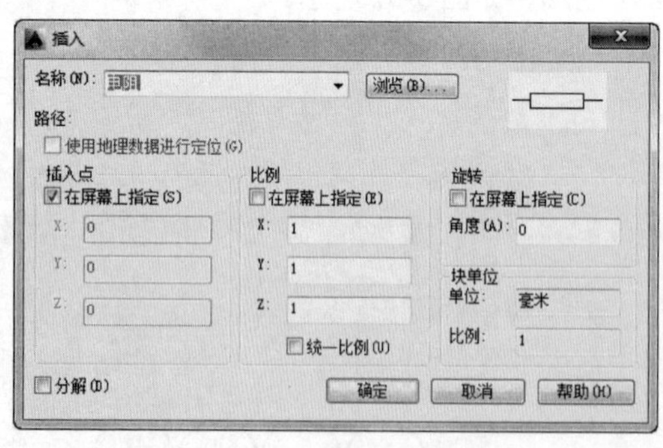

图 5-38 “插入”对话框

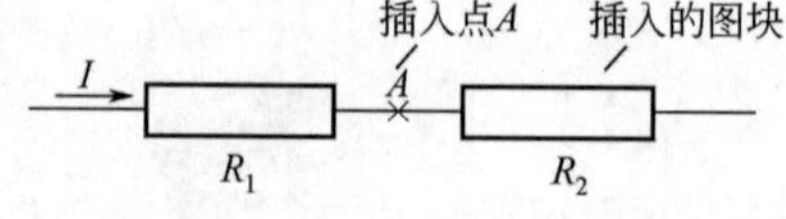

图 5-39 插入电阻图块

a．绘图工具栏单击“”按钮，打开“插入”对话框；

b．选择插入块的名称，单击“预览”按钮找到外部块；

c．插入和缩放比例及旋转项设置如图 5-39 所示参数；

d．单击“确定”，移动光标到指定的插入块的位置，单击左键完成图块的插入。

5.7.2 块的属性

图块除了包含图形信息外，还可以包含非图形文字信息，这些文字信息内容成为块的属性。块的属性是从属于图形的文本信息，应用于形式相同而文字内容需要变化的情况，也就是说通过修改块的属性可以修改引用块上的文字信息。例如，电气元件块上的型号和参数文字信息在引入不同图纸中常常是不同的，可以把这些文字信息定义成块的属性，在插入块时，可以修改这些文字信息。

（1）块属性的特点

① 一个块的属性由属性标记名和属性值两部分组成。例如，把“图号”定义为属性标记名，而具体的图号“A2”就是属性值，即属性。

② 定义块前，应先定义每个属性。定义好块属性后，该属性以标记名在图中显示出来，并保存有关信息。

③ 定义块前，用户可以重新修改属性定义。

④ 定义块时，定义的对象应包含图形对象和表示属性定义的属性标记名。

⑤ 插入带有属性的块时，AutoCAD 2014 系统会提示用户输入属性值。插入的块会在定义属性的地方显示相应的属性值。如果属性值在属性定义时规定为固定选项，系统则不询问它的属性值。

⑥ 一个块允许有许多个属性，用户可以定义一个只包含属性的块。

⑦ 用户可设置插入块属性的显示可见性、修改属性及把属性单独存储成文件，以供统计、制表、数据库或其他语言进行数据通信用。

（2）创建并使用带有属性的块

使用块属性首先定义好属性，然后创建属性块，最后在插入块时按提示输入相应属性值。

① 命令执行方式

a．菜单栏。单击“绘图”菜单→“块（K）”→“定义属性（D）…”。

b．命令行。输入“attdef”或“ddattdef”（或快捷命令 att），再按回车键。

执行命令后，系统弹出“属性定义”对话框，如图 5-40 所示。

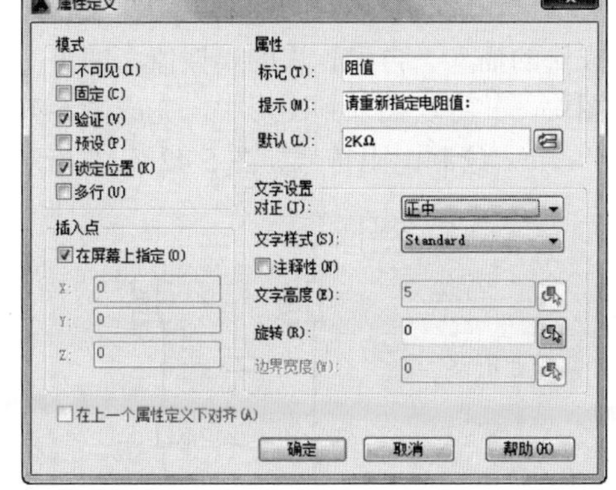

图 5-40 “属性定义”对话框

② 对话框选项参数说明

a．模式。用于设定属性模式。

（a）不可见。设定插入属性块并输入属性值后，属性值是否在图形中显示。

（b）固定。设定在插入属性块时，属性值是否固定。

（c）验证。设定在插入属性块时，系统是否再提示属性值让用户校验。

（d）预置。设定在插入属性块时，系统是否自动把属性值文本文框中内容设置为实际值，不再提示用户输入新值。

（e）锁定位置。设定在插入属性块时，系统是否锁定属性在块中的位置。

（f）多行。设定在插入属性块时，属性值是否可以包含多行文字。

b．属性。用于设置属性的标记，插入块的提示信息及属性默认值。

（a）标记。用以设置的名称。

（b）提示。用于设置在编辑块属性时，引导用户输入属性值的提示文字。若不设置该选项，则系统会用属性标记作为提示。

（c）默认。设置属性的默认值。

c．插入点。用于设置属性的插入点位置，用户可以直接用 x、y 和 z 在文本框中输入插入属性的相应坐标值，也可单击“在屏幕上指定”选择框，用鼠标拾取要插入属性的位置。

d．文字设置。用于设定属性文字的特性。

（a）对正。用于设置属性文字相对于参照点的排列形式。

（b）文字样式。用于设定块属性的文字参照的样式。

（c）文字高度。用于设置属性文字高度。用户可直接在右边文本框输入高度值，或当高度不为零时，此项可不选。

（d）旋转。用于确定属性文字行的旋转角度。用户可直接在对应文本框输入旋转值，也可以单击此命令按钮，然后在绘图窗口中确定。

（e）边界宽度。用于设定当属性值采用多行文字时，指定多行文字属性的最大长度。可以直接在对应的文本框中输入角度值，也可以单击对应的按钮，在绘图屏幕上指定，“0”表示没有限制。

e．在上一个属性定义下对齐。用于设定当前属性继承上一个属性的参数值，且另起一行并按上一个属性的对正方式排列在其下方。

设置好以上选项后，单击“确定”按钮后，完成属性的定义。

③ 定义和使用带属性图块的步骤及举例。

首先绘制好图形，调用定义属性命令打开“属性定义”对话框，在对话框中设定相应模式，设置属性，设置文字类型等选项，拾取插入块属性的位置作为插入点，单击“确定”按钮，属性定义完毕。调用定义图块命令打开“块定义”对话框，输入图块名，拾取块的插入点，选取块的原图形对象（包括属性），单击“确定”按钮，图块定义完毕。调用插入图块命令，打开“插入”对话框，选取要插入的图块名，并设置好插入点、缩放比例和旋转角度，单击“确定”按钮，完成块的插入。再设置块的属性值，即可完成带属性块插入的操作。下面创建含有阻值的电阻符号图块，并将块插入到图形中，完成图 5-41 的绘制。绘图过程如下。

a．绘制电阻符号如图 5-42（a）所示。

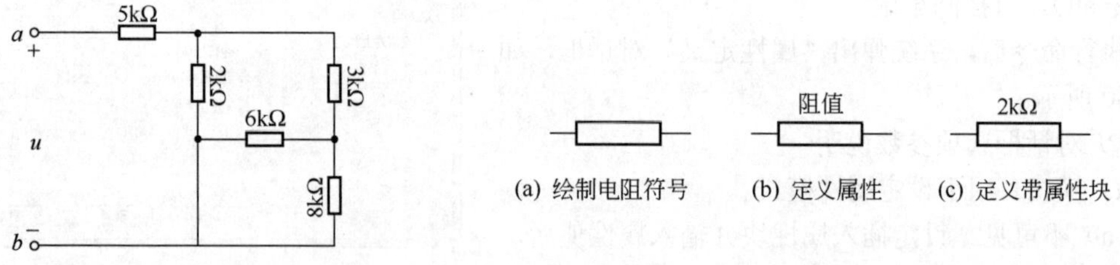

图 5-41　带属性块绘图示例

图 5-42　创建带阻值的电阻符号块

b．创建属性。属性参数参照图 5-40 中“属性定义”对话框中所给选项设置即可。属性插入位置放在步骤 a．绘制的电阻正上方适当位置。创建好的属性和图形位置关系如图 5-42（b）所示。

c．将步骤 a．中的图形和 b．中的图块创建成块，块名“含阻值的电阻块”即带属性的块。创建块后如图 5-42（c）所示，第 b．步中的属性标志“阻值”变成了“默认”文本框中的值“2kΩ”。

d．绘制主电路图部分，如图 5-43 所示。

e．调用步骤 c．中创建的带属性的块，插入各个电阻，适当设置图块的旋转角度，调整电阻阻值。

f．修剪多余线段，完成绘图。

（3）编辑块属性

图块定义好后，用户就可以在图形中引用这些图块了。通过 AutoCAD 2014 提示的编辑块属性命令，用户可对图块中的属性值、文字样式、对正方式及旋转角度等参数进行编辑，以更好地绘制工程图纸中相同图形不同块属性值的图形元素。

① 利用属性编辑命令编辑块属性值

a．命令执行方式　输入“attedit”或“ddatte”（或快捷命令 ate），再按回车键。

执行命令后，系统提示选择编辑对象。选中编辑对象后，系统弹出“编辑属性”对话框，如图 5-44 所示。

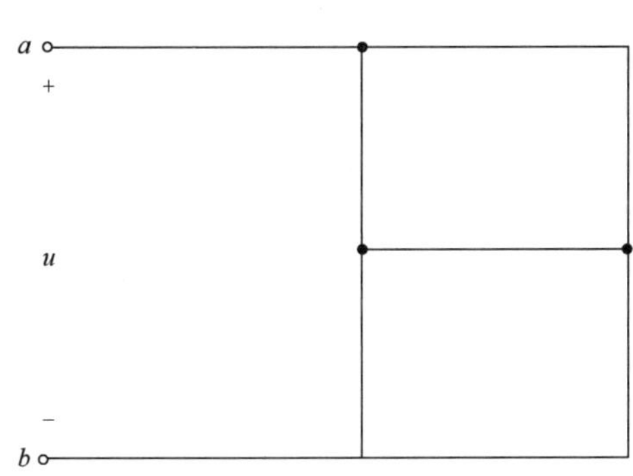

图 5-43　电路连接图

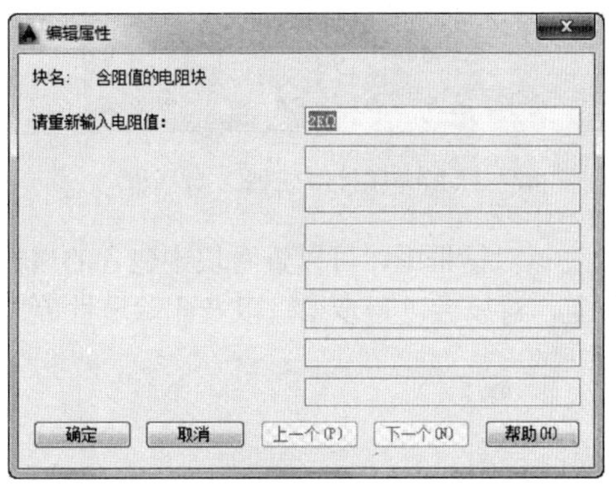

图 5-44　“编辑属性”对话框

b．选项说明。

（a）块名。显示当前编辑属性值的块名。

（b）属性提示和属性值。用于编辑图块中各个属性值。其中，左边显示设置块属性时的“提示”文字，右边显示对应的属性默认值。

（c）上一个命令按钮。用于属性超过 8 个翻页用。

（d）下一个命令按钮。用于属性超过 8 个翻页用。

（e）单击“确定”按钮后，应用新的属性值到对应的块属性中。

② 利用增强属性编辑器编辑块属性

a．命令执行方式

（a）菜单栏。单击“修改”菜单→“对象（O）”→“属性（A）”→“单个（S）...”。

（b）命令行。输入“eattedit”，再按回车键。

（c）“修改Ⅱ”工具栏。选中并单击“”。

执行命令后（或双击带属性的图块），系统弹出“增强属性编辑器”对话框，如图 5-45 所示。

b．对话框选项说明。

（a）块。用于显示编辑属性的图块名。

（b）标记。用于显示要编辑属性的属性名。

（c）选择块。单击该按钮后，系统切换回绘图窗口并提示用户选择要进行编辑的图块。选后返回对话框，选中的图块处于当前编辑状态。

（d）“属性”选项卡。用于编辑块中属性值。

（e）“文字选项”选项卡。用于编辑属性文本的特性。

（f）“特性”。用于修改图块属性的其他特性。

③ 利用块属性管理器编辑块属性　命令执行方式如下。

a．菜单栏。单击“修改”菜单→“对象（O）”→“属性（A）”→“块属性管理器（B）…”。

b．命令行。输入“battman”，再按回车键。

c．“修改Ⅱ工具栏”。选中并单击“”。

执行命令后，系统弹出“块属性管理器”对话框，如图 5-46 所示。

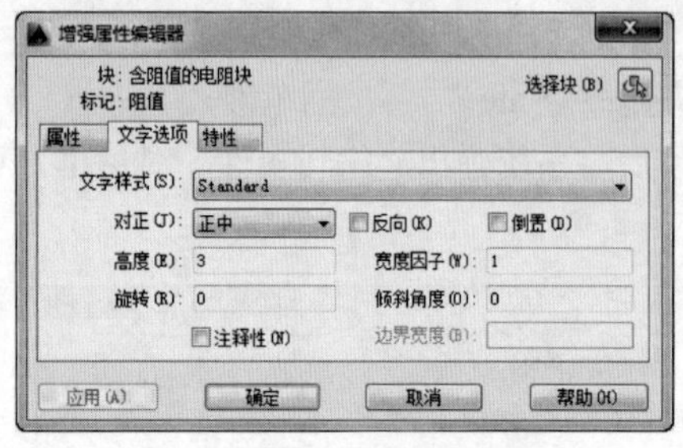

图 5-45 “增强属性编辑器”对话框

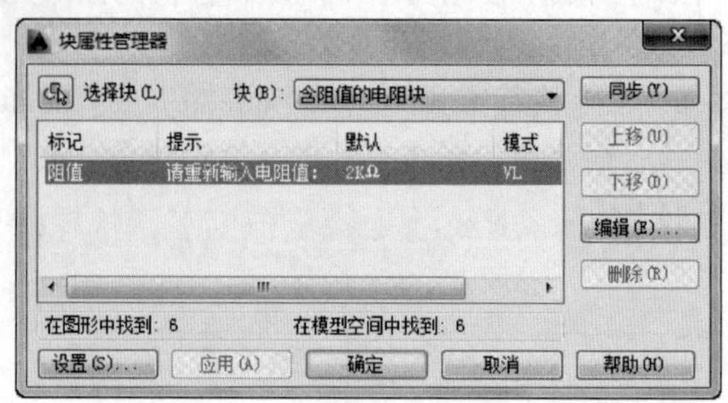

图 5-46 “块属性管理器”对话框

在该对话框中，可以查看块中包含的属性，当一个块中包含多个属性时，可以调整属性的上下位置，对属性进一步编辑以及删除属性等操作。

第2篇 设计实例篇

第 6 章 常用电气元件的绘制

提 要

本章参考 GB 18135—2000，结合典型电气元件的绘制，详细讲解 AutoCAD 的常用绘图功能。读者不仅可熟悉这些绘图功能，了解常用电气元件的标准画法，并且能够举一反三，调用 AutoCAD 的基本绘图和修改工具，绘制其他的符合国标的电气元件符号。

知识重点

- 基本电气符号的绘制。
- 各种绘图和编辑命令的使用。

6.1 符号要素、限定符号和常用的其他符号

符号要素如表 6-1 所示。

表 6-1 符号要素、限定符号和其他符号

图形符号	说明
	外壳（容器）、管壳 注：①可使用其他形状的轮廓 ②若外壳具有特殊的保护性能，可以加注以引起注意 ③使用的外壳符号是非强制性的，若不致引起混乱时，外壳符号可以省略。但若外壳与其他物件有连接，则必须画出外壳符号。必要时，外壳可以分开画出
	绝缘材料

6.1.1 外壳符号的绘制

（1）配置绘图环境

① 建立新文件 打开 AutoCAD 2014 应用程序，以 A4.dwt 样板文件为模板，建立新文件。

② 保存文件 将新文件命名为“外壳.dwg”，设置保存路径并保存。

③ 设置绘图工具栏 在任意工具栏处单击鼠标右键，在打开的快捷菜单选择“标准”、“图

层”、“对象特性”、“绘图”、“修改”和“标注”这 6 个命令，调出这些工具栏并移动到绘图窗口中的合适位置。

④ 开启栅格　单击状态栏中的“栅格”按钮，或者使用快捷键<F7>，在绘图窗口显示栅格，命令行中会提示“命令：<栅格　开>”。若想关闭栅格，可以再次单击状态栏中的“栅格”按钮，或者使用快捷键<F7>。

（2）绘制外壳符号

① 绘制矩形　调用“矩形”命令，用鼠标指针在绘图屏幕上捕捉第一点，采用相对输入法绘制一个长 20 宽 10 的矩形，如图 6-1（a）所示。调用“分解”命令，拾取矩形，按<Enter>键确认。执行完毕后，图形没有变化，但实际上矩形已经被分解成 4 条直线，如图 6-1（b）所示的标注。

② 绘制左右两端半圆弧　调用“圆弧”命令，以直线 1 的中点为圆弧的中心点绘制半圆弧，结果如图 6-1（c）所示；以直线 3 的中点为圆弧的中心点绘制半圆弧，结果如图 6-1（d）所示。

③ 删除直线　执行“删除”命令，删除直线 1 和 3。图形如图 6-1（e）所示。

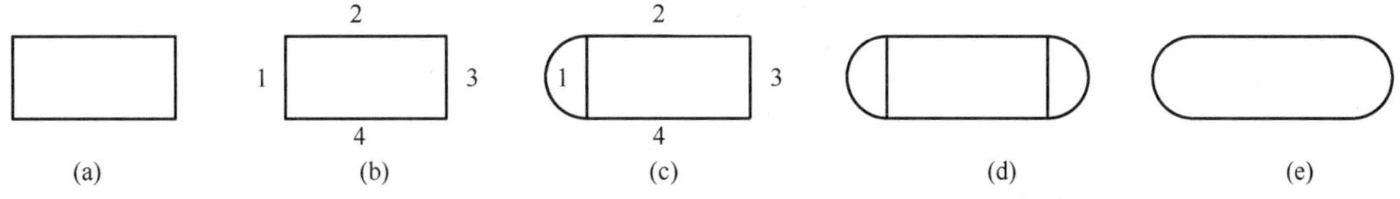

图 6-1　绘制外壳符号

（3）生成图块并保存

调用“写块 W”命令，选取基点，选取图 6-1（e）为对象，目标选择文件名和路径（应先在 F:盘下创建名为“图块”的新文件夹）浏览到 F:图块，文件名命名为“外壳”，单击“保存”按钮，完成块生成外部块的操作，可方便以后直接调用（以后的外部块生成与此类似，不再详细说明）。

6.1.2　材料符号的绘制

（1）绘制矩形

调用“矩形”绘图命令，绘制一个长 20 宽 10 的矩形，如图 6-2（a）所示。

（2）矩形填充

调用“填充”命令。系统自动弹出“边界图案填充”对话框，选择“图案”为“ANSI31”。“样例”中显示图案的预览，若预览不满足要求，可在“图案”中选择另外的类型。如果比例不合适，在“角度和比例”中进行相应的调整。完成填充后，效果如图 6-2（b）所示。

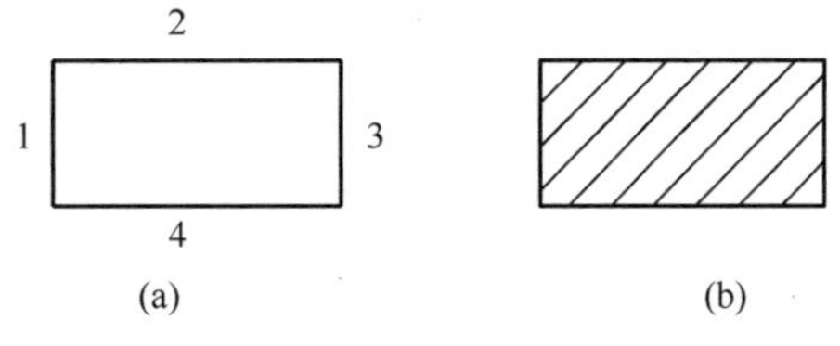

图 6-2　绘制材料符号

（3）生成图块并保存

调用“写块 W”命令，命名为“材料符号”，生成外部块。

6.2 导线和连接器件（表 6-2）

表 6-2 导线和连接器件符号

图形符号	说　明
3N50Hz，380V	示例： 三相交流电路， 50Hz，380V，3 根导线，截面积均为 120mm²，中心线截面积为 50mm²
3×120+1×50	

（1）绘制 3 条平行直线

① 绘制直线　调用“直线”命令，用相对坐标方式或绝对坐标方式绘制一条 100mm 长的直线 1，效果如图 6-3（a）所示。

② 复制直线　调用“偏移”命令，偏移距离为 10，偏移直线 1 得到直线 2 和 3，效果如图 6-3（b）所示。

（2）添加文字

单击“文字样式管理器”，进入“文字格式”设置对话框，设置文字字体为“宋体”，大小为 5 号字，其他为默认设置。

输入“单行文字”dt 命令，在规定位置输入要求的文字，结果如图 6-3（c）所示。

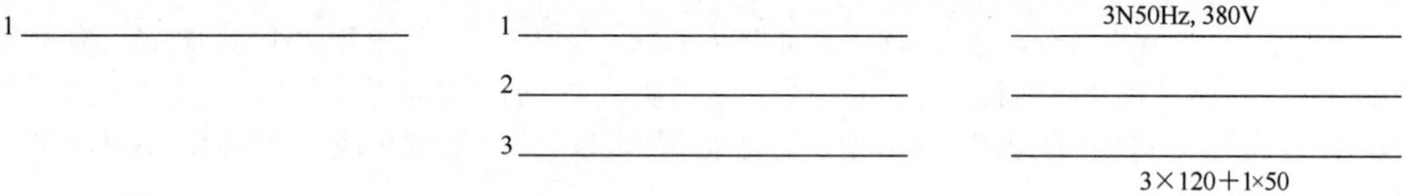

(a)　(b)　(c)

图 6-3　绘制三相导线符号

（3）创建块

执行“写块 W”命令，命名“三相电源”并保存。

6.3 无源元件（表 6-3）

表 6-3　无源元件符号

图 形 符 号	说　明
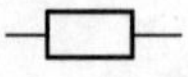	电阻的一般符号
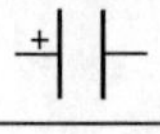 +	电容的一般符号
	电感的一般符号

6.3.1 电阻符号的绘制

（1）绘制矩形

调用“矩形”命令，用鼠标指针在绘图屏幕上捕捉一点，采用相对输入法绘制一个长 10 宽 5 的矩形，如图 6-4（a）所示。

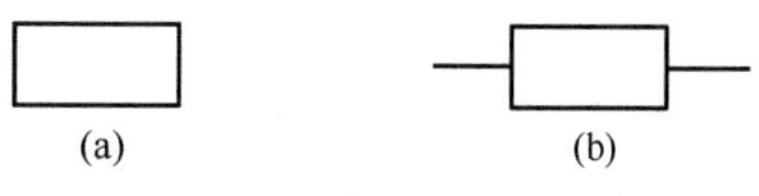

图 6-4 绘制电阻符号

（2）绘制连接线

单击状态栏上的“正交”按钮，切换到“正交”状态，单击状态栏中的“对象捕捉”按钮，打开“对象捕捉”。调用“直线”命令，用鼠标捕捉竖直线的中点，以其为起点向左绘制一条长度为 5 的左连接线；同理，绘制右连接线。结果如图 6-4（b）所示，即是一个完整的电阻图形符号。

（3）创建电阻块

调用“写块 W”命令，把电阻符号生成图块，命名“电阻”并保存。

6.3.2 电容符号的绘制

（1）绘制矩形

调用“矩形”命令，用鼠标指针在绘图屏幕上捕捉一点，采用相对输入法绘制一个长 5 高 10 的矩形，如图 6-5（a）所示。

（2）绘制连接线

单击状态栏上的“正交”按钮，切换到“正交”状态；单击状态栏中的“对象捕捉”按钮，打开“对象捕捉”；调用“直线”命令，用鼠标捕捉竖直线的中点，以其为起点向左绘制一条长度为 5 的左连接线。同理，绘制右连接线，结果如图 6-5（b）所示。

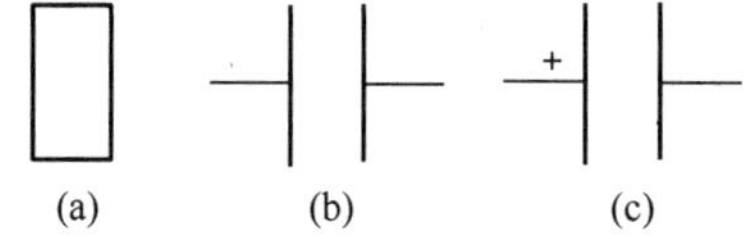

图 6-5 绘制电容符号

（3）添加极性符号

输入“单行文字”dt，为电容添加极性“＋”，即得到电容符号，如图 6-5（c）所示。

（4）生成图块

调用“写块 W”命令，把电容符号生成图块，命名“电容”并保存。

6.3.3 电感符号的绘制

电感符号由几段首尾相接的半圆弧和两段垂直线段组成，其绘制步骤如下。

（1）绘制圆弧

调用“圆弧”按钮，画半径为 3 的半圆弧，效果如图 6-6（a）所示。

（2）绘制多个圆弧相相连

调用“复制”命令，选择半圆弧为对象，执行命令后，效果如图 6-6（b）所示。

（3）绘制连接线

调用“直线”命令，在“正交”方式下，分别以图 6-6（b）中的起点和端点为起始点，向下绘制长度为 5 的竖直直线，效果如图 6-6（c）所示，这就是电感的图形符号。

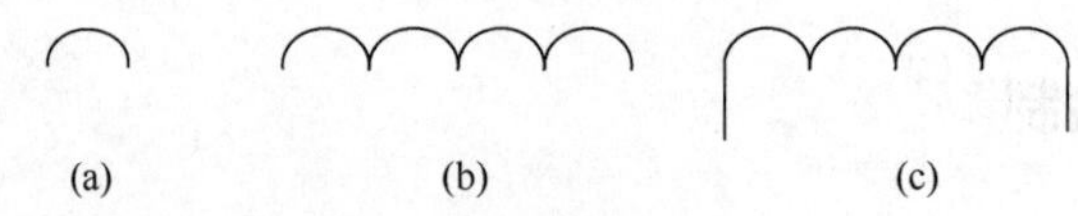

图 6-6　绘制电感图形符号

（4）创建电感图块

调用“写块 W”命令，把电感符号生成图块，命名“电感”并保存。

6.4　电能的发生与转换（表 6-4）

表 6-4　电能发生和转换的符号

图形符号	说明
M 3～	交流电动机的一般符号
	三相绕组变压器的一般符号

6.4.1　交流电动机符号的绘制

（1）绘制圆

调用“圆”按钮，绘制一个半径为 7.5 的圆，如图 6-7（a）所示。

（2）添加文字

调用“文字”A按钮，在圆内输入文字“M” 和“3～”，其中文字字体选用“宋体”，大小字号是 3 号字，居中对齐，其他采用默认设置，如图 6-7（b）所示。

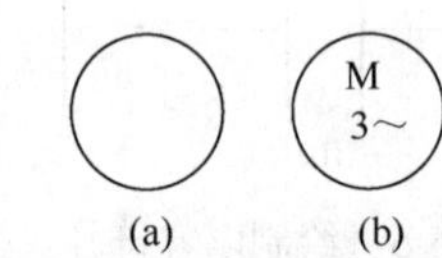

图 6-7　绘制三相交流电动机的符号

（3）创建电动机块

调用“写块 W”命令，把三相交流电动机符号生成图块，并保存。

6.4.2　三相绕组变压器符号的绘制

（1）绘制圆

调用“圆”命令，绘制一个半径为 5 的圆，如图 6-8（a）所示。调用“直线”命令，从圆心向下绘制一条长度为 3 的辅助竖直直线，如图 6-8（b）所示。

（2）阵列圆

调用“阵列”按钮，选择“圆”为对象，中心点选择辅助竖直线的下端点，修改项目总数为 3，其他为缺省值。调用“删除”命令，把辅助竖直直线删除掉，效果如图 6-8（c）所示。

（3）绘制三相引线

调用“直线” 命令，打开“对象捕捉”功能，分别以3个圆的象限点为起点，绘制长为5的三相引线，如图6-8（d）所示，就完成了三相绕组变压器符号的绘制。

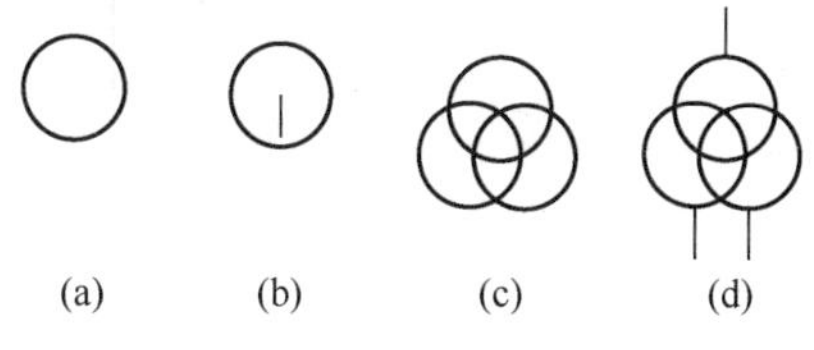

图6-8 绘制三相绕组变压器符号

（4）创建三相绕组变压器块

调用“写块W”命令，命名为“三相绕组变压器”生成图块，并保存。

6.5 开关、控制和保护装置（表6-5）

表6-5 开关、控制和保护装置符号

图形符号	说明
	手动单极开关的一般符号
	多极开关的一般符号

6.5.1 单极开关的绘制

（1）绘制竖直实线

调用“直线” 命令，绘制3段长为5首尾连接的竖直直线，如图6-9（a）所示。

（2）绘制虚线

在线型下拉列表中选用“HIDDEN02”，将其设置成为当前线型。如果线型中没有“HIDDEN02”，单击线型下拉列表中的“其他”，进行添加线型。

调用“直线” 命令，用鼠标捕捉竖直线的中点，以其为起点，向左绘制长度为6的水平虚线，效果如图6-9（b）所示。如果虚线显示比例不合适，调用菜单栏“格式”中的“线型”，进入“线性管理器”，点击“显示细节”，修改“全局比例因子”，使虚线显示合适。

（3）删除中间线段

调用“删除” 命令，把中间线段删除，如图6-9（c）所示。

（4）绘制斜线

将“CENTINUOUS”切换为当前线型，调用“直线” 命令，以下面线段的上端点为起点绘制长为6.5、角度为119° 的斜线，效果如图6-9（d）所示。

（5）绘制实线

调用“直线” 命令，捕捉虚线的左端点，分别向上和向下绘制长度为1.5的竖直线，效果如图6-9（e）所示。

（6）剪切虚线

调用“剪切” 命令，以斜线为边界，剪切虚线，效果如图6-9（f）所示。

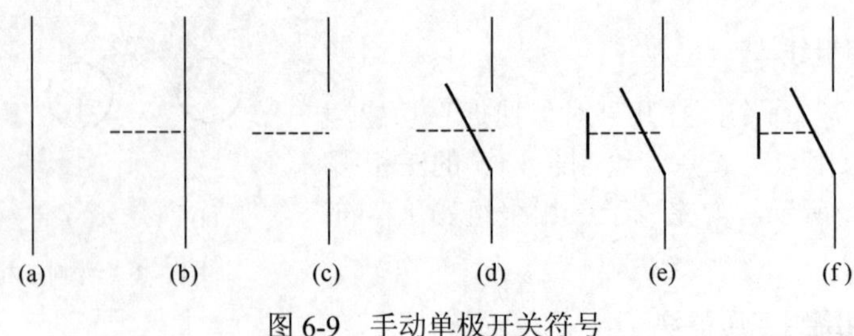

图 6-9 手动单极开关符号

（7）创建块

调用“写块 W”命令，把“手动单极开关”符号生成图块，并保存。

6.5.2 多级开关的绘制

（1）插入手动单极开关块

调用“插入块”按钮，插入手动单极开关块。调用“分解”按钮，分解单极开关图块，如图 6-10（a）所示。

（2）复制图形

调用“复制”命令，以单级开关为对象复制距离为 10 和 20，效果如图 6-10（b）所示。

（3）删除

调用“删除”命令，删除多余线段，效果如图 6-10（c）所示。

（4）延长虚线

调用“延长”命令，以最右边的斜线为边界，以虚线为延长线，效果如图 6-10（d）所示。

（5）创建块

调用“写块 W”命令，把多极开关符号命名为“多极开关”生成图块，并保存。

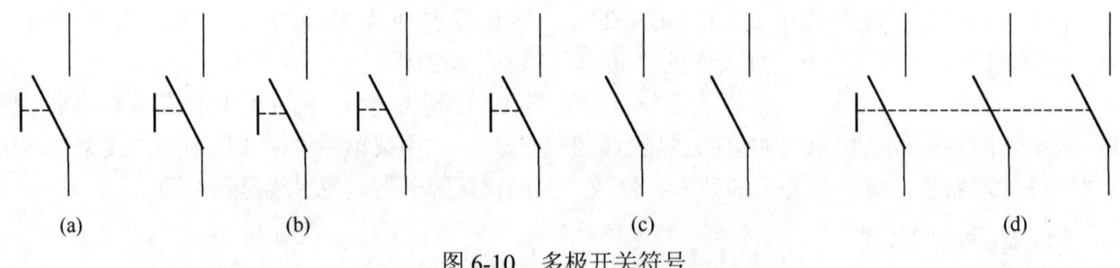

图 6-10 多极开关符号

6.6 信号器件

测量仪表、灯和信号器件符号如图表 6-6 所示。

表 6-6 信号器件符号

图形符号	说明
⊗	信号灯的一般符号
	电铃的一般符号

续表

图形符号	说　明
	蜂鸣器的一般符号

6.6.1 信号灯的绘制

（1）绘制圆

调用“圆”命令，绘制半径为 2.5 的圆。调用“直线”命令，捕捉圆的圆心，以其为起点，绘制一条长度为 2.5、角度为 135° 的斜线，如图 6-11（a）所示。

（2）阵列

调用“阵列”命令，以斜线为对象，圆心为中心点，修改项目为 4，回车后效果如图 6-11（b）所示。这样就完成了灯符号的绘制。

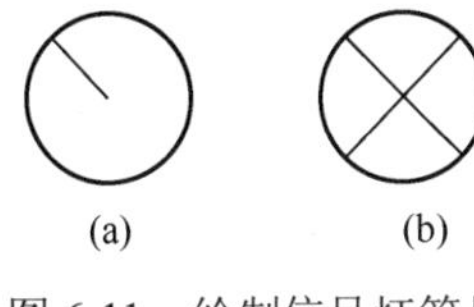

图 6-11　绘制信号灯符号

（3）创建块

调用“写块 W”命令，把绘制的“信号灯”符号生成块，并保存。

6.6.2 电铃绘制

（1）绘制圆弧

调用“圆弧”命令，绘制半径为 5 的左半圆弧，如图 6-12（a）所示。

（2）绘制直线

调用“直线”命令，打开“捕捉”，指定圆弧的端点绘制竖直直线。效果如图 6-12（b）所示。

（3）绘制连接线

继续调用“直线”命令，点击“捕捉自”，绘制以直线的上端点为基点向下偏移 2.5 的距离为起点的长度为 5 的水平线，结果如图 6-12（c）所示。

调用“镜像”命令，以圆弧的端线的中心线为镜像线，对水平线段进行镜像，结果如图 6-12（d）所示。

（4）创建电铃图块

调用“写块 W”命令，把绘制的电铃符号生成块，命名为“电铃”并保存。

6.6.3 蜂鸣器绘制

（1）复制电铃

调用“复制”命令，复制电铃符号，如图 6-13（a）所示。

（2）镜像圆弧

调用“镜像”命令，以直线为镜像线镜像圆弧。镜像时采用删除原对象的方式，效果如图 6-13（b）所示。

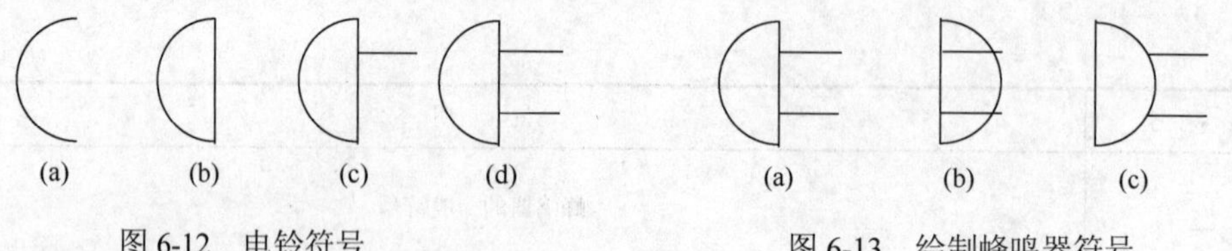

图 6-12 电铃符号　　图 6-13 绘制蜂鸣器符号

（3）移动水平线

调用“移动”命令，选择两条水平线为对象，水平线的左端点为基点，第二个点为水平线与圆弧的交点，效果如图 6-13（c）所示。

（4）创建蜂鸣器图块

调用“写块 W”命令，把绘制的蜂鸣器符号生成块，并保存。

第 7 章　机械电气控制设计实例

提　要

电气控制广泛应用于工业、航空航天、计算机控制等各个领域，在国民生产中起着极其重要的作用。本章将介绍典型三相异步电动机的电气控制（包括继电器控制和 PLC 控制）、机床控制、数控机床控制实例，由浅入深地讲述在 AutoCAD 2014 环境下进行电气控制设计的方法，一方面进一步熟悉基本绘图命令，另一方面学会电气设计的基本过程。

学习重点

- 了解电气控制的基本方法。
- 掌握电气控制基本符号的绘制。
- 了解简单电动机的继电器控制与 PLC 控制的绘制过程。
- 了解机床控制的绘制过程。
- 了解数控机床控制图的绘制过程。

7.1　三相异步电动机控制电气设计

三相异步电动机是工业环境中最常用的电动驱动器，具有体积小、扭矩大的特点，因此设计其控制电路，保证电动机可靠启动、停止和过载保护具有重要意义。三相异步电动机主电路直接输入三相工频电源，利用接触器来实现电路的自动通断，加入热继电器来实现电动机的过载保护，通过各种按钮、开关、接触器触点、热继电器触点等的组合来实现一定的逻辑，对接触器进行控制，实现电机的各种控制要求。本节分供电简图、供电系统图和控制电路图三个逐步深入的步骤，来完成三相异步电动机控制电路的设计。

7.1.1　三相异步电动机供电简图

供电简图旨在说明电动机的电流走向，示意性地表示电动机的启动和停止，表达电动机的基本功能。如图 7-1 所示，供电简图的价值是它忽略了其他复杂的电气元件和电气规则，以十分简单而且直观的方式传递一定的电气工程信息。

（1）配置绘图环境

① 双击桌面的 AutoCAD 2014 快捷方式，进入 AutoCAD 2014 绘图环境。新建绘图文件，

配置绘图环境完毕，调用文件中“A4 title”样板，取名“电动机简图.dwg”并保存。

② 在任意工具栏处单击鼠标右键，在打开的快捷菜单中选择“标准”、“图层”、“对象特性”、“绘图”、“修改”和“标注”这 6 个选项，调出这些工具栏，并将它们移动到绘图窗口中的适当位置。

（2）绘制电动机供电简图

① 调用“块插入”绘图命令，在当前的绘图空间中插入在第 6 章创建的“电动机”和“单极开关”块。调用已有的图块可大大节省绘图工作量，提高工作效率。

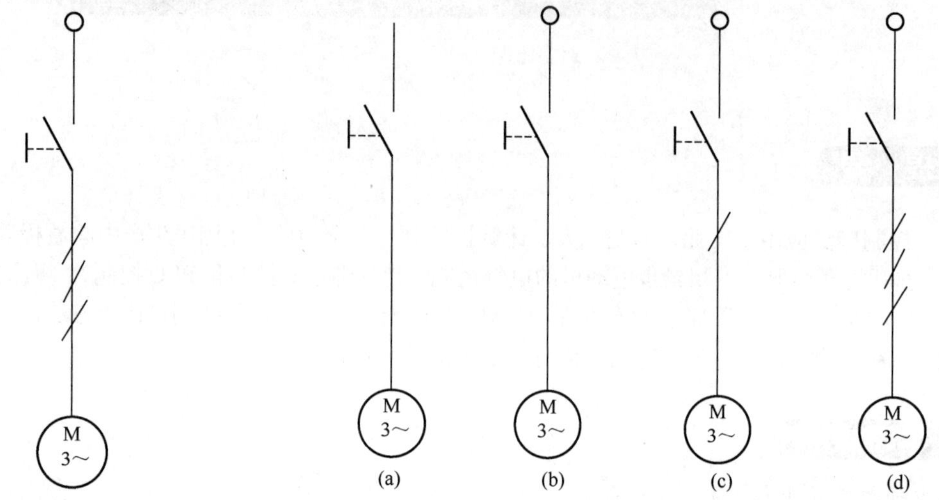

图 7-1　供电简图

图 7-2　绘制电动机供电简图

② 调用“移动”命令、“直线”命令，把单极开关和电动机连接起来，如图 7-2（a）所示。

③ 调用“圆”命令，以单极开关的端点为圆心，画半径为 1 的圆。调用“剪切”命令，把圆内的多余线段剪切掉，如图 7-2（b）所示。

④ 调用“直线”绘图命令，捕捉到竖直线的中点，画出与 x 轴成 60°、长 5mm 的直线段。调用“移动”命令，捕捉到直线的中点，移动到竖直线的中点，效果如图 7-2（c）所示。

⑤ 调用“复制”修改命令，把斜线段分别向上和向下复制平移 5 个单位，即完成了电动机供电简图的绘制工作。效果如图 7-2（d）所示。

7.1.2　三相异步电动机供电系统图

供电系统图比简图详细，专业性更强，不仅说明电动机的电流走向，示意性表达电动机的启动和停止，而且还要表达电动机的过载保护等信息，更加详细地说明电动机的电气接线。

在工业应用中，三相电动机常利用断路器来实现电源的引入，断路器控制线路的不频繁接通和分断，并在电路发生过载、短路及失压时能自动分断电路，具有操作安全、分断能力较强、兼有多种保护功能等优点。对于电动机的频繁接通和断开及远程控制电动机的启动和停止，采用接触器来实现，它操作方便，动作迅速，灭弧能力好。在电动机运行中如果长期过载，会造成电动机的绕组发热升温，影响电动机的寿命，甚至烧坏电动机，因此常用热继电器来实现过载保护。三相异步电动机供电系统图如图 7-3 所示。

在该系统图中，当电源正常时，可以手动合上断路器 QA0，使断路器 QA0 的主触点闭合；控制电路可以控制接触器 QA1 的线圈得电，使主触头闭合；当电动机不过载时，热继电器 BB 的发热元件不能使热继电器动作，电流通过断路器 QA0、接触器 QA1 和热继电器 BB 使电动机 MA 运转起来。当电源欠压、过电流时可自动断开空气开关而切断电源；当控制电路控制接触器线圈失电，以及电动机过载使热继电器动作，其常闭触点断开，使接触器线圈失电，从而导致接触器主触点断开，实现自动切断电路，使电动机的停止转动，起到了对电动机 MA 的控制和保护作用。

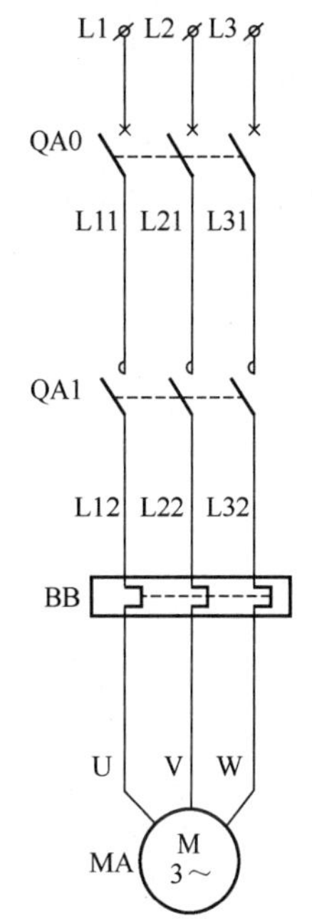

图 7-3　三相异步电动机供电系统图

（1）配置绘图环境

① 新建绘图文件，配置绘图环境完毕，调用自己绘制的“黄河水院 A3”样板，取名“三相异步电动机供电系统图.dwg”，并保存。

② 在任意工具栏处单击鼠标右键，在打开的快捷菜单中选择“标准”、“对象特性”、“绘图”、“修改”和“标注”这 5 个选项，调出这些工具栏，并将它们移动到绘图窗口的适当位置。

③ 新建“主回路层”、“控制回路层”、“文字说明层”。进行“格式”中的“文字样式”、“标注样式”、“表格样式”、“单位”、“图形界限”等格式的设置。

（2）绘制元器件

把“主回路层”设置为当前层。

① 绘制断路器

a．调用“块插入”命令，在绘图区插入第 6 章已经生成的“多极开关”块。调用“分解”命令，把多极开关图形进行分解。调用“删除”命令，把多极开关图形中的多余部分删除掉。调用“剪切”命令，把多余虚线部分剪切掉。结果如图 7-4（a）所示。

b．单击状态栏中的“极轴”按钮。调用“直线”命令，用鼠标捕捉直线的下端点，以其为起点，绘制一条与水平方向成 45°、长度为 1 的斜线，效果如图 7-4（b）所示。

c．调用“阵列”命令，选择斜线为对象，中心点选择上竖线的下端点，设置项目数为 4，执行后结果如图 7-4（c）所示。

d．调用“复制”命令，以图 7-4（c）中绘制的图形为对象，以上竖线的下端点为基点进行复制，结果如图 7-4（d）所示，这就是绘制完成的断路器的图形符号。

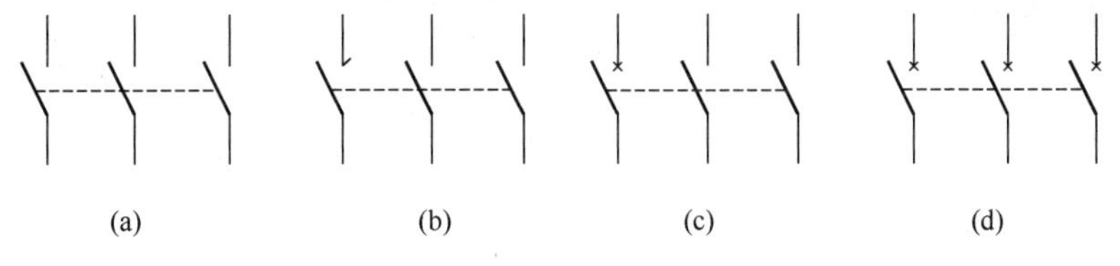

(a)　(b)　(c)　(d)

图 7-4　断路器符号

e．调用“写块 W”命令，把绘制的断路器符号生成图块并保存。

② 绘制接触器主触点

a．调用“复制”命令，复制断路器符号。调用“删除”命令，把图形中的“×”删除，结果如图 7-5（a）所示。

b. 调用“圆弧”命令，以竖直线的下端点为起点，绘制半径为 0.8 的圆弧，结果如图 7-5（b）所示。

c. 调用“复制”命令，以圆弧为对象进行复制，结果如图 7-5（c）所示。这就是绘制完成的接触器主触点的图形符号。

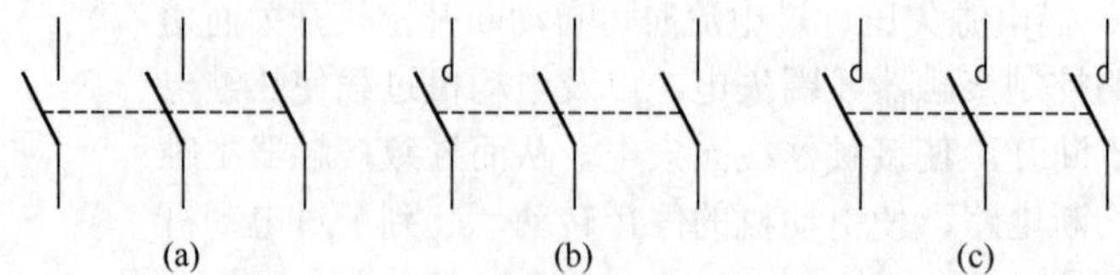

图 7-5　绘制接触器主触点符号

d. 调用“写块 W”命令，把绘制的接触器主触点符号生成图块并保存。

③ 热继电器符号

a. 调用“矩形”命令，绘制一个长为 30、宽为 5 的矩形。调用“直线”命令，捕捉矩形上线的中点，绘制长为 5 的垂直线，如图 7-6（a）所示。

b. 调用“直线”命令，打开“正交”状态，捕捉矩形上线的中点，向下绘制长为 1.25 的垂直线，再向右绘制长 2.5 的水平线，再向下绘制长 2.5 的垂直线，再向左绘制长 2.5 的水平线，再向下绘制长 1.25 的垂直线，再向下绘制长为 5 的垂直线，效果如图 7-6（b）所示。

c. 调用“复制”命令，以绘制好的线段为对象，以线段的下端点为基点，复制距离为 10，各向左右进行复制，如图 7-6（c）所示。

d. 改变特性中的线型为“HIDDEN2”。调用“直线”命令，捕捉左边线段的中点到右边线段的中点，绘制一条虚直线，绘制完毕，效果如图 7-6（d）所示。

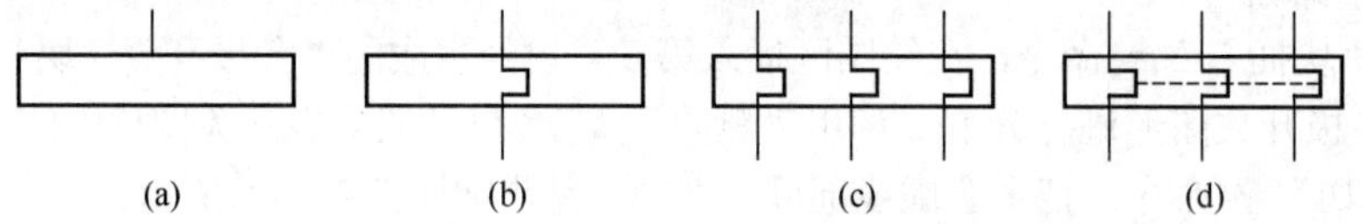

图 7-6　绘制热继电器的热元件符号

e. 调用“写块 W”命令，把绘制的热继电器热元件符号生成图块并保存。

④ 绘制电源端子

a. 调用“直线”命令，向下绘制长度为 10 的竖直直线，执行完结果如图 7-7（a）所示。

b. 调用“圆”命令，用鼠标捕捉直线的上端点，以其为圆心，绘制一个半径为 1 的圆。结果如图 7-7（b）所示。

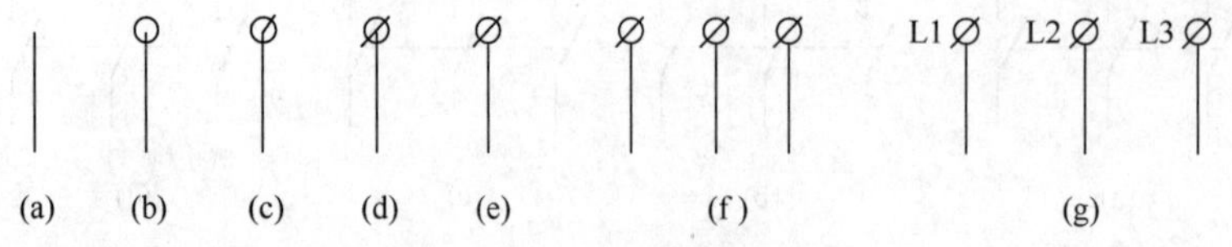

图 7-7　绘制电源端子

c. 单击状态栏中的“极轴”按钮，调用命令，以圆心为基点绘制长度为 1.5、角度为 45°的直线，如图 7-7（c）所示。

d. 调用“复制”命令，打开对象捕捉，把图 7-7（c）中的直线进行复制，结果如图 7-7（d）所示。

e．调用“剪切”命令，把圆内的多余直线剪切掉，结果如图 7-7（e）所示。

f．调用“复制”命令，打开对象捕捉，把图 7-7（e）中的图形进行复制，距离分别为 10、20，结果如图 7-7（f）所示。

g．输入“单行文字 dt”命令，在端子的上面添加文字，结果如图 7-7（g）所示。这就是绘制完成的电源端子接线。

⑤ 绘制电机接线

a．调用“插入块”命令，插入“电动机”模块。调用“分解”命令，把模块分解。

b．调用“直线”命令，以圆心为起点向上绘制长度为 15 的直线，如图 7-8（a）所示。

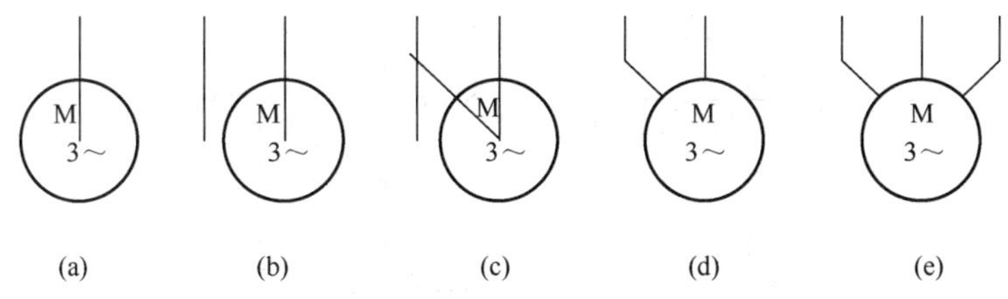

图 7-8 绘制电动机接线

c．调用“偏移”命令，把直线进行左偏移，偏移距离是 10，效果如图 7-8（b）所示。

d．单击状态栏“极轴”按钮。调用“直线”命令，以圆心为起点绘制长度为 15、角度为 45°的直线，如图 7-8（c）所示。

e．调用“剪切”命令，把多余直线剪切掉，结果如图 7-8（d）所示。

f．调用“镜像”命令，以竖直直线为镜像线，对引线进行镜像，效果如图 7-8（e）所示。

g．调用“写块 W”命令，把绘制的电动机接线生成图块并保存。

（3）组合图形

① 调用“移动”命令，把电源端子、断路器、接触器主触点、热继电器热元件、电机端子图画好，为了使元件之间有一定的距离，调用“直线”和“复制”命令，使元件的布置更美观。效果如图 7-9 的所示。

② 如果图 7-9 中的图形在图纸中显得比例不太合适，可以调用“缩放”命令，以图形的下端为基点，调整相应的比例，使图形显得大小合适。

（4）添加注释

输入“单行文字 dt”命令，输入相应的文字。文字添加后结果如图 7-3 所示。

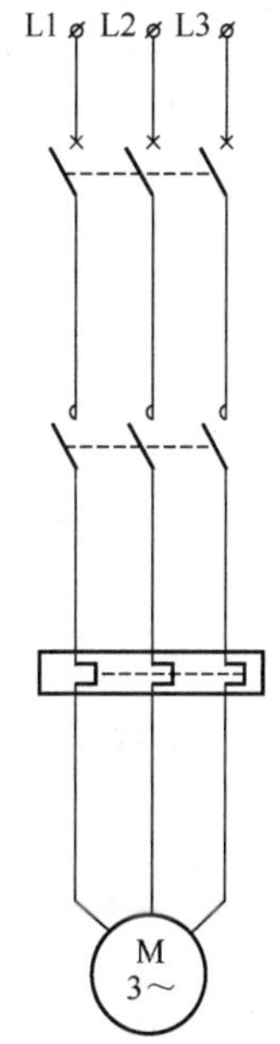

图 7-9 电动机供电系统图

7.1.3 三相异步电动机接触器控制原理图

上节得到了电动机供电系统图，即电动机控制主电路图，但是如果没有控制电路，电动机仍然不能实现转动，是不能按人们的意图运行的，需要相应的控制电路，如图 7-10 所示。

电动机连续运转的工作原理如下：从主电路引一相火线和一相零线得到 220V 的电源电压供控制电路使用，先串接熔断器 FA 进行短路保护（当发生短路事故时熔断器的熔体熔断，

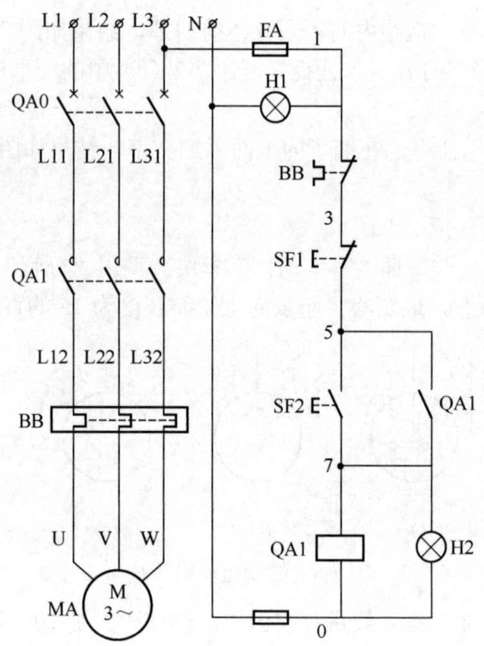

图 7-10　三相异步电动机接触器控制电路图

从而断开电路)；串接热继电器 BB 的常闭触点进行过载保护（当电机过载时热继电器动作，其常闭触点打开，断开电路)；串接停车按钮 SF1（动断式按钮，当按下按钮帽时其常闭触头断开，断开电路)；串接启动按钮 SF2（动合式按钮，当按下按钮帽时其常开触头闭合，接通电路)，在启动按钮 SF2 的两端并上接触器 QA1 的常开辅助触头（实现自锁，当按下启动按钮后，接触器线圈带电，接触器 QA1 的辅助常开触点闭合，从而保证放开启动按钮 SF2 后，能够通过自身的辅助触点而保证接触器 QA1 线圈带电，实现接触器 QA1 的主触点闭合而保证电动机的连续运行)；串接接触器 QA1 的线圈（通过接触器线圈的得电吸合实现常开触点的接通，常闭触点的断开；通过接触器线圈的失电释放实现常开触点的断开，常闭触点的接通)。通过控制电路的连接，实现了电动机 MA 连续运转的控制。为便于观察，设置电源指示灯 H1（红色）和电机运行指示灯 H2（绿色)。

（1）配置绘图环境

在实际应用中，供电系统图也就是主电路图，常和控制电路绘制在一张图纸中。主电路图在左边，控制电路图在右边。

打开绘制好的“电动机供电系统图.dwg”文件，另存为“三相电动机接触器控制电路图”，把供电系统图移动到图纸的左半部分，控制图在系统图的右边绘制。

（2）绘制元器件符号

设置“控制回路层”为当前层。

① 绘制“熔断器”符号　调用“矩形”▭命令绘制宽为 7.5、高为 2.5 的矩形。在矩形的中心线上绘制长为 3.75、7.5、3.75 的直线，得熔断器符号，如图 7-11 所示。输入“写块 W”命令，把熔断器生成图块并保存，供后面设计调用。

② 绘制“线圈”符号　调用“矩形”▭命令绘制宽为 10 高、为 5 的矩形，如图 7-12（a）所示，在矩形的上下线中点绘制长度为 5 的竖直线如图 7-12（b)，得到“线圈”符号。输入“写块 W”命令，把线圈生成图块并保存，供后面设计调用。

③ 绘制“动合型按钮”符号 调用“插入块”命令，插入“手动单极开关”，如图 7-13（a）所示。调用“分解”命令，分解手动单极开关。调用“直线”命令，以左侧竖直线端点为起点，绘制长为 1.25 的水平线段 2 段，得到“动合型按钮”符号，如图 7-13（b）所示。输入“写块 W”命令，把“动合型按钮”生成图块并保存，供后面设计调用。

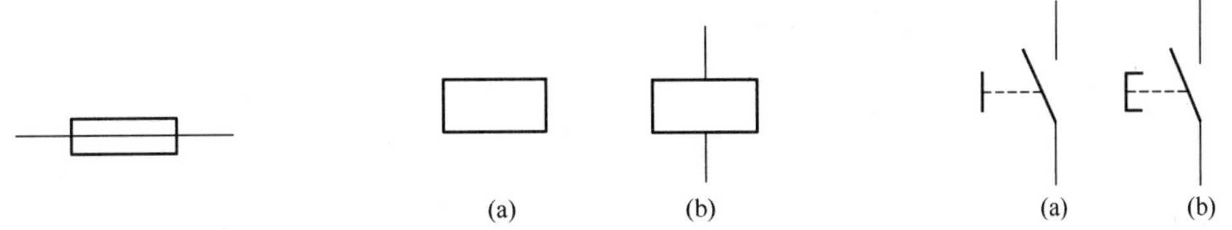

图 7-11 熔断器 图 7-12 绘制线圈符号 图 7-13 绘制动合型按钮符号

④ 绘制“动断型按钮”符号 调用“复制”，复制“动合型按钮”符号如图 7-14（a）所示；调用“镜像”命令，把斜线段进行镜像，如图 7-14（b）所示；调用“延伸”命令，把虚线延伸到斜线，如图 7-14（c）所示；调用“直线”命令，从上线段的下端点绘制长为 2.85 的水平线，如图 7-14（d）所示，就是绘制完成的“动断型按钮”符号。输入“写块 W”命令，把“动断型按钮”生成图块并保存，供后面设计调用。

⑤ 绘制“常开辅助触点”符号 调用“复制”，复制“动合型按钮”符号如图 7-15（a）所示；调用“删除”命令，删除按钮帽，得到“常开辅助触点”符号如图 7-15（b）所示。输入“写块 W”命令，把“常开辅助触点”生成图块并保存，供后面设计调用。

⑥ 绘制“常闭辅助触点”符号 调用“复制”，复制“动断型按钮”符号如图 7-16（a）所示；调用“删除”命令，删除按钮帽，得到“常闭辅助触点”符号如图 7-16（b）所示。输入“写块 W”命令，把“常闭辅助触点”生成图块并保存，供后面设计调用。

图 7-14 绘制动断型按钮符号 图 7-15 绘制常开辅助触点符号 图 7-16 绘制常闭辅助触点符号

⑦ 绘制“热继电器常闭触点”符号 调用“复制”，复制“动断型按钮”符号如图 7-17（a）所示；调用“删除”命令，删除按钮帽上的两根平行线，如图 7-17（b）所示；设置线型为“Continuous”，调用“直线”命令，以左边竖直线的上端点为起点，绘制 2.5 的水平线和 1.25 的竖直线，如图 7-17（c）所示；调用“镜像”命令，以虚线上的小图形为对象，以虚线为镜像线进行镜像，结果如图 7-17（d）所示；调用“剪切”命令，剪切虚线，结果如图 7-17（e）所示。输入“写块 W”命令，把“热继电器常闭触点”生成图块并保存，供后面设计调用。

⑧ 绘制节点 调用“圆”绘图命令，绘制半径为 0.5 的圆，如图 7-18（a）所示；调用“图案填充”命令，图案类型选择“solid”，把圆进行填充，形成“节点”，结果如图 7-18（b）所示。调用“写块 W”命令，把“节点”生成图块并保存，供后面设计调用。

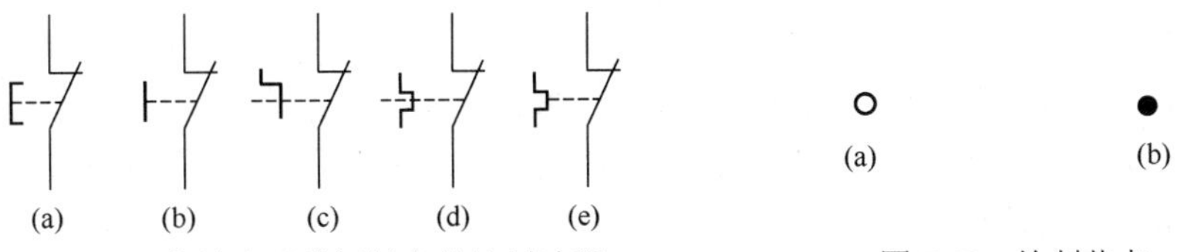

图 7-17 热继电器常闭触点的绘制过程 图 7-18 绘制节点

（3）组合控制电路

① 调用“移动”和“直线”命令，在元件间接入适当长度的线段，把熔断器、热继电器常闭触点、动合按钮、动断按钮、线圈连接在一起，得到控制电路。

② 调用“直线”命令，把控制电路与主回路连接在一起，如果长度比例不合适，可调用“拉伸”进行调整，结果如图 7-19 所示。

③ 在图层中打开“文字说明”图层 输入“单行文字 dt”绘图命令，大小选择 3 号字，绘制元件符号名放置在元件的附近。调用“单行文字 dt”命令，大小选择 4 号字，放置在相应导线的附近，得到线号符号。这样就得到完整的三相异步电动机连续运转控制线路图，如图 7-20 所示。

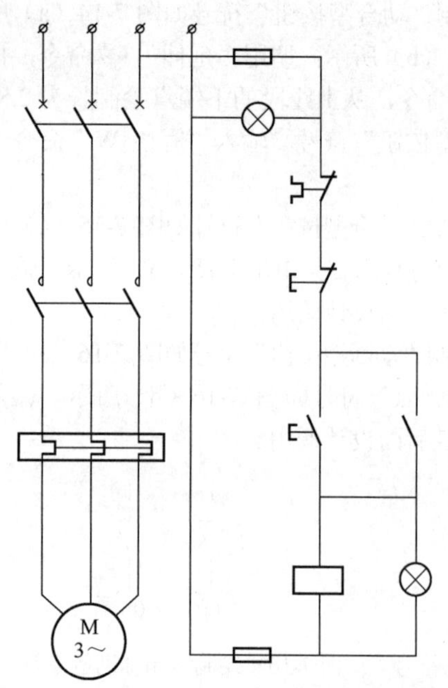

图 7-19 主电路与控制电路连接图

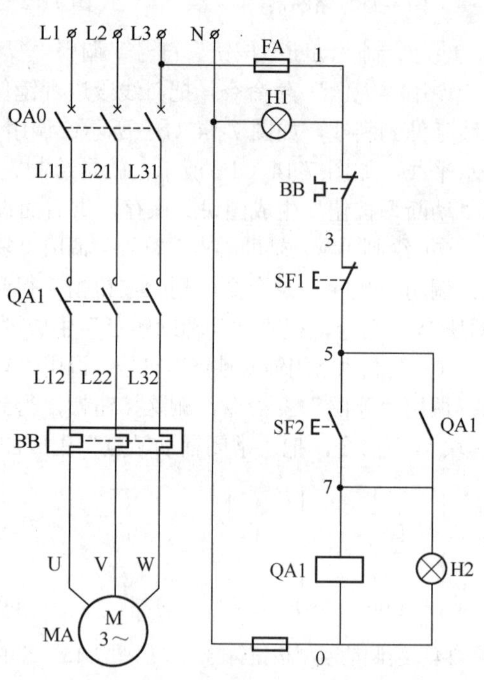

图 7-20 电动机连续运转控制原理图

7.1.4 三相异步电动机接触器控制箱布置图

为保证操作人员的安全和对电气元件的保护，电气元件常被放置在控制盘、柜、箱中（由元件的多少来决定）。由控制原理图 7-20 可知，元件数量比较少，采用尺寸长、宽、深为 400mm×300mm×200mm 的墙挂式控制箱来放置元件。根据原理图可知，放置在箱面上的元件为电源指示灯 H1、运行指示灯 H2、启动按钮 SF1 和停止按钮 SF2；放置在箱内的元件有断路器、熔断器、接触器、热继电器和接线端子排等。根据选型可得到各个元件的外形尺寸（元件的规格不同，生产厂家不同，尺寸和端子图有较大的不同，在设计时具体参考相应的选型样本。）如下：按钮ϕ22.5、指示灯ϕ22 尺寸、熔断器 18mm×80mm、接触器 40mm×75mm、热继电器 60mm×30mm、端子 10mm×20mm。按箱体和元件的实际大小进行相应绘制。图形绘制完成后，由于图形要放置在 A3 的图纸中，对图形进行 1∶4 缩小，放置在 A3 图纸中。新建标注样式，把标注比例设置为 4，对图形中的尺寸进行标注，结果如图 7-21 所示。

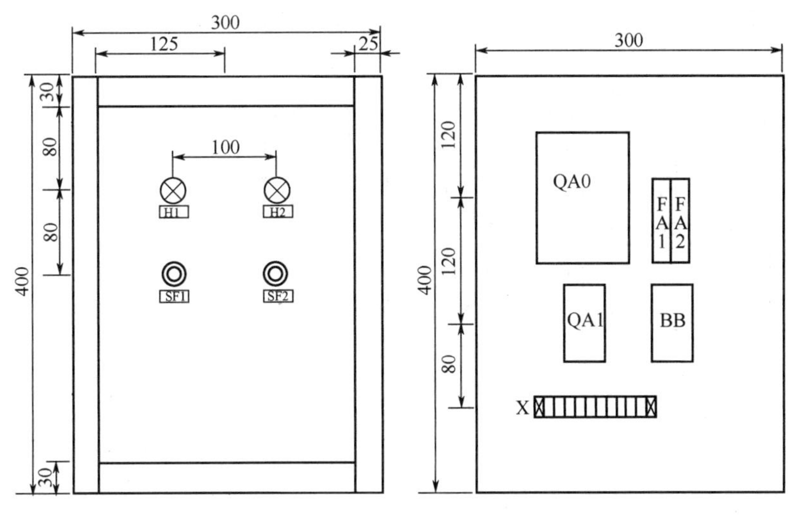

(a) 控制箱面布置图　　(b) 控制箱内元件布置图

图 7-21　控制箱布置图

调用“表格”命令，绘制表格并写上相应的文字，效果如图 7-22 所示。

调用“多行文字”A命令，进行相应的说明，效果如图 7-23 所示。

标志牌内容一览表		
序号	位号	文字说明
1	H1	电源指示
2	H2	运行指示
3	SF1	停止按钮
4	SF2	启动按钮

图 7-22　标志牌内容一览表

说明

1.本控制箱采用壁挂式控制箱，外形尺寸(高×宽×深，mm) 600×300×200，要求前开门。

2. 控制箱箱面喷塑驼灰色漆(Y01)，箱内喷塑乳白色漆(Y11)，(GSB05-1426—2001)。

3.标志牌采用有机玻璃方面刻字，外形尺寸(长×宽，mm) 60×20。上面刻位号，下面刻内容。如：H1 电源指示灯

4.图中指示灯和按钮的开孔尺寸为 ϕ 22。

图 7-23　说明内容

调用“表格”命令，绘制表格并写上相应的文字，效果如图 7-24 所示。

7	X	端子排	IBC9 47-7-1	10	
6	FA1, FA2	熔断器	RT-28M-32X	2	
5	BB	热继电器	3UA 59 40-0K	1	
4	QA1	接触器	3TF 40 22-0X	1	
3	QA0	断路器	NM1-100S/3300	1	
2	SF1, SF2	按钮	LA39	1/1	绿1红1
1	H1, H2	指示灯	AD16	1/1	绿1红1
序号	代号	名称	型号	数量	备注

图 7-24　设备明细表

完成的图形如图 7-25 所示。

7.1.5　三相异步电动机接触器控制箱接线图

根据原理图和布置图进行控制箱接线图设计。在绘制接线图时，接线关系为主要关系，对元件的尺寸和位置可以根据需要进行调整，不用一定按照相同比例绘制，但相对位置不变。由于视图改变的原因，箱面背视接线图的元件布置要和盘面元件布置相反。因接线图元件的端子

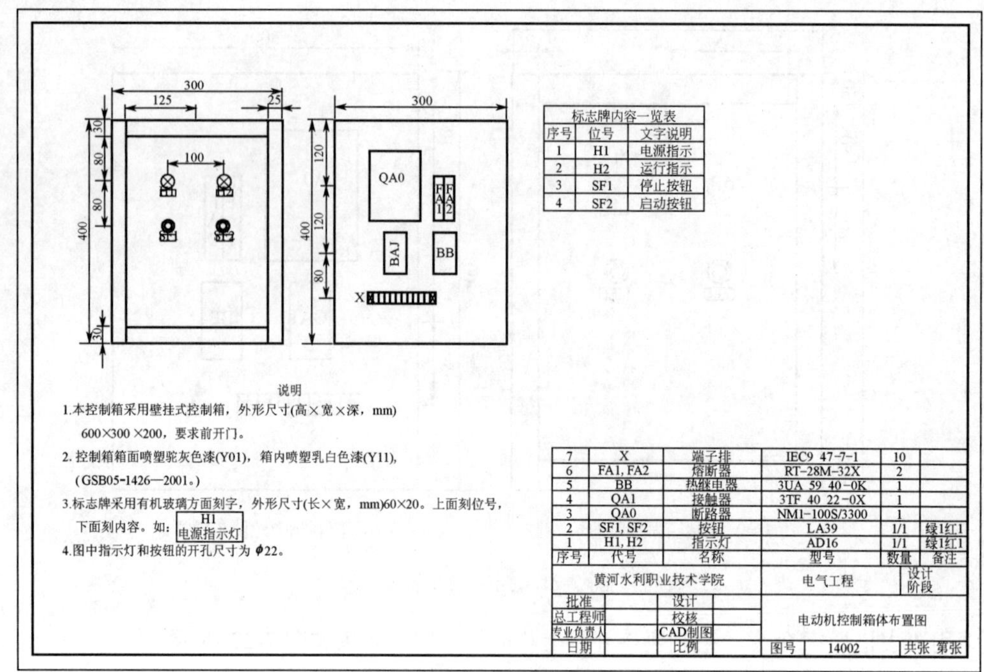

图 7-25　元件布置图

编号和元件的厂家及型号不同而不同，在设计时一定要根据具体的型号的端子编号和位置进行设计，这里的端子编号仅供参考。

调用 A3 图幅，在 A3 中绘制接线图。

① 绘制灯的接线图。首先，调用以前绘制的灯块。调用直线命令，绘制水平线为 10、竖直线为 10 的连接线。因灯的接线简单，厂家一般不再标明接线端子号，如图 7-26 所示。

② 绘制常开型按钮接线端子图。绘制长为 20、宽为 12 的矩形；插入“常开型按钮”图块，调用直线命令，以水平线的端点为起点绘制长为 8 的水平线和长为 10 的垂直连接线；调用“圆”命令，以直线的端点为起点绘制半径为 1 的小圆，调用“剪切”命令，剪切多余的线段；注写字号为 2.5 的端子编号（该厂家常开按钮端子规定端子号为 23、24，厂家不同端子编号也不同）。结果如图 7-27 所示。

按照上面的方法，绘制常闭型按钮接线端子图（该厂家常闭按钮端子规定端子号为 11、12，厂家不同端子编号也不同)，结果如图 7-28 所示。

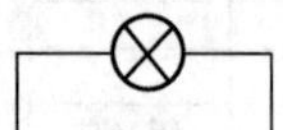

图 7-26　指示灯接线端子图

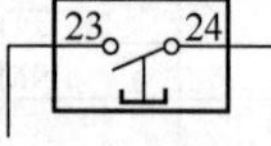

图 7-27　动合型按钮接线端子图

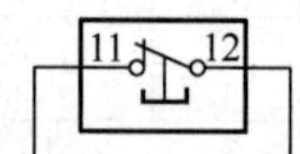

图 7-28　动断型按钮接线端子图

③ 绘制断路器接线端子图。调用“断路器”块，绘制长为 30、宽为 20 的矩形，调用延伸命令，把端子接线引线各延长 10，标注相应的端子编号，如图 7-29 所示。

④ 绘制接触器接线端子图。插入“主触点”、“常开辅助触点”、“常闭辅助触点”、“线圈”，并且间距为 10、10、15 依次排开，绘制长 70、宽 20 的矩形；调用延伸命令，延伸端子引线长度为 10；该厂家线圈未进行端子编号。结果如图 7-30 所示。

⑤ 绘制热继电器接线端子图。插入“热继电器热元件”、“热继电器常闭触点”，主元件与辅助常闭触点间的距离为 15，绘制长 40、宽 20 的矩形；调用延伸命令，延伸端子引线长度为 10；进行端子编号注写。结果如图 7-31 所示。

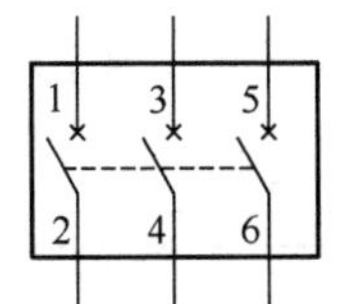

图 7-29　断路器接线端子图

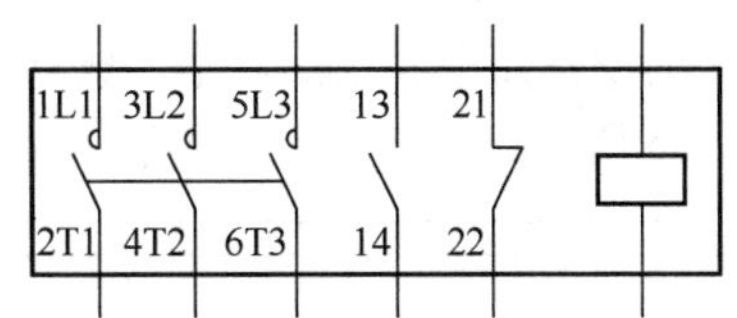

图 7-30　接触器接线端子图

⑥ 绘制端子排。绘制长为 6、宽 12 的矩形；调用矩阵命令，矩阵 12 个相连的矩形形成端子排；左右端子绘制斜线表示为标记端子；添加端子排标记序号。效果如图 7-32 所示。

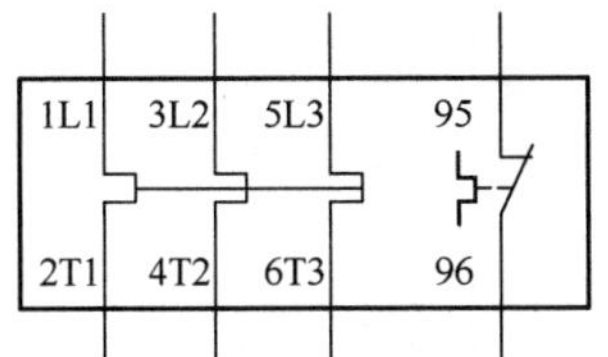

图 7-31　热继电器接线端子图

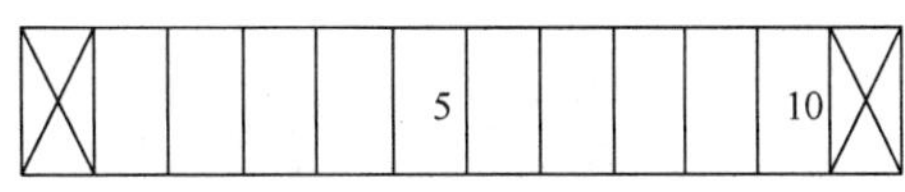

图 7-32　端子排

根据布置图中元件的布置，调用文字符号，使用 3 号字符大小注写元件名称。根据原理图的要求，在元件的端子上注写相应端子的线号，使用 5 号字符大小。

根据原理图和布置图，可以绘制出盘面背视接线图。元件连接时采用断线端子连接方式，根据线号进行连接。如有多个点连接在一起，添加连接线。连接后如图 7-33 所示。

根据原理图和布置图，可以绘制出盘内元件接线图，如图 7-34 所示。

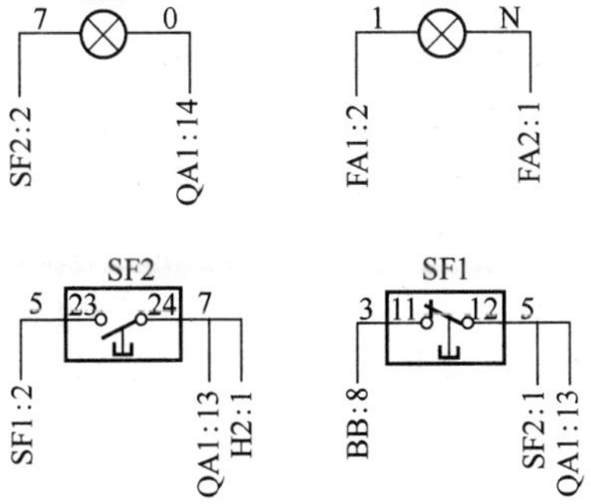

图 7-33　盘面元件背视接线图

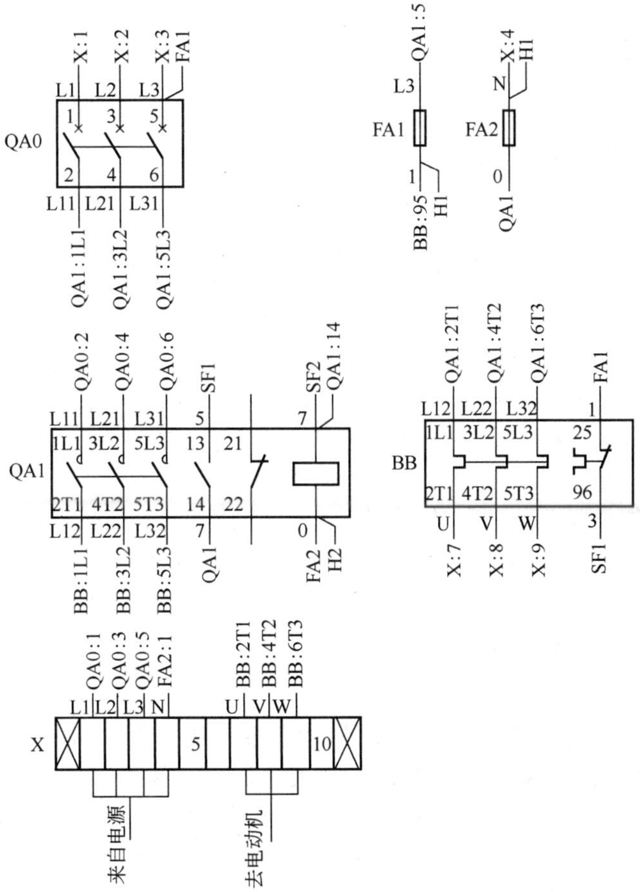

图 7-34　盘内元件接线图

把原理图中的设备元件表粘贴过来，放置在合适的位置上，这样，就完成了接线图的绘制，绘制效果如图 7-35 所示。

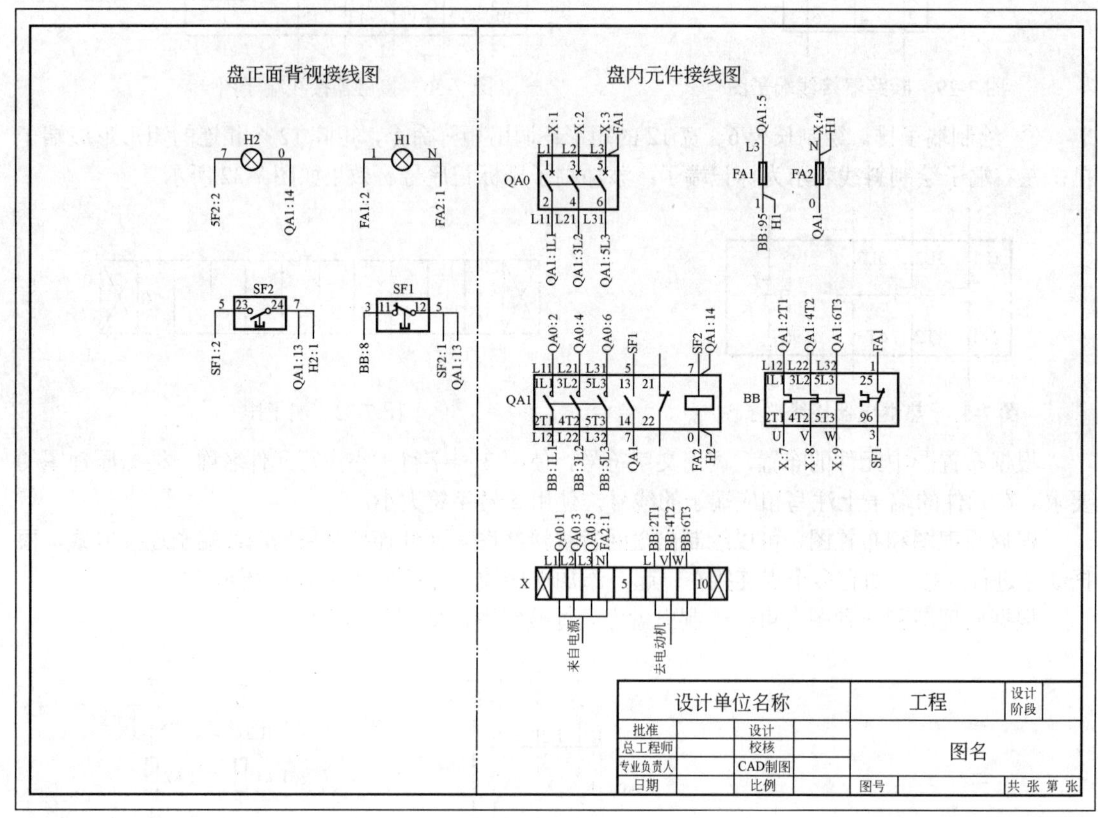

图 7-35　完整的接线图

7.1.6　三相异步电动机 PLC 控制电路图

前面的电动机连续运转采用的是继电器控制，随着计算机应用水平的发展，在现代工业应用中，常采用可编程控制器即 PLC 来进行控制。下面介绍 PLC 的控制设计方法。采用 PLC 控制和继电器控制的主回路是一样的，但控制回路却有很大的不同，PLC 控制通过 PLC 的输入输出端口与外界相连，各触点间的逻辑关系通过内部编程来实现控制。下面以 SIEMENS 公司的 S7-300 型 PLC 为例进行说明。根据控制要求，主回路需要断路器 1 个，交流接触器 1 个、熔断器 2 个、热继电器 1 个，控制回路需要中间接触器 1 个、熔断器 2 个、常开按钮 1 个、常闭按钮 1 个、PLC 装置 1 套。PLC 具体配置为：PS307(5A)电源模块 1 个、CPU 314 模块 1 个、SM323 数字量信号输入输出模块 1 个、SM334 模拟量信号输入输出模块 1 个。

设计过程

（1）绘制主电路

打开 7.1.2 节绘制好的“电动机控制原理图.dwg”文件，设置保存路径，另存为“三相异步电动机 PLC 控制电路.dwg”，把控制回路删除掉，保留主回路，保存。新建两个图层，把图层命名为“PLC 控制线路”和“文字说明”。在“PLC 控制线路”层上绘制 PLC 的 I/O 接线图，在“文字说明”层上绘制 I/O 地址分配表和梯形图指令。分层绘制电气工程图的组成部分，这样有利于对工程图的管理。

（2）绘制 PLC 控制原理图

在绘制接线图前，应先进行 I/O 地址的分配。根据控制要求，地址分配如表 7-1 所示。

表 7-1 I/O 地址的分配表

序号	符号	表示内容	类型	对应 PLC 端子号
1	SF2	启动按钮	输入信号	I0.0
2	SF1	停止按钮	输入信号	I0.1
3	KA1	中间继电器	输出信号	Q0.0

① 在图层中设置“PLC 控制线路”图层为当前层。

② 调用“矩形”命令，绘制长为 60、宽为 120 的矩形。调用“分解”命令，把矩形分解；调用“偏移”命令，把最上面的线偏移 20，左右两端的竖直线偏移 15。

③ 调用“复制”命令，复制热继电器常闭触点、动合按钮、动断按钮、线圈、熔断器。调用“旋转”命令，分别把热继电器常闭触点、动合按钮、动断按钮、线圈以它们的上端点为基点旋转 90°。多次调用“直线”、“圆”和“单行文字”等命令进行绘制，结果如图 7-36 所示。

（3）绘制接触器控制原理图

由于 PLC 的驱动能力有限，一般不能直接驱动大电流负载，而是通过中间继电器（线圈电压为直流 24V，触点电压为交流 220V）驱动接触器，然后由接触器再驱动大电流负载，这样就可以实现 PLC 系统与电气操作回路的电气隔离。所以除了 PLC 的接线原理图，还应该有接触器控制原理图。

调用“直线”、“插入块”、“旋转”等命令，得到的图形如图 7-37 所示。

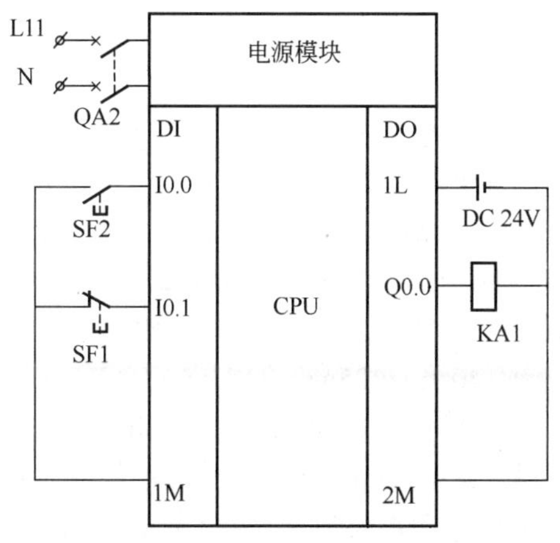

图 7-36 绘制 PLC 外部接线原理图

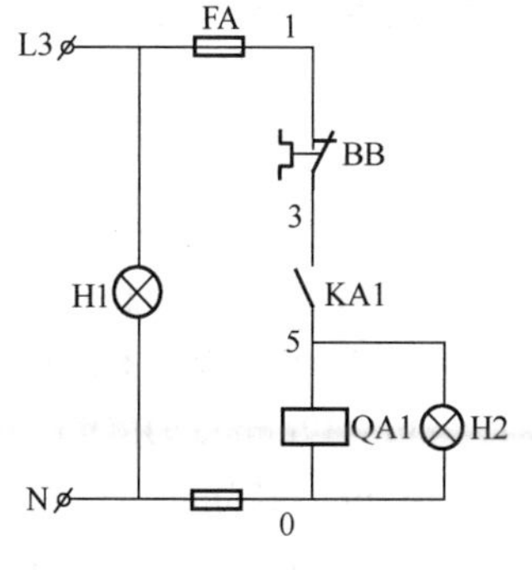

图 7-37 接触器控制原理图

（4）绘制梯形图

外部接好线后，必须有控制程序，PLC 才能根据程序的要求来实现控制。因此，在设计时需提供程序。在 PLC 控制中常采用梯形图进行编程。梯形图如图 7-38 所示。

至此，PLC 控制的电动机控制原理图完成了，效果如图 7-39 所示。

可以自主设计自动上下水控制、正反转控制、Y-△启动等的接触器控制电路的原理图、布置图和接线图。

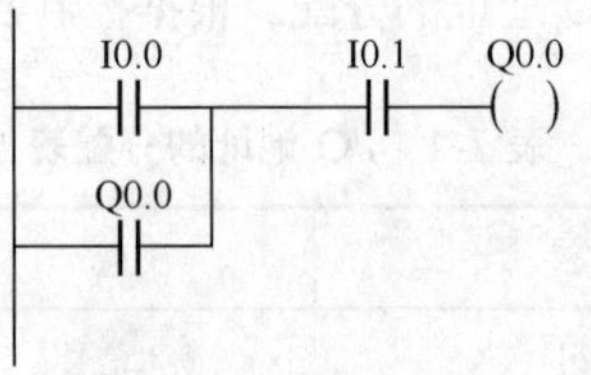

图 7-38 PLC 程序

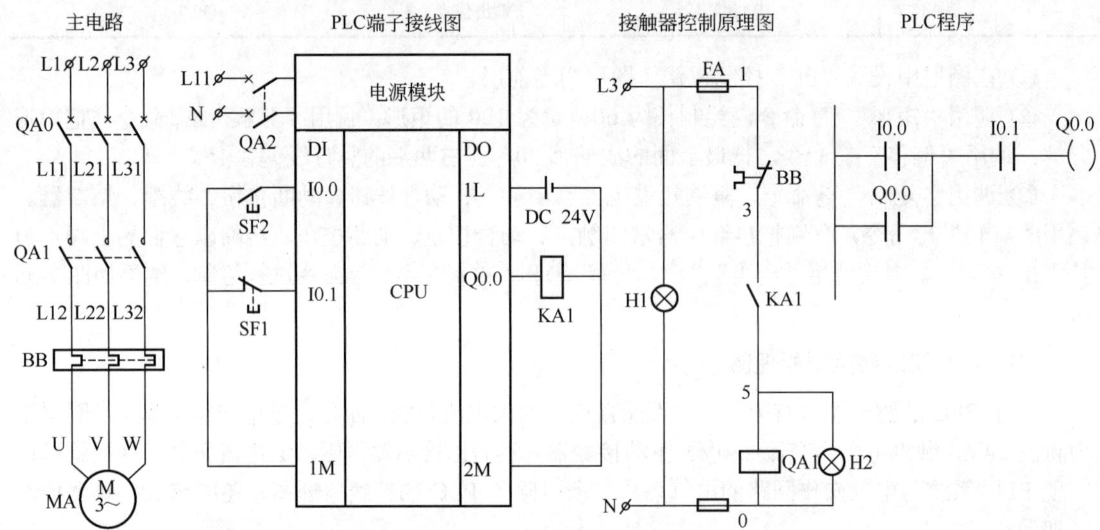

图 7-39　PLC 控制原理图

7.1.7　三相异步电动机 PLC 控制盘布置图

由于 PLC 控制比接触器控制多了 PLC，其他元件不变，所以把前面的“电动机接触器控制箱面布置图”另存为“三相异步电动机 PLC 控制箱布置图”。由于增加了 PLC，所以箱体的体积要增大，采用 400mm×600mm×200mm 的墙挂式控制箱来放置元件。与接触器控制相比较，PLC 控制多了 1 套 PLC 设备和 1 个中间接触器，以及保护 PLC 供电安全的断路器 QA2。PLC 由电源（PS307，长×高×深：80mm×125mm×117mm）、CPU（CPU355F-2PN/DP，长×高×深：80mm×125mm×117mm）、DI/DO（SM323，长×高×深：40mm×125mm×117mm）、AI/AO（SM334，长×高×深：40mm×125mm×117mm）四个模块组成。中间接触器的型号为 LHH52D（长×宽：30mm×60mm），断路器 QA2 的型号为 DZ47 C20（长×宽：35mm×70mm）。绘制箱体和元件的布置图时，可按实际大小进行绘制，图形绘制完成后，由于图形要画在图纸上，需对图形进行 1∶4 缩小。尺寸为新建标注样式，把标注比例设置为 4，对图形中的尺寸进行标注，结果如图 7-40 所示。

调用“表格”和“多行文字”A命令，添加相应的文字。绘制好的布置如图 7-41 所示。

7.1.8　三相异步电动机 PLC 控制接线图

由于 PLC 控制比接触器控制多了 PLC，其他元件不变，所以把前面的“电动机接触器控

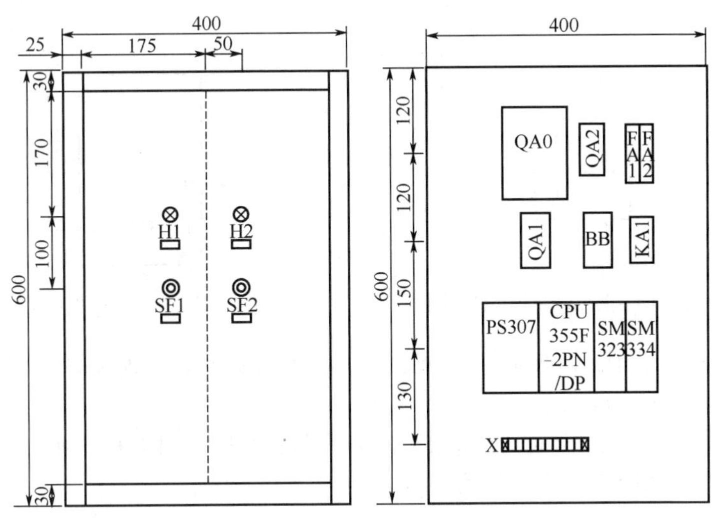

图 7-40　盘面和盘内元件布置图

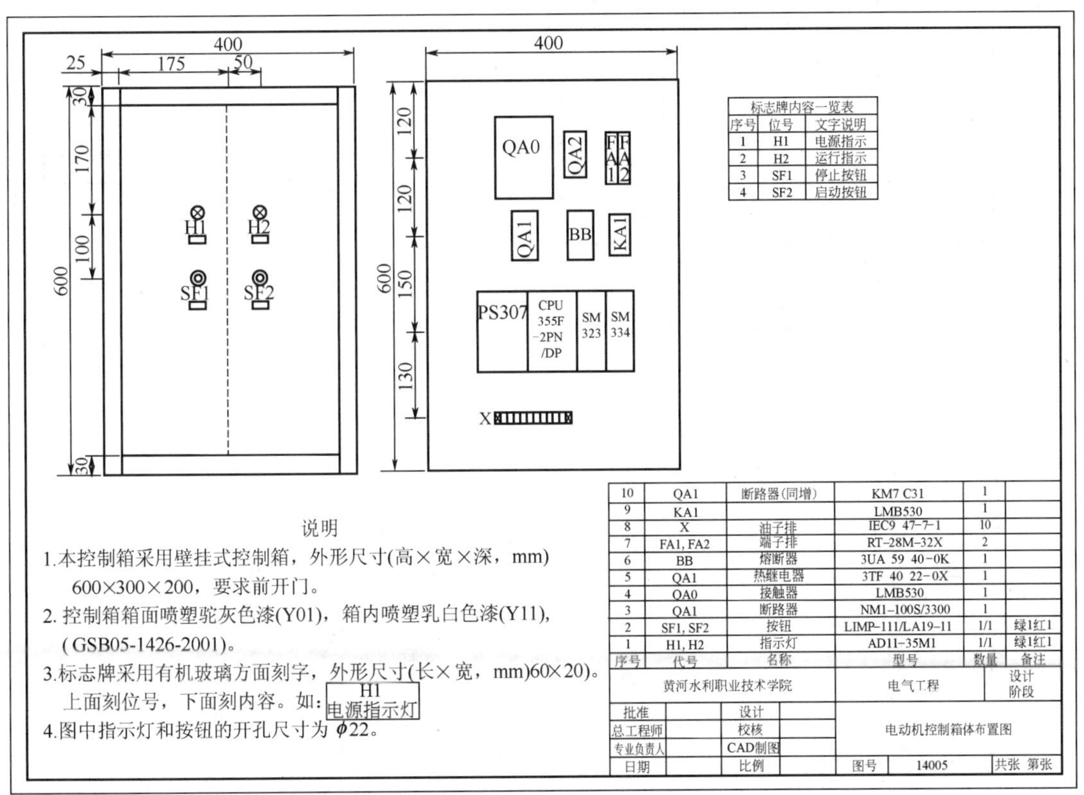

图 7-41　PLC 控制箱布置图

制接线图”另存为“三相异步电动机 PLC 控制接线图”。由于增加了 PLC 和中间接触器，现绘制它们的端子图。接线图的绘制可以根据需要设置不同的比例。

复制“断路器”（三相），进行剪切和拉伸，得到两相断路器符号，如图 7-42 所示。

绘制中间继电器。调用“矩形”命令绘制长为 20、高 30 的矩形，标注相应的端子，其中 1、5 和 4、8 是常开辅助触点，1、9 和 4、12 是常闭辅助触点，13、14 之间是线圈，如图 7-43

所示。

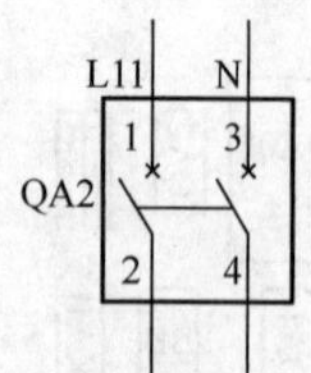

图 7-42　两相断路器接线端子图

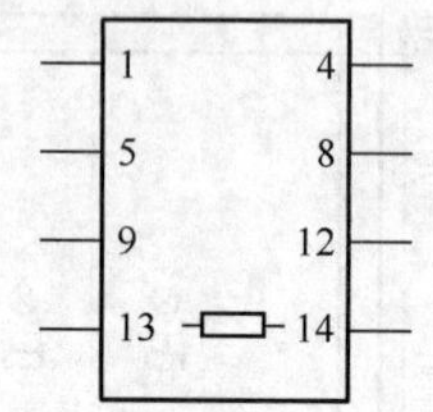

图 7-43　中间继电器接线

根据 PLC 模块的端子图，画出相应的端子。为了便于接线，各模块的放置应有一定的距离，但相对位置不变，如图 7-44 所示。

根据布置图和原理图绘制相应的接线图。盘面背视接线图如图 7-45 所示，盘内元件接线图如图 7-46 所示，PLC 和端子排接线图如图 7-47 所示。

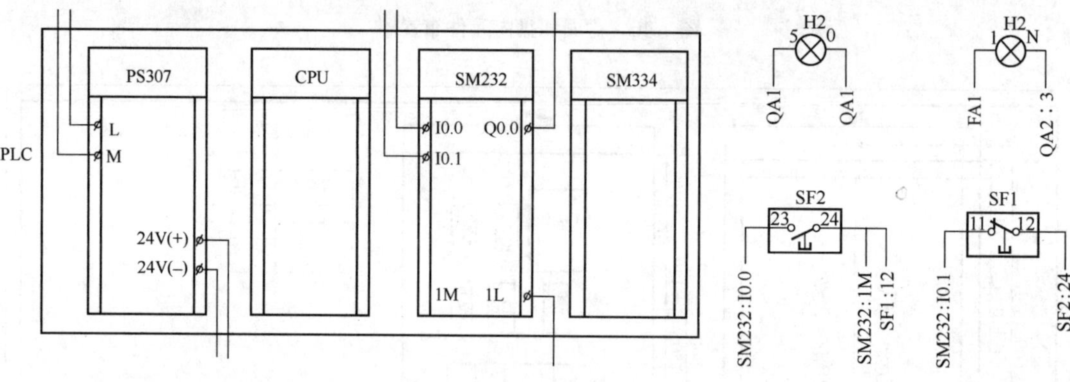

图 7-44　PLC 模块的端子图

图 7-45　盘面背视接线图

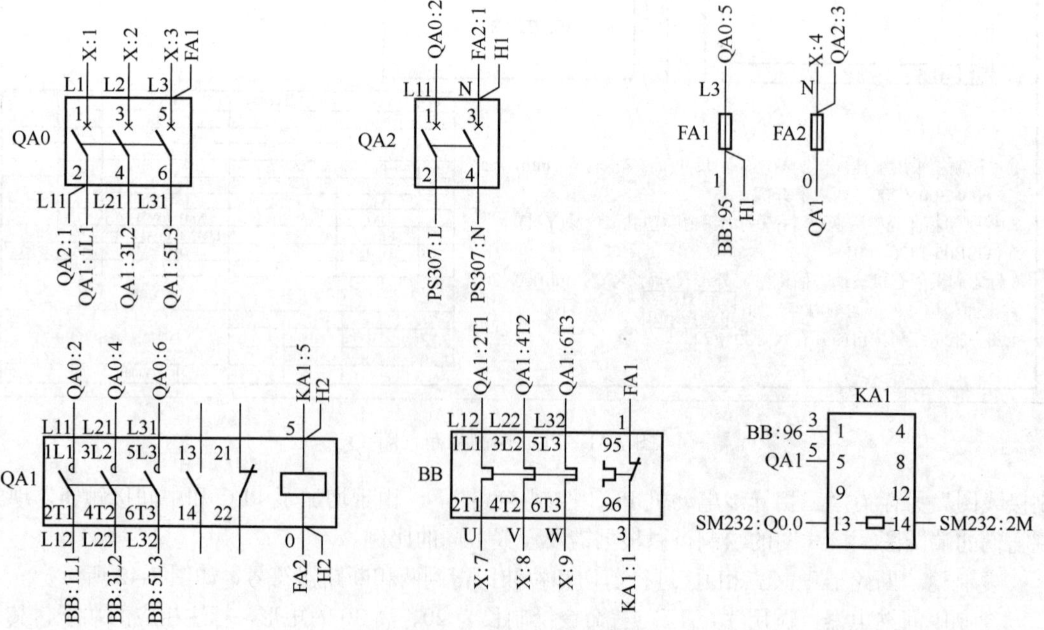

图 7-46　盘内元件接线图

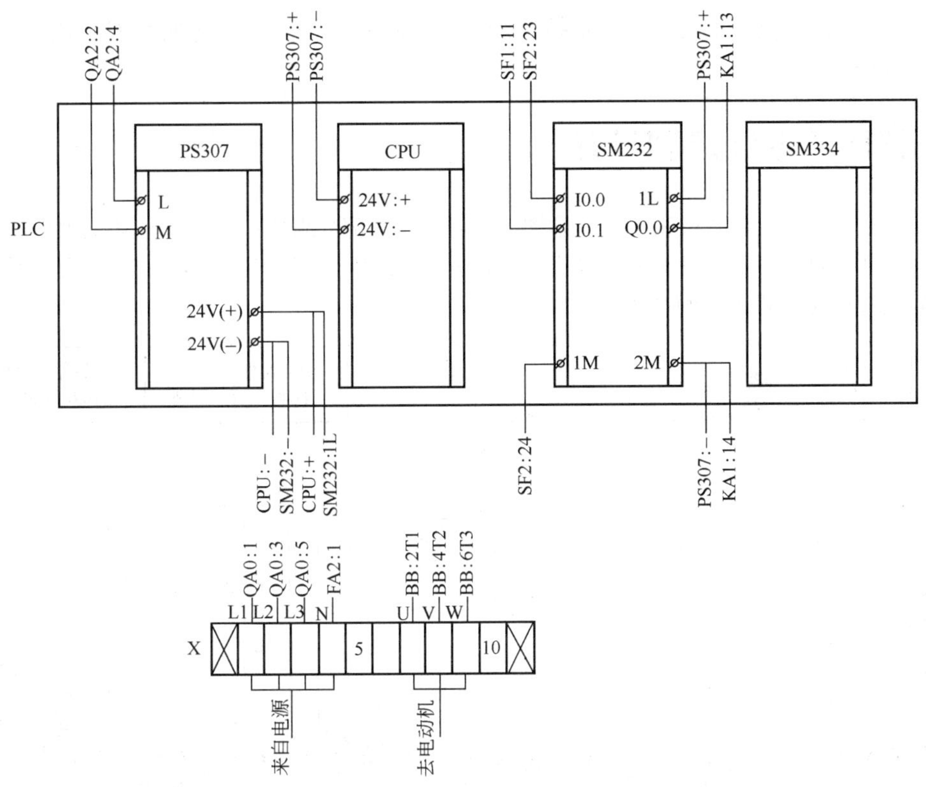

图 7-47　PLC 和端子排接线图

粘贴上相应的元件清单，结果如图 7-48 所示。

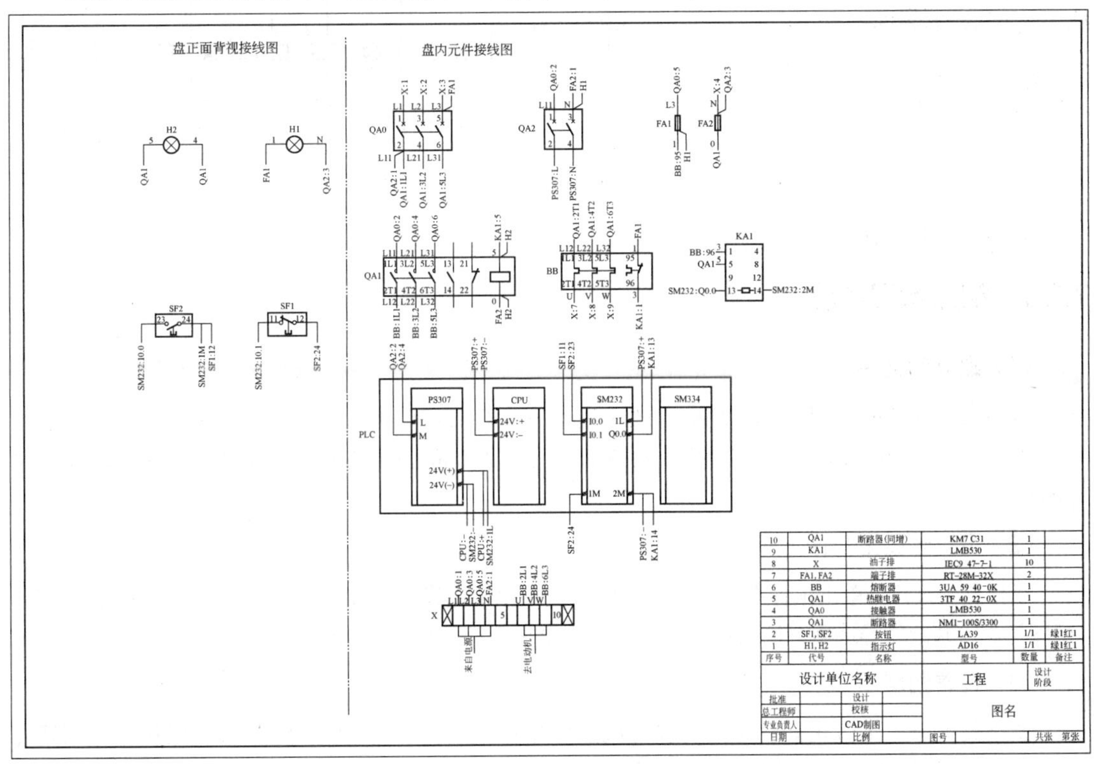

10	QA1	断路器(同增)	KM7 C31	1	
9	KA1		LMB530	1	
8	X	油子排	IEC9 47-7-1	10	
7	FA1, FA2	端子排	RT-28M-32X	2	
6	BB	熔断器	3UA 59 40-0K	1	
5	QA1	热继电器	3TF 40 22-0X	1	
4	QA0	接触器	LMB530	1	
3	QA1	断路器	NM1-100S/3300	1	
2	SF1, SF2	按钮	LA39	1/1	绿1红1
1	H1, H2	指示灯	AD16	1/1	绿1红1
序号	代号	名称	型号	数量	备注

图 7-48　完整的 PLC 控制接线图

可以自主设计交通灯控制、传送带控制、搅拌器控制以及洗车控制等的 PLC 控制原理图、布置图和接线图。

7.2 钻床的电气控制设计

图 7-49 为 Z3040 摇臂钻床电气原理图。该电路由三部分组成：第一部分从电源到 4 台电动机的电路称为主回路；第二部分是照明及指示回路，包括指示灯和照明灯；第三部分由继电器、接触器等组成的电路称为控制回路。

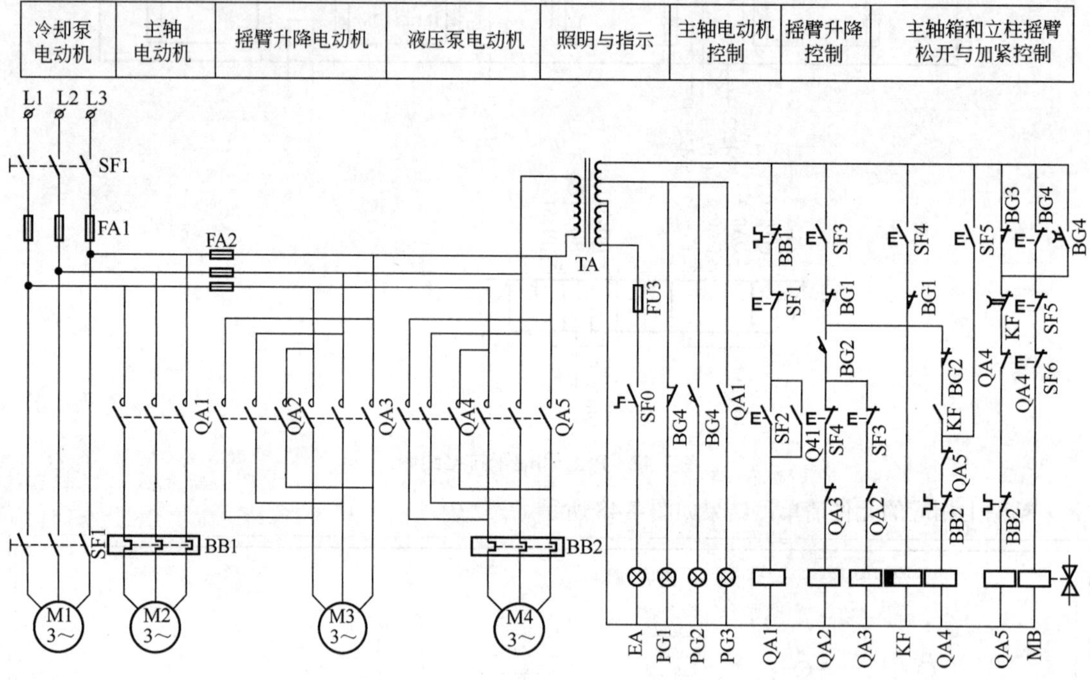

图 7-49 Z3040 摇臂钻床电气原理图

本节介绍其设计及绘制方法。

7.2.1 配置绘图环境

（1）建立新文件

双击桌面的 AutoCAD 2014 快捷方式，进入 AutoCAD 2014 绘图环境。新建绘图文件，配置绘图环境完毕，调用文件中“A3 title”样板，取名“Z3040 摇臂钻床电气原理图.dwg”，设置保存路径并保存。

（2）设置绘图工具栏

在任意工具栏处单击鼠标右键，在打开的快捷菜单中选择“标准”、“图层”、“对象特性”、“绘图”、“修改”等选项。调出这些工具栏，并将它们移动到绘图窗口中的适当位置。

（3）设置图层

调用菜单命令【格式】→【图层】，设置“主回路层”、“控制回路层”、“照明回路层”、“文字说明层”和“连接线层”共 5 个图层。

7.2.2　绘制主回路

设置“主回路层”为当前层。

① 打开 7.1 节中设计的“电动机连续运转控制原理图.dwg”，选中图 7-20 所示的主电路图，选择主菜单“编辑”→“复制”。在“Z3040 摇臂钻床电气原理图.dwg”中选择主菜单“编辑”→“粘贴”，指定插入点后，粘贴在“Z3040 摇臂钻床电气原理图.dwg”。复制已有的电气工程图的有用部分图纸到当前设计环境中，加以修改，能够大大提高设计效率和质量，是非常有用的设计方法之一。

② 对已有图形进行修改。调用“删除”、“块插入”“拉伸”、“直线”、“偏移”、“剪切”、“复制”、“移动”、“单行文字”等命令绘制主电路，其中文字采用“romans”字体，5 号字体大小，绘制结果如图 7-50 所示。

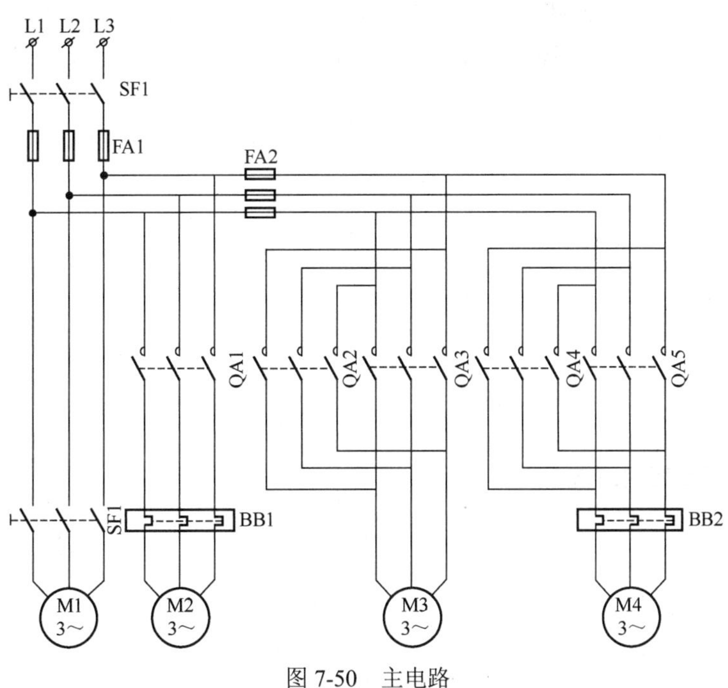

图 7-50　主电路

7.2.3　绘制照明指示电路

照明指示回路为整个机床提供总电源是否接通和照明功能，设计相对较为简单，但却是每个机床电气设计必不可少的一部分。

设计过程

（1）设置当前层

设置“照明和指示层”为当前层。

（2）变压器和限位开关

调入“块插入”绘图命令，在主回路的左上角插入电感符号，作为变压器初级线圈符号：调用“分解”命令，分解变压器图块；调用“复制”和“移动”，对电感线圈进行修改。在线圈中间调用“多线段”命令，把线宽设为 0.4，作为变压器的铁芯，调用“镜像”命令，以变压器铁芯为对称轴，把步骤（1）中绘制的线圈镜像复制，作为变压器的次级。变压器有两个次级线圈：上面的是把 380V 的电压降为 110V 电压，供控制电路使用；下面的线圈是为照明指示回路供电，把 380V 的电压降为 36V 的安全电压。调用“复制”和“移动”，对电感线圈进行修改。调用“缩放”命令，把图形缩小 0.5 倍。调用“单行文字”命令，添加相应的文字，效果如图 7-51 所示。调用“写块 W”命令，创建“变压器”符号。

调用“块插入”绘图命令，插入“动合型按钮”；调用“分解”命令，分解图块，把按钮下面的水平线调用“镜像”命令进行镜像，得到“转换开关”符号图形，如图 7-52 所示。输入“写块 W”命令，创建“转换开关”符号。

调用“块插入”绘图命令，插入“常开辅助触点”和常闭辅助触点图块；调用“分解”命令分解图块；调用“直线”，打开对象追踪，以“常开辅助触点”的斜线的下端点为基准，向上绘制长度为 2 的斜线，再绘制长度为 1 的垂直于斜线的小线段，再和起点连接在一起，得到限位开关常开触点符号效果如图 7-53（a）所示。调用“镜像”命令，以垂直线为镜像线进行镜像，再以斜边为镜像线进行镜像，得到合适的小角；调用“复制”命令，把小角复制到常闭触点上；调用“删除”命令，把多余的线段删除掉。得到的结果如图 7-53（b）所示的限位开关常闭触点符号。输入“写块 W”命令，创建“限位开关”图块。

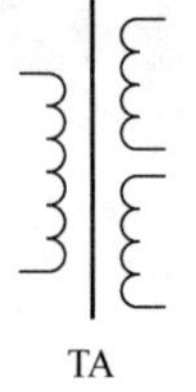

图 7-51　变压器符号

图 7-52　转换开关符号

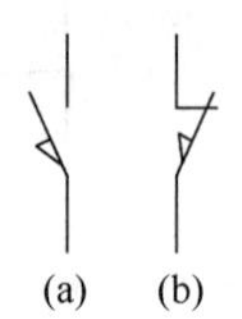

图 7-53　限位开关符号

（3）绘制指示和照明回路

多次调用“块插入”命令，在照明指示层中插入灯符号、转换开关符号、熔断器、动合型按钮、动断型按钮、热继电器辅助常闭触点等；调用“直线”命令，在元件间绘制连接线；调用“单行文字 dt”，进行文字注写；调用“复制”，复制支路之间的距离为 10，复制相关的元件和支路。绘制图形如图 7-54 所示。

当主电路的开关合上时，如果转换开关 SF1 接通，照明灯 EA 亮。照明回路电流过大时，熔断器 FU3 断开，保证电路安全。当立柱松开时，BG4 的常闭接通，使 PG1 亮，指示立柱是松开状态；当立柱夹紧时，BG4 的常开接通，使 PG2 亮，指示立柱是夹紧状态。当主电机带电运转时，QA1 的常开触点闭合，接通电路，使 PG3 亮，表示主轴电动机正在运转。

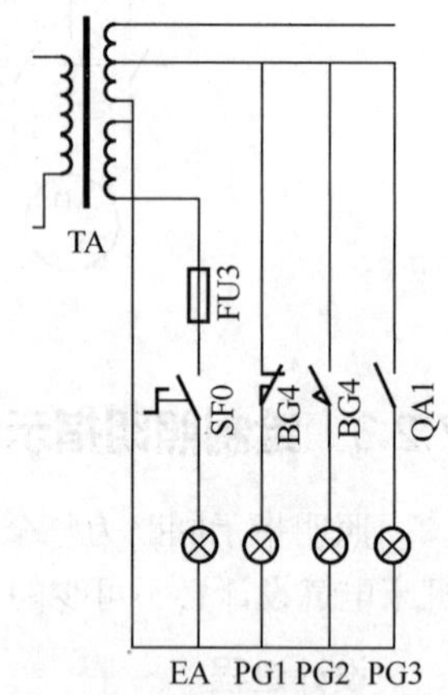

图 7-54　指示和照明回路

7.2.4　控制回路设计

控制线路的作用是使钻床的各个电动机按钻孔的需要运转，控制各个电动机的启停、正反转等。控制线路设计的关键是设计主轴电动机的正反转的自锁和互锁，采用接触器的辅助触点作为互锁控制。

设计过程

（1）设置当前层

选择图层，设“控制回路层”为当前层。

（2）创建图块

① 延时闭合动断触点 调用“插入块”命令，插入“常闭辅助触点图块”；调用“分解”命令，分解图块，如图7-55（a）所示；调用“直线”命令，以斜线的中点为起点绘制一条长为5的水平线，再绘制一条长为3的水平线，如图7-55（b）所示；调用“圆弧arc”命令，以水平线的左端点为圆心，以左边线段的右端点为起点，绘制角度为−53°的弧，如图（c）所示；调用“镜像mi”命令，以水平线，为镜像线镜像弧线，如图（d）所示；调用“复制co”命令，上下复制水平线，复制距离为0.6，如图（e）所示；调用“删除d”命令，删除中间线段；调用“剪切tr”命令，剪切多余线段，结果如图（f）所示。输入“写块W”命令，创建“延时闭合动断触点”图块。

② 延时断开动合触点 调用“复制”命令，复制“延时闭合动断触点”；调用“分解”命令，分解图块，如图7-56（a）所示；调用“镜像”命令，镜像斜线，如图（b）所示；调用“删除”命令，删除多余的线段，调用“剪切”命令，把多余线段剪切掉，结果如图（c）所示。调用“写块W”命令，创建“延时断开动合触点”图块。

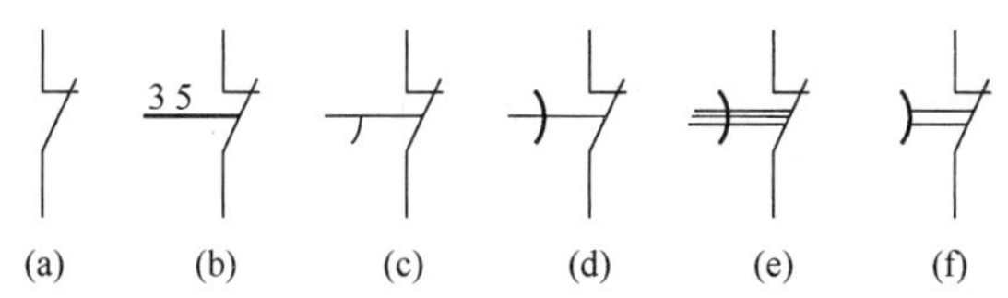

图7-55 延时闭合动断触点符号

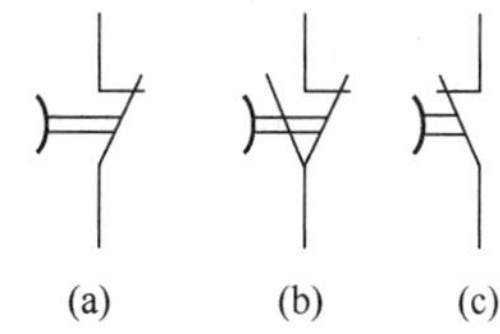

图7-56 延时断开动合触点符号

③ 断电延时线圈 调用“插入块”命令，插入“线圈”图块，如图7-57（a）所示；调用“矩形”命令，以斜线的中点线圈矩形的左上角为起点，绘制宽−2.5、高−5的矩形，如图7-57（b）所示；调用“填充”命令，把小矩形填充成黑色，如图7-57（c）所示。调用“写块W”命令，创建“断电延时线圈”图块。

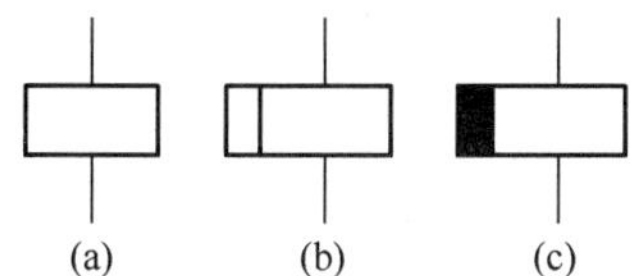

图7-57 断电延时线圈符号

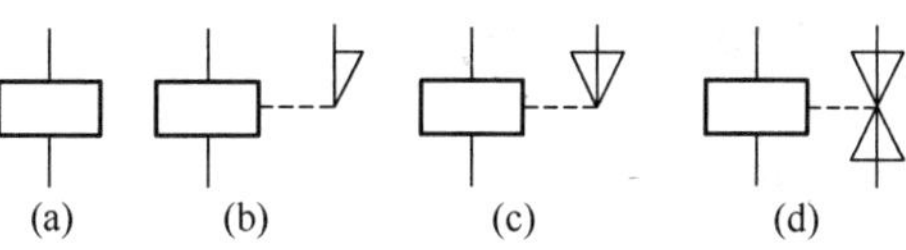

图7-58 电磁阀符号

④ 电磁阀 调用“插入块”命令，插入“线圈”图块，如图7-58（a）所示；调用“直线”命令，以矩形的右中心点为起点绘制一条长7.5的虚线线段，以虚线的右端点为起点，向上绘制一条长为5垂直线，再向右绘制长2.5的水平线，按下<F8>关闭“正交”，捕捉起点，绘制成一个小三角形，捕捉竖直线的上端点，绘制一条长为2.5的竖线，如图7-58（b）所示；调用“镜像”命令，以竖直线为镜像线镜像直角三角形，如图7-58（c）所示；调用“镜像”命令，以水平线为镜像线镜像三角形，结果如图7-58（d）所示。调用“写块W”命令，创建“电磁阀”图块。

（3）绘制控制电路

钻床的控制要求如下：按下启动按钮SF2，接触器QA1吸合并自锁，主轴电动机M1启动并运转；按下停止按钮SF1，接触器QA1释放，主轴电动机M1停转。控制电路要保证在摇臂升降时，先使液压泵电动机启动运转，供出压力油，经液压系统将摇臂松开，然后才使摇臂升降电动机M2启动，拖动摇臂上升或下降。当移动到位后，又要保证M2先停下，再通过液压系统将摇臂夹紧，最后液压泵电动机 M3 停下。主轴箱和立柱的松开和夹紧是同时进行的。按松开按钮 SF5，接触器 QA4 通电，液压泵电动机 M3 正转。与摇臂松开不同，这时电磁阀 MB 并不通电，压力油进入主轴箱松开油缸和立柱松开油缸，推动松紧机构，使主轴箱和立柱松开。行程开关 SQ4 不受压，其常闭触点闭合，指示灯 PG1 亮，表示主轴箱和立柱松开。若要使主轴箱和立柱夹紧，可按夹紧按钮 SF6，接触器 QA5 通电，液压泵电动机 M3 反转。这时，电磁阀 MB 仍不通电，压力油进入主轴箱松开油缸和立柱夹紧油缸，推动松紧机构，使主轴箱和立柱夹紧。同时行程开关 SQ4 被压，其常闭触点断开，指示灯 PG1 灭，常开触点闭合，指示灯 PG2 亮，表示主轴箱和立柱已夹紧，可以进行工作。

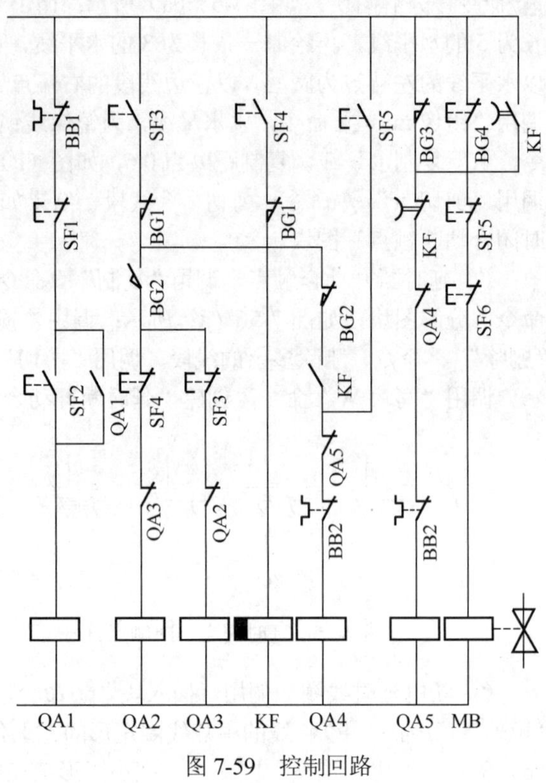

图 7-59　控制回路

调用“复制”命令，复制支路。为避免线圈叠压在一起，支路复制的距离设置为 11，但是延时线圈 KF 与接触器 QA3 线圈间的距离为 13.5。单击状态栏中的“正交”、“对象捕捉”按钮，多次调用“直线”、“复制”等命令，绘制相应的图形。调用“复制”命令，复制文字，并双击文字进行修改。调用“拉伸”命令，把相关图形对齐，使图形更加美观。经过修改，绘制效果如图 7-59 所示。

7.2.5　添加文字说明

（1）设置当前层

设置“文字说明层”为当前层。文字采用“仿宋-GB 2132”字体，大小为 6 号字体。

（2）插入表格

调用“表格”命令，弹出“插入表格”对话框，其中列设置为 8，列宽设置为 40，数据行设置为 1，行高设置为 1，设置单元样式均为数据，其他为缺省值，点击“确定”。根据需要调整各列的宽度，结果如图 7-60 所示。

（3）添加文字

把说明文字添加到表格中，并把表格放置到控制图的上方，根据位置调整各行之间距离，结果如图 7-60 所示。

冷却泵电动机	主轴电动机	摇臂升降电动机	液压泵电动机	照明与指示	主轴电动机控制	摇臂升降控制	主轴箱和立柱摇臂松开与加紧控制

图 7-60　分区说明

至此，Z3040 型摇臂钻床电气原理图设计完毕，如图 7-61 所示。

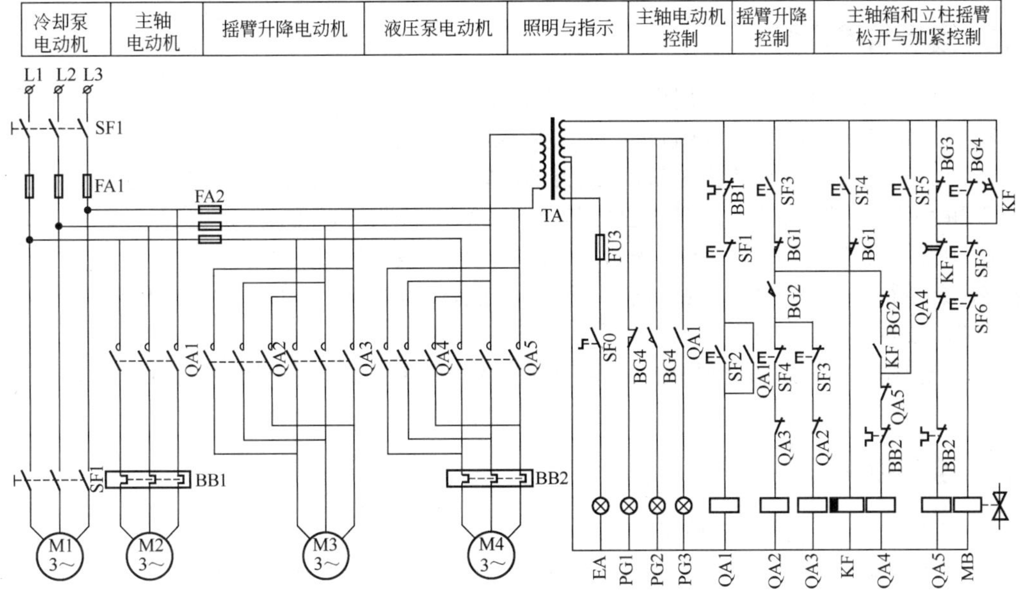

图 7-61　完整的摇臂钻床电气原理图

7.3　数控机床电气图绘制

西门子公司是生产数控系统的著名厂家，其产品有 SINUMERK3、8、810、820、850、880。SINUMERK820 系统是西门子公司推出的适合普通车、铣、磨床控制的，集 CNC 和 PLC 于一体的安全可靠的数控系统。SINUMERK820 控制系统由 CPU 模块、位置控制模块、系统程序存储模块、文字图形处理模块、接口模块、I/O 模块、CRT 显示器及操作面板组成，是结构紧凑、经济、易于实现机电一体化的产品。

图 7-62 所示为 SINUMERK820 控制系统的硬件结构图，下面介绍如何在 AutoCAD 2014 环境下设计这个硬件结构图。

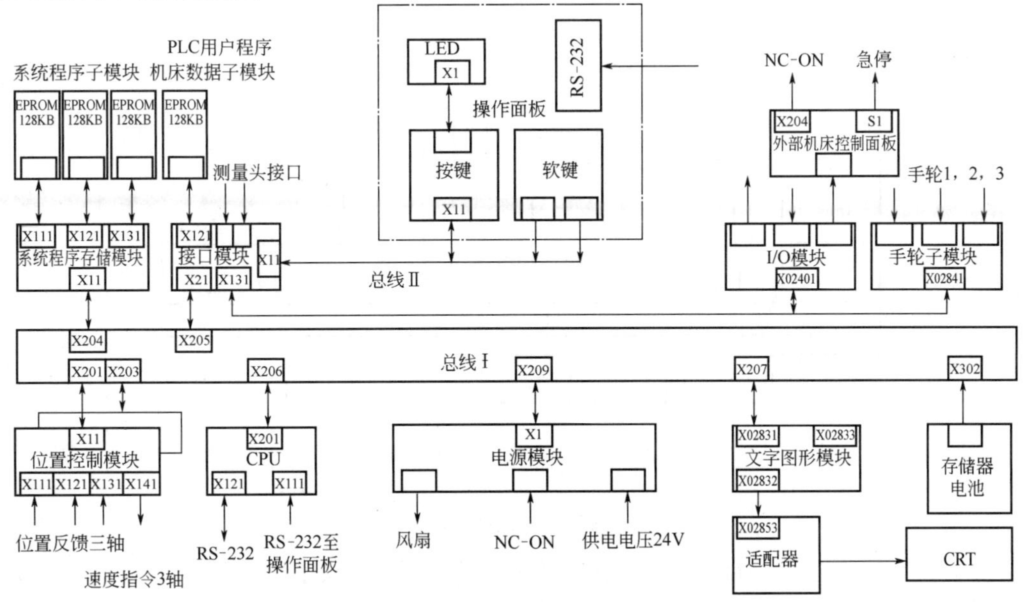

图 7-62　SINUMERK820 控制系统的硬件结构图

7.3.1 配置绘图环境

① 打开 AutoCAD 2014 应用程序，以“A3_title.dwt”样板文件为模板建立新文件。将新文件命名为“SINUMERK820 原理图.dwg”，设置保存路径并保存。

② 在任意工具栏处单击鼠标右键，在打开的快捷菜单中选择“标准”、“对象特性”、“绘图”、“修改”和“标注”这 5 个选项，调出这些工具栏，并将它们移动到绘图窗口的适当位置。

③ 开启“栅格” 单击状态栏中的“栅格”按钮，或者使用快捷键<F7>，在绘图窗口中显示栅格，命令行中会提示“命令：<栅格 开>”。若想关闭栅格，可以再次单击状态栏中的“栅格”按钮，或者使用快捷键<F7>。

④ 新建图层 为了方便图层的管理和操作，本设计项目创建三个图层：模块层、标注层和连线层。

7.3.2 绘制模块

① 将“模块层”设置为当前层。

② 调用“矩形”命令，绘制各个模块。绘制时，对于尺寸相同的模块，只需绘制一个，然后调用“复制”命令，复制即可得到其他模块。绘制完成后，效果如图 7-63 所示，图中各个模块的尺寸如下。

模块 1～4、8：长为 15、宽为 30

模块 5、11～13、18：长为 45、宽为 22.5

模块 1～4、8：长为 15、宽为 30

模块 6、16、21：长为 37.5、宽为 22.5

模块 7：长为 30、宽为 22.5

模块 9、10、19、20：长为 30、宽为 30

模块 14：长为 345、宽为 20

模块 15：长为 50、宽为 22.5

模块 17：长为 90、宽为 22.5

③ 加载线型“ACAD_ISO10W100”，并把其设为当前线型。调用“矩形”命令，绘制一个长和宽均为 90 的矩形（图中点画线），如图 7-63 所示。

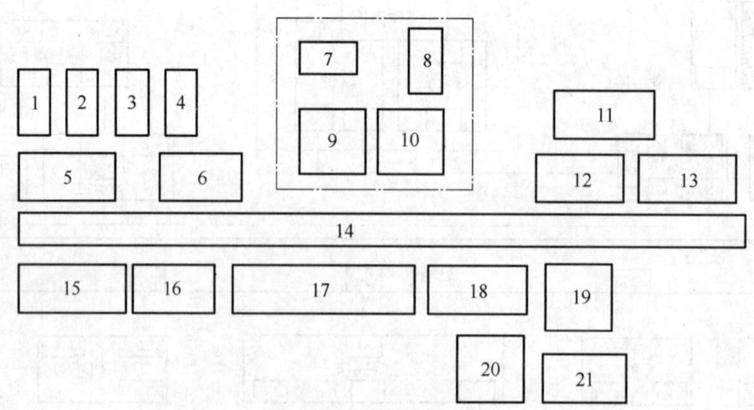

图 7-63 绘制模块

④ 注释模块 选择“标注层”为当前操作层，调用“单行文字”命令，为各个模块添加文字注释，字型选择“宋体”，大小设为 5。相同的文字注释宜选择“复制”命令，可以减少

文字格式的工作量。为模块添加完文字注释后的效果如图 7-64 所示。

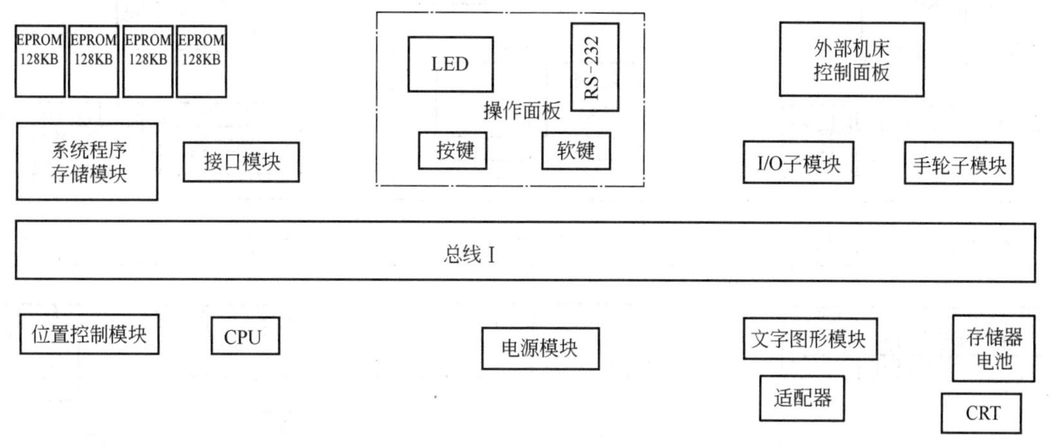

图 7-64　注释模块

7.3.3　绘制模块接口

（1）绘制接口模块

把当前线型改为“BYLAYER”，调用“矩形”命令，绘制一个长为 12、宽为 7.5 的矩形和一个长为 15、宽为 7.5 的矩形。然后调用“复制”命令，将其复制并平移到各个模块中去，效果如图 7-65 所示。

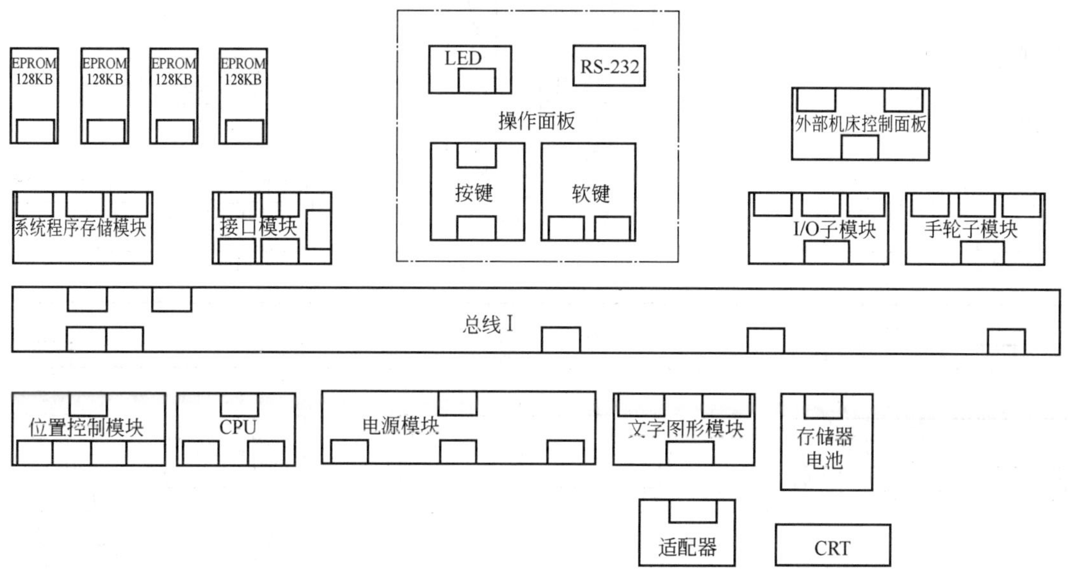

图 7-65　绘制模块接口

（2）注释模块接口

选择“标注层”为当前操作层，调用“单行文字”命令，为各个模块添加文字注释，字型选择“宋体”，大小设为 4，为各个模块接口添加文字注释，添加文字注释后的效果如图 7-66 所示。

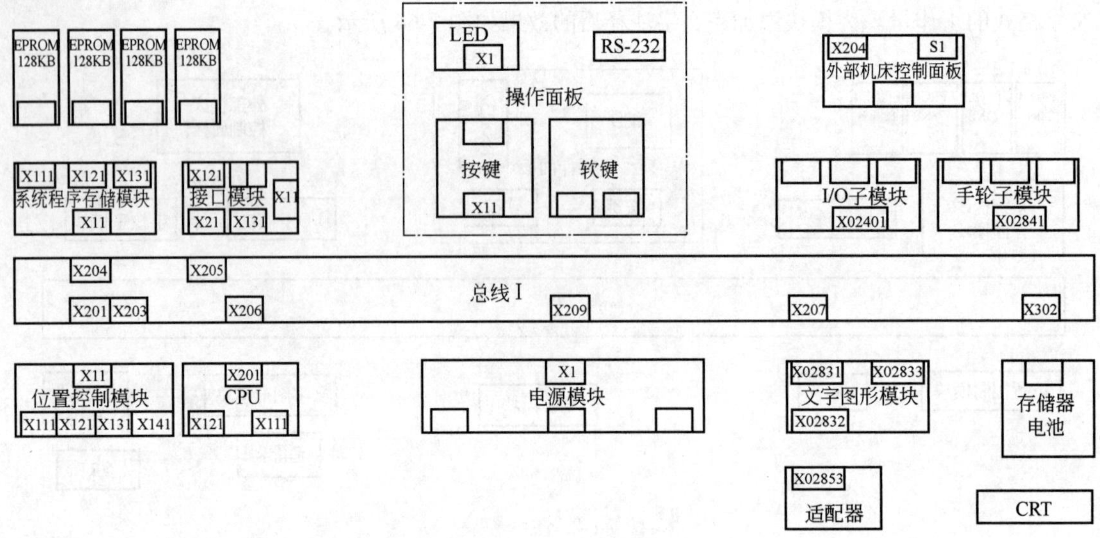

图 7-66　添加接口注释

7.3.4　连接模块

选择“连接层”为当前操作层，调用“多线段”命令，绘制箭头，从一个模块接口引出到达另一个模块接口，按逻辑关系连接各个模块。连接后的效果如图 7-67 所示。

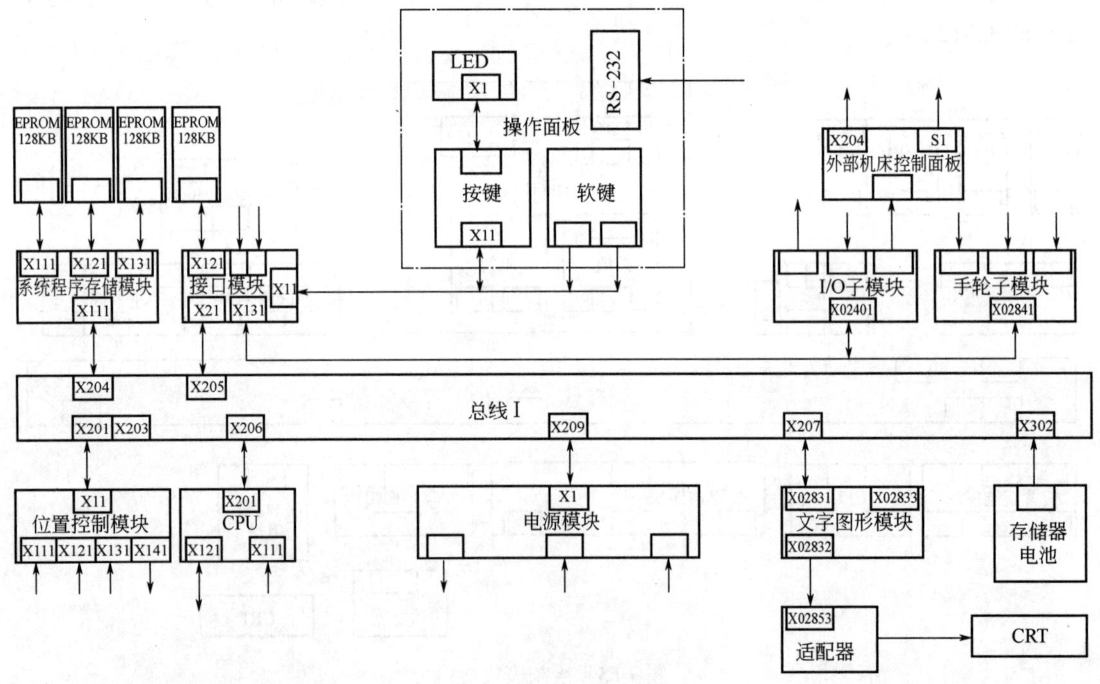

图 7-67　连接模块接口

7.3.5　添加其他文字说明

选择“文字层”为当前操作层，调用“单行文字”A命令，为控制系统图其他地方添加注释，便于图纸的阅读。添加注释后的效果如图 7-62 所示。

第 8 章　建筑电气设计实例

本章将以建筑电气工程设计实例为背景，重点介绍某别墅电气工程图的绘制。该图由浅入深，从制图理论至相关电气专业知识，详细描述该工程图的绘制过程，读者在吸收理论及 CAD 应用技巧的同时，也将对建筑电气工程设计及 CAD 制图有更深层次的认识。

学习重点

- 了解建筑电气工程图各项目的专业知识。
- 学习运用 AutoCAD 的操作技巧。
- 熟悉各建筑电气工程项目之间的制图特点。
- 熟悉各建筑电气工程项目的制图流程。

8.1　建筑电气工程图基本知识

8.1.1　概述

为满足一定的生产生活需要，现代工业与民用建筑中都要安装许多各种不同功能的电气设施，如照明灯具、电源插座、电话、消防控制系统装置、各种工业与民用的动力装置、控制设备、智能系统、娱乐电气设施及避雷装置等。电气工程设施都要经过专业人员专门设计表达在图纸上，这些相关图纸就称为电气施工图（也称电气安装图）。在建筑施工图中，它与给排水施工图、采暖通风施工图一起，通称为设备施工图，其中电气施工图按“电施”编号。

各种电气设施都需表达在图纸中，其主要涉及方面：一是供电、配电线路的规格与敷设方式；二是各类电气设备与配件的选型、规格与安装方式。而导线、各种电气设备及配件等本身在图纸中多数并不是采用其投影制图，而是用国际或国内统一规定的图例、符号及文字表示，可参见相关标志规程的图例说明，亦可于图纸中予以详细说明，并将其标绘在按比例绘制的各种建筑结构投影图中（系统图除外），这也是电气施工图的一个特点。

8.1.2　建筑电气工程项目的分类

建筑电气工程满足了不同的生产生活以及安全等方面的功能，这些功能的实现又涉及了多项更详细具体的功能项目，共同组建这些项目环节，以满足整个建筑电气的整体功能。建筑电气工程一般可包括以下一些项目。

（1）强电工程图设计

主要有照明插座平面图、低压配电系统图、竖向干线系统图、防雷平面图、接地平面图等设计。

（2）综合布线系统设计

主要包括综合布线平面图和综合布线系统图。

（3）楼宇自动化系统设计

主要有电力供应系统的监控与管理、暖通空调系统的监控与管理、照明系统的监控与管理、给排水系统的监控与管理、电梯运行系统的监控与管理。

（4）有线电视与电话系统设计

主要有有线电视（CATV），包括有线电视平面图、有线电视系统图的设计；电话通信系统，包括电话通信平面图、电话通信系统图的设计。

（5）安全防范系统设计

主要有闭路电视监控系统设计和防盗报警系统设计。

（6）火灾自动报警系统设计

主要包括火灾自动报警系统平面图和火灾自动报警系统图。

8.1.3 电气强电系统

电气照明是建筑物的重要组成部分。照明设计的原则是在满足照明质量要求的基础上，正确地选择光源和灯具，充分考虑节约电能、安装方便、使用安全可靠、配合建筑装修和预留照明等因素。

选择光源和灯具，首先应从建筑的功能出发，满足照明质量的要求，在光、色、显示方面适宜，力求视觉舒服、造型美观，并应尽量减少安装费用和节约能源。灯具的位置及形式需与建筑装修设备的空调风口等协调一致，组合成一个整体。

电气照明系统由照明设备和配电线路组成，照明设备可分灯具、开关、插座和配电箱等。根据可视绘图的复杂情况，考虑是否将照明平面图与插座平面图绘制在同一张图上。

（1）照明平面图与插座平面图主要内容

① 照明设备　包括灯具、开关、插座和配电箱等。

② 配电线路　用配电线路把照明设备连接成电气回路。

③ 文字标注　用文字标注电气设备和电气回路。

（2）照明供电设计技术要求

① 每个照明配电箱内最大最小相的负荷电流差不宜超过 30%。

② 应急照明应由两个电源供电。

③ 在照明系统中，每一单相回路负荷电流不宜超过 16A，灯具数量不宜超过 25 个。大型组合灯具每一单相回路负荷电流不宜超过 25A，光源数量不宜超过 10 个。

④ 插座应为单相回路，数量不宜超过 10 个（住宅除外）。

⑤ 在照明系统中，中性线截面宜与相线相同。

⑥ 对于不同回路的线路，不应穿在同一根管内。对照明系统进行布线时，管内导线总数不应多于 8 根。

建筑电气照明图是建筑设计单位提供给施工、使用单位从事电气设备安装和电气设备维护管理的电气图，是电气施工的重要图样。电气照明图描述的对象是照明设备和供电线路，包括电气照明系统图及平面图等。

8.2 某别墅施工说明和主要材料表

为方便施工，首先要绘制施工说明和主要材料表，图形如图 8-1 所示。

（1）建立新文件

打开 AutoCAD 2014 应用程序，以“A2.dwt”样板文件为模板建立新文件，将新文件命名为“强电.dwg”并保存。由于绘图的比例为 1∶100，为方便绘图，调用“缩放”命令，以 A2 图纸的左下角为基点，放大 100 倍。

（2）设置绘图工具栏

在任意工具栏处单击鼠标右键，在打开的快捷菜单中选择“标准”、“图层”、“对象特性”、“绘图”、“修改”和“标注”这 6 个选项，调出这些工具栏，并将它们移动到绘图窗口中的适当位置。

（3）设置图层

一共设置以下图层：“粗实线”、“细实线”、“文字”、“0”。为便于区分，各层设置不同的颜色和线型，设置好的各图层的属性如图 8-2 所示。

（4）说明

把“文字”设置为当前层。调用“多行文字”A命令，设置字体高度为 450，进行说明内容的注写。

新建“表格样式”，不选择标题和表头的创建行列时不合并单元格，标题、表头和数据的字体高度设置为 350。调用“表格”命令，根据需要设置列数，行设为 1，双击单元格，根据内容进行文字注写。

（5）绘制直线

把“动力”设置为当前层。调用“直线”命令，根据文字的长度绘制相应的直线。

（6）创建图块

① 绘制暗装插座

a．调用“直线”命令，绘制一条长为 500 的竖直线，如图 8-3（a）所示。

b．调用“圆弧”命令，以直线的两端端点为起点和端点，以直线的中点为圆心，绘制一个右半弧，如图 8-3（b）所示。

c．调用“直线”命令，以圆弧的端点为起点绘制两条长为 25 的水平线，如图 8-3（c）所示。

d．调用“图案填充”命令，弹出“边界图案填充”对话框，拾取点为圆弧和直线内的一点，将图形填充成绿色实心，如图 8-3（d）所示。

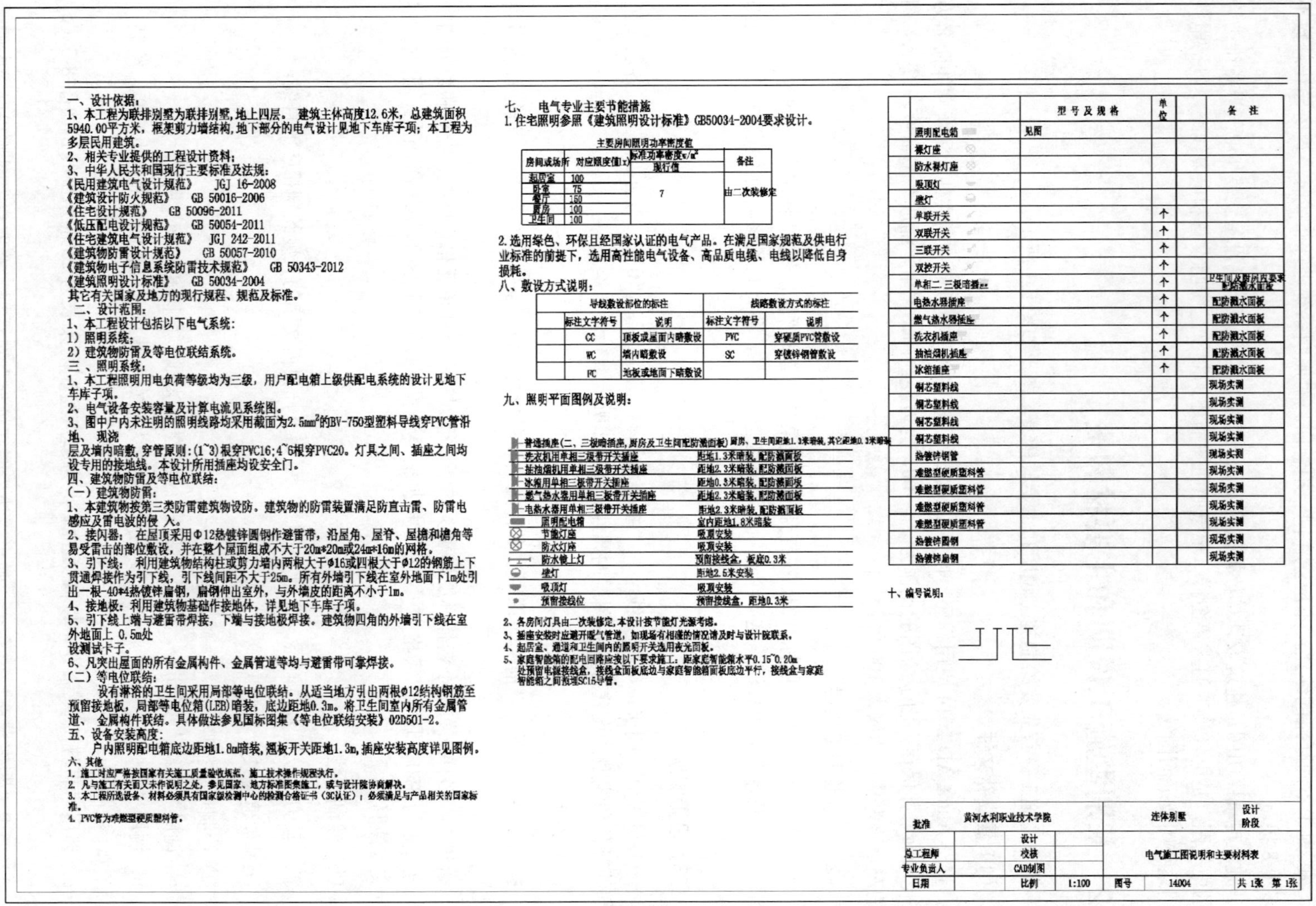

一、设计依据：
1、本工程为联排别墅为联排别墅,地上四层。 建筑主体高度12.6米，总建筑面积5940.00平方米，框架剪力墙结构,地下部分的电气设计见地下车库子项；本工程为多层民用建筑。
2、相关专业提供的工程设计资料；
3、中华人民共和国现行主要标准及法规：
《民用建筑电气设计规范》 JGJ 16-2008
《建筑设计防火规范》 GB 50016-2006
《住宅设计规范》 GB 50096-2011
《低压配电设计规范》 GB 50054-2011
《住宅建筑电气设计规范》 JGJ 242-2011
《建筑物防雷设计规范》 GB 50057-2010
《建筑物电子信息系统防雷技术规范》 GB 50343-2012
《建筑照明设计标准》 GB 50034-2004
其它有关国家及地方的现行规程、规范及标准。
二、设计范围：
1、本工程设计包括以下电气系统：
1）照明系统；
2）建筑物防雷及等电位联结系统。
三、照明系统：
1、本工程照明用电负荷等级均为三级，用户配电箱上级供配电系统的设计见地下车库子项。
2、电气设备安装容量及计算电流见系统图。
3、图中户内未注明的照明线路均采用截面为$2.5mm^2$的BV-750型塑料导线穿PVC管沿地、 现浇
层及墙内暗敷,穿管原则:(1~3)根穿PVC16;4~6根穿PVC20。灯具之间、插座之间均设专用的接地线。本设计所用插座均设安全门。
四、建筑物防雷及等电位联结：
（一）建筑物防雷：
1、本建筑物按第三类防雷建筑物设防。建筑物的防雷装置满足防直击雷、防雷电感应及雷电波的侵 入。
2、接闪器： 在屋顶采用Φ12热镀锌圆钢作避雷带，沿屋角、屋脊、屋檐和檐角等易受雷击的部位敷设，并在整个屋面组成不大于20m*20m或24m*16m的网格。
3、引下线： 利用建筑物结构柱或剪力墙内两根大于ϕ16或四根大于ϕ12的钢筋上下贯通焊接作为引下线，引下线间距不大于25m。所有外墙引下线在室外地面下1m处引出一根-40*4热镀锌扁钢，扁钢伸出室外，与外墙皮的距离不小于1m。
4、接地极：利用建筑物基础作接地体，详见地下车库子项。
5、引下线上端与避雷带焊接，下端与接地极焊接。建筑物四角的外墙引下线在室外地面上 0.5m处
设测试卡子。
6、凡突出屋面的所有金属构件、金属管道等均与避雷带可靠焊接。
（二）等电位联结：
设有淋浴的卫生间采用局部等电位联结。从适当地方引出两根ϕ12结构钢筋至预留接地板，局部等电位箱(LEB)暗装，底边距地0.3m。将卫生间室内所有金属管道、 金属构件联结。具体做法参见国标图集《等电位联结安装》02D501-2。
五、设备安装高度：
户内照明配电箱底边距地1.8m暗装,翘板开关距地1.3m,插座安装高度详见图例。
六、其他
1. 施工时应严格按国家有关施工质量验收规范、施工技术操作规程执行。
2. 凡与施工有关而又未作说明之处，参见国家、地方标准图集施工，或与设计院协商解决。
3. 本工程所选设备、材料必须具有国家级检测中心的检测合格证书（3C认证）；必须满足与产品相关的国家标准。
4. PVC管为难燃型硬质塑料管。

七、 电气专业主要节能措施
1.住宅照明参照《建筑照明设计标准》GB50034-2004要求设计。

主要房间照明功率密度值

房间或场所	对应照度值lx	标准功率密度w/m² 现行值	备注
起居室	100	7	由二次装修定
卧室	75		
餐厅	150		
厨房	100		
卫生间	100		

2.选用绿色、环保且经国家认证的电气产品。在满足国家规范及供电行业标准的前提下，选用高性能电气设备、高品质电缆、电线以降低自身损耗。
八、敷设方式说明：

	导线敷设部位的标注		线路敷设方式的标注	
	标注文字符号	说明	标注文字符号	说明
	CC	顶板或屋面内暗敷设	PVC	穿硬质PVC管敷设
	WC	墙内暗敷设	SC	穿镀锌钢管敷设
	FC	地板或地面下暗敷设		

九、照明平面图例及说明：

图例	说明
普通插座(二、三极暗插座,厨房及卫生间配防溅面板)	厨房、卫生间距地1.3米暗装,其它距地0.3米暗装
洗衣机用单相三极带开关插座	距地1.3米暗装,配防溅面板
抽油烟机用单相三极带开关插座	距地2.3米暗装,配防溅面板
冰箱用单相三极带开关插座	距地0.3米暗装,配防溅面板
燃气热水器用单相三极带开关插座	距地2.3米暗装,配防溅面板
电热水器用单相三极带开关插座	距地2.3米暗装,配防溅面板
照明配电箱	室内距地1.8米暗装
节能灯座	吸顶安装
防水灯座	吸顶安装
防水镜上灯	预留接线盒，板底0.3米
壁灯	距地2.5米安装
吸顶灯	吸顶安装
预留接线位	预留接线盒，距地0.3米

2、各房间灯具由二次装修定,本设计按节能灯光源考虑。
3、插座安装时应避开暖气管道，如现场有相碰的情况请及时与设计院联系。
4、起居室、通道和卫生间内的照明开关选用夜光面板。
5、家庭智能箱的配电回路应按以下要求施工：距家庭智能箱水平0.15~0.20m处预留电源接线盒，接线盒面板底边与家庭智能箱面板底边平行，接线盒与家庭智能箱之间预埋SC15导管。

		型号及规格	单位		备注
	照明配电箱	见图			
	裸灯座				
	防水裸灯座				
	吸顶灯				
	壁灯				
	单联开关		个		
	双联开关		个		
	三联开关		个		
	双控开关		个		
	单相二.三极暗插座		个		卫生间及厨房内要求配防溅水面板
	电热水器插座		个		配防溅水面板
	燃气热水器插座		个		配防溅水面板
	洗衣机插座		个		配防溅水面板
	抽油烟机插座		个		配防溅水面板
	冰箱插座		个		配防溅水面板
	铜芯塑料线				现场实测
	铜芯塑料线				现场实测
	铜芯塑料线				现场实测
	铜芯塑料线				现场实测
	热镀锌钢管				现场实测
	难燃型硬质塑料管				现场实测
	难燃型硬质塑料管				现场实测
	难燃型硬质塑料管				现场实测
	难燃型硬质塑料管				现场实测
	热镀锌圆钢				现场实测
	热镀锌扁钢				现场实测

十、编号说明：

批准	黄河水利职业技术学院			连体别墅		设计阶段
		设计		电气施工图说明和主要材料表		
总工程师		校核				
专业负责人		CAD制图				
日期		比例	1:100	图号	14004	共 1张 第 1张

图8-1 电气施工说明和主要材料

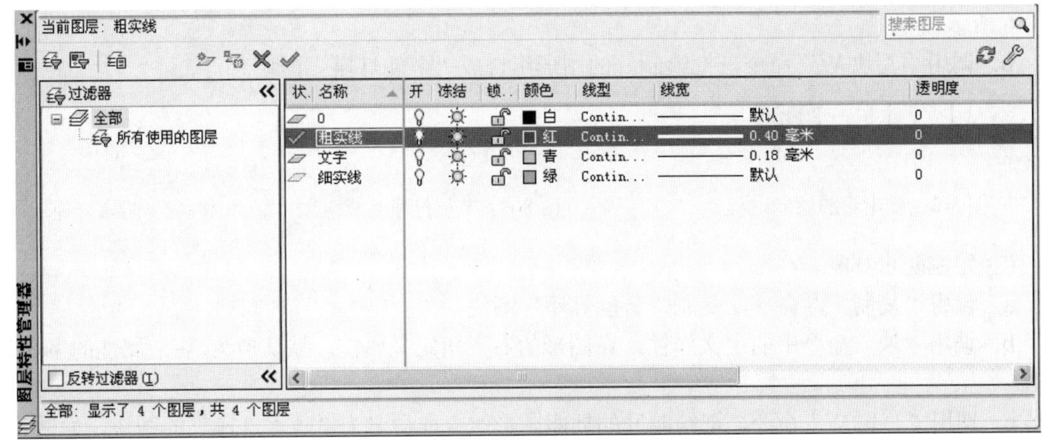

图 8-2　图层的设置

e．调用“直线”命令，以圆弧中点为起点绘制长为 250 的水平线和竖直线，如图 8-3（e）所示。

f．调用“镜像”命令，以水平线为镜像线镜像竖直线，如图 8-3（f）所示。

g．调用“写块 W”命令，把绘制好的插座图形组合成命名为“单相插座”的图块。

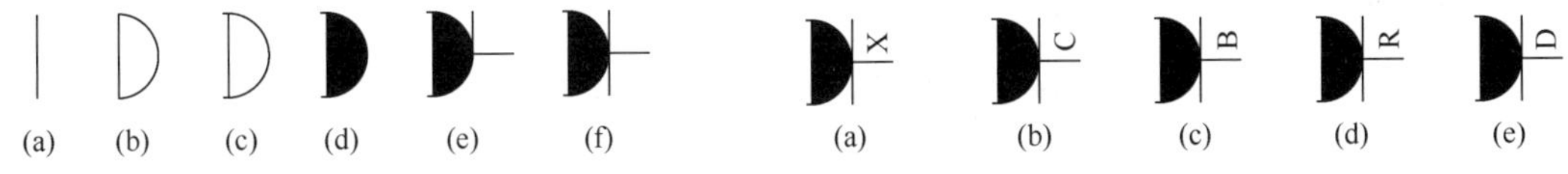

图 8-3　单相插座的绘制过程

图 8-4　其他插座的绘制过程

② 绘制其他暗装插座

a．调用“复制”命令，复制“单相插座”，在图形的左上角定义属性，默认值为 K，属性的字高为 200。调用“写块 W”命令，把绘制好的插座图形组合成命名为“其他插座单相插座”的图块。插入“其他插座单相插座”图块，属性修改为“X”，就是“洗衣机用单相三极带开关插座”，如图 8-4（a）所示。

b．插入“其他插座单相插座”图块，属性修改为“C”，就是“抽油烟机用单相三极带开关插座”，如图 8-4（b）所示。

c．插入“其他插座单相插座”图块，属性修改为“B”，就是“冰箱用单相三极带开关插座”，如图 8-4（c）所示。

d．插入“其他插座单相插座”图块，属性修改为“R”，就是“燃气热水器用单相三极带开关插座”，如图 8-4（d）所示。

e．插入“其他插座单相插座”图块，属性修改为“D”，就是“电热水器用单相三极带开关插座”，如图 8-4（e）所示。

f．调用“写块 W”命令，把绘制好的插座图形组合成相应的图块。

③ 绘制配电箱

a．调用“矩形”命令，绘制长为 600、宽为 240 的矩形，如图 8-5（a）所示。

b．调用“图案填充”命令，将矩形填充成绿色实心矩形，如图 8-5（b）所示。

c．调用“写块 W”命令，把绘制好的图形组合成“配电箱”图块。

④ 绘制节能灯座

a．调用“插入块”命令，插入“信号灯”图块；调用“缩放”命令，放大 100 倍，如

图 8-6 所示。

b．调用“写块 W”命令，把绘制好的图形组合成“节能灯座”图块。

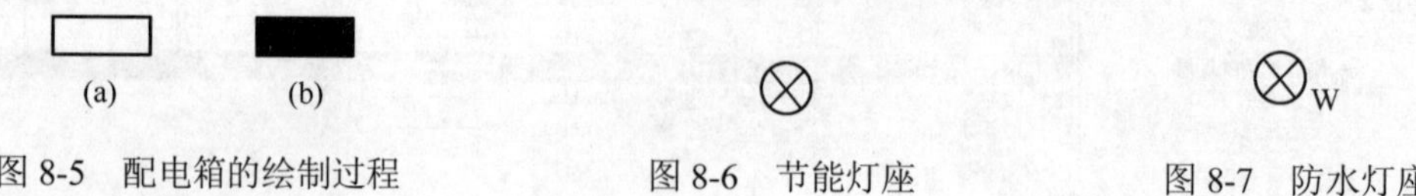

图 8-5　配电箱的绘制过程　　图 8-6　节能灯座　　图 8-7　防水灯座

⑤ 绘制防水灯座

a．调用“复制”命令，复制“节能灯座”图块。

b．调用“块”命令中的定义属性，在图形的右下角定义属性，默认值为 W，属性的字高为 200。

c．调用“写块 W”命令，把绘制好的插座图形组合成命名为“防水灯座”的图块，如图 8-7 所示。

⑥ 绘制防水镜上灯

a．调用“多段线”命令，绘制一条宽度为 56、长 960 的直线，如图 8-8（a）所示。

b．调用“直线”命令，以水平线的左端点为起点绘制一条长为 100 的竖直线，如图 8-8（b）所示。

c．调用“复制”命令，复制竖直线如图 8-8（b）所示；再次调用“复制”命令，复制左边的线段到右边，如图 8-8（c）所示。

d．调用“直线”命令，以水平线的中点为起点向下绘制一条长为 165 的竖直线，如图 8-8（d）所示。

e．调用“多段线”命令，以竖直线的下端点为起点绘制一条宽度为 56、长 100 的水平线；调用“复制”命令，复制水平线，如图 8-8（e）所示。

f．调用“块”命令中的定义属性，在图形的右下角定义属性，默认值为 W，属性的字高为 200。调用“写块 W”命令，把绘制好的图形组合成命名为“防水镜上灯”的图块，如图 8-8（f）所示。

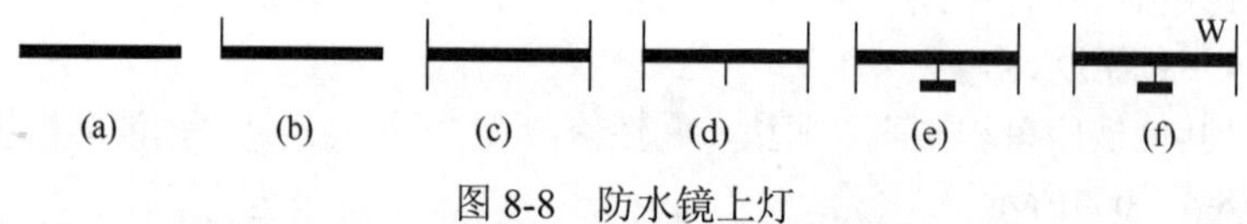

图 8-8　防水镜上灯

⑦ 绘制壁灯

a．调用“圆”命令，绘制一半径为 200 的圆，如图 8-9（a）所示。

b．调用“直线”命令，以圆的象限点为端点绘制一条水平线，如图 8-9（b）所示。

c．调用“图案填充”命令，将下半圆填充成实心。调用“写块 W”命令，把绘制好的图形组合成命名为“壁灯”的图块，如图 8-9（c）所示。

⑧ 绘制吸顶灯

a．调用“复制”命令，复制“壁灯”图块如图 8-10（a）所示。

图 8-9　壁灯　　图 8-10　吸顶灯

b．调用“修剪”命令，以辅助线为剪切边，把上半圆剪切掉，如图 8-10（b）所示。调

用“写块 W”命令，把绘制好的图形组合成命名为“吸顶灯”的图块。

⑨ 绘制预留接线位

a. 调用“圆”命令，绘制一半径为 100 的圆，如图 8-11（a）所示。

b. 调用“图案填充”命令，将圆填充成实心。调用“写块 W”命令，把绘制好的图形组合成命名为“预留接线位”的图块，如图 8-11（b）所示。

⑩ 绘制单联开关

a. 调用“圆”命令，绘制直径为 80 的圆，如图 8-12（a）所示。

b. 按“F10”打开“极轴追踪”，设置“追逐角”为 45°；调用“直线”命令，以圆心为起点绘制水平长为 350、角度为 45° 的线段，再根据追逐绘制垂直于斜线的长为 80 的线段，如图 8-12（b）所示。

图 8-11　预留接线位　　图 8-12　单联开关

c. 调用“剪切”命令，把圆内的多余线段剪切掉，如图 8-12（c）所示。

d. 调用“图案填充”命令，将圆填充成实心。调用“写块 W”命令，把绘制好的图形组合成命名为“单联开关”的图块，如图 8-12（d）所示。

⑪ 绘制双联开关和三联开关

a. 调用“复制”命令，复制“单联开关”图块；调用“分解”命令，分解图块，如图 8-13（a）所示。

b. 调用“偏移”命令，选择最上面的斜线向下偏移 60，得到双联开关，如图 8-13（b）所示。

c. 调用“偏移”命令，选择最下面的斜线向下偏移 60，得到三联开关，如图 8-13（c）所示。

d. 调用“写块 W”命令，选择相应的图形命名为“双联开关”和“三联开关”的图块。

⑫ 绘制双控开关

a. 调用“复制”命令，复制“双联开关”图块；调用“分解”命令，分解图块，如图 8-14（a）所示。

b. 调用“剪切”命令，以第二条斜线为剪切线，把上面部分剪切掉；调用“删除”命令，把上面的斜线删除掉，结果如图 8-14（b）所示。

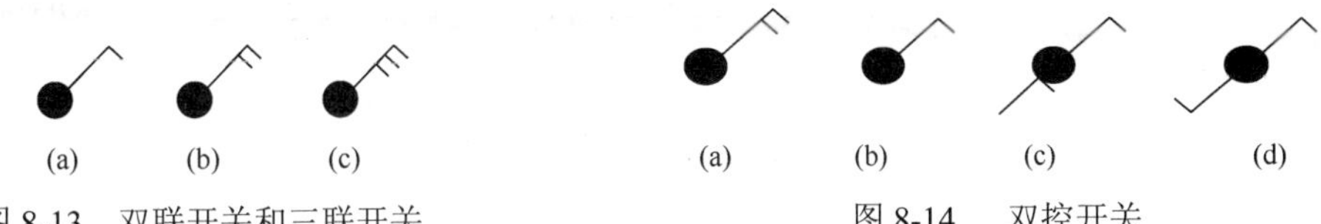

图 8-13　双联开关和三联开关　　图 8-14　双控开关

c. 调用“复制”命令，注意此时的“极轴追踪”设置角度为 45°，以上面的端点为基点复制到 45° 追踪线与圆的交点，结果如图 8-14（c）所示。

d. 调用“移动”命令，把小短线移动到下端点，结果如图 8-14（d）所示。

e. 调用“写块 W”命令，选择相应的图形命名为“双控开关”的图块。

（7）放置图块

调用“移动”和“复制”命令，把图块放置在表内，调整到合适的位置，这样就完成了说明和主元件的图形绘制，如图 8-1 所示。

8.3 配电箱系统图

8.3.1 室内照明供电系统的组成

① 接户线和进户线　从室外的低压架空供电线路的电线杆上引至建筑物外墙的支架的这段线路称为接户线，它是室外供电线路的一部分。从外墙支架到室内配电盘这段线路称为进户线，进户线的位置就是建筑照明供电电源的引入线。进户位置距低压架空电线杆应尽可能近一些，一般从建筑物的背面或侧面进户。多层建筑物采用架空线引入电源，一般由二层进户。

② 配电箱　是接收和分配电能的装置。在配电箱里一般装有空气开关、断路器、计量表、电源指示灯等。

③ 干线　从总配电箱引至分配电箱的一段供电线路称为干线。干线的布置有放射式、树干式和混合式。

④ 支线　从分配电箱引至电灯等照明设备的一段供电线路称为支线，也称之回路。一般建筑物的照明供电线路主要是由进户线、总配电箱、计量箱、配电箱、配电线路以及开关、插座、电气设备等用电电器组成。照明供电系统图如图 8-15 所示。

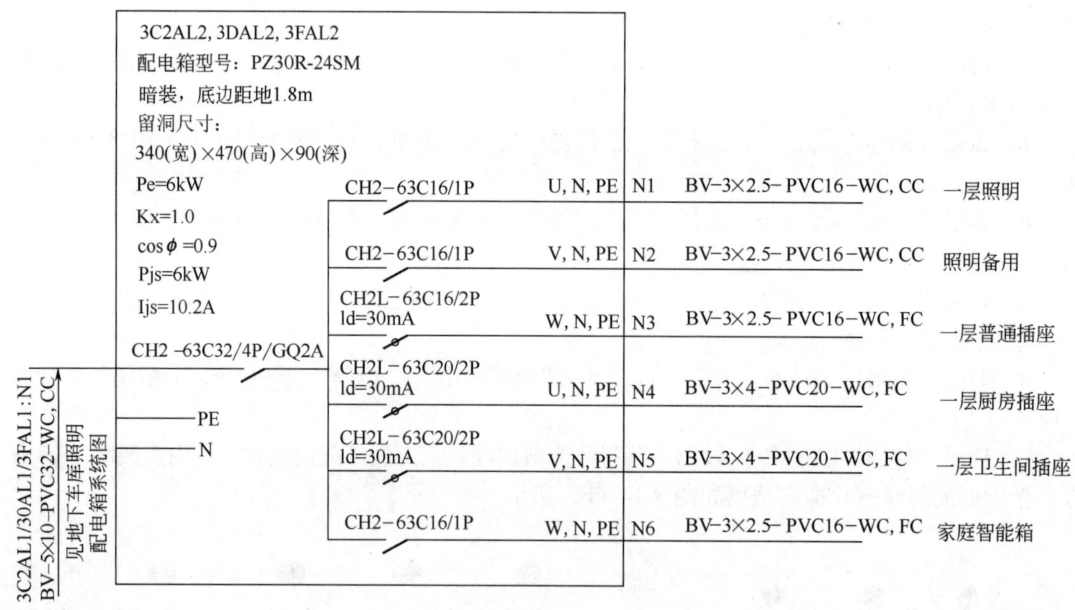

图 8-15　照明供电系统图

为了管理方便，一个文件下可以放置多张图纸，故调用“复制”命令，复制“说明书和材料表”图形到旁边；调用“删除”命令，把图形中不用的内容删除掉；双击“标题栏”中的图形说明，修改为“配电箱系统图”。

8.3.2 创建图块

（1）绘制断路器

① 打开“正交”<F8>，调用“多段线”命令，设置线宽为 50，绘制一条长为 375 的水

平线，如图 8-16（a）所示。

② 打开“对象捕捉追踪”，打开“对象捕捉”，调用“多段线”命令，追踪线段的左端点，绘制间距为 750、长度为 375 的水平线，如图 8-16（b）所示。

③ 关闭“正交”，调用“多段线”命令，以右边线段的左端点为起点，绘制长度为 900、角度为 156° 的向下的斜线，如图 8-16（c）所示。

④ 打开“极轴”，设置极轴角度为 45°，以左边线段的右端点为起点，绘制一条长度为 100 的 45° 的线段，如图 8-16（d）所示。

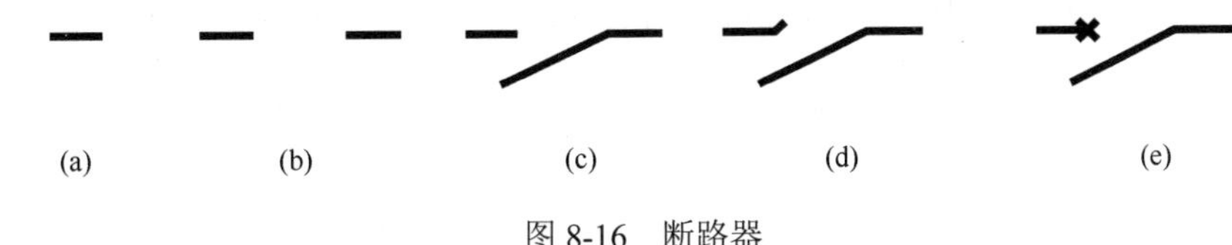

图 8-16　断路器

⑤ 调用“阵列”命令，以 45° 线段为对象，设置项目为 4 进行阵列，如图 8-16（e）所示。

⑥ 调用“写块 W”命令，选择相应的图形命名为“断路器”的图块。

（2）绘制防水断路器

① 调用“复制”命令，复制“断路器”的图块，结果如图 8-17（a）所示。

② 打开“对象捕捉追踪”，打开“对象捕捉”，调用“圆”命令捕捉斜线的下端点，沿着斜线得到追踪线，设置距离为 350，绘制半径为 90 的圆，结果如图 8-17（b）所示。

图 8-17　防水断路器

③ 调用“写块 W”命令，选择相应的图形命名为“防水断路器”的图块。

8.3.3　绘制支路

（1）绘制线段

打开“正交”，调用“多段线”命令，设置线宽为 50，绘制一条长为 5500 的水平线；调用“复制”命令，复制“断路器”的图块到线段的右端；调用“多段线”命令，绘制一条长为 1400 的水平线，再向上绘制长 3750 的竖直线，再向右绘制长度为 1000 的水平线；调用“复制”命令，复制“断路器”的图块到线段的右端；调用“多段线”命令，绘制一条长为 11000 的水平线，结果如图 8-18 所示。

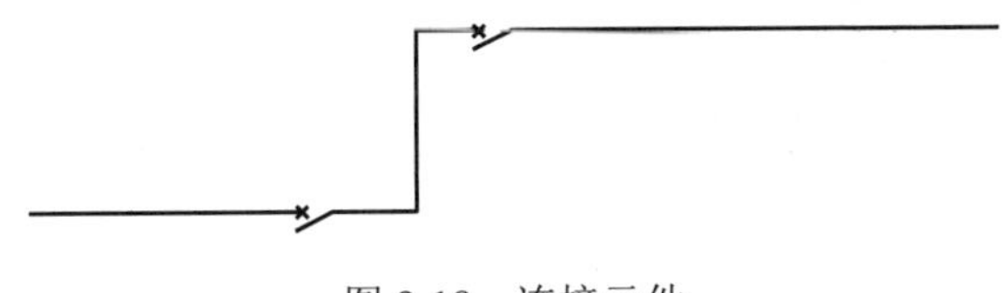

图 8-18　连接元件

（2）注写文字

调用“单行文字”命令或在命令行中输入“dt”进行单行文字的注写，字高设置为 400；调用“复制”命令，把文字复制放置到相应的位置；双击文字对文字内容进行编辑；调用“特性”命令选中中文字体，修改字高为 600，使字体看上去更协调，结果如图 8-19 所示。

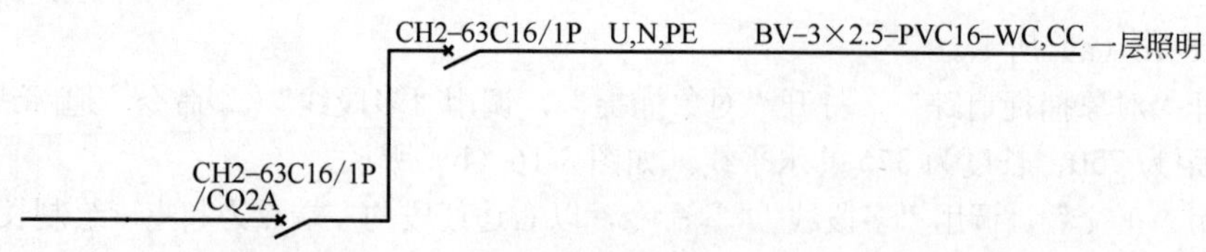

图 8-19　插入文字

（3）复制支路

调用“复制”命令，复制支路，复制距离为1500，并修改相应的文字，结果如图 8-20 所示。

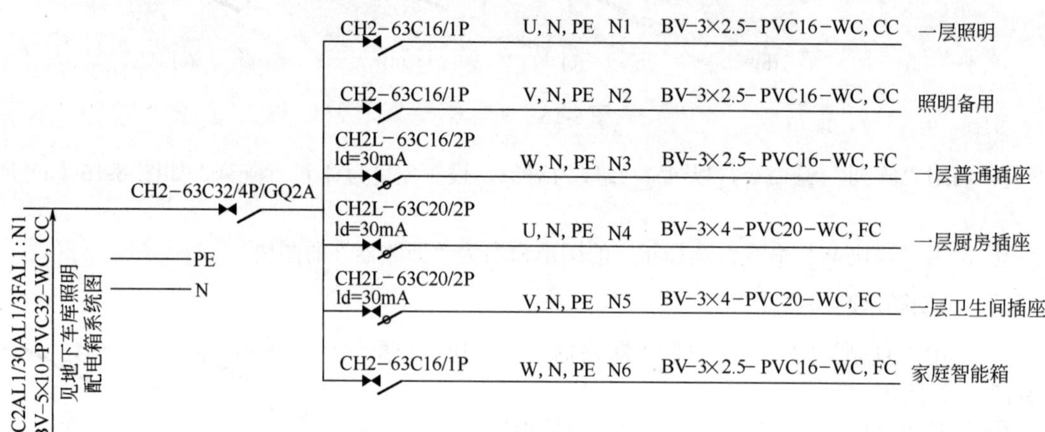

图 8-20　复制支路

（4）输入多行文字

调用“多行文字”命令输入多行文字。为使字体看上去更协调，数字和字母字高为400，汉字字高为500；调用“矩形”命令，绘制一个矩形代表配电箱，结果如图 8-21 所示。

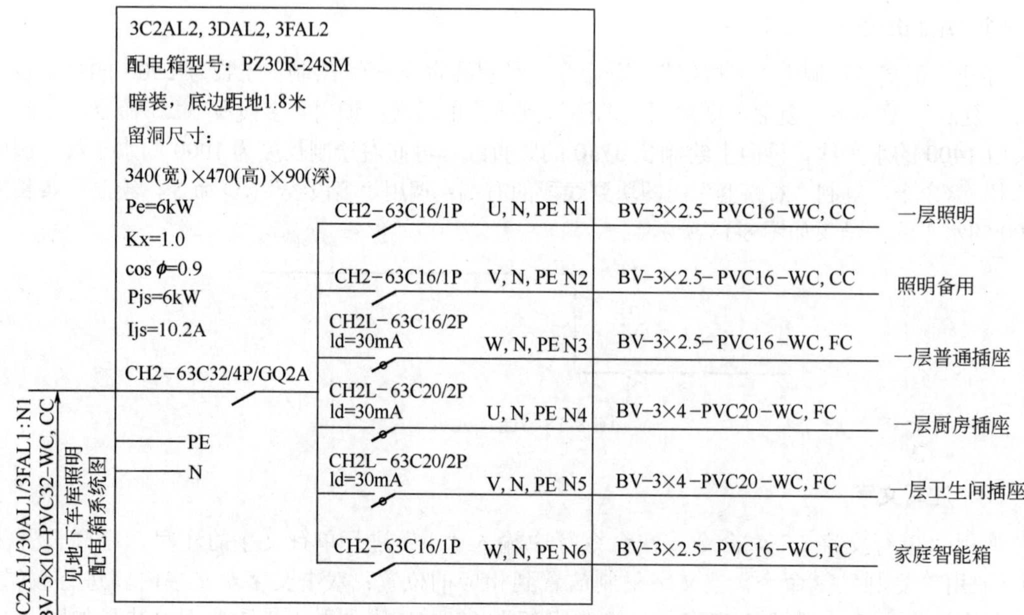

图 8-21　控制箱说明

其他楼层与此相似，不再叙述。

8.4　强电图（包括照明、插座、等电位连接、防雷）

8.4.1　设置绘图环境

（1）建立新文件

打开 AutoCAD 应用程序，以“A3.dwt”样板文件为模板建立新文件，将新文件命名为“强电.dwg”并保存。

（2）设置绘图工具栏

在任意工具栏处单击鼠标右键，在打开的快捷菜单中选择“标准”、“图层”、“对象特性”、“绘图”、“修改”和“标注”这 6 个选项，调出这些工具栏，并将它们移动到绘图窗口中的适当位置。图纸的比例为 1∶100。为方便绘图，按实际尺寸绘制图像，调用“比例”命令，放大 100 倍。

（3）设置图层

共设置以下图层：“轴线”、“墙体”、“柱子”、“标注”、“门窗”、“散水”、“设备”、和“标注”。为便于区分，各层设置不同的颜色和线型。设置好的各图层的属性如图 8-22 所示。注意：特性中的颜色、线型、线宽一定要设置为“bylayer”，这样特性才可以随着图层的改变而改变，不要把特性设置为固定的某个特性。

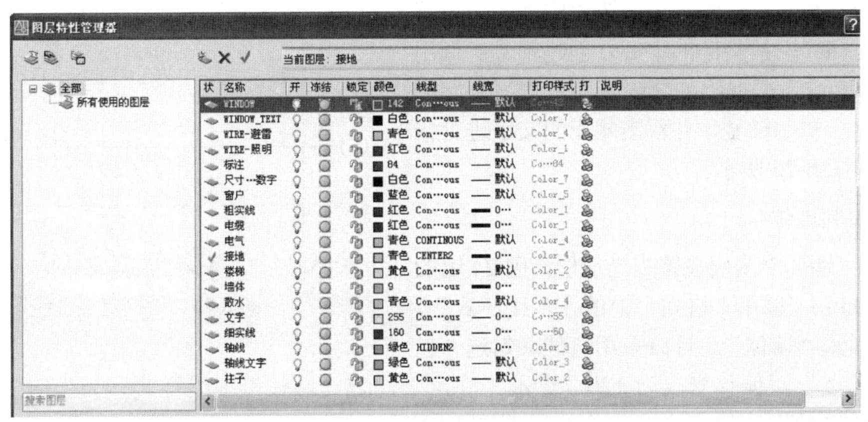

图 8-22　图层的设置

8.4.2　绘制建筑平面图

在实际工程中建筑平面图由建筑专业绘制，并发给电气专业，在这里由我们自己来完成建筑平面图的绘制。

（1）绘制定位轴线、轴号

① 将“轴线”图层设置为当前层，应为淡绿色。设置线型，把线型比例设置为 100。调用“直线”命令，在窗口中进行轴线的绘制。打开状态栏中的“正交”或按<F8>快捷键绘制两条相互垂直的线，如图 8-23 所示。

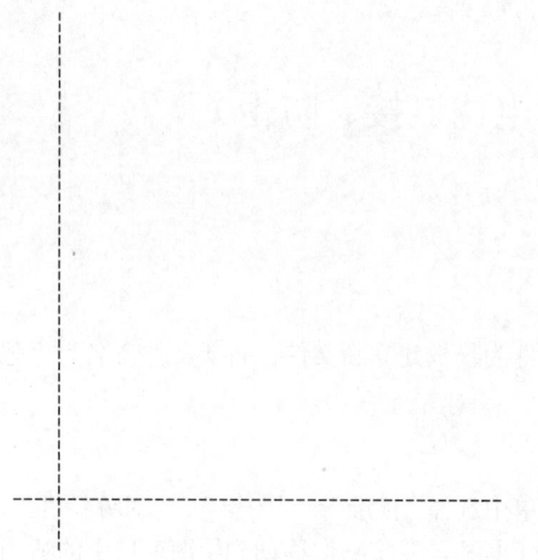

图 8-23　相互垂直的轴线

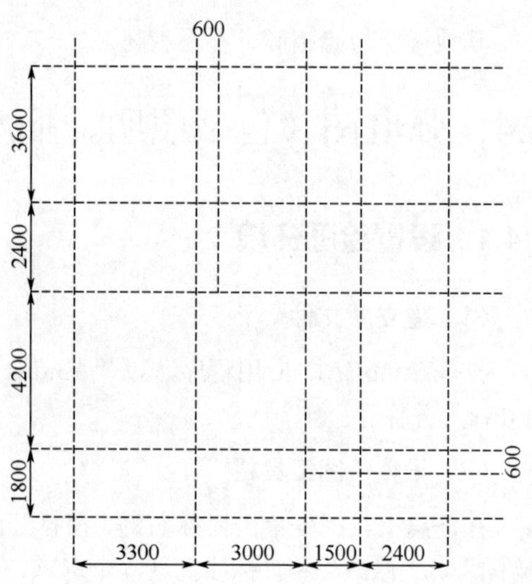

图 8-24　复制轴线

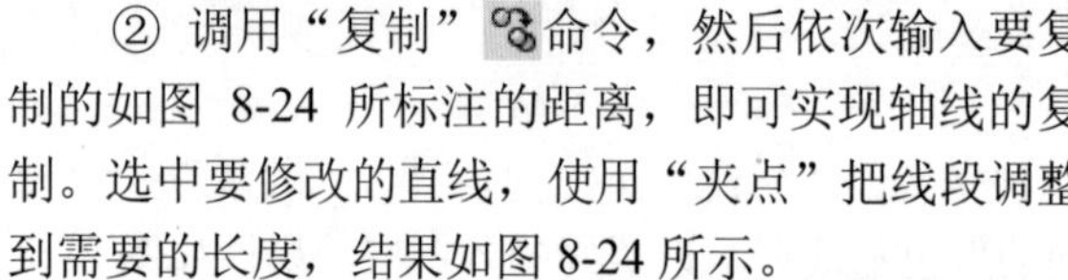

② 调用“复制”命令，然后依次输入要复制的如图 8-24 所标注的距离，即可实现轴线的复制。选中要修改的直线，使用“夹点”把线段调整到需要的长度，结果如图 8-24 所示。

③ 将“轴线文字”图层设置为当前层。调用“圆”命令，绘制半径为 400 的圆，调用“单行文字 dt”命令，设置文字对正方式为“中间”，设置字体高度为 450，捕捉圆的中心，创建轴号；调用“复制”命令，捕捉圆的象限点为基点，复制到轴线的端点，复制轴号，并双击相应的文字进行修改，结果如图 8-25 所示。

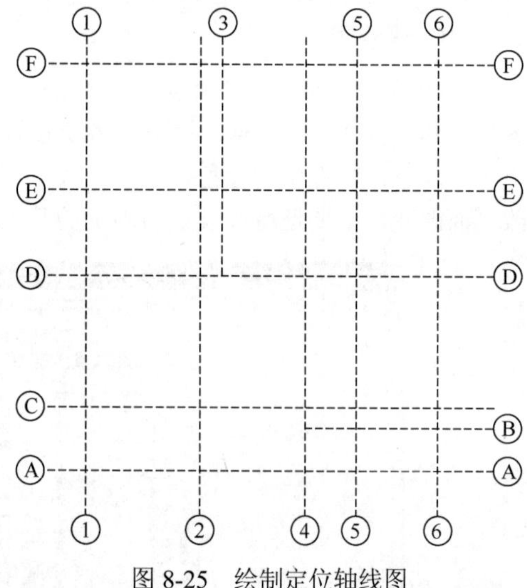

图 8-25　绘制定位轴线图

（2）绘制墙体

① 将“墙体”图层设置为当前层。因 24 墙的宽度为 240mm，调用“格式”中的“多线样式”，新建多线样式“墙体”，封口采用直线，勾选“起点”和“终点”，偏移修改为 120，点击“确定”，把“墙体”多线样式置为当前多线样式。调用菜单栏“绘图”→“多线”命令，或在命令行输入“ml”回车，先观察命令行中的当前设置是什么（如命令行中提示为：当前设置：对正=上，比例=20.00，样式=墙体），这说明对正的设置不符合设计要求，设计要求是多线按照中间对正，比例是 20；这也不符合设计时的要求，设计时的比例应该为 1。修改多线的样式如下：

```
指定起点或 [对正(J)/比例(S)/样式(ST)]:  j
输入对正类型[上(T)/无(Z)/下(b)]<上>:Z
指定起点或 [对正(J)/比例(S)/样式(ST)]:S
输入多线比例 <20>:1
```

为了方便多线的修改，防止出现多个多线对角的情况，在绘制多线时可按一个方向进行绘制。在绘制墙体时采用留门不留窗的方式进行绘制。

调用对象追踪，打开“正交”和“对象捕捉”，从 2-C 交点的左偏移 750 开始绘制多线，沿着轴线进行绘制，到起始点 1500 处结束（如果中间断，可以接着绘制，双击多线，进入多线修改到需要的图形），如图 8-26 所示。

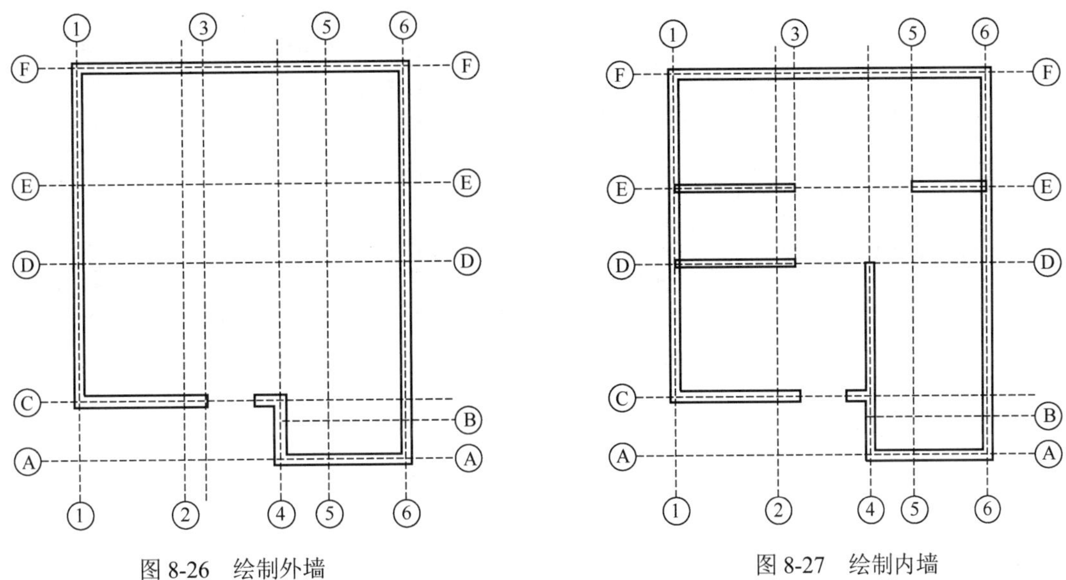

图 8-26　绘制外墙　　　　图 8-27　绘制内墙

打开“正交”和“对象捕捉”，沿着轴线绘制从 1-D 到 3-D 的墙体、从 1-E 到 3-E 的墙体、从 4-C 到 4-D 的墙体，如图 8-27 所示。

打开“正交”和“对象捕捉”，沿着轴线从 3-E 开始向上绘制 360 的墙体，从 4-D 开始向右绘制 360 的墙体，从 5-F 开始向下绘制 1000 的墙体，从 5-D 开始向上绘制 800 的墙体，如图 8-28 所示。

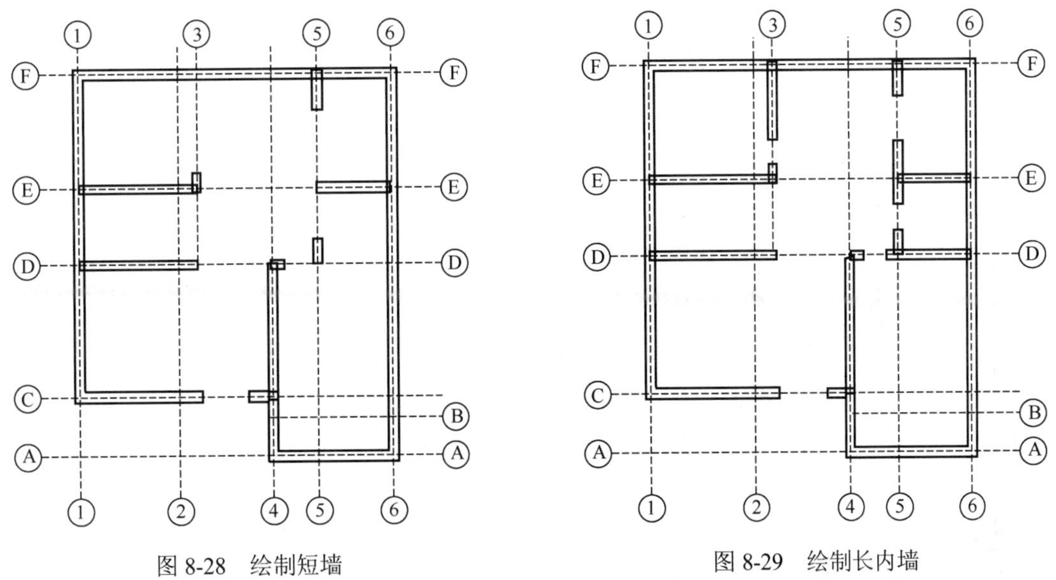

图 8-28　绘制短墙　　　　图 8-29　绘制长内墙

打开“正交”、“对象捕捉”和“捕捉自”，除去卧室 900 门洞、厨房 1500 门洞、卫生间 800 门洞，绘制相应的墙体，如图 8-29 所示。

双击相应的多线，进入多线编辑命令，选择需要的图形进行编辑，结果如图 8-30 所示。

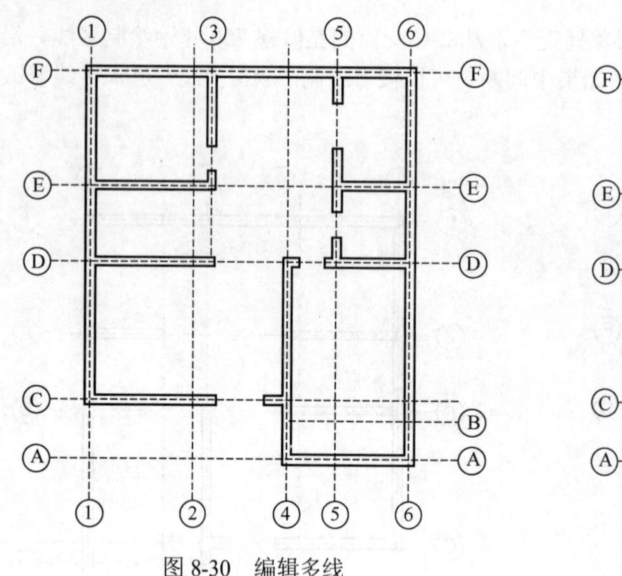

图 8-30　编辑多线

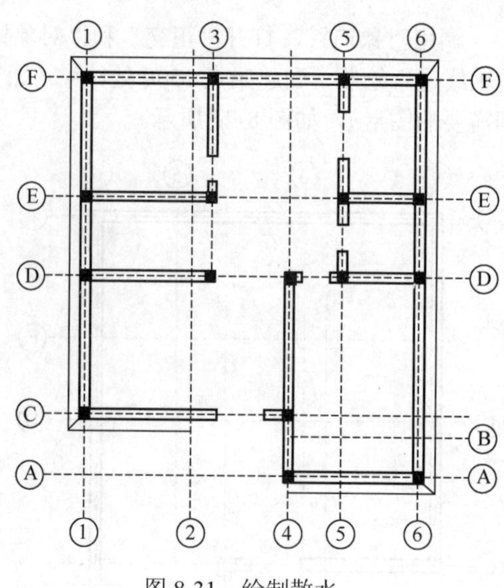

图 8-31　绘制散水

② 绘制柱子和散水　将“柱子”图层设置为当前层。调用“矩形”命令，绘制边长为 240 的正方形；调用“图案填充”命令，选择图案“SOLID”，选择样例为黄色，对象为柱子，截面进行填充。调用“写块 W”命令，将绘制好的柱子做成图块保存起来。调用“复制”命令，将柱子布置到合适的位置。

将“散水”图层设置为当前层。调用“直线”命令，绘制房子四周的散水（其中散水宽为 500）。结果如图 8-31 所示。

（3）绘制窗户

将“窗户”图层设置为当前层。

① 创建“窗户”图块　打开“格式”中的“多线样式”，新建“窗户”多线样式，继承“墙体”的多线样式，添加两条距离为 40 和−40 的实线。

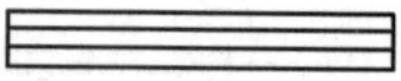

图 8-32　绘制窗户

调用“多线 ML”命令（确认当前设置为：对正=无，比例=1.00，样式=窗户，否则进行修改），绘制长为 1800 的多线，如图 8-32 所示。调用“写块 W”命令，命名为“1800 窗户”。同样，绘制“1500 窗户” 和“1200 窗户”图块。

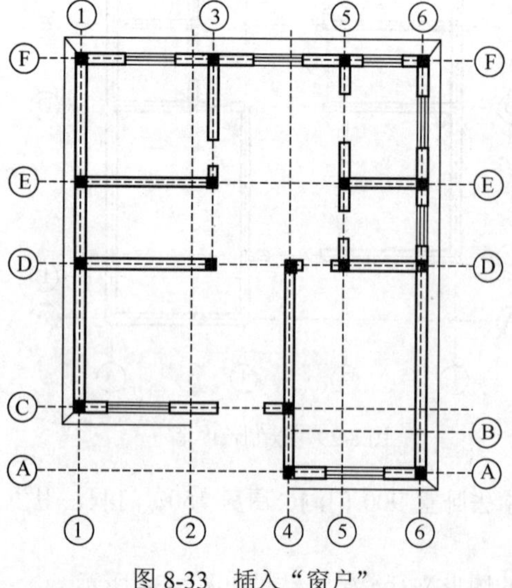

图 8-33　插入“窗户”

② 插入“窗户”图块　把窗户放置在房间墙体的中间，在客厅和南卧室放置 1800 窗户，北边放置 1500 窗户，厨房和卫生间为 1200 窗户，效果如图 8-33 所示。

③ 绘制 900 单扇门　调用“直线”命令，绘制一条长为 891 的竖直线，如图 8-34（a）所示；调用“直线”命令，长边为 74、短边为 37 的门套图形如图 8-34（b）所示；调用“镜像”命令，对门套进行镜像，如图 8-34（c）所示；调用“矩形”命令，绘制一个长为 743、宽为 37 的矩形，放置在下边，如图 8-34（d）所示；调用“矩形”命令，距左端的 111 的地方绘制一个长为 143、宽为 31 的矩形，如图

8-34（e）所示；调用“镜像”命令，对小矩形进行镜像；调用“删除”命令，删除竖直线，结果如图 8-34（f）所示；调用“圆弧”命令，绘制已知起点和端点角度为 90° 的弧，效果如图 8-34（g）所示。调用“写块 W”命令，命名为“900 门”。同样调用“”缩放命令，可以得到其他尺寸的单扇门。

④ 绘制 1500 双扇门

a. 调用“复制”命令，复制“900 单扇门”图块；调用“”缩放命令，缩放比例为 750/900，得到缩小后的门，如图 8-35（a）所示。

b. 调用“镜像”命令，进行镜像得到双扇门；调用“”缩放命令，缩放比例为 1500/1423，得到总宽为 1500 的双扇门，结果如图 8-35（b）所示。调用“写块 W”命令，命名为“1500 双扇门”。

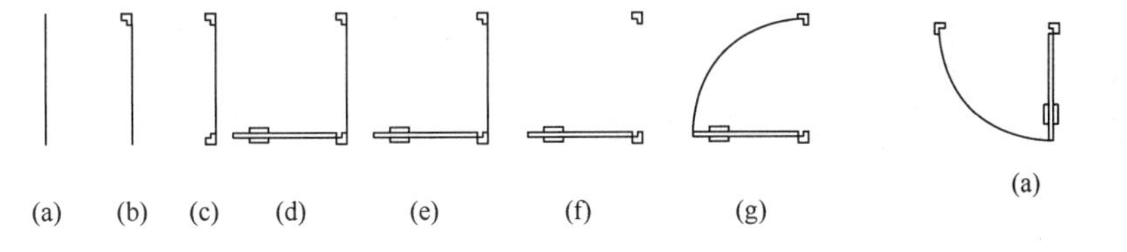

图 8-34　绘制单扇门

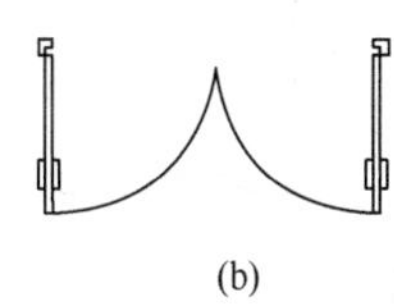

图 8-35　绘制双扇门

放入相应的门，得到结果如图 8-36 所示。

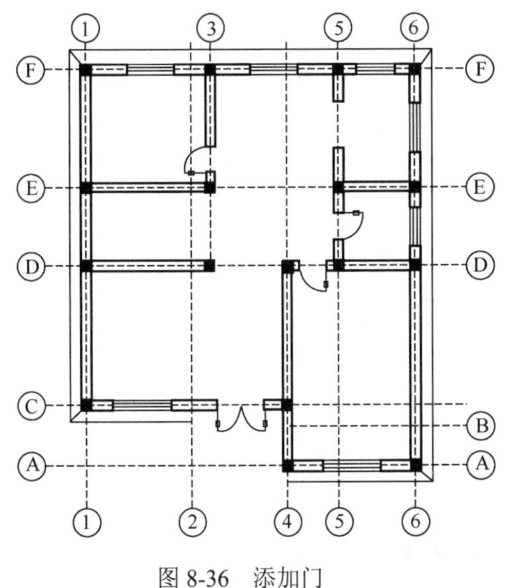

图 8-36　添加门

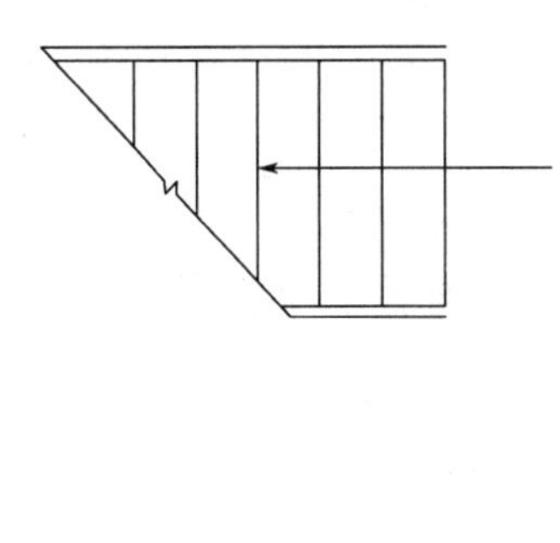

图 8-37　绘制楼梯

（4）绘制楼梯

将“楼梯”图层设置为当前层。在对象特性栏颜色应为黄色。

调用“直线”，绘制长为 1000 的竖直线，调用“阵列”，阵列直线距离为 260，调用“直线”，绘制水平线，调用“复制”，复制距离 50 的水平线，调用“修剪”、“多段线”等命令，绘制楼梯，如图 8-37 所示。

把楼梯添加在图中，如图 8-38 所示。

（5）标注尺寸

将“标注”图层设置为当前层，颜色应为深绿色。在格式中新建“建筑标注”，把箭头与符

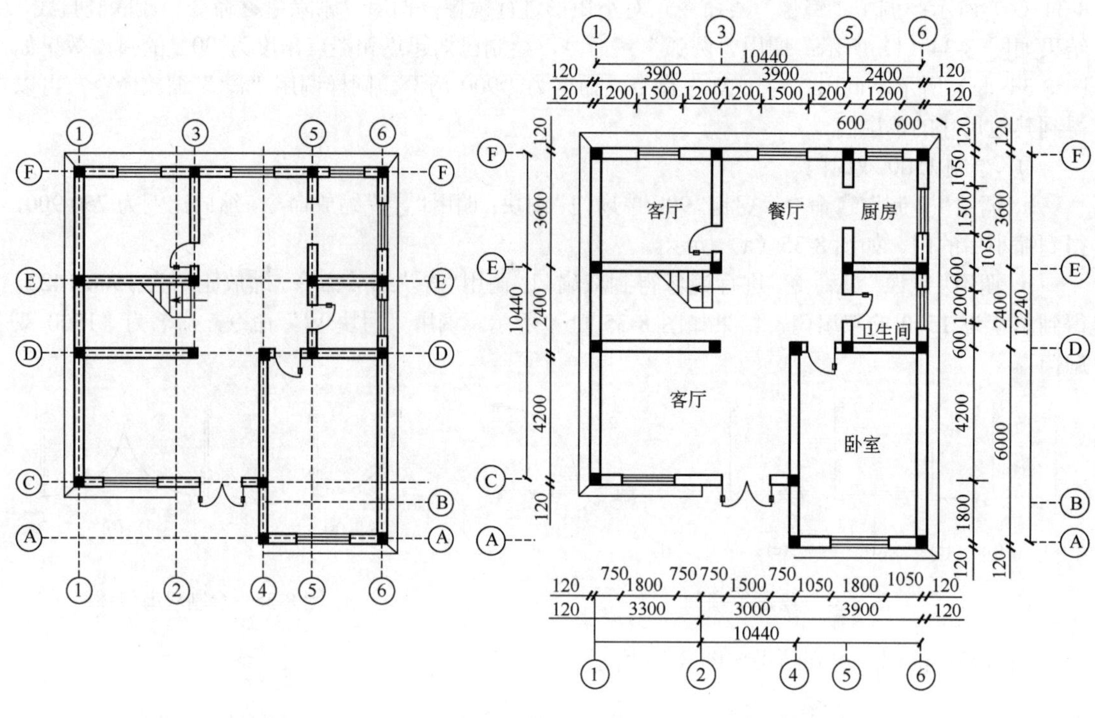

图 8-38　添加楼梯

图 8-39　一层建筑平面图

号设为建筑标记，把文字高度设为 300，并置为当前样式。由于原来的轴线号离墙体比较近，调用“延伸”命令，把轴线向外延伸。为使标注更整齐，绘制离散水 1000、1500、2000 的辅助线。调用“标注”命令，线性标注，再调用“连续标注”，进行后面的标注。调用“剪切”命令，剪切掉多余的轴线。调用“删除”命令，删除多余轴线和辅助线。调用“单行文字 dt”进行文字注写。整体效果如图 8-39 所示。

8.4.3　绘制照明平面图

把“EQUIP-照明”设置为当前层，颜色应为绿色。

（1）插入图块

调用“插入图块”命令，插入“配电箱”、“吸顶灯”、“灯座”、“开关”等图块，为节省空间，外面的标注不进行显示，结果如图 8-40 所示。

（2）连接元件

把“电缆”设置为当前层，颜色应为红色，线型为粗线。调用“直线”命令，根据系统图要求，进行导线连接，结果如图 8-41 所示。

8.4.4　绘制插座平面图

把“EQUIP-照明”设置为当前层，颜色应为绿色。

（1）插入图块

调用“插入图块”命令，插入“插座”、“冰箱插座”、“洗衣机插座”等图块，结果如图 8-42 所示。

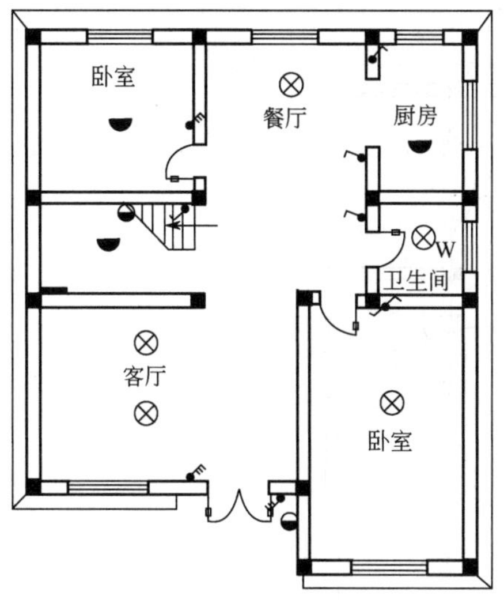

图 8-40 插入图块

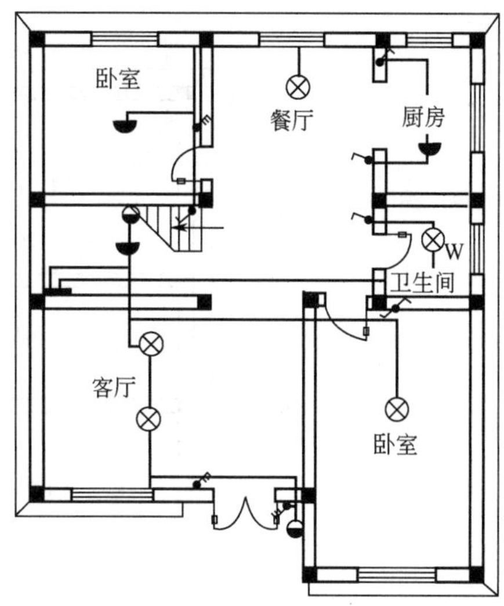

图 8-41 照明电路连接

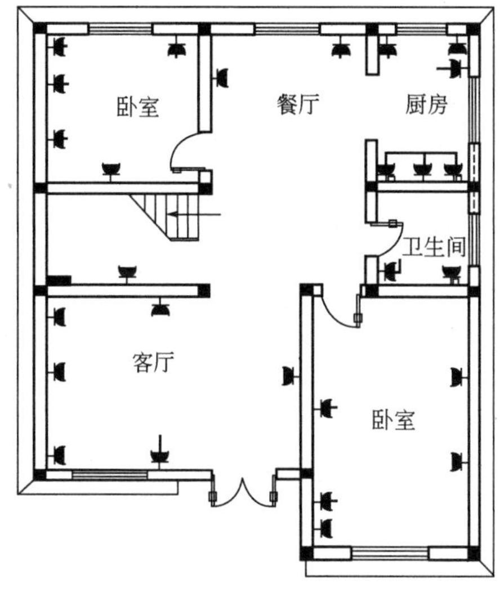

图 8-42 插入插座

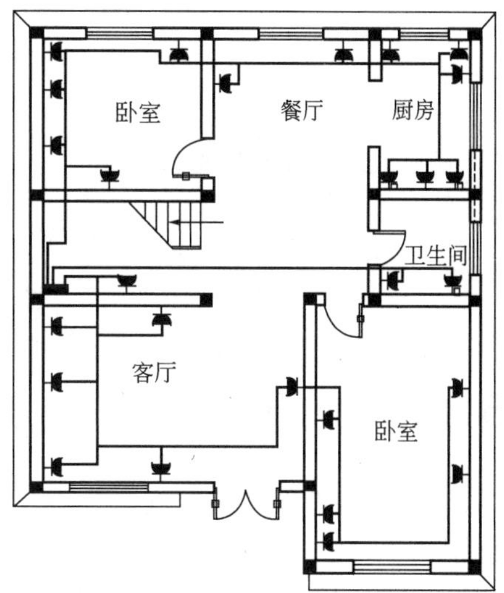

图 8-43 插座电路连接

（2）连接元件

把“电缆”设置为当前层，颜色应为红色，线型为粗线。

调用“直线”命令，根据系统图要求，进行导线连接，结果如图 8-43 所示。

8.4.5 绘制等电位连接平面图

把“接地”设置为当前层，颜色应为青色，线型为 CENTER2 线型的粗线。调用“直线”命令，根据系统图要求，进行导线连接；调用“文字”A命令，添加相应文字说明，结果如图 8-44 所示。

8.4.6 绘制防雷平面图

把“防雷”设置为当前层，颜色应为青色。由于要绘制屋顶平面图，此处就不再详细绘制，

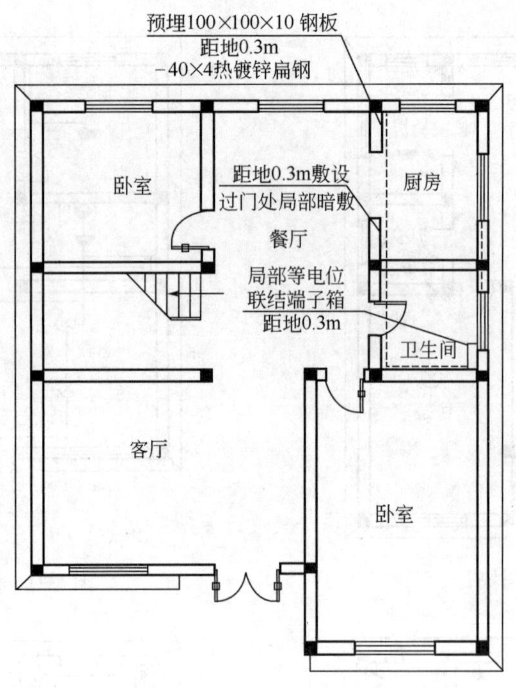

图 8-44　接地系统

仅给出防雷线的符号如图 8-45 所示。

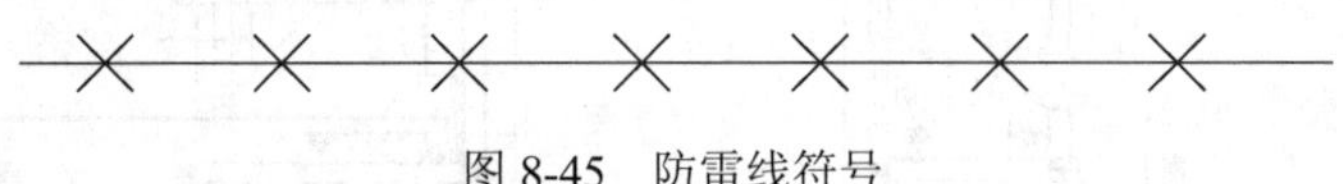

图 8-45　防雷线符号

8.5　某别墅弱电工程图

建筑弱电工程是建筑电气的重要组成部分，它包括弱电平面图、弱电系统图和框图。弱电平面图是表达弱电设备、元件、线路等平面位置关系的图纸，与照明平面图类似，它是指导弱电系统施工安装调试必需的图纸，是弱电设备布置安装、信号传输线路敷设的依据。常用的弱电工程图包括有线电视、电话、监控系统、安全防范系统、火灾自动报警系统等。这里主要介绍有线电视和电话的设计，包括平面图与系统图设计。平面图是对建筑中各房间电话及电视插座进行布置，绘出各设备连接导线，进行导线标注等。根据平面图设备情况，绘制系统结构框图。

8.5.1　系统图的设计

（1）有线电视系统图的设计

① 调用“直线” 命令，绘制一条进户线。

② 调用“单行文字” 命令，在直线上添加文字，结果如图 8-46 所示。图中内容“SYKV-75-12-2SC32”表示聚乙烯藕状介质射频同轴电缆，绝缘外径是 12mm。特性阻抗 75Ω，钢管配线，钢管直径为 32mm。

③ 调用“多边形” 、“圆” 、“直线” 和“矩形” 命令，绘制信号放大器、电

视二分配器和负载电阻，如图 8-47 所示。

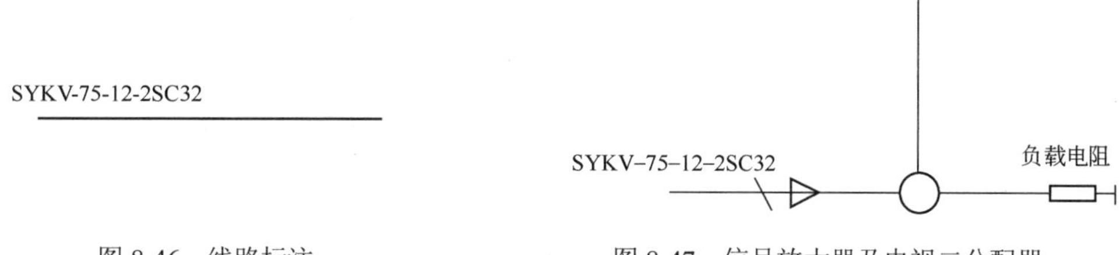

图 8-46　线路标注　　　　图 8-47　信号放大器及电视二分配器

④ 调用“块插入”命令，插入电视四分配器，然后调用“直线”命令和“单行文字 dt”命令，绘制电视出线口符号，结果如同 8-48 所示。

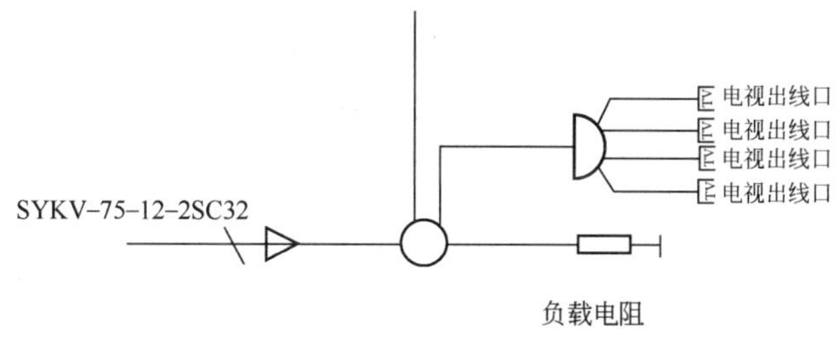

图 8-48　电视四分配器及电视出线口

⑤ 调用“复制”命令，复制出另外两个四分配器；调用“删除”命令，把不用的支路删除掉，效果如图 8-49 所示。

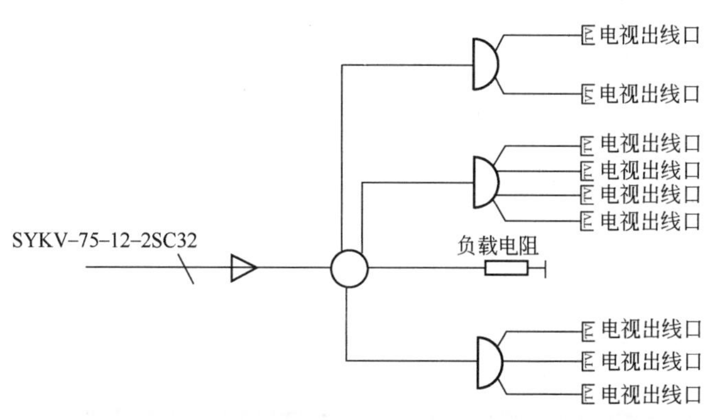

图 8-49　复制效果

⑥ 调用“直线”命令，把电视干线和支线分别连接起来；调用“单行文字 dt”命令，对干线和支线进行标注，干线采用 SYKV-75-12 型电缆，支线采用 SYKV-75-5 型电缆，如图 8-50 所示。

（2）电话系统图

电话系统图比较简单，调用“直线”、“块插入”、“单行文字 dt”命令，如图 8-51 所示。

（3）设计说明

调用“多行文字”命令，设计说明内容，如图 8-52 所示。

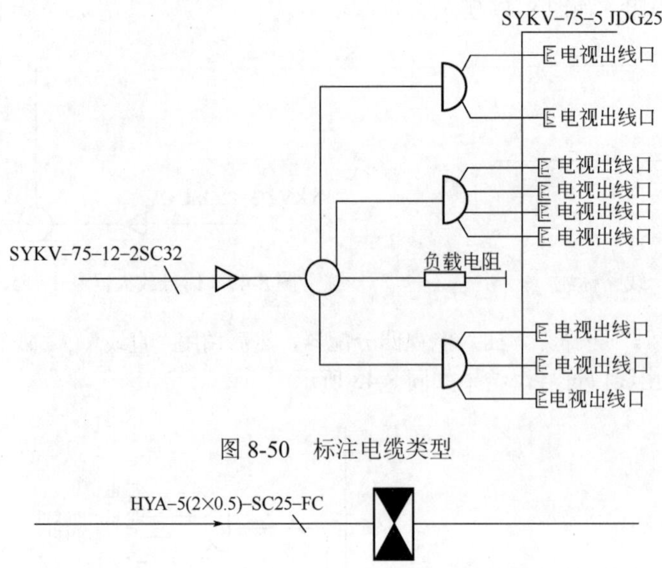

图 8-50　标注电缆类型

HYA-5(2×0.5)-SC25-FC

图 8-51　电话系统图

设计说明

1.本工程施工安装时应参照《电气安装工程施工图册》进行。
2.一层电话总分线盒安装高度为下口距地（楼）面2.1m，插座出线盒安装高度为室内地坪0.5m，卫生间电话插座出线盒安装高度为地坪1.0m。
3.为了便于施工和维护，暗管线弯曲曲度不得小于90°，弯曲半径不得小于该管外径的10倍。
4.有线电视干线采用SYKV-75-9型，支线采用SYKV-75-5型。
5.户内非配箱为暗装，尺寸为300mm×400mm×160mm。户内放大器（TH）的增益应为8～10dB，户内分配器箱应局部等电位连接。
6.系统安装、调试由专业厂家负责。
7.施工中应与土建同时进行，并与其他专业密切配合。

图 8-52　设计说明

8.5.2　有线电视、电话平面图绘制

弱电系统平面图一般是在建筑平面图的基础上绘制的。如果各弱电系统的设备数量比较少，可以在同一张平面图上绘制所有的弱电设备，当设备数量较多，就应该把各弱电系统分开来绘制。本节介绍有线电视和电话系统平面图的绘制方法。

有线电视平面图的绘制步骤如下。

（1）整理图纸

在绘制弱电系统平面图之前应对建筑平面图进行整理，将图纸中与有线电视和电话平面图无关的尺寸标注、文字等对象删除，或者把与有线电视平面图无关的图形对象所在的图层关闭，只保留建筑平面图的内容，如图 8-39 所示。新建 6 个图层，分别命名为有线电视平面设备层、电话平面设备层、有线电视平面导线层、电话平面导线层、有线电视平面文字标注层和电话文字标注层。

（2）制作有线电视、电话系统设备图块

制作有线电视和电话系统设备图块，做块的具体步骤见前面章节，这里不做介绍。

有线电视和电话的设备图块比较常用，一般都先制作图块如图 8-53 所示，这样可以随时调用。先将“有线电视平面设备层”设置为当前层，把有线电视的图块如电视插座、电视分线盒插入到

平面图中，再将“电话平面设备层”设置为当前层，把电话设备的图块如电话插座插入到平面图中。对于多次应用的图块，可以先插入一个，然后对其进行复制，对于不同位置的设备还要进行旋转等操作。如果图形布局对称，也可以先插入半边，再利用镜像命令，可加快绘图速度。插入有线电视、电话系统设备图块后的平面图如图 8-54 所示。

图例	名称	图例	名称
	电视插座		电话进线
	二分配器		电话线路
	四分配器		暗设分线盒
	电视分线盒		电话插座
	电缆干线		
	放大器		

图 8-53 有线电视、电话设备图块

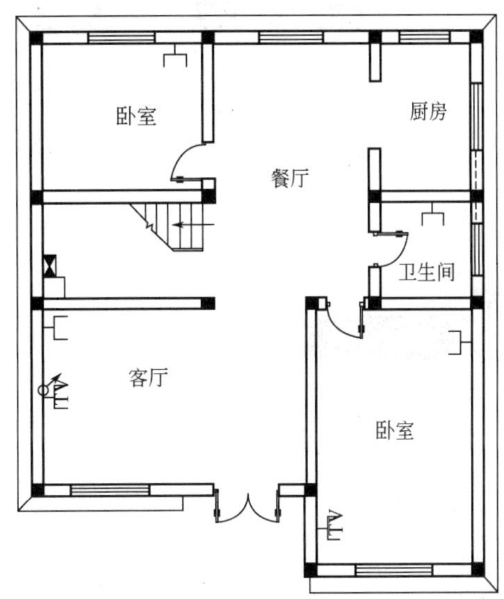

图 8-54 插入有线电视、电话系统设备图块后的平面图

① 建立“有线电视平面导线层”、“电话平面导线层”，为把两层的连接线区分开，可以设置不同的颜色，如电视导线设置为绿色，电话导线设置为青色。先打开“有线电视平面导线层”，将电视设备用直线连接；再打开“电话平面导线层”，将电话设备用直线连接。直线连接时可灵活应用“对象捕捉”中各捕捉点的设置。导线连接后的平面图如图 8-55 所示。

② 选择文字标注层，颜色应为青色，字体高度为 300，绘制线路标注和电缆型号标注，如图 8-56 所示。

所有图形绘制好后，调用“缩放”命令，设置比例为 0.01，使图形恢复到 A2 图幅。

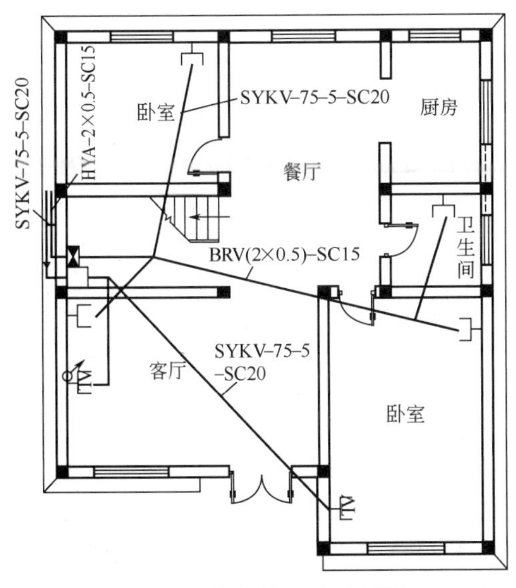

图 8-55 导线连接后的平面图

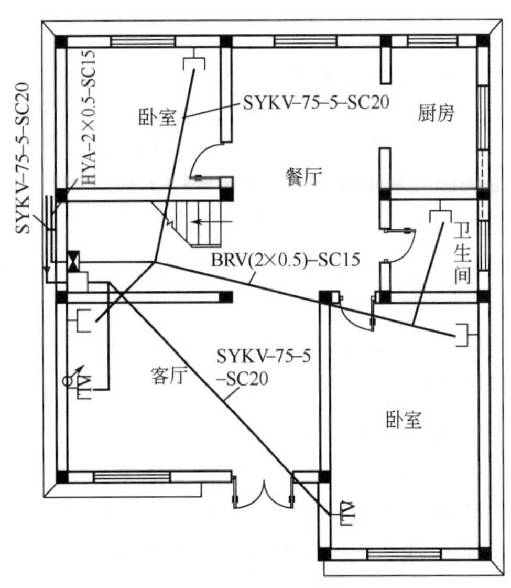

图 8-56 电视、电话平面图

第 9 章 电力工程设计实例

提 要

电力系统由发电厂、变电所、线路和用户组成。变电所是联系发电厂和用户的中间环节，起着变换和分配电能的作用。变电所和输电线路作为电力系统的变电部分，同其他部分一样，是电力系统重要的组成部分，电力系统要安全可靠经济运行，就需要变电部分安全可靠运行，这些正是建立在变电工程设计和施工准确的基础上的。本章将对变配电工程、变配电工程图进行介绍，并结合具体实例介绍一般的变配电工程图的绘制方法。

学习重点

- 了解电力工程图的基本理论。
- 了解电力工程图的一般设计过程。
- 掌握电力工程图的一般绘制方法。

9.1 电力工程的基本理论

在绘制电力工程图之前，首先了解变配电工程和变配电工程图的概念。

9.1.1 电力系统

电力系统是指通过电力网把发电厂和电气用户连接在一起的总体，如图 9-1 所示。

发电厂 —— 电力网 —— 电气用户

图 9-1 电力系统方框图

电力网是由各种电压等级的输、配电线路和各种等级的变、配电装置组成的。其中，担负输送电能的、电压等级在 35kV 及以上的线路叫输电线路；担负分配电能的、电压等级在 10kV 及以下的线路叫配电线路。至于变、配电所，顾名思义，安装有变压器担负变换电压等级任务的叫变电所、变电站；安装有配电装置担负分配电能任务的叫配电所；两者兼有者则称为变配电所。

配电所和配电线路组成配电网。

将上述内容加以图解，如图 9-2 所示，它是图 9-1 方框图的具体化。

从图纸可以看到，10kV 的低压变配电站和低压配电网在整个电力系统中处于最接近用户的位置。10kV 的低压变配电站把 10kV 的高压变换成 0.4kV/0.23kV 的低压供用户使用，用户通过各种电气设备和电气用具，把电能转换为人们需要的机械能、化学能、热能等。

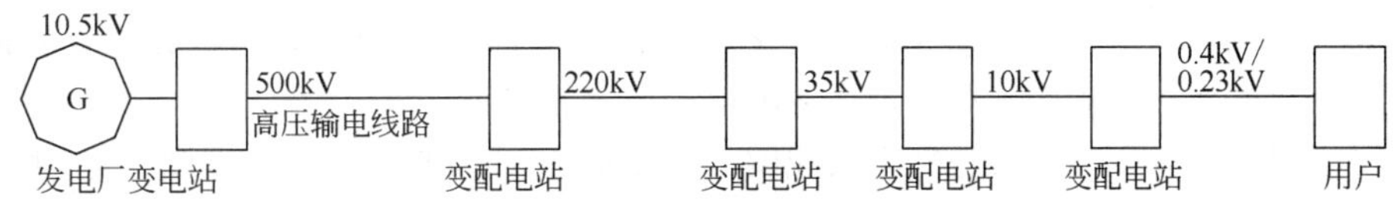

图 9-2 电力系统图解

配电网包括配电线路和配电装置。本章主要介绍配电装置。

9.1.2 配电装置

（1）配电装置的用途

电能从供电干线上传送过来，再分别送往几个支路，或从一条总线路上送来电能，再分别向几个电气负荷供电，这都需要一套承上启下的装置。这些担负接受电能、分配电能任务的装置就是配电装置。工作电压在 1kV 以上的叫高压配电装置；工作电压在 1kV 以下的叫低压配电装置。

（2）配电装置的种类

配电装置有很多种类，可以从各种不同的角度去区分。

按工作电压等级分为高压柜、低压柜。

按功能分为进线柜、出线柜、仪表柜、电容器柜等。

按安装方式可分为固定式、抽出式。

按配套化、标准化分为成套型、非标准型。

9.1.3 变配电工程

为了更好地了解变配电工程图，下面先对变配电工程的重要组成部分——变电所做简要的介绍。

根据变电所在电力系统中的地位，可分成下列几类。

（1）枢纽变电所

枢纽变电所是电力系统的枢纽点，连接电力系统高压和中压的几个部分，汇集了多个电源。电压为 330～500kV 的变电所，称为枢纽变电所。全所停电后将引起系统解列，甚至出现瘫痪。

（2）中间变电所

中间变电所的高压侧以交换潮流（电力系统中各节点和支路中的电压、电流和功率的流向及分布）为主，起系统交换功率的作用，或使长距离输电线路分段，一般汇集 2～3 个电源，电压为 220～330kV，同时又降压供给当地用电。这样的变电所主要起中间环节的作用，所以叫做中间变电所。全所停电后，将引起区域网络解列。

（3）地区变电所

地区变电所的高压侧电压一般为 110～220kV，以对地区用户供电为主。全所停电后，仅使该地区中断供电。

（4）终端变电所

在输电线路的终端、接近负荷点电压多为 10kV，经降压后直接向用户供电。全所停电后，只有用户受到损失。

9.1.4 变配电工程图

为了能够准确清晰地表达电力变配电工程的各种设计意图，必须采用变配电工程图。简单来说，变配电工程图也就是对变电站和输电线路及配电线路各种接线形式、各种具体情况的描述。它的意义就在于用统一直观的标准来表达变配电工程的各方面。

变配电工程图的种类很多，包括主接线图、二次接线图、变电所平面布置图、变电所断面图、高压开关柜原理图及布置图等很多种，每种情况各不相同。

表 9-1 是变配电工程中一些常用到的器件的表达形式。

表 9-1　常用器件表达形式

图形符号	说　明	图形符号	说　明
	双绕组变压器		避雷器
	三绕组变压器		插头和插座
	单相自耦变压器		电缆头
	电流互感器 脉冲变压器		具有两个铁芯，每个铁芯有一个一次绕组的电流互感器

可以把常用器件制作成图块，以方便使用。

9.2　电气主接线图

变电所的电气主接线是高压电气设备通过连接线组成的接受和分配电能的电路，又称电气主系统或一次接线。电气主接线图不仅标明各个主要设备的规格、数量，而且还反映了各个部分的关系及作用。

图 9-3 为某单位的终端变电所的 10kV 系统的电气主接线图，本节介绍其绘制方法。

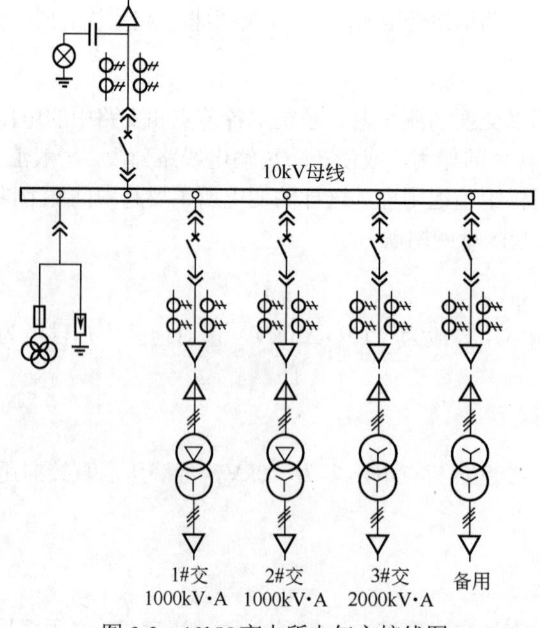

图 9-3　10kV 变电所电气主接线图

9.2.1　设置绘图环境

（1）建立新文件

打开 AutoCAD 2014 应用程序，以“A3.dwt”样板文件为模板建立新文件，将新文件命名为“变电所主接线图.dwg”并保存。

（2）设置绘图工具栏

在任意工具栏处单击鼠标右键，在打开的快捷菜单中选择“标准”、“图层”、“对象特性”、“绘图”、“修改”这 6 个选项，调出这些工具栏，并将它们移动到绘图窗口中的适当位置。

9.2.2　绘制线路图

分析可知，该线路图主要由进线支路、母线、主变支路、防雷支路组成。下面依次介绍各部分的绘制方法。

（1）绘制母线

母线部分可以看作一个矩形。调用“矩形”命令，绘制一个长为 220、宽为 3 的矩形即可，效果如图 9-4 所示。

图 9-4　绘制母线

（2）绘制变电所支路

图 9-3 中共有 4 条主变支路，包括 3 条工作主变支路和一个备用支路。每条主变支路的图形符号完全相同，其绘制步骤如下。

① 绘制接线柱　先从“格式”→“点格式”设置点样式为圆形，调用“点”命令，绘制圆点，如图 9-5 所示。

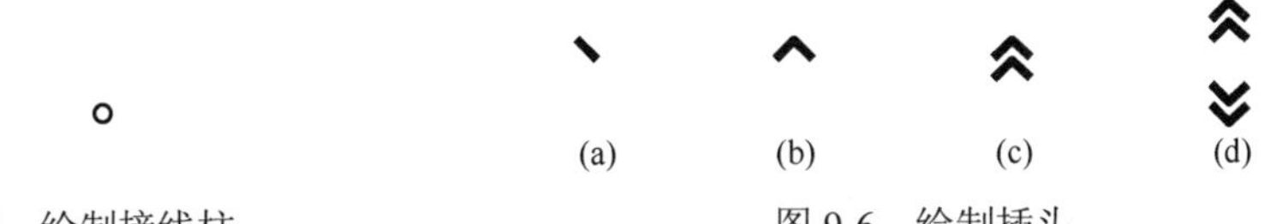

图 9-5　绘制接线柱　　图 9-6　绘制插头

② 绘制插头

a. 单击状态栏中的“极轴”按钮，进入极轴状态。调用“多线段直线”命令，以直线上部的一点为端点，绘制与 X 轴成−45°、长度为 3.5、宽度为 0.6 的线段，效果如图 9-6（a）所示。

b. 调用“镜像”命令，以垂直线为镜像线对多线段进行镜像，镜像后效果如图 9-6（b）所示。

c. 调用“复制”命令，以“∧”的尖端为基点，复制距离为 3 向下进行复制，效果如图 9-6（c）所示。

d. 调用“镜像”命令，把图 9-6（c）的图形进行镜像，结果如图 9-6（d）所示。

e. 输入“写块 W”命令，把图 9-6（d）中的图形生成图块，并命名为“插头”，方便以后调用。

③ 绘制电流互感器

a．调用“圆”命令，绘制半径为3的圆，修改线宽为0.5，如图9-7（a）所示。

b．单击状态栏中的“对象捕捉”，调用“多线段”命令，以圆右象限点为起点，绘制线宽0.5、长为5的多线段，如图9-7（b）所示。

c．调用“直线”命令，关闭“正交<F8>”，点击“对象捕捉”中的“捕捉自”，捕捉以水平线的右端点为基点向左偏移1为起点，绘制一条与X轴成60°角、长度为1.5的斜线。调用“复制”命令，复制斜线，效果如图9-7（c）所示。

d．调用“复制”命令，将斜线向左复制1，结果如图9-7（d）所示。

e．调用“复制”命令，把图9-7（d）中的图形复制并向下平移18，如图9-7（e）所示。

f．调用“直线”命令，以两圆心为起点分别向上和向下绘制长度为9的竖直线，再把两圆心连接起来。如图9-7（f）所示。

g．调用“写块W”命令，把图中创建的“”图形生成图块，并命名为“电流互感器”，方便以后调用。

④ 绘制电缆头

a．调用“多边形”命令，设置边数为3、边长为8绘制三边形，如图9-8（a）所示。

b．点击三角形，修改特性线宽为0.5，结果如图9-8（b）所示。

c．输入“写块W”命令，把图中创建的“▽”图形生成图块，并命名为“电缆头”，方便以后调用。

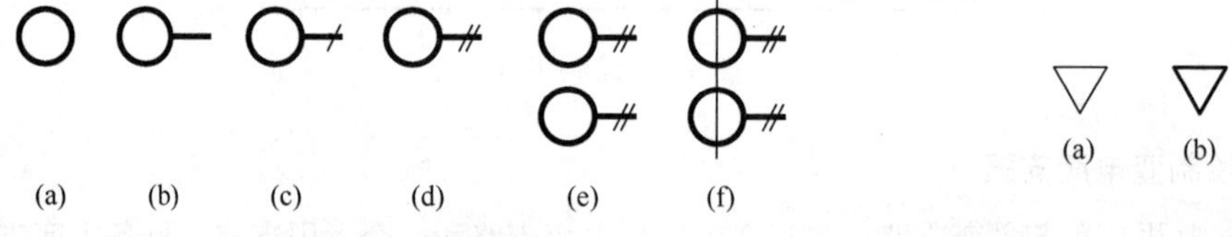

图9-7　电流互感器的绘制

图9-8　绘制电缆头

⑤ 调用断路器符号　调用“块插入”命令，插入“断路器”符号。如大小不合适，可进行缩小和放大的调整。

⑥ 绘制双绕组Y-Y型变压器

a．调用“圆”命令，绘制一个半径为8的圆，如图9-9（a）所示。

b．调用“单行文字dt”命令，选择“对正方式j”为“居中”，以圆心为中点，输入“Y”，如图9-9（b）所示。

c．调用“复制”命令，将图9-9（b）中的图形向下复制12，效果如图9-9（c）所示。

d．调用“直线”命令，打开“正交”，以上圆的上象限点为起点，向上绘制长为22的竖直线，如图9-9（d）所示。

e．调用“直线”命令，关闭“正交”或按“<F8>”，调用“捕捉自”，以竖直线的上端点为基点，向下偏移5为起点，绘制长度为3、角度为45°的斜线；调用“复制”命令，打开“对象捕捉”或按“<F3>”，复制斜线，效果如图9-9（e）所示。

f．调用“复制”命令，将斜线依次向下复制2和4，得到图形如图9-9（f）所示。

g．调用“复制”命令，将上面线段复制到下面，效果如图9-9（g）所示。

h．调用“写块”命令，把图9-9（g）的内容创建图块，命名为“双绕组YY型变压器”，并保存。

⑦ 绘制双绕组△-Y型变压器

a．调用“复制”命令，复制“双绕组Y-Y型变压器”，如图图9-10（a）所示。

b．双击上面的“Y”，修改为“△”，如显示为“？”，可修改相应的文字样式，使其能够正常显示，如图9-10（b）所示。

c. 调用“写块”命令，把图9-10（b）的内容创建图块，命名为“双绕组△-Y型变压器”，并保存。

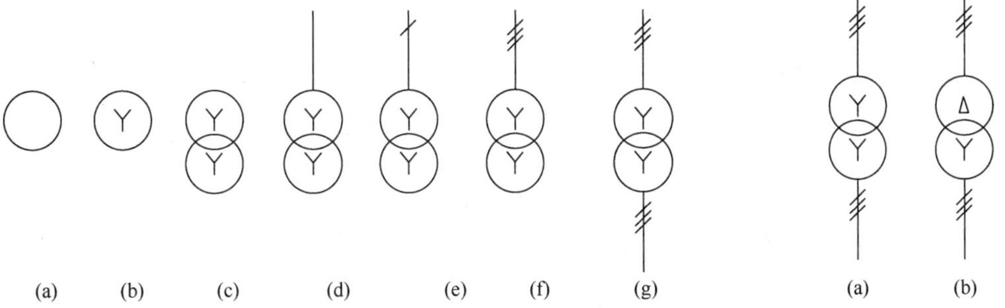

图9-9 绘制双绕组Y-Y型变压器符号　　图9-10 绘制双绕组△-Y型变压器符号

⑧ 整理电路 调用“移动”命令，把各符号移动到相应的位置；调用“镜像”命令，镜像电缆头符号；多次调用“直线”命令，把各部分连接起来；调用“修剪”命令，剪切掉多余线段。整理后效果如图9-11（a）和图9-11（b）所示。

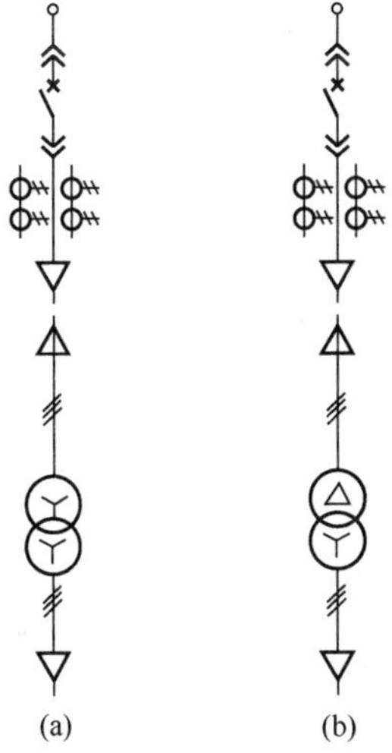

图9-11 供电支路的绘制

（3）绘制防雷接地线路

① 绘制电压互感器

a. 调用“圆”命令，绘制一个半径为4的圆，如图9-12（a）所示。

b. 调用“直线”命令，以圆心为起点，绘制一条长3.5的竖直直线作为辅助线，如图9-12（b）所示。

c. 调用“阵列”命令，以竖直线的下端为中心点，选择对象为圆，其他值为参考值，结果如图9-12（c）所示。

d. 调用“删除”命令，删除辅助线，结果如图9-12（d）所示。

e. 调用“写块W”命令，把图9-12（d）命名为“四圈电压互感器”并保存。

② 绘制避雷器符号

a. 绘制竖直直线。调用“直线”命令，绘制一条竖直直线1，长度为22，如图9-13（a）所示。

b. 调用“多线段”命令，在“正交”绘图方式下，以直线1的端点0为起点绘制水平线段2，线宽为0.3，长度为1，如图9-13（b）所示。

c. 调用“偏移”命令，以直线2为起始，绘制直线3和4，偏移量均为1，结果如图9-13（c）所示。

d. 调用“拉伸”命令，分别拉伸直线3和4，拉伸长度分别为0.5和1，结果如图9-13（d）所示。

e. 调用“镜像”命令，镜像直线2、3、4，镜像线为直线1，效果如图9-13（e）所示。

f. 绘制矩形：调用“多线段”命令，在“正交”绘图方式下，设置线宽0.5，绘制一个宽为4、高为8的矩形，并将其移动到合适的位置，效果如图9-13（f）所示。

g. 加入箭头：调用“多线段”命令，设置起点宽度线宽1.5，端点宽度为0，将其拉到合适的长度，并将其移动到矩形的中心位置，效果如图 9-13（g）所示。

h．调用“修剪”命令，修剪掉多余直线，如图 9-13（h）所示即避雷器符号。

i．输入“写块 W”命令，把图 9-13（h）中的图形命名为“避雷器”并保存。

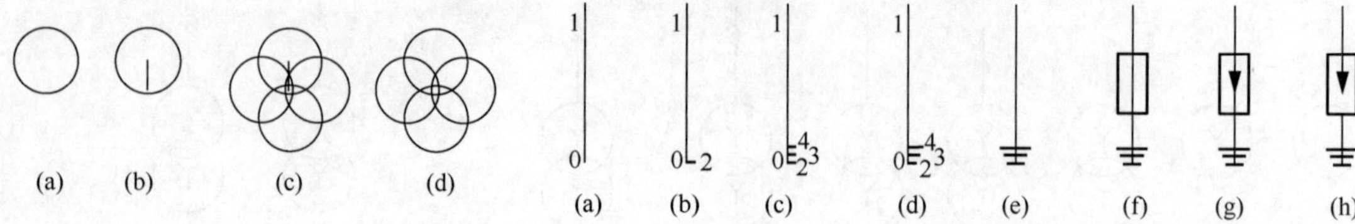

图 9-12　绘制四圈电压互感器　　　　图 9-13　绘制避雷器符号

③ 组合防雷其路

a．单击状态栏中的“正交”按钮进入正交状态。调用“直线”命令，绘制一条长 15 的竖直线。

b．调用“圆”命令，用鼠标捕捉直线的上端点，以其为圆心绘制直径为 1 的圆；调用“修剪”命令，剪切掉直线在圆内的部分，效果如图 9-14（a）所示。

c．单击状态栏的“对象捕捉”，调用“复制”命令，将前面绘制的“上插头”复制一份到直线的下端，效果如图 9-14（b）所示。

d．单击状态栏中的“正交”按钮，进入正交状态。调用“直线”命令，以上插头的下面交汇点为起点，连续绘制一条向下 15、向左 9、向下 15 的直线段 1、2、3，效果如图 9-14（c）所示。

e．调用“镜像”命令，对上图中绘制的线段 1 为对称轴，对线段 2、3 进行镜像，得到线段 4、5，效果如图 9-14（d）所示。

f．调用“块插入”命令，插入前面绘制的“熔断器”模块。如果方向不对，调用“旋转”命令，把它调制为竖直方向。调用“移动”命令，把熔断器移动到线段 3 的下端，效果如图 9-14（e）所示。

g．调用“移动”命令，把绘制好的电压互感器移动到 3 号线的下端，效果如图 9-14（f）所示。

h．调用“移动”命令，把绘制好的避雷器移动到 5 号线的下端，效果如图 9-14（h）所示。

至此，防雷支路绘制完成。

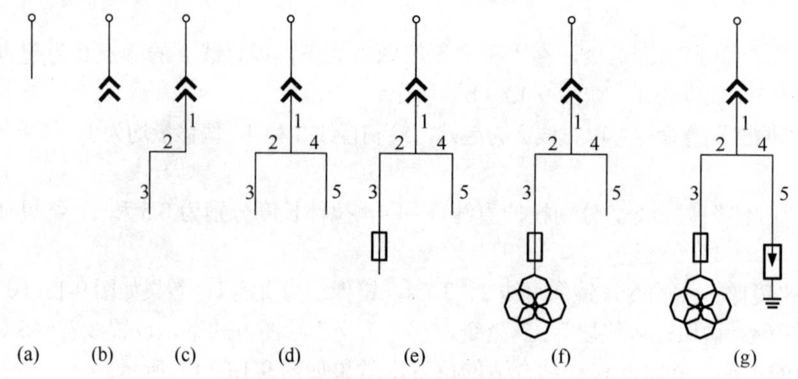

图 9-14　绘制防雷支路

（4）绘制供电线路

供电线路中的图块前面已全部绘制，在这里主要进行复制和插入块的操作，操作比较简单。

① 调用“复制”命令和“移动”命令，复制小圆和直线，效果如图9-15（a）所示。

② 调用“复制”命令，复制插头和断路器到合适位置，效果如图9-15（b）所示。

③ 调用“直线”命令，绘制一条长为50的竖直直线，效果如图9-15（c）所示。

④ 调用“复制”命令，复制电流互感器到合适位置，效果如图9-15（d）所示。

⑤ 调用“块插入”命令，插入“电容”和“指示灯”模块，放置到合适位置，效果如图9-15（e）所示。

⑥ 调用“直线”命令，把电容和指示灯与电路连接起来，效果如图9-15（f）所示。

⑦ 调用“复制”命令，复制接地符号到灯的下面，效果如图9-15（g）所示。

⑧ 调用“复制”命令，复制“电缆头”到合适位置，效果如图9-15（h）所示。

⑨ 调用“直线”命令，以图形的最上方为起点绘制一条长为2的竖直线，效果如图9-15（i）所示。

至此，供电线路绘制完成。

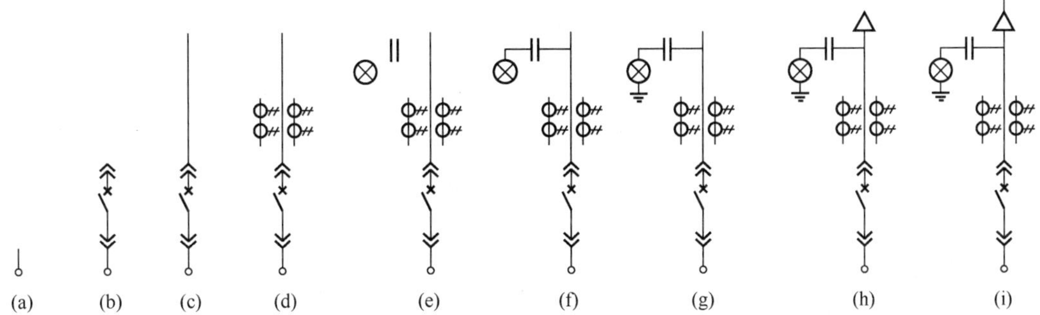

图9-15 绘制供电线路

9.2.3 组合图形

前面已经分别完成了各条支路的绘制，下面将各支路分别安装到母线上去，具体操作步骤如下。

（1）确定支路的位置

调用“复制”命令，将接线柱符号复制多份到母线中线位置，尺寸与效果如图9-16所示。

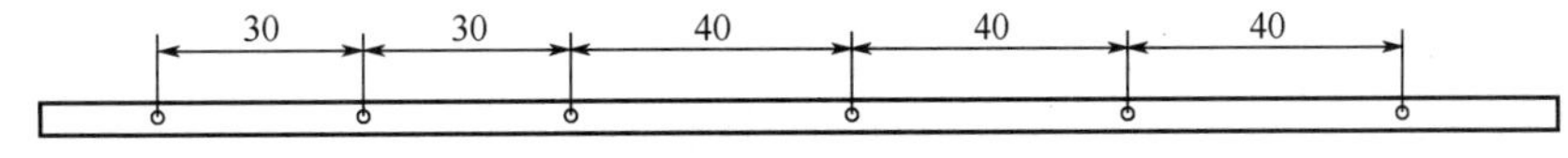

图9-16 确定支路的位置

（2）组合各支路

调用“复制”命令，将9.2.2节绘制的各个支路复制过来，并依次平移到图9-16中来，效果如图9-17所示，即完成图形的组合。

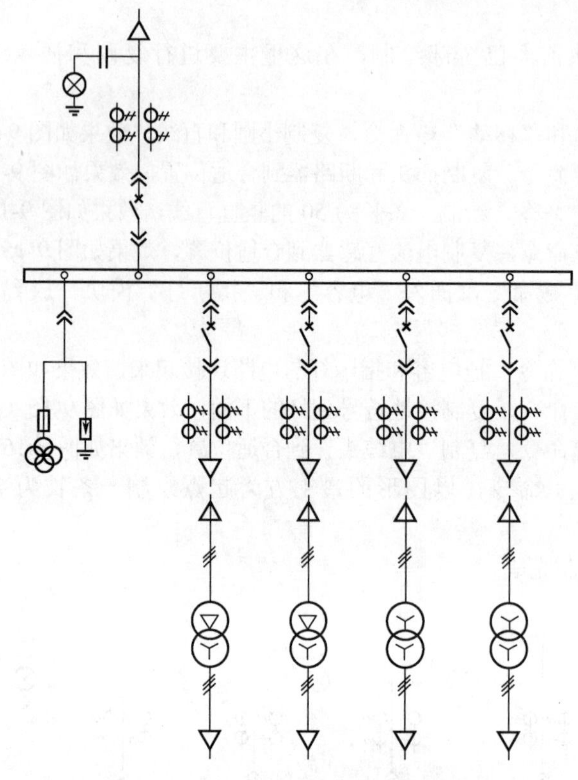

图 9-17　组合各支路

9.2.4　添加注释文字

调用“单行文字 dt”命令，在图 9-17 中的各个位置添加相应的文字，并调用“移动”命令，将文字移动到合适的位置，效果如图 9-3 所示，即完成整张图纸的绘制。

9.3　低压配电系统图

变电所输出的低压电不可以直接输送给用电设备使用，可以先汇流到低压母线上，从母线上接出各条低压线路，供用电设备使用。还需要安装保护、检测电路，以便检测、保护电网。图 9-18 为某系统的低压配电系统图。

9.3.1　设置绘图环境

（1）建立新文件

打开 AutoCAD 2014 应用程序，以“A3.dwt”样板文件为模板建立新文件，将新文件命名为“低压配电系统图.dwg”并保存。

（2）设置绘图工具栏

在任意工具栏处单击鼠标右键，在打开的快捷菜单中选择“标准”、“图层”、“对象特性”、“绘图”、“修改”这 6 个选项，调出这些工具栏，并将它们移动到绘图窗口中的适当位置。

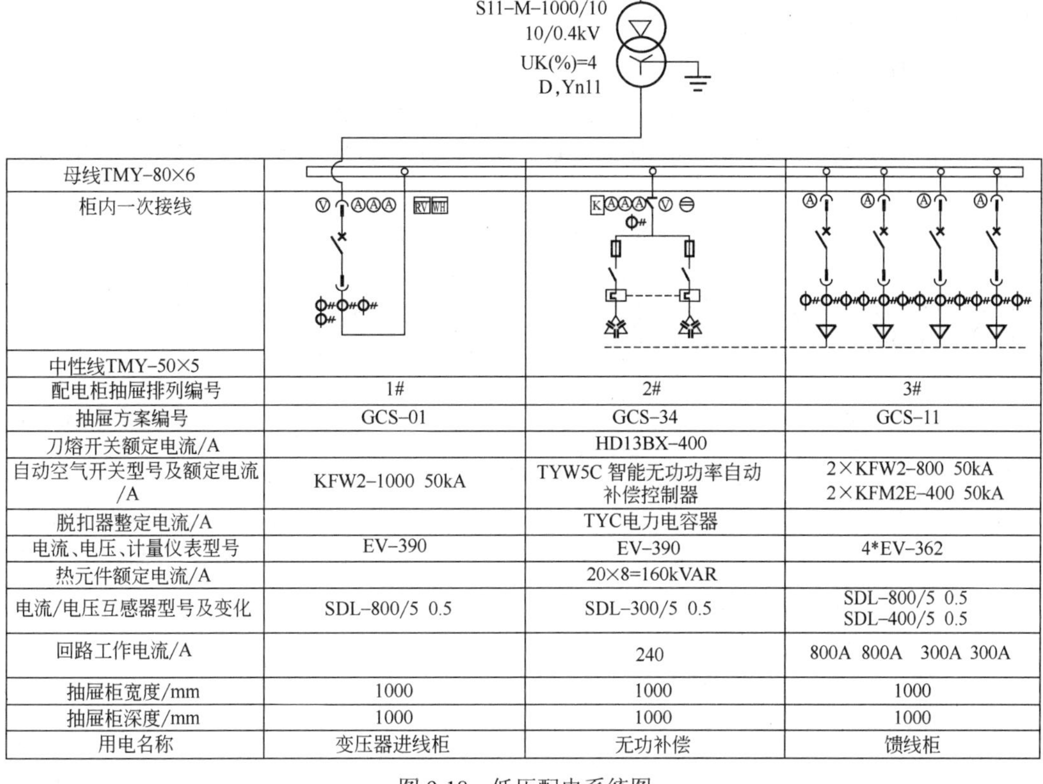

母线TMY-80×6			
柜内一次接线			
中性线TMY-50×5			
配电柜抽屉排列编号	1#	2#	3#
抽屉方案编号	GCS-01	GCS-34	GCS-11
刀熔开关额定电流/A		HD13BX-400	
自动空气开关型号及额定电流/A	KFW2-1000 50kA	TYW5C 智能无功功率自动补偿控制器	2×KFW2-800 50kA 2×KFM2E-400 50kA
脱扣器整定电流/A		TYC电力电容器	
电流、电压、计量仪表型号	EV-390	EV-390	4*EV-362
热元件额定电流/A		20×8=160kVAR	
电流/电压互感器型号及变化	SDL-800/5 0.5	SDL-300/5 0.5	SDL-800/5 0.5 SDL-400/5 0.5
回路工作电流/A		240	800A 800A 300A 300A
抽屉柜宽度/mm	1000	1000	1000
抽屉柜深度/mm	1000	1000	1000
用电名称	变压器进线柜	无功补偿	馈线柜

图 9-18 低压配电系统图

9.3.2 图纸布局

（1）插入表格

调用“表格”命令，弹出“插入表格”对话框。根据设计要求，设置列数为 4，列宽为 90；行数为 18，行宽为 1，设置单元样式为数据，执行后结果如图 9-19 所示。

（2）合并表格

选中对应的行，进行合并操作，结果如图 9-20 所示。

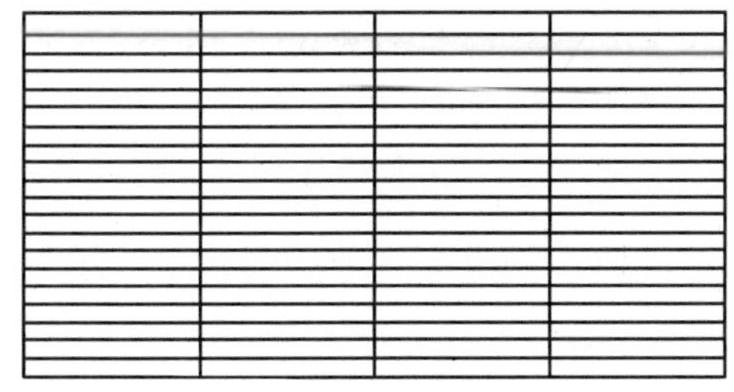

图 9-19 绘制表格

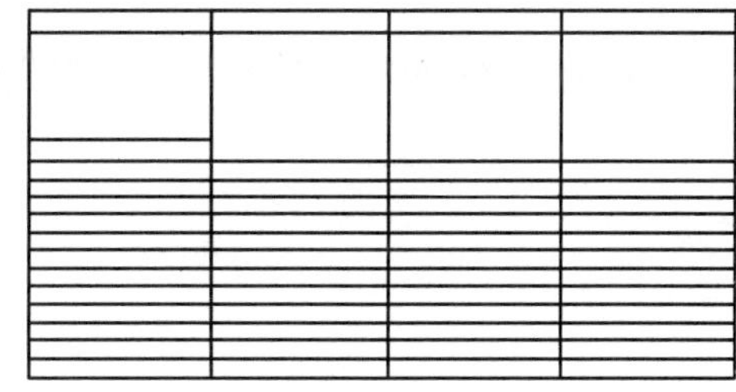

图 9-20 合并表格

9.3.3 绘制电气符号

（1）插入已有的电气符号

调用“块插入”命令，插入前面已绘制好的图块，如熔断器、断路器、主触点、热继电器、电缆头、接地符号、电流互感器、变压器等到图中，如大小不匹配，调用“缩放”进行调整，效果如图 9-21 所示。

（2）绘制插头和插座

① 调用“多线段”命令，绘制线宽为 0.3、半径为 2 的半圆，如图 9-22（a）所示。

② 调用“多线段”命令，以半圆的上象限点为起点，绘制一条长为 2 的竖直线，如图 9-22（b）所示。

③ 调用“写块 W”命令，把图 9-22（b）命名为“插头”并保存。

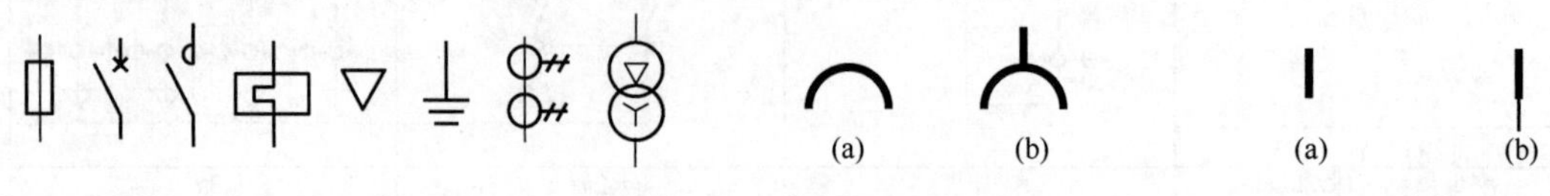

图 9-21　插入已有的电气符号　　图 9-22　绘制插头　　图 9-23　绘制插座

④ 调用“多线段”命令，绘制线宽为 0.6、长 3 的直线段，如图 9-23（a）所示。

⑤ 调用“多线段”命令，以图 9-23（a）中直线的下端点为起点，绘制线宽为 0.3、长 2 的直线段，如图 9-23（b）所示。调用“写块 W”命令，把图 9-23（b）命名为“插座”并保存。

（3）绘制三相电容器

三相电容器用于提高功率因数。

① 调用“正多边形”命令，绘制边长为 7 的等边三角形，效果如图 9-24（a）所示。

② 调用“直线”命令，绘制长为 2 的竖直线；调用“复制”命令，复制竖直线，复制距离为 1；调用“直线”命令，捕捉两条线的中点绘制辅助线。复制该图形，调用“旋转”命令，分别旋转 60°和−60°，效果如图 9-24（b）所示。

③ 调用“移动”命令，捕捉小图形的中点，把图形分别移动到三边形三条边的中心上，如图 9-24（c）所示。

④ 调用“删除”命令，把小图形中间辅助线删除掉；调用“修剪”命令，把两条垂直短直线间的线段修剪掉，如图 9-24（d）所示。

⑤ 调用“直线”命令，以三角形的上顶部为起点，绘制长为 2 的竖直线，如图 9-24（e）所示。

⑥ 调用“写块 W”命令，把图 9-24（e）命名为“三相电容器”并保存。

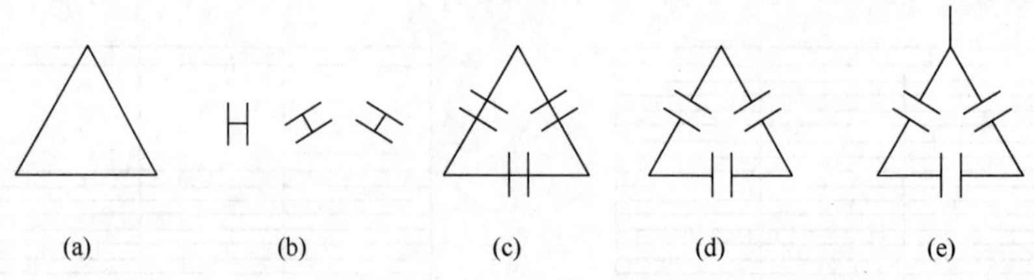

图 9-24　绘制三相电容器

（4）绘制测量仪表

① 绘制电流表　调用“圆”命令，绘制半径为 2 的圆；调用“单行文字 dt”命令，在圆内添加文字“A”。效果如图 9-25（a）所示。

② 绘制电压表　调用“复制”命令，复制电流表；用鼠标选中字母“A”双击，进入编辑文字状态，把“A”改为“V”即可。效果如图 9-25（b）所示。

③ 绘制功率因数表　调用“复制”命令，复制电流表；用鼠标选中字母“A”双击，进入编辑文字状态，把“A”改为“cosφ”即可。效果如图 9-25（c）所示。

④ 绘制功率表　调用“矩形”命令，绘制一个边长为 5 的正方形；调用“直线”命令，以正方形的左上角为起点，连续绘制一条向下 1、向右 5 的直线。调用“单行文字”命令，在矩形内添加文字“kW”，效果如图 9-25（d）所示。

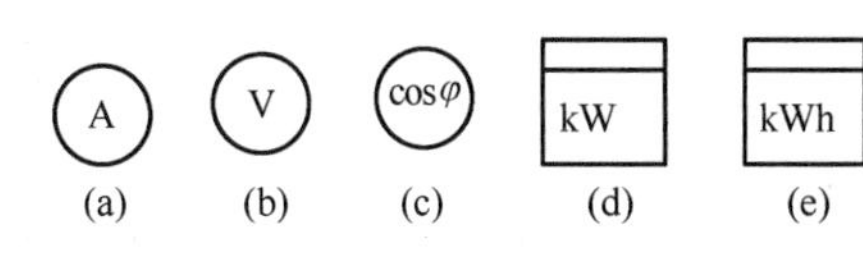

图 9-25　绘制测量仪表

⑤ 绘制电度表　调用“复制”命令，复制功率表；用鼠标选中字母“kW”双击，进入编辑文字状态，把“kW”改为“kWh”即可。效果如图 9-25（e）所示。

9.3.4　连接电气设备

（1）绘制母线

① 调用“矩形”命令，在表格的第一行内绘制长 250、宽 3 的矩形。

② 调用“圆”命令，绘制一个半径为 1 的圆。调用“复制”命令，把圆多次复制到相应位置，效果如图 9-26 所示。

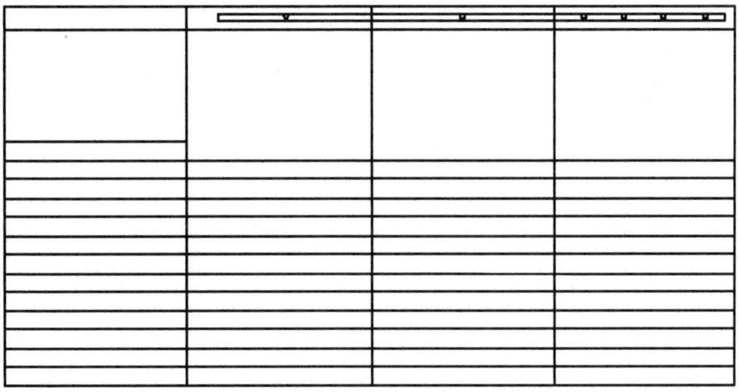

图 9-26　绘制母线

（2）绘制进线

从变压器出来的电缆，应先进入进线柜，通过保护设备与母线相连。

① 调用“移动”和“直线”命令，把变压器元件符号组装成线路，并放置在表格的上方。

② 调用“圆弧”命令，绘制一个半径为 4 的半圆，表示电缆不与母线相连接，效果如图 9-27 中所示。

③ 调用“多行文字”命令，书写变压器型号，结果如图 9-27 所示。

（3）绘制电容支路

调用“移动”和“直线”命令，把元件符号组装成线路，并放置在第三个表格（即无功补偿柜）里。结果如图 9-28 所示。

（4）绘制馈电支路

调用“移动”、“复制”和“直线”命令，把元件符号组装成线路，并放置在第 4 个表格（即馈电柜）里。结果如图 9-29 所示。

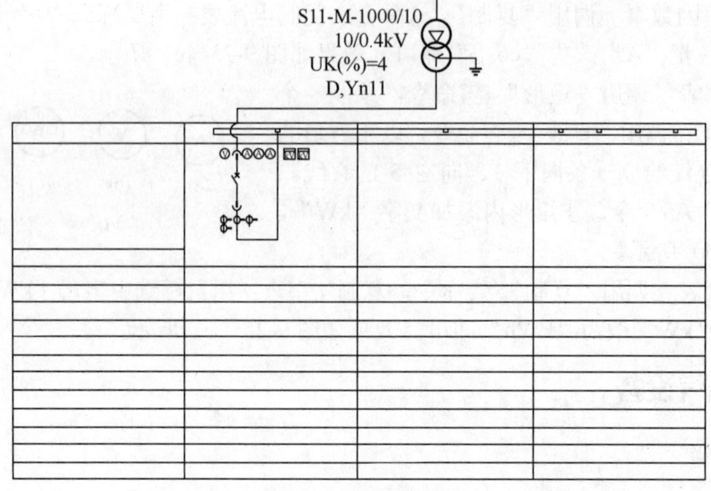

图 9-27　绘制进线

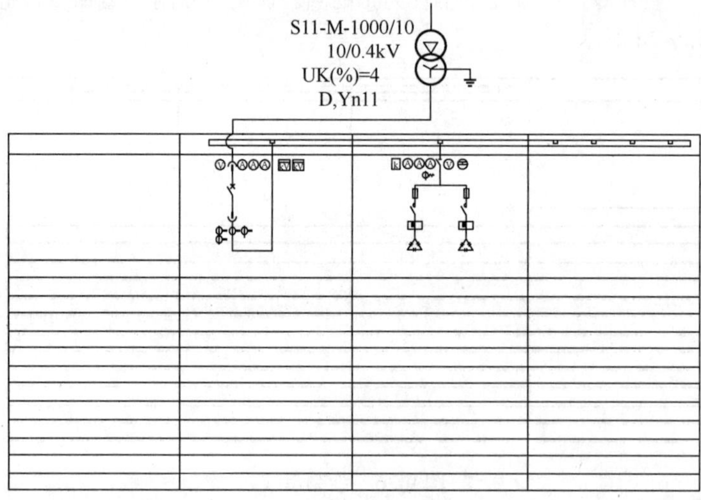

图 9-28　绘制电容支路

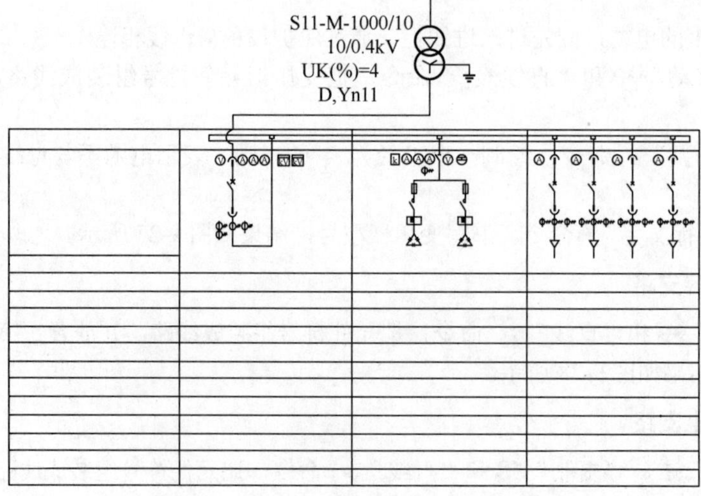

图 9-29　绘制馈电支路

（5）绘制中性线

选择线型，把线型改为“HIDDENX2”，调用“直线”命令，绘制一条虚线，如图9-30所示。

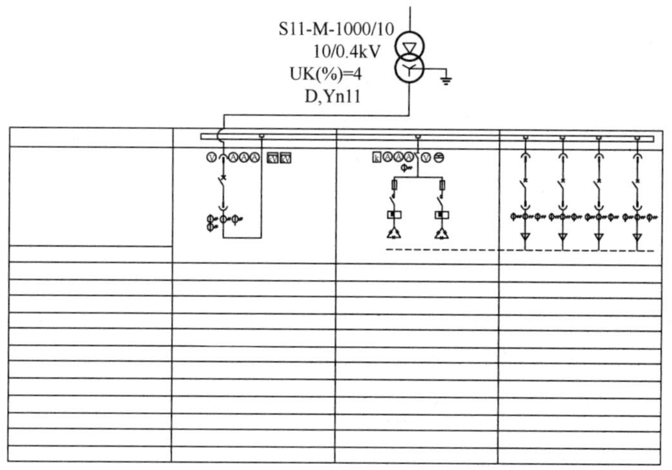

图9-30 绘制中性线

（6）添加注释文字

点击表格中相应的格，在其中添加文字。最后效果如图9-18所示。
这样就完成了整个低压系统图的设计。

9.4 变电所平面图

变电所平面图就是在变电所建筑平面图中绘制各种电气设备和电气控制设备。图9-31

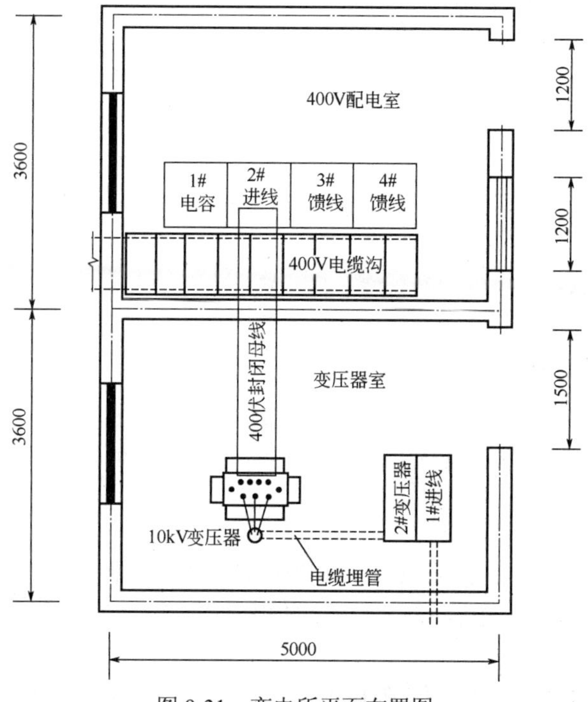

图9-31 变电所平面布置图

为某变电所平面布置图。

9.4.1 设置绘图环境

（1）建立新文件

新建“A3 图样”，设立文件路径，将文件命名为“变电所平面图.dwg”并保存。

（2）设置绘图工具栏

在任意工具栏处单击鼠标右键，在打开的快捷菜单中选择“标准”、“图层”、“对象特性”、“绘图”、“修改”这 6 个选项，调出这些工具栏，并将它们移动到绘图窗口中的适当位置。

（3）绘制平面图

根据前面建筑图绘制过程，绘制变电所平面图，结果如图 9-32 所示。

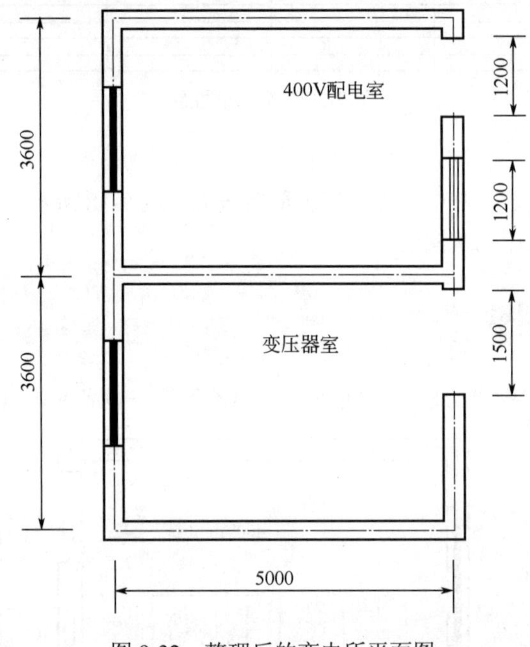

图 9-32 整理后的变电所平面图

9.4.2 绘制电气设备

（1）绘制变压器室设备

① 绘制高压开关柜 调用“矩形”命令，绘制两个 8×18 的矩形；调用“单行文字”命令，填写文字，用来表示高压开关柜，如图 9-33 所示。

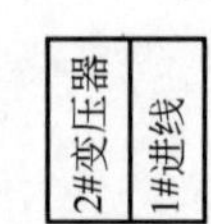

图 9-33 绘制高压开关柜

② 绘制变压器

a．调用“矩形”命令，绘制 16×8 的矩形，表示变压器油箱，如图 9-34（a）所示。

b．调用“矩形”命令，绘制 15×3 和 6×3 的矩形各两个，表示变压器散热片，如图 9-34（b）所示。

c．调用“圆”命令，以同一点为圆心分别绘制半径为 0.1、0.4、0.6 的圆；调用“复制”命令，复制距离为 3.4，把图形进行复制，表示 3 个高压接线端子，如图 9-34（c）所示。

d．调用“圆”命令，以同一点为圆心分别绘制半径为 0.05、0.3、0.4 的圆；调用“复制”命令，复制距离为 2.2，把图形进行复制，表示 4 个低压接线端子如图 9-34（d）所示。

e．调用“圆”命令，绘制半径为 0.4 的圆表示温度计，绘制半径为 0.25 的圆表示调压器，如图 9-34（e）所示。

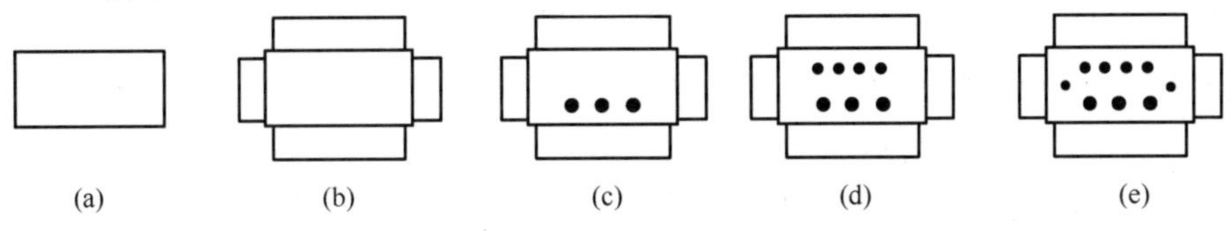

图 9-34　绘制变压器

③ 绘制电缆　把线型改为“DASHED”，调用“矩形”命令，绘制 32×1.6 的矩形；调用“圆”命令，绘制半径为 1.4 和 0.15 的圆，如图 9-35 所示。调用“直线”命令，把电缆与变压器连接起来。

图 9-35　绘制电缆

④ 添加文字　调用“单行文字”命令，添加文字。具体位置按设计要求进行布置。效果如图 9-36 所示。

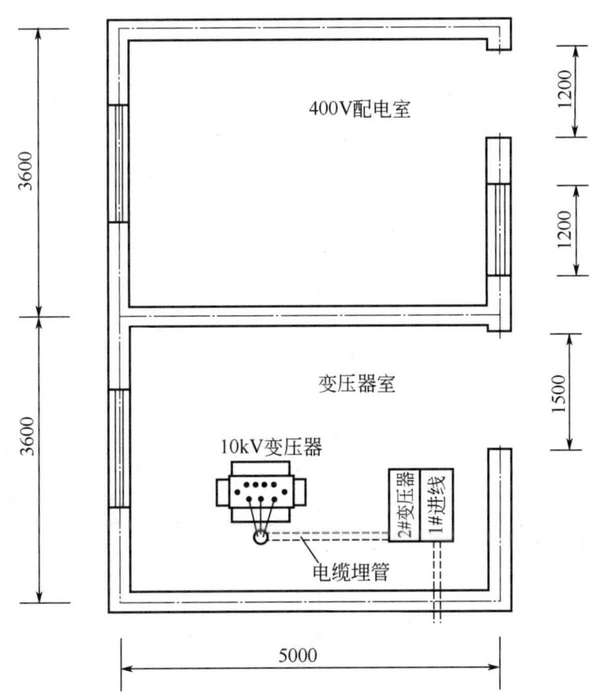

图 9-36　绘制变压器室设备

（2）绘制配电室设备

① 绘制电缆沟　电缆由电缆沟进入配电室，电缆沟上铺设有盖板。在实际应用中，电缆沟内宽 800mm，外加两边 240mm 的砖墙，电缆沟外宽 1280mm。盖板宽 1100mm，长 500mm。

a．单击状态栏“正交”按钮，设置线型为“Continuous”，调用“直线”命令，连续绘制直线效果如图 9-37 所示。其中直线 1、3 长 50，直线 2 长 10，直线 4 长 5，直线 5 长 1，过直线 2 的中点绘制辅助线 6。

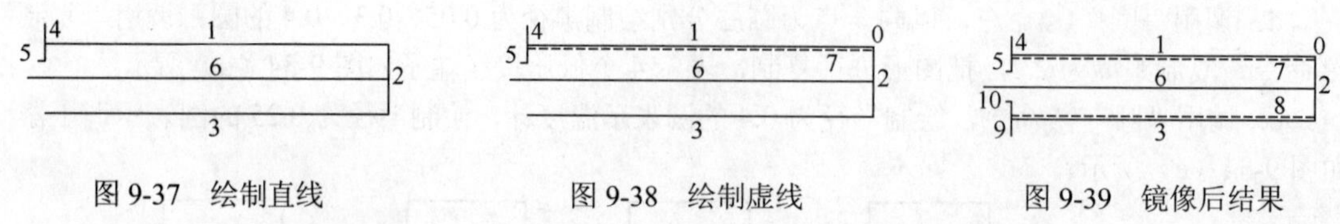

图 9-37　绘制直线　　图 9-38　绘制虚线　　图 9-39　镜像后结果

b．设置线型为“DASHED”，调用“直线”命令，以 0 为起点，向下 0.5，绘制一条长 50 的虚线 7。效果如图 9-38 所示。

c．调用“镜像”命令，选择对象直线 4、5、7，以直线 6 的端点为镜像点，结果如图 9-39 所示。

d．设置线型为“Continuous”，调用“直线”命令，单击标题栏中的“对象捕捉”按钮，把直线 5 和直线 10 的端点连接起来。效果如图 9-40 所示。

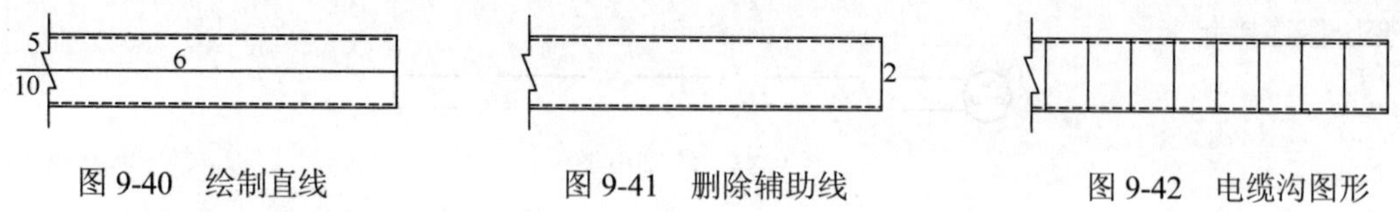

图 9-40　绘制直线　　图 9-41　删除辅助线　　图 9-42　电缆沟图形

e．调用“删除”命令，把辅助线 6 删除掉，效果如图 9-41 所示。

f．调用“阵列”命令，选择矩形阵列，把阵列的行选为 1，列选为 9，行偏移是 0，列偏移是−6，选取直线 2 为选择对象，阵列后结果如图 9-42 所示。

② 绘制低压配电柜　调用“矩形”命令，绘制一个 1×18 的矩形；调用“复制”命令，把矩形复制 3 个；调用“文字”命令，在矩形中添加文字，效果如图 9-43 所示。

③ 布置配电室设备　调用“移动”命令，把各部分按设计要求进行布置，如图 9-44 所示。

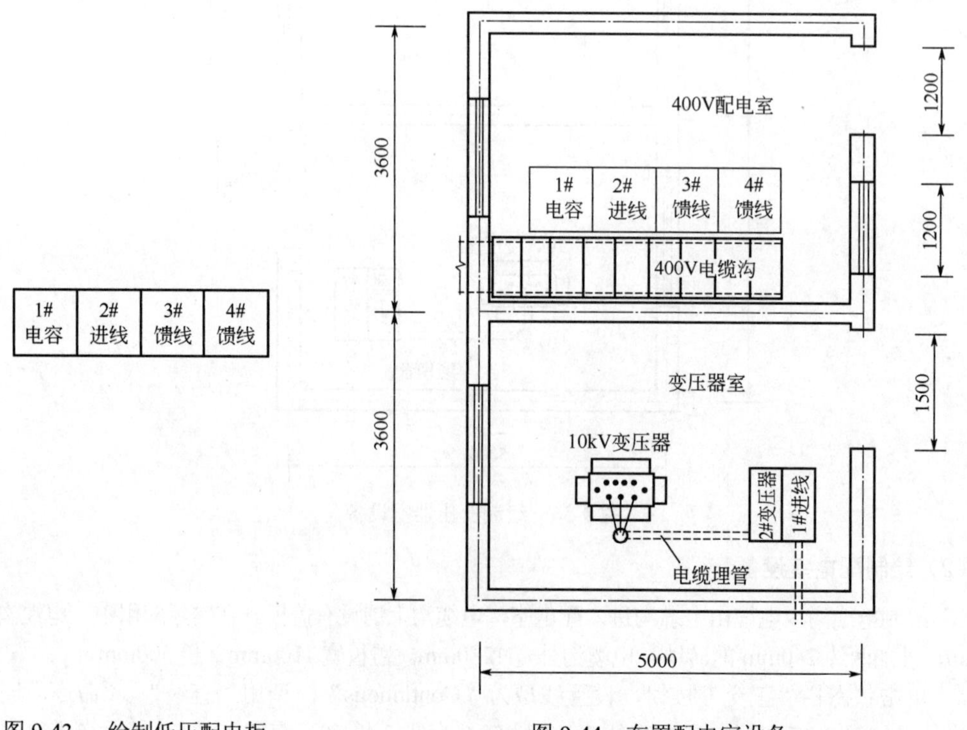

图 9-43　绘制低压配电柜　　图 9-44　布置配电室设备

（3）绘制两室间的连接母线

调用“矩形”命令，绘制一个 9×58 的矩形；调用“文字” A 命令，在矩形中添加文字，效果如图 9-31 所示。

9.5　变电所剖面图

变电所剖面图各部分的位置关系必须按规定尺寸布置，就是在变电所建筑平面图中绘制各种电气设备和电气控制设备，如图 9-45 所示。

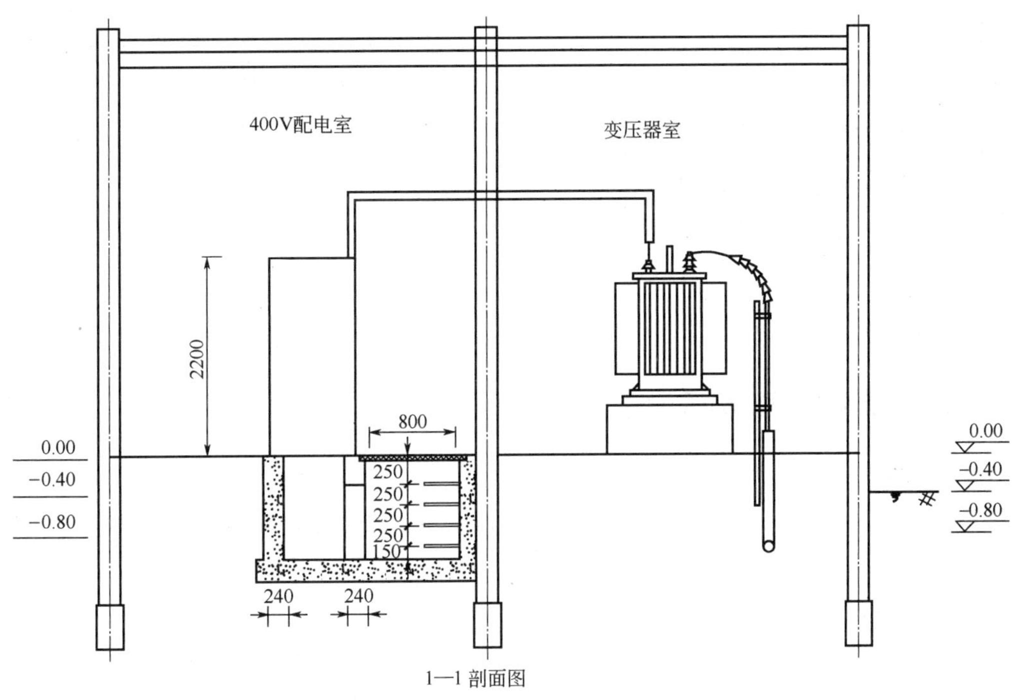

图 9-45　变电所剖面布置图

9.5.1　设置绘图环境

（1）建立新文件

打开变电所平面布置图，单击“文件”→“另存为”设立文件路径，将文件命名为“变电所剖面图.dwg”并保存。

（2）设置绘图工具栏

在任意工具栏处单击鼠标右键，在打开的快捷菜单中选择“标准”、“图层”、“对象特性”、“绘图”、“修改”这 6 个选项，调出这些工具栏，并将它们移动到绘图窗口中的适当位置。

9.5.2　确定剖面位置

调用“直线”命令，在平面布置图中绘制剖面线 1-1，结果如图 9-46 所示。

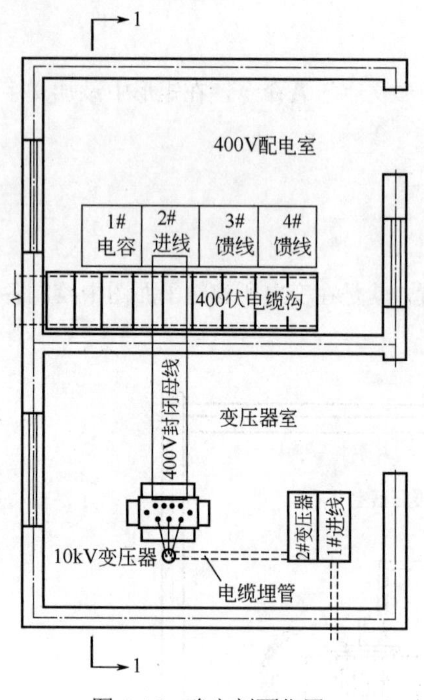

图 9-46　确定剖面位置

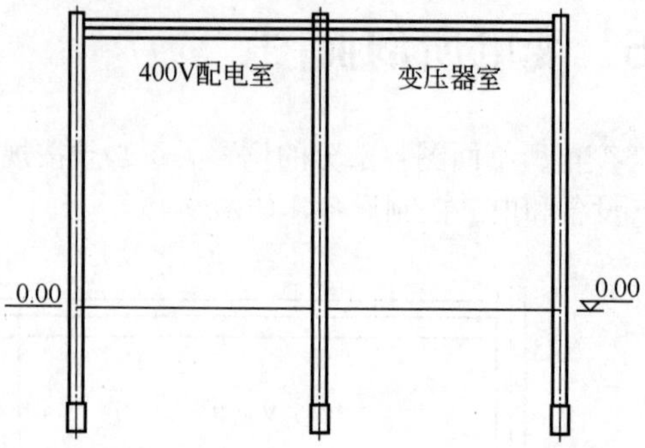

图 9-47　绘制墙体和室内地坪线

9.5.3　绘制建筑剖面和电气设备

（1）绘制墙体和室内地坪线

按照房子的尺寸绘制天花板、墙体和基础。以室内地坪为基础设标高为 0.00，调用“直线”命令绘制室内地坪线，结果如图 9-47 所示。

（2）绘制配电柜

调用“直线”命令，绘制直线宽 13、高 29 表示配电柜，效果如图 9-48 所示。

（3）绘制变压器

① 绘制变压器基础

a. 单击状态栏的“对象捕捉”按钮，调用“矩形”命令，绘制长为 19、宽为 8 的矩形 1，如图 9-49（a）所示。

b. 调用“矩形”命令，绘制宽为 14、高为 1 的矩形 2；调用“移动”命令，以矩形 2 的下线中心为基点、以矩形 1 的上线中点为第二点进行移动，如图 9-49（b）所示；

c. 调用“矩形”命令，绘制宽为 12、高为 1 的矩形 3；调用“移动”命令，以矩形 3 的下线中心为基点、以矩形 2 的上线中点为第二点进行移动，如图 9-49（c）所示。

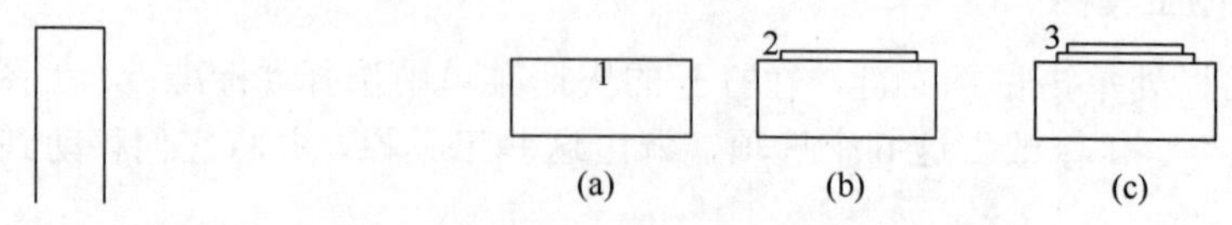

图 9-48　绘制配电柜　　图 9-49　绘制变压器基础

② 绘制变压器油箱

a. 调用“矩形”命令，绘制宽为 9、高为 16 的矩形 4；调用“移动”命令，以矩形 4

的下线中心为基点、以矩形 3 的上线中点为第二点进行移动，如图 9-50（a）所示。

b．调用“矩形”命令，绘制宽为 3、高为 13 的矩形 5；调用“移动”命令，把矩形 5 移动到矩形 4 的左边，如图 9-50（b）所示。

c．调用“复制”命令，复制矩形 5 到矩形 4 的右边，形成矩形 6，如图 9-50（c）所示。

d．调用“矩形”命令，绘制宽为 11、高为 1 的矩形 7；调用“移动”命令，以矩形 7 的下线中心为基点、矩形 4 的上线中点为第二点进行移动，如图 9-50（d）所示。

e．调用“矩形”命令，绘制宽为 7、高为 13 的矩形 8；调用“移动”命令，把矩形 8 放置在矩形 4 的中间，如图 9-50（e）所示。

f．调用“直线”命令，以矩形 8 的左上角为基点，向右 0.5 绘制一条竖直直线 a，如图 9-50（f）所示。

g．调用“偏移”命令，把直线 a 向右偏移 0.15 得到直线 b，如图 9-50（g）所示。

h．调用“阵列”命令，进入阵列命令画面，选择矩形阵列，把阵列的行选为 1，列选为 7，行偏移是 0，列偏移是 1，选取直线 a 和 b 为选择对象，结果如图 9-50（h）所示。

i．单击状态栏中“极轴”按钮，调用“直线”命令，在油箱的下交点处绘制一条斜线；单击状态栏中“对象捕捉”和“正交”按钮，调用“直线”命令，以水平线的中心为基点绘制竖直辅助线；调用“镜像”命令，以斜线为对象，以辅助线为镜像线进行镜像；调用“删除”命令，删除辅助线，结果如图 9-50（i）所示。

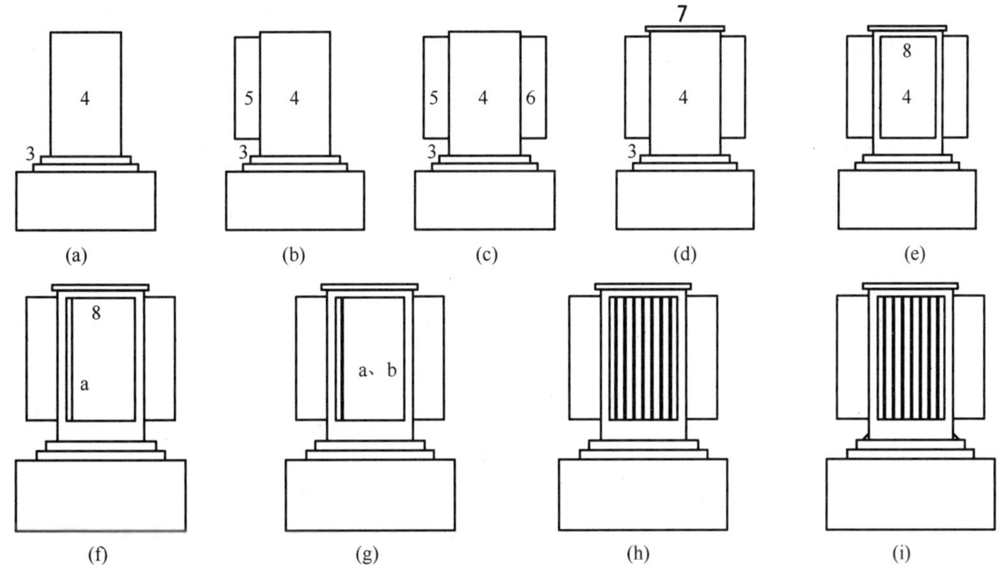

图 9-50　绘制变压器油箱

③ 绘制低压接线柱

a．把颜色改为“浅灰色”，绘制图形布局。

（a）调用“矩形”命令，绘制宽为 2、高为 2.8 的矩形。调用“直线”命令，绘制矩形竖直中心线，如图 9-51（a）所示。

（b）调用“偏移”命令，对矩形的下水平线进行偏移，偏移距离分别是 0.3、0.9、1.2、1.3、1.4、1.6、1.7、2.3、2.8，如图 9-51（b）所示。

（c）调用“偏移”命令，对中心线进行偏移，偏移距离分别是 0.05、0.1、0.3、0.4，如图 9-51（c）所示。调用“镜像”命令，把偏移后的竖直线关于中心线镜像，结果如图 9-51（d）。

b．绘制低压接线柱

（a）把颜色改为“黑色”，单击状态栏的“对象捕捉”。多次调用“直线”命令，绘制直线，结果如图9-52（a）所示。

（b）调用“删除”命令，把布局线删除掉，效果如图9-52（b）所示。

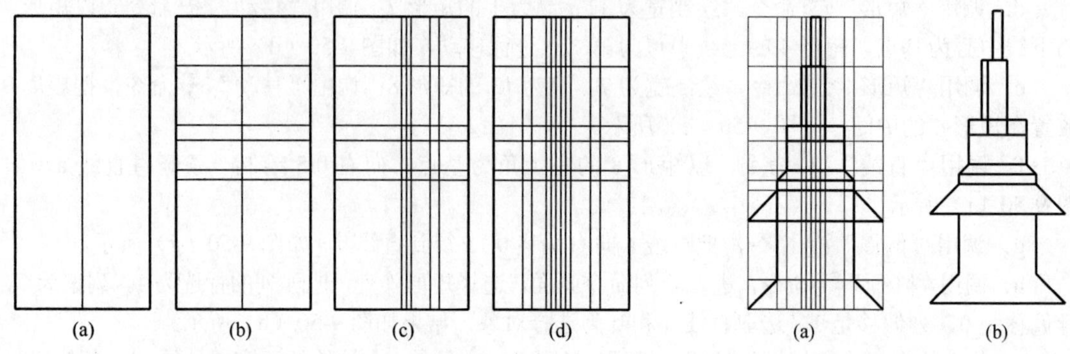

图9-51　绘制低压接线柱图形布局　　图9-52　绘制低压接线柱体

（c）多次调用“矩形”命令，绘制宽0.4、高0.04的矩形，绘制宽0.04、高0.12的矩形，如图9-53（a）所示。

（d）单击状态栏单击“对象捕捉”按钮，调用“复制”命令，把小矩形复制至水平矩形的右端；调用“移动”命令，把复制后的两个矩形向右移动一个矩形的距离。效果如图9-53（b）所示。

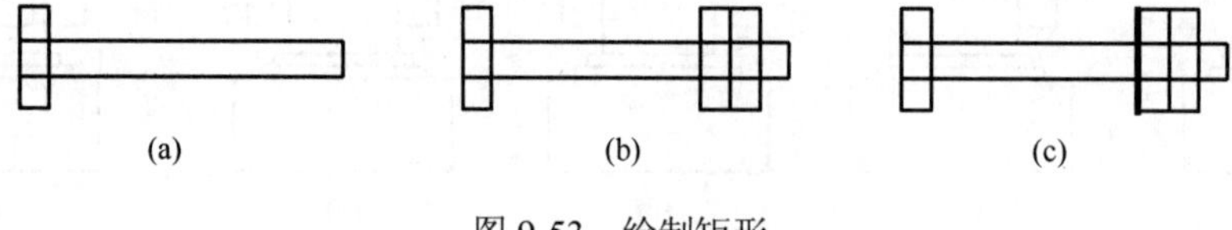

图9-53　绘制矩形

（e）调用“矩形”命令，绘制宽0.005、高0.125的矩形，用来表示垫片，结果如图9-53（c）所示。

（f）调用“移动”命令，把图9-53（c）移动到图9-52（b）中，效果如图9-54所示。

（g）调用“复制”命令，把图9-54中的图形进行复制，效果如图9-55所示。

至此，低压接线柱绘制完成，效果如图9-56 所示。

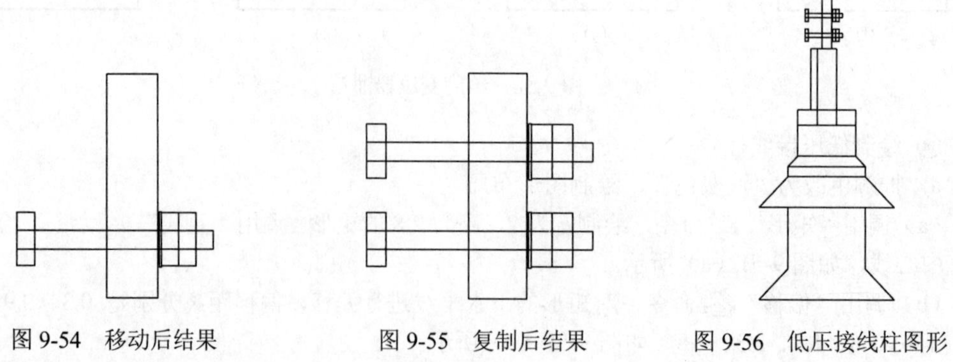

图9-54　移动后结果　　图9-55　复制后结果　　图9-56　低压接线柱图形

④ 绘制高压接线柱

a．把颜色改为“浅灰色”，绘制图形布局。

(a) 调用“矩形”命令，绘制宽为 2、高为 3.2 的矩形；调用“直线”命令，绘制矩形水平线的中心线，效果如图 9-57（a）所示。

(b) 调用“偏移”命令，对矩形的中心线进行偏移，偏移距离分别是 0.1、0.15、0.2、0.3、0.4、0.55、0.6、0.7、0.75，如图 9-57（b）所示。

(c) 调用“镜像”命令，选择对象是偏移产生的竖直线，以中心线为偏移线，效果如图 9-57（c）所示。

(d) 调用“偏移”命令，对矩形的下边进行偏移，偏移距离分别是 0.4、0.5、0.51、0.58、0.65、1.2、1.5、2.1、2.4、2.7、2.85、2.86、2.9、3.0、3.1，结果如图 9-57（d）所示。

(a)

(b)

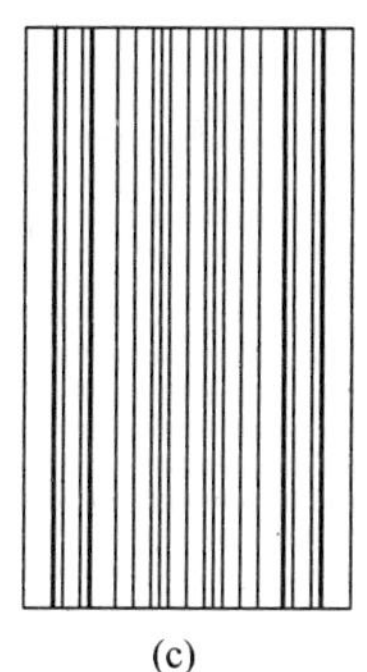
(c)

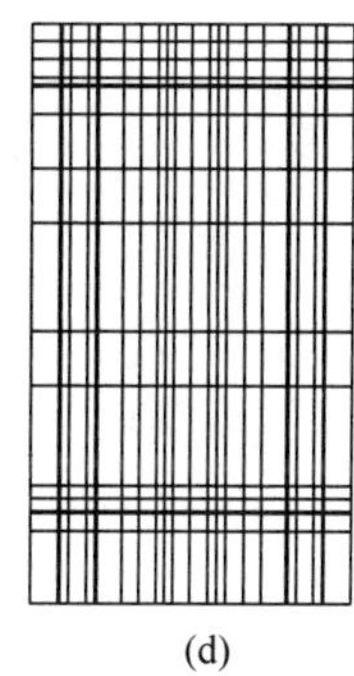
(d)

图 9-57　绘制图形布局

b. 绘制高压接线柱

(a) 把颜色改为“黑色”，单击状态栏的“对象捕捉”，打开对象捕捉方式。多次调用“直线”命令，绘制直线，结果如图 9-58（a）所示。

(b) 调用“删除”命令，把布局线删除掉。

至此，高压接线柱绘制完成，效果如图 9-58（b）所示。

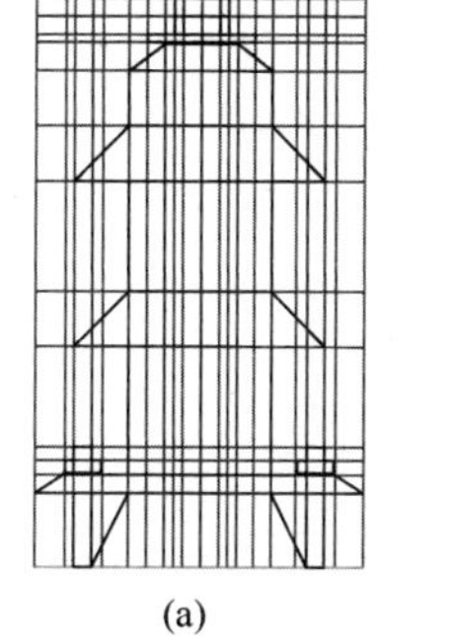
(a)

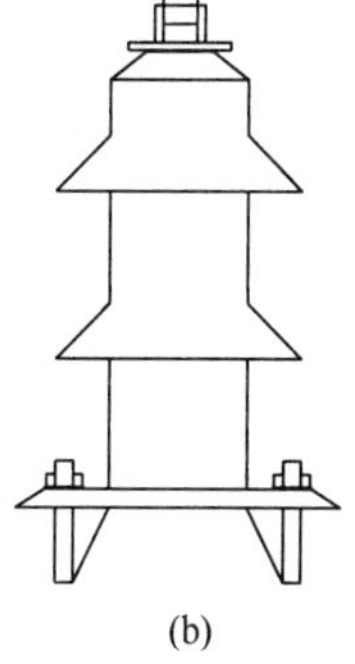
(b)

图 9-58　绘制高压接线柱

⑤ 绘制温度计　把颜色改为“浅灰色”，绘制图形布局。

a. 调用“矩形”命令，绘制宽为 1、高为 4 的矩形；调用“直线”命令，绘制矩形水平线的中心线，如图 9-59（a）所示。

b. 调用“偏移”命令，对中心线进行偏移，偏移距离分别是 0.15、0.3、0.4，如图 9-59（b）所示。

c. 调用“镜像”命令，选择对象是偏移产生的竖直线，以中心线为偏移线，效果如图 9-59（c）所示。

d. 调用“偏移”命令，对矩形的下边进行偏移，偏移距离分别是 0.4、0.5、0.7、3.5，结果如图 9-59（d）所示。

e. 把颜色改为“黑色”，单击状态栏的“对象捕捉”。多次调用“直线”命令，绘制油箱指示柱，结果如图 9-59（e）所示。

f. 调用“删除”命令，把布局线删除掉。

至此，温度计绘制完成，效果如图 9-59（f）所示。

⑥ 组合变压器　调用“移动”命令，把上面绘制的各部分组合在一起，构成变压器图形，如图 9-60 所示。

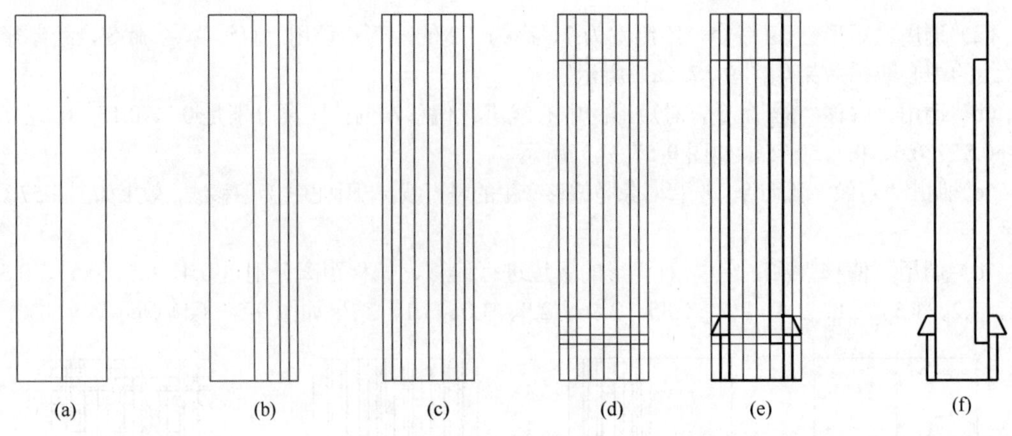

图 9-59　绘制温度计

⑦ 高压进线

a．绘制电缆套管

（a）调用“矩形”命令，绘制宽为 1.6、高为 17 的矩形，如图 9-61（a）所示。

（b）调用“圆”命令，以下边的中点为圆心、下边为直径绘制圆，如图 9-61（b）所示。

（c）调用“剪切”命令，把圆内的线段剪切掉，如图 9-61（c）所示。

b．绘制电缆。调用“矩形”命令，绘制宽为 0.5、高为 19 的矩形。

c．绘制支架。调用“矩形”命令，绘制宽为 0.5、高为 30 的矩形。

d．固定片。调用“矩形”命令，绘制宽为 2、高为 0.5 的矩形。

e．调用“移动”命令，把各部分组合在一起，如图 9-62 所示。

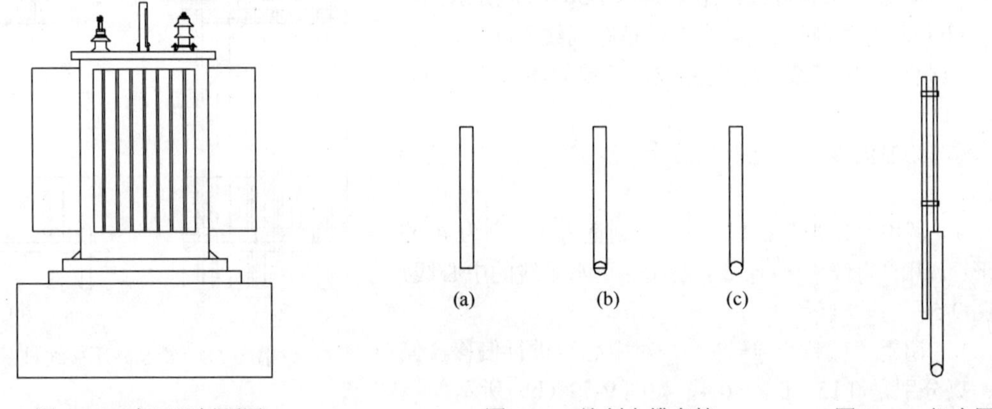

图 9-60　变压器剖面图　　图 9-61　绘制电缆套管　　图 9-62　组合图形

f．电缆头

（a）单击状态栏“正交”和“对象捕捉”按钮，调用“直线”命令，绘制长为 2 的水平线，捕捉直线的中点以其为起点，绘制长为 2 的竖直线，捕捉端点进行连线。过程如图 9-63 所示。

（b）调用“复制”命令，把“△”复制两个；调用“旋转”命令，把其中一个△旋转 70°，如图 9-64 所示。

（c）调用“直线”命令，在另一个“△”的上部绘制直线；调用“剪切”命令，把多余的直线剪切掉，过程如图 9-65 所示。

图 9-63 绘制三角形

图 9-64 旋转△

图 9-65 绘制梯形

（d）调用“阵列”命令，以“”为对象，进行矩形阵列，结果如图 9-66 所示。

图 9-66 阵列梯形

（e）调用“旋转”命令，依次把“”旋转 10°、20°、30°、40°、50°、60°，如图 9-67 所示。

图 9-67 依次旋转梯形

（f）调用“移动”命令，捕捉各条直线的中点，进行移动；调用“修剪”命令，把多余线段修剪掉，结果如图 9-68 所示。

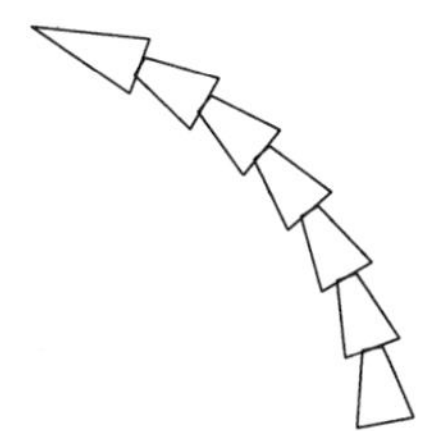

图 9-68 依次移动并修剪图形

图 9-69 绘制成的电缆头

（g）单击“正交”按钮，正交方式关闭。单击“绘图”→“样条曲线”，以的顶点为起点，连续选择 6 个点，形成抛物线曲线。调用“复制”命令，复制曲线，位移为 1。调用“移动”命令把曲线移动到合适的位置。调用“剪切”、“延伸”、“删除”命令，对图形进行整理，结果如图 9-69 所示。

g．调用“移动”命令，把各部分组装到一起，如图 9-70 所示。

⑧ 变压器剖面图组装 调用“复制”命令，把上面绘制的各部分组装在一起，构成变压器的剖面图，如图 9-71 所示。

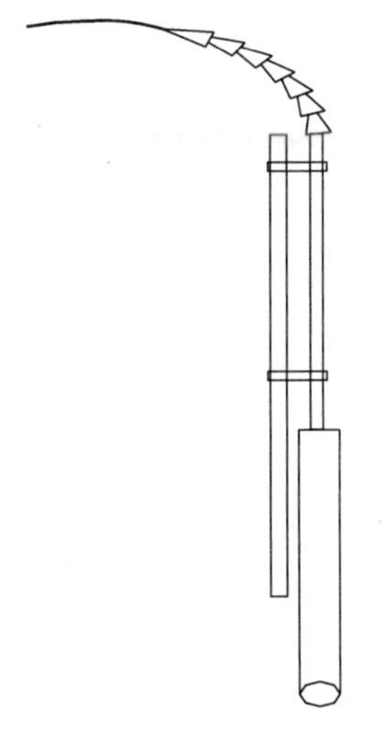

图 9-70 高压进线组装图

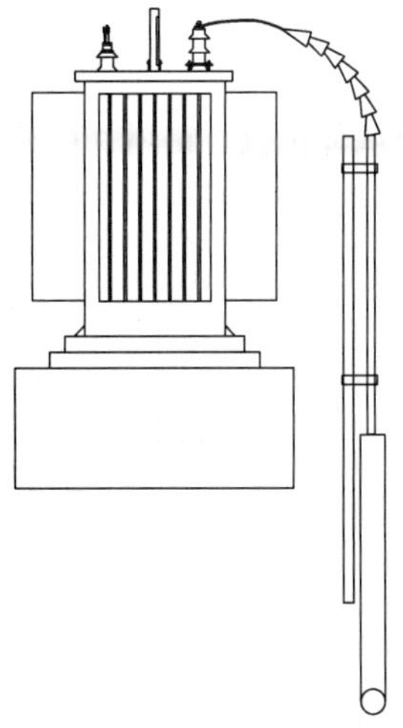

图 9-71 变压器剖面图

（4）**绘制电缆沟**

① 绘制混凝土垫层　调用“矩形”命令，绘制长 34、宽 3 的矩形，如图 9-72 所示。

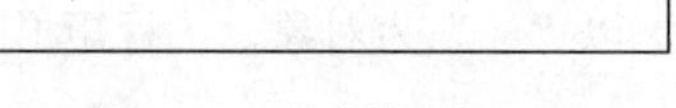

图 9-72　绘制矩形

② 绘制砖墙　单击状态栏“对象捕捉”按钮，调用“矩形”命令，捕捉图中的“0”交点，以其为基点绘制高 15、宽 3 的矩形，如图 9-73（a）所示；调用“移动”命令，把新绘制的矩形以“0”为基点向右平移 1，如图 9-73（b）所示；调用“复制”命令，以交点“1”为基点复制矩形，距离分别是 12、29，如图 9-73（c）所示。

调用“直线”命令，以交点 2 为基点，向下 4、向右 3 绘制直线，如图 9-73（d）所示。

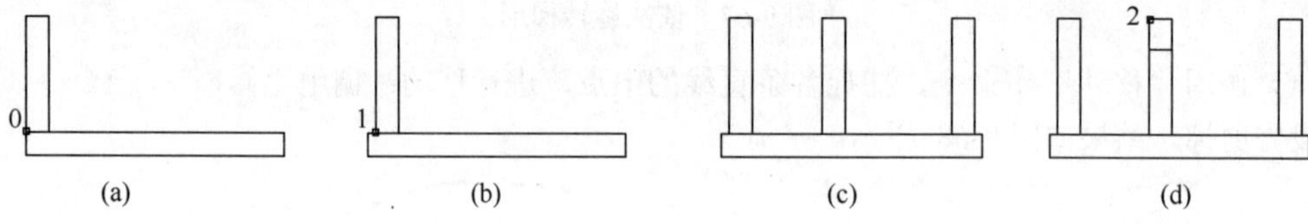

图 9-73　绘制砖墙

③ 绘制电缆支架　调用“矩形”命令，以交点 2 为基点，绘制宽为 5、高为 0.25 的小矩形；调用“复制”命令，以 2 点为基点，复制矩形，距离分别是 2、3、6、9；调用“删除”命令，删除最下面的矩形，结果如图 9-74 所示。

④ 绘制盖板　调用“矩形”命令，绘制高 0.4、宽 15 的矩形；调用“移动”命令，把它移动到电缆沟的上方，如图 9-75 所示。

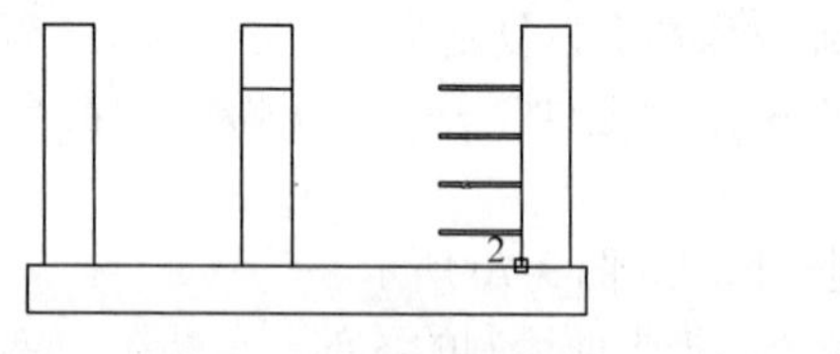

图 9-74　绘制电缆支架

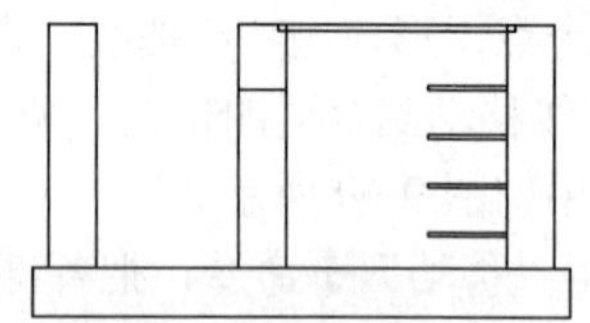

图 9-75　绘制盖板

⑤ 对图形进行修改　调用“直线”、“剪切”等命令，对图形进行修改，结果如图 9-76 所示。

⑥ 填充墙体盖板　调用“填充”命令，选择合适的样例，如图比例不合适，可以对比例进行修改，结果如图 9-77 所示。

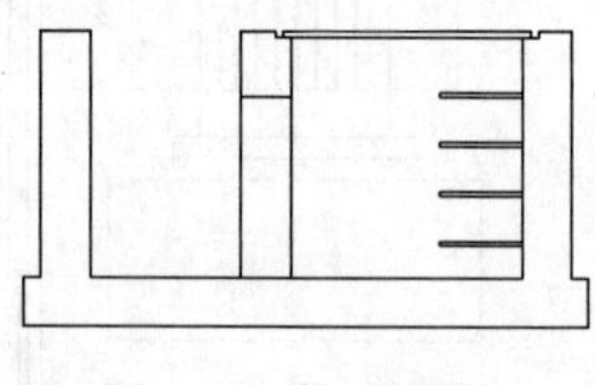

图 9-76　剪切和删除

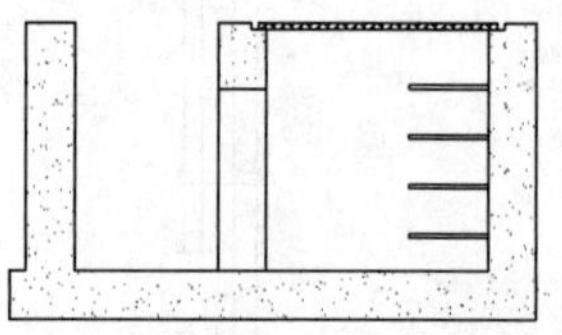

图 9-77　填充结果

（5）**布置设备**

调用“复制”命令，把前面绘制的设备复制到平面图中相应的位置，如图 9-78 所示。

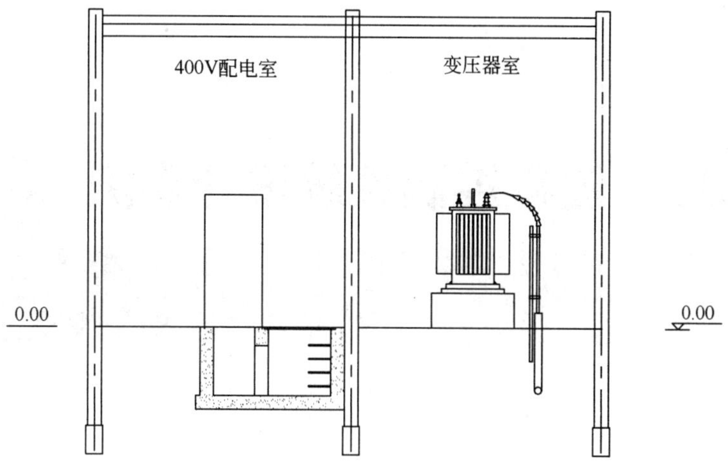

图 9-78　设备布置

（6）绘制低压母线

单击状态栏“正交”按钮，打开“正交”方式，调用“直线”命令，绘制直线把低压柜与变压器的低压端连接起来，如图 9-79 所示。

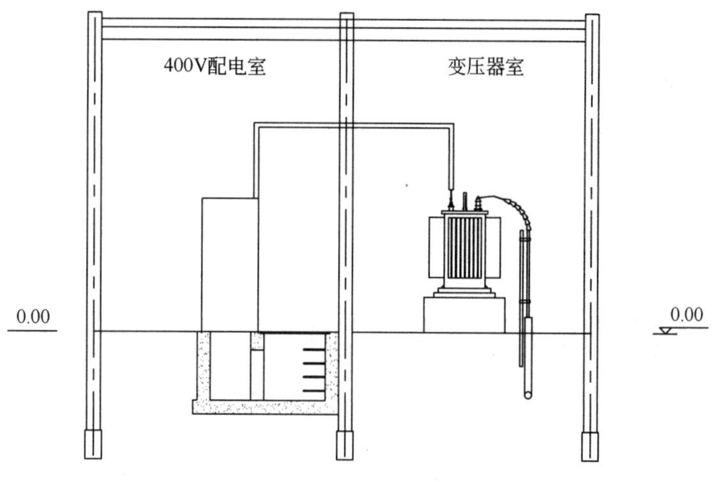

图 9-79　绘制低压母线

（7）添加标注

在“格式”中设置“标注样式”，调用“标注”命令，对相关数据进行标注，如图 9-45 所示。

至此，剖面图绘制完成。

第10章　过程控制系统设计实例

过程控制通常指石油、化工、冶金、轻工、建材、核能等工业生产中连续的或按一定周期程序进行的生产过程自动控制，它是自动化技术的重要组成部分。本章将以某过程控制系统设计实例为背景，重点介绍过程控制系统工程图基本知识、逻辑图、就地盘控制、计算机控制系统的设计。

学习重点

- 了解过程控制工程各项目的专业知识。
- 熟悉自动控制项目的制图流程。
- 熟悉各自动控制项目的制图特点。
- 学习运用 AutoCAD 的操作技巧。

10.1　过程控制系统工程图基本知识

10.1.1　概述

自动化是提高社会生产力的有力工具之一。它能保证生产正常进行，促进强化生产；提高产品产量，保证产品质量；减少消耗定额，降低生产成本；延长设备寿命，确保生产安全；改善劳动条件，减轻劳动强度。在现代自动控制应用中，通常采用计算机控制系统来实现完全自动控制，对于一些重要的机器或设备，除在主控室进行计算机控制外，为了方便开车和巡检，常在现场设置就地控制盘来显示一些重要的检测点信号。下面以对某生产工艺的控制为例，介绍逻辑图、就地盘、计算机控制系统图等的绘制。

10.1.2　过程控制系统的分类

自动控制系统一般分为生产过程的自动检测、自动控制、自动报警联锁、自动操纵四大类。

（1）过程自动检测系统

利用各种检测仪表自动连续地对相应的工艺变量进行检测，并能自动地对数据进行处理、指示和记录的系统，称为过程检测系统。

（2）过程自动控制系统

用自动控制装置对生产过程中的某些重要变量进行自动控制，使受到外界干扰影响而偏离正常状态的工艺变量，自动地回复到规定的数值范围的系统。

（3）过程自动报警与联锁保护系统

对一些关键的生产变量，应设有自动信号报警与联锁保护系统。当变量接近临界数值时，系统会发出声、光报警，提醒操作人员注意。如果变量进一步接近临界值、工况接近危险状态时，联锁系统立即采取紧急措施，自动打开安全阀或切断某些通路，必要时紧急停车，以防事故的发生和扩大。

（4）过程自动操纵系统

按预先规定的步骤，自动地对生产设备进行周期性操作的系统。

10.1.3 图样文件中位号的编制

在工业生产中，最常用的热工参数有压力、温度、流量、液位、转速、分析、阻力、手动、联合参数等。

（1）物理参数

表示各位号的物理意义，以下列字母表示：P—压力；T—温度；F—流量；L—液位；Pd—阻力；S—转速；H—手动；A—（纯度）分析。

（2）功能参数

表示各位号的作用，以下列字母表示：I—指示；C—调节；R—记录；S—联锁；A—报警；Q—累计；E—测量；T—变送。

（3）检测点编号

以阿拉伯数字排列，带报警或联锁的以 H（上限）、HH（上上限）、L（下限）、LL（下下限）区分。

10.1.4 计算机控制系统

计算机控制系统就是利用计算机来实现生产过程自动控制的系统。它主要实现实时数据采集、实时控制决策、实时控制输出。计算机控制系统由工业控制机和生产过程两大部分组成。工业控制机是指按生产过程控制的特点和要求而设计的计算机，它包括硬件和软件两部分。生产过程包括被控对象、测量变送、执行机构、电气开关等装置。计算机控制系统的输入输出接口是计算机与生产过程或外围设备之间交换信息的桥梁，也是计算机控制系统中一个重要的组成部分。用于过程控制计算机的输入输出接口，可分为模拟量输入接口（简称 AI）、模拟量输出接口（简称 AO）、开关量输入接口（简称 DI）、开关量输出接口（简称 DO）等。其中模拟量输入接口（简称 AI）的功能是把工业生产控制现场送来的模拟信号转换成计算机能接收的数字信号，完成现场信号的采集与转换功能；模拟量输出接口（简称 AO）的功能是把计算机输出的数字信号转换成模拟的电压或电流信号，以便驱动相应的模拟执行机构动作，达到控制生产过程的目的；开关量输入输出接口是把现场的开关量信号，如触点信号、电平信号等送入计算机，实现环境、动作、数量等的统计、监督等输入功能，并根据事先设定好的参数，实施报警、联锁、控制等输出功能。

10.1.5 自动控制系统的设计内容

自动控制系统的设计内容主要有：①分析工艺设备要求，根据要求设计设备一览表，进行仪表的选型、安装位置的确定等内容；根据一览表整理设备清单；根据设备清单设计发货清册等（这些内容常在 Word 里进行编写）；②根据控制要求，设计逻辑控制原理图、供电系统图、气源系统图，供就地盘设计和计算机控制系统的组态使用；③对重要设备进行就地控制，设置就地控制盘，对盘面和盘后接线进行设计；④计算机控制系统的硬件布置图、卡件端子接线图等。

10.2 逻辑图

逻辑图是主要用二进制逻辑（与、或、异或等）单元图形符号绘制的一种简图，是提供绘制电路图或其他有关图的依据，便于操作人员和维护人员掌握输入输出关系和故障查找。在应用中各单位的设计样式并不完全相同，图 10-1 所示逻辑图仅供读者参考。

10.2.1 设置绘图环境

（1）建立新文件

打开 AutoCAD 2014 应用程序，以“A3.dwt”样板文件为模板建立新文件，将新文件命名为“逻辑图.dwg”并保存。

（2）设置绘图工具栏

在任意工具栏处单击鼠标右键，在打开的快捷菜单中选择“标准”、“图层”、“对象特性”、“绘图”、“修改”和“标注”这 6 个选项，调出这些工具栏，并将它们移动到绘图窗口中的适当位置。设置“文字格式”为仿宋体。

10.2.2 绘制框架

（1）图形分区

调用“直线”命令，打开“正交”，绘制 3 条直线，把绘图区域分成 3 个区。

（2）区域标注

输入“单行文字 dt”命令，字高 3.5，对区域进行标注。按功能不同，区域可分配为就地、DCS（集散控制系统）、现场或电控系统（信号从就地传感器传递到 DCS 系统，经 DCS 运算后输出控制信号到现场的执行机构或电磁阀或电控系统，执行相应的动作）。绘制的逻辑框架如图 10-2 所示。

10.2.3 绘制逻辑关系

（1）绘制电磁阀

① 调用“直线”命令，绘制底边为 3、高为 4 的三角形，如图 10-3（a）所示。

② 调用“删除”命令，把竖直线删除掉，如图 10-3（b）所示。

③ 调用“复制”命令，把△进行两次复制，如图 10-3（c）所示。

④ 调用“旋转”命令，把左右两边的△分别旋转 90° 和 270° ；调用“移动”命令，

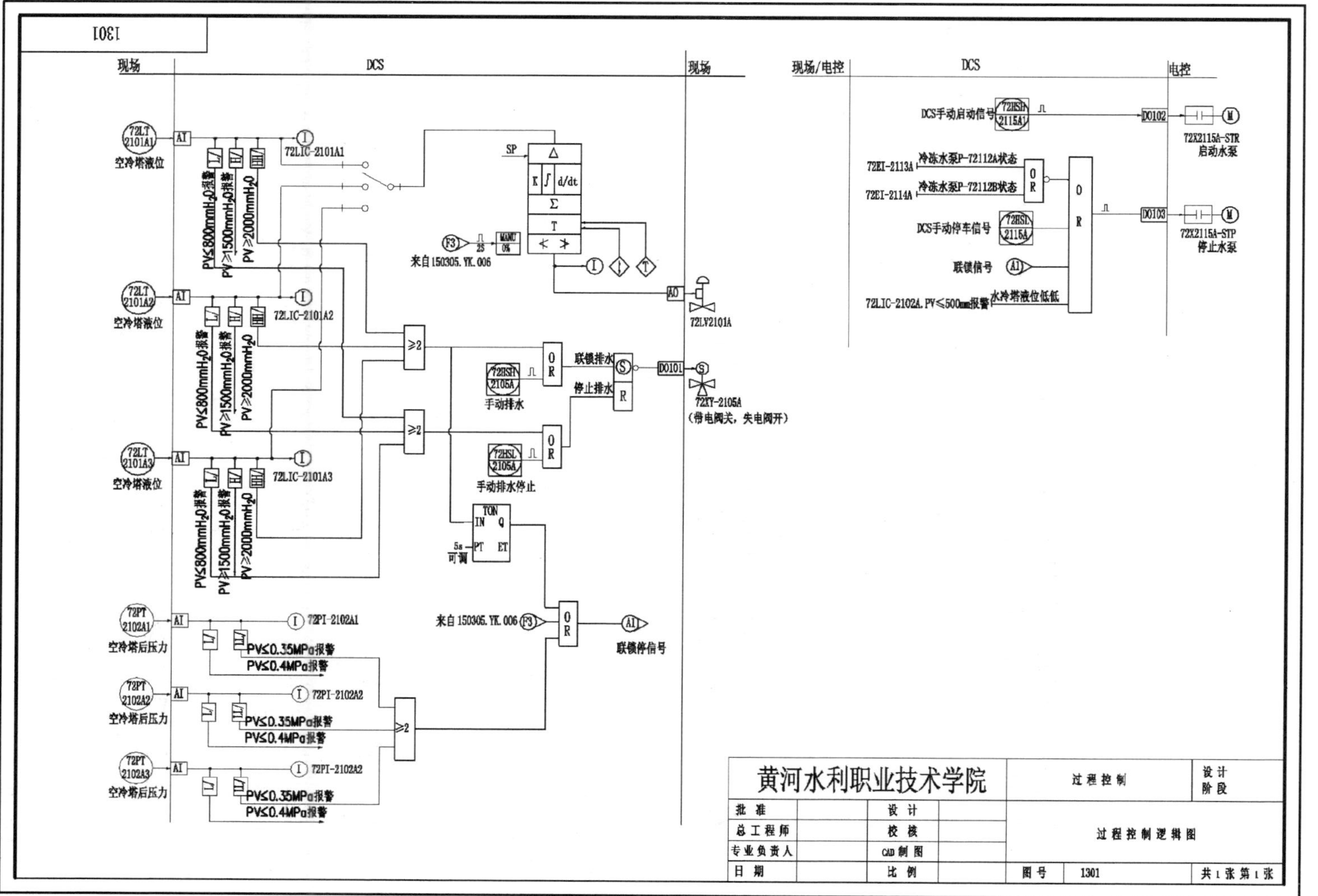
1301
现场
DCS
现场
现场/电控
DCS
电控
72LT 2101A1
空冷塔液位
72LT 2101A2
空冷塔液位
72LT 2101A3
空冷塔液位
72LIC-2101A1
72LIC-2101A2
72LIC-2101A3
PV≤800mmH2O报警
PV≥1500mmH2O报警
PV≥2000mmH2O
SP
来自150305.YK.006
72LV2101A
联锁排水
停止排水
手动排水
手动排水停止
72XY-2105A
(带电阀关，失电阀开)
5s 可调
72PT 2102A1
72PT 2102A2
72PT 2102A3
空冷塔后压力
72PI-2102A1
72PI-2102A2
72PI-2102A2
PV≤0.35MPa报警
PV≤0.4MPa报警
联锁停信号
DCS手动启动信号
72EI-2113A
冷冻水泵P-72112A状态
72EI-2114A
冷冻水泵P-72112B状态
DCS手动停车信号
联锁信号
72LIC-2102A.PV≤500mm报警
水冷塔液位低低
72X2115A-STR
启动水泵
72X2115A-STP
停止水泵
黄河水利职业技术学院
过程控制
设计阶段
批准
总工程师
专业负责人
日期
设计
校核
CAD制图
比例
过程控制逻辑图
图号
1301
共1张 第1张

图10-1 逻辑图

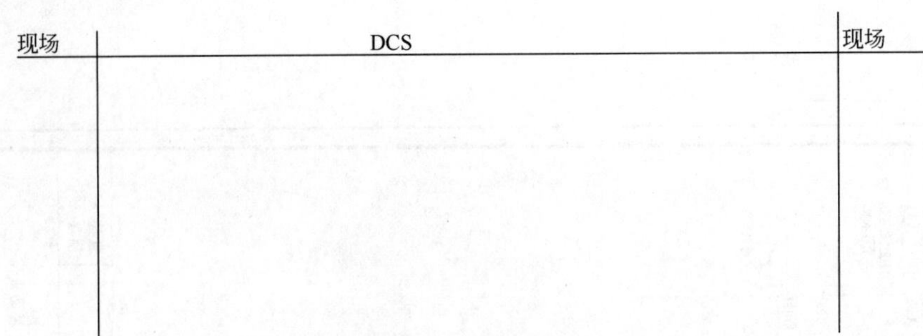

图 10-2　逻辑图框架

分别捕捉它们的端点，移动到一起，如图 10-3（d）所示。

⑤ 调用“直线”命令，捕捉线段的端点，绘制一条向上 5 的竖直线段，如图 10-3（e）所示。

⑥ 调用“圆”命令，捕捉线段竖直的上端点，以其为圆心绘制一个半径为 2 的圆，如图 10-3（f）所示。

⑦ 调用“剪切”命令，把圆内的多余线段剪切掉，如图 10-3（g）所示。

⑧ 调用“单行文字” 命令，在圆内添加文字，如图 10-3（h）所示。

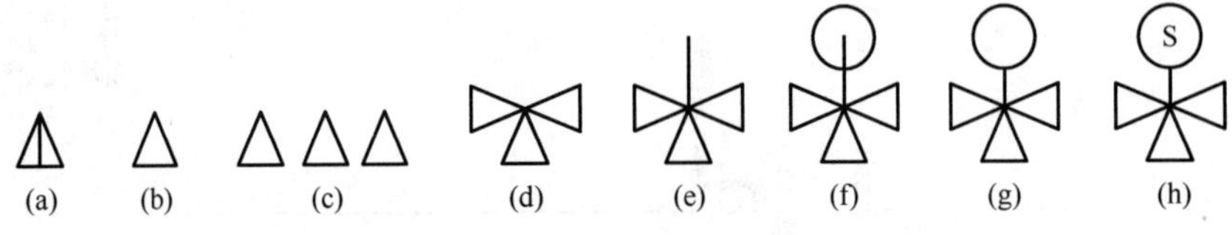

图 10-3　绘制电磁阀

（2）绘制调节阀

① 调用“复制”命令，复制电磁阀的部分图形，如图 10-4（a）所示。

② 调用“直线”命令，捕捉阀的中心点，绘制一条向上 8 的竖直线段，如图 10-4（b）所示。

③ 调用“圆”命令，捕捉线段竖直的上端点，以其为圆心绘制一个半径为 2 的圆，如图 10-4（c）所示。

④ 调用“直线”命令，过圆心绘制一条水平线，如图 10-4（d）所示。

⑤ 调用“剪切”命令，把多余线段剪切掉，如图 10-4（e）所示。

⑥ 调用“直线”命令，根据追踪在圆心的下面 2 处开始绘制 2 的水平线和 3 的垂直线，结果如图 10-4（f）所示。

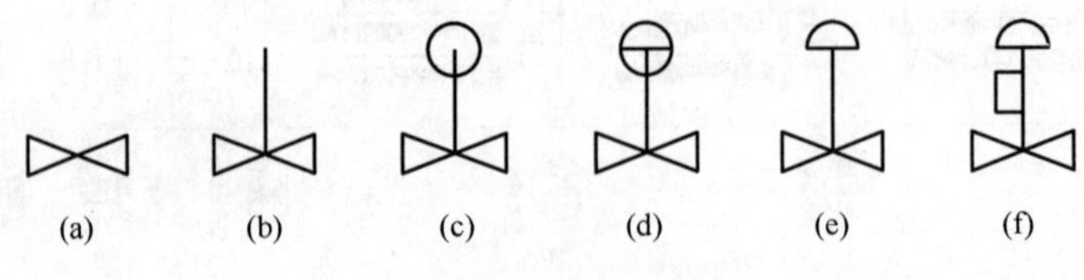

图 10-4　绘制调节阀

（3）绘制弧线

① 调用“直线”命令，绘制一条 2.8 的竖直线段，如图 10-5（a）所示。

② 调用“绘图”菜单下的“弧线”中的“起点、端点、角度”绘弧命令，以线段的端点为起点和另一端点绘制角度为 110° 的弧，如图 10-5（b）所示。

③ 调用“删除”命令，删除竖直线，如图 10-5（c）所示。

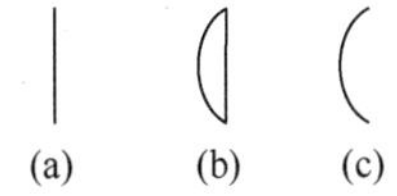

图 10-5　绘制弧线

（4）绘制各功能块

调用“圆”命令，绘制半径为 5.4 的大圆形和半径为 2.7 的小圆形表示不同的功能块。调用“矩形”命令，根据需要设置不同大小的矩形，但同样功能的图块大小要一致。

调用“单行文字”命令，设置字体为 3.5 的仿宋进行图块功能说明。

（5）连接图形和添加说明

调用“直线”命令，把逻辑条件与逻辑块相连。调用“单行文字”命令，进行文字说明。对于文字的注写，采用多行文字，具体内容如图 10-6 所示，合起来效果如图 10-1 所示。

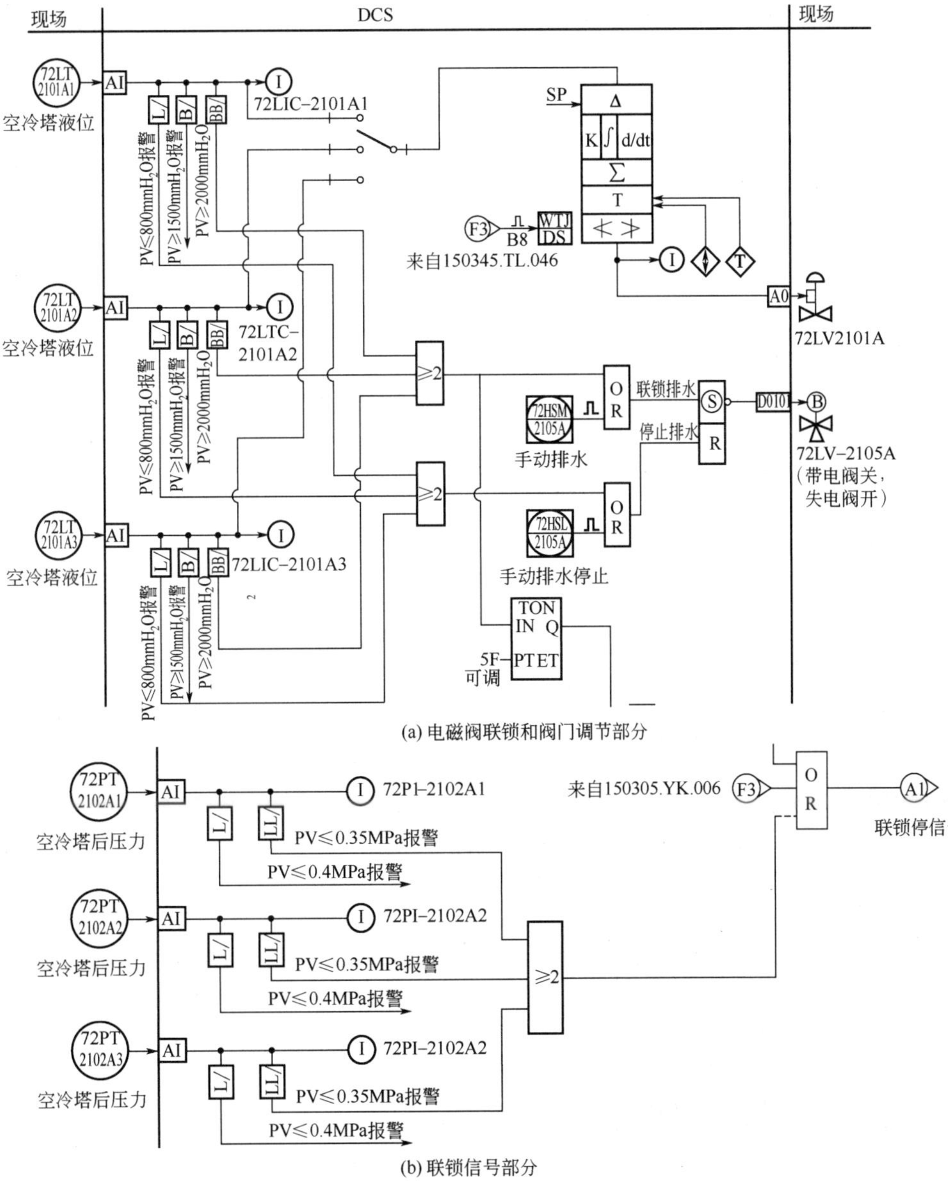

(a) 电磁阀联锁和阀门调节部分

(b) 联锁信号部分

图 10-6

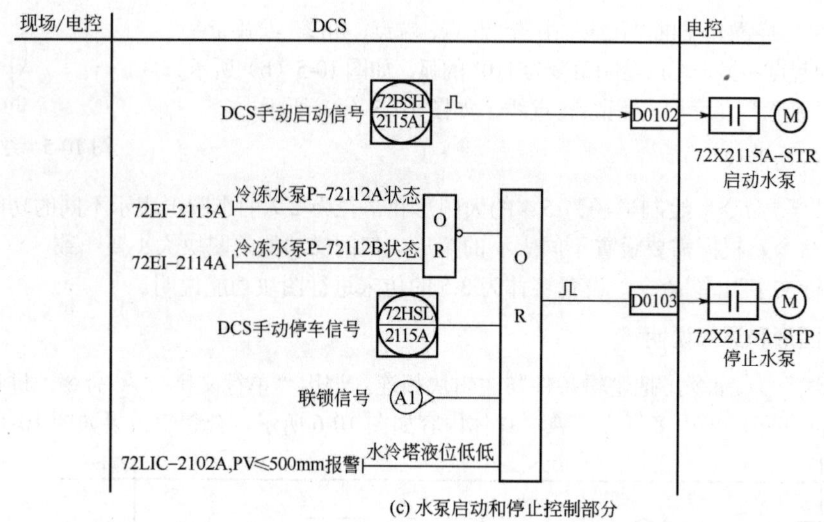

(c) 水泵启动和停止控制部分

图 10-6　文字注写

10.2.4　逻辑功能说明

为提高系统的可靠性，DCS采用三重冗余配置。来自现场的3组相同的信号进行选择和比较，提高系统的高可靠性。

（1）显示

来自现场的3组空冷塔液位和3组空冷塔压力，分别在DCS上显示它们的测量值。

（2）调节

来自现场的3组空冷塔液位信号的测量值，分别进入PID控制器进行PID运算，测量值与液面设定值进行比较，根据偏差来调节出水调节阀门的开度，从而控制液位保持在理想的液面位置。

（3）报警

当测量值达到报警条件时，在DCS上进行相应的报警。当液位低于800mm，进行低限报警；当液位高于1500mm，进行高限报警；当液位高于2000mm，进行高高限报警。当压力低于0.4MPa，进行低限报警；当压力低于0.35MPa，进行低低限报警。

（4）联锁

当液位3个测量信号有2个超过高高限后，触发器触发，让电磁阀失电，紧急放空阀进行紧急排水，使液位降低，同时参与水泵停车联锁，让水泵停运。液位下降，当有2个指示到达800mm，就复位触发器，使电磁阀带电，停止紧急排水。当压力超低时，也进行联锁控制，停止水泵。

当油压超低或液位超高时，或根据工作安排人为停止水泵时，根据逻辑关系，通过逻辑运算，经过计算机的开关量输出（DO）卡件输出开关量控制信号到电控系统，把相应的水泵停止，停止向塔内供水。这样，可保证系统的安全，防止事态进一步发展，对系统进行保护。

10.3　就地控制盘绘制

控制盘常设置在重要设备的旁边，盘上设置有检测仪表、控制仪表、指示灯和按钮灯，检测仪表显示重要检测点的数据，控制仪表控制执行机构，按钮可进行一些操作，指示灯表示设备的状态，方便开车和巡检使用。一般是先设计盘面布置图，再设计盘后接线图。

10.3.1　盘面布置图设计

图 10-7 为某机器的就地控制盘面布置图。控制盘采用柜式仪表盘，高×宽×深为 2100mm×800mm×900mm，180° 柜门开度。在盘面上根据工艺要求安装各种仪表和操作按钮。在设计时要考虑按实际柜体和仪表的尺寸进行绘制，仪表布局要合理，方便操作和维护。

（1）设置绘图环境

① 建立新文件　打开 AutoCAD 2014 应用程序，以“A3.dwt”样板文件为模板建立新文件，将新文件命名为“盘面布置图.dwg”并保存。

② 设置绘图工具栏　在任意工具栏处单击鼠标右键，在打开的快捷菜单中选择“标准”、“图层”、“对象特性”、“绘图”、“修改”和“标注”这 6 个选项，调出这些工具栏，并将它们移动到绘图窗口中的适当位置。

（2）绘制柜体

因为实际柜体的尺寸比较大，在绘制时采用了 10∶1 的比例。调用“矩形”命令，绘制一个 80×210 的矩形；调用“分解”命令，对矩形进行分解，如图 10-7（a）所示。调用“偏移”命令，把竖直线向外偏移 5，把上下的水平线向内偏移 10；调用“延伸”命令，把外框连接起来，效果如图 10-7（b）所示。

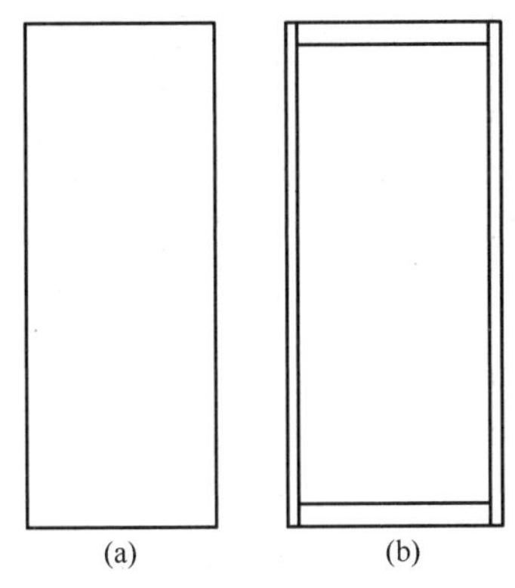

图 10-7　柜体的绘制

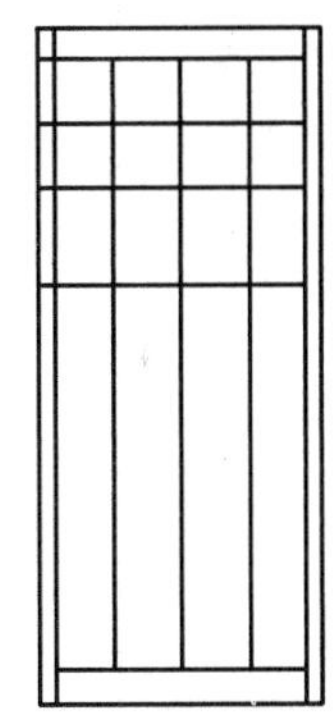

图 10-8　辅助线

（3）盘面布置

① 根据仪表的大小和盘面布置的要求，调用“偏移”命令，把上面第二根水平线分别向下偏移 20、20、30；调用“直线”命令，打开“对象捕捉”，在水平线的中点向下绘制中心线；调用“偏移”命令，把中心线分别左右偏移 22，对盘面进行大致的划分，效果如图 10-8 所示。

② 在盘面上按照控制要求，画出仪表的安装尺寸。实际仪表的安装尺寸如表 10-1 所示。

表 10-1　盘面仪表尺寸

位号	仪表类型	图形	尺寸
PI1011～PI1015	压力表		直径 100mm

续表

位号	仪表类型	图形	尺寸
XI1011～1014 ZIAS1061	测振仪		长×宽=280mm×220mm 其中电源模块宽 120mm 其中测振仪模块宽 40mm
H1～H4	按钮	⊗	圆直径 40mm
1S1～1S3	按钮	◎	内圆直径 30mm，外圆直径 50mm

按照设计要求，把各仪表符号安置在相应的位置，如图 10-9 所示。

③ 调用“直线”命令，在各个仪表图形中绘制一条直线，方便填写位号。如果位置太小，可以不填写，在标牌文字中进行说明。调用“单行文字”命令，绘制仪表位号，结果如图 10-10 所示。

④ 添加标志牌及其序号。调用“矩形”命令，绘制一个 6×2 的小矩形，用来表示标志牌；调用“单行文字”命令，在标志牌的上方添加序号。调用“复制”命令，对标志牌及序号进行复制。双击文字说明，对文字进行修改。结果如图 10-11 所示。

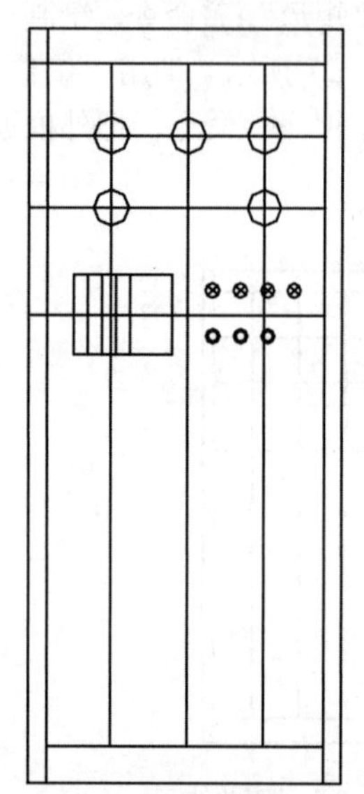

图 10-9　安置仪表

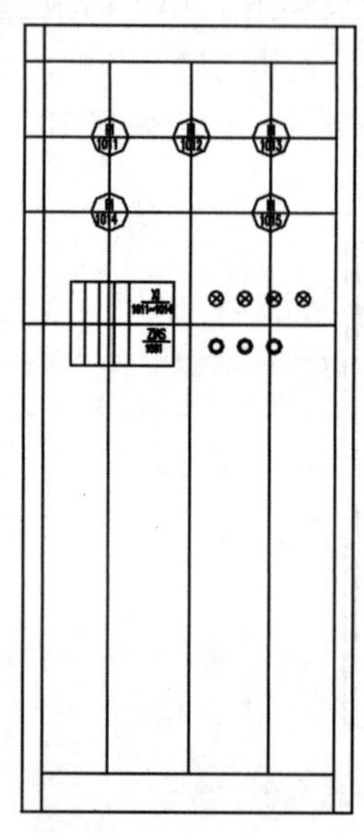

图 10-10　添加位号

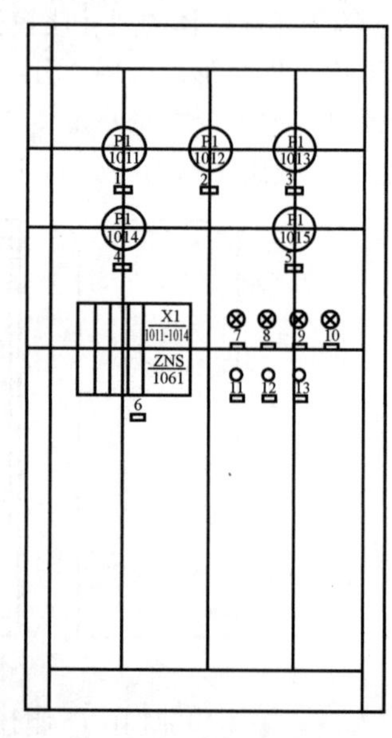

图 10-11　添加标志牌和序号

⑤ 调用“线性标注”，对各尺寸进行标注，如图 10-12 所示。在进行标注时，对于一段已知长度的线段，可以标注它的部分，不必全部标注。

⑥ 删除辅助线，结果如图 10-17 所示。

（4）绘制标志牌内容一览表

为方便用户，在每个仪表的下方应设标志牌，把仪表的功能写在上面，便于理解和操作。在图中应设置一览表来说明各个位号的名称及其作用。首先调用“表格”命令绘制表格，然后调整表格的列宽。表格绘制完成后，在各个单元格内添加注释，结果如图 10-13 所示。

（5）说明

调用“多行文字”命令，字型选择宋体，大小为 3，为盘面布置图添加说明，以便更明确

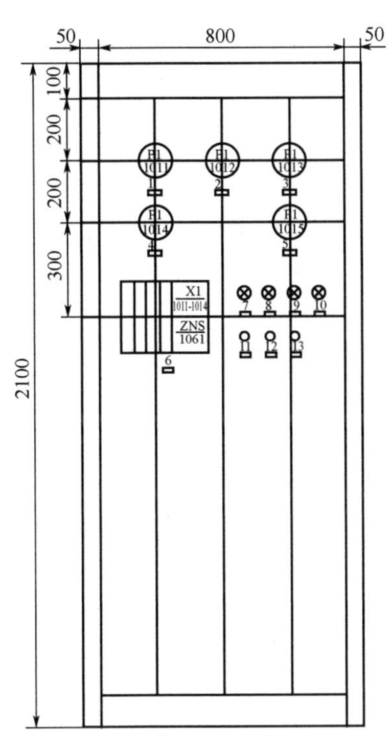

图 10-12 标注结果

标志牌内容一览表		
序号	位号	文字说明
1	PI1011	一级进气压力指示
2	PI1012	一级排气压力指示
3	PI1013	二级排气压力指示
4	PI1014	三级排气压力指示
5	PI1015	压缩机排气压力指示
6	XI1011/XI1012	低压侧轴振动X/Y指示
	XI1013/1014	高压侧轴振动X/Y指示
	ZLAS-1061	轴位移指示报警联锁
7	H1	电源指示
8	H2	允许开车指示灯
9	H3	压缩机运行指示灯
10	H4	紧急放空指示
11	S1	启动按钮
10	S2	紧急放空控制
11	S3	放空停止控制

图 10-13 标志牌内容一览表

地表达设计要求。结果如图 10-14 所示。

说明

1.本仪表盘采用柜式仪表盘，其型号为KG-221，外形尺寸(高×宽×深，mm):2100×800×900，要求180° 柜门开度。

2.仪表盘盘面喷塑驼灰色漆(Y01)，盘内喷塑乳白色漆(Y11), (GSB05-1426—2001)。

3.标志牌采用有机玻璃反面刻字，外形尺寸(高×深，mm)：60×20。上面刻位号，下面刻文字内容，如：

PI1012
一级排气压力

图 10-14 说明内容

（6）添加设备清单

在标题栏的上方添加设备清单，清单的总长和标题栏相同。在清单内标明各个位号所使用的仪表名称、型号、量程及其数量，在绘制时序号要从下往上排列。在绘制过程中，调用了“表格”命令，具体步骤不再描述，结果见图 10-15。

（7）填写标题栏

在图纸的标题栏填写设计者姓名、设计项目名称、设计时间、图号和比例等要素，达到图纸完整，作为实际工程的理论指导依据，如图 10-16 所示。

8	H1,H2,H3,H4	指示灯	AD11–25/41	4	绿2红2
7	S1,S2,S3	按钮	LA19-11J LA19-11	2/1	红2绿1
6	XI-1011~XI-1014/ZIAS-1061	振动监测仪	PT2010	1	
5	PI-1015	弹簧管压力表	Y-100ZT 0～1.0MPa	1	
4	PI-1014	弹簧管压力表	Y-100ZT 0～1.0MPa	1	
3	PI-1013	弹簧管压力表	Y-100ZT 0～0.6MPa	1	
2	PI-1012	弹簧管压力表	Y-100ZT 0～0.4MPa	1	
1	PI-1011	膜盒压力计	YE-100ZT -60～0kPa	1	
序号	代号	名称	型号及规格	数量	备注

图 10-15 设备清单

						化工项目						黄河水利职业技术学院
标记	处数	分区	更改文件号	签名	年 月 日							压缩机盘面布置图
设计	张明	14.5.18	标准化			阶段标记				重量	比例	
校队			审定			S					10∶1	2014.01.100
审核												
工艺			批准			共1张			第1张			

图 10-16 标题栏

至此，整个盘面布置图的设计完成，把各部分在图纸上进行合理分布，结果如图 10-17 所示。

10.3.2 盘内管线图设计

（1）设置绘图环境

① 建立新文件　打开 AutoCAD 2014 应用程序，以“A2.dwt”样板文件为模板建立新文件，将新文件命名为“盘内管线图.dwg”并保存。

② 设置绘图工具栏　在任意工具栏处单击鼠标右键，在打开的快捷菜单中选择“标准”、“图层”、“对象特性”、“绘图”、“修改”和“标注”这 6 个选项，调出这些工具栏，并将它们移动到绘图窗口中的适当位置。

（2）盘背面正视管线图

① 根据盘面布置图，对盘后仪表进行布置。布置时要注意，因为是背面正视图，仪表的编号与盘面布置图相反。此图主要是为接线提供依据，不再按比例进行绘图，但相对位置应与盘面布置图相符。调用“圆”，绘制半径为 8.6 的圆来代表压力表；调用“直线”，绘制压力表接头和引压管；调用“单行文字 dt”，进行位号和管材和管规格等的描述；调用“复制”，进行多次复制，多次使用“正交”、“对象捕捉”的打开与关闭。绘图过程不再详细描述，结果如图 10-18 所示。

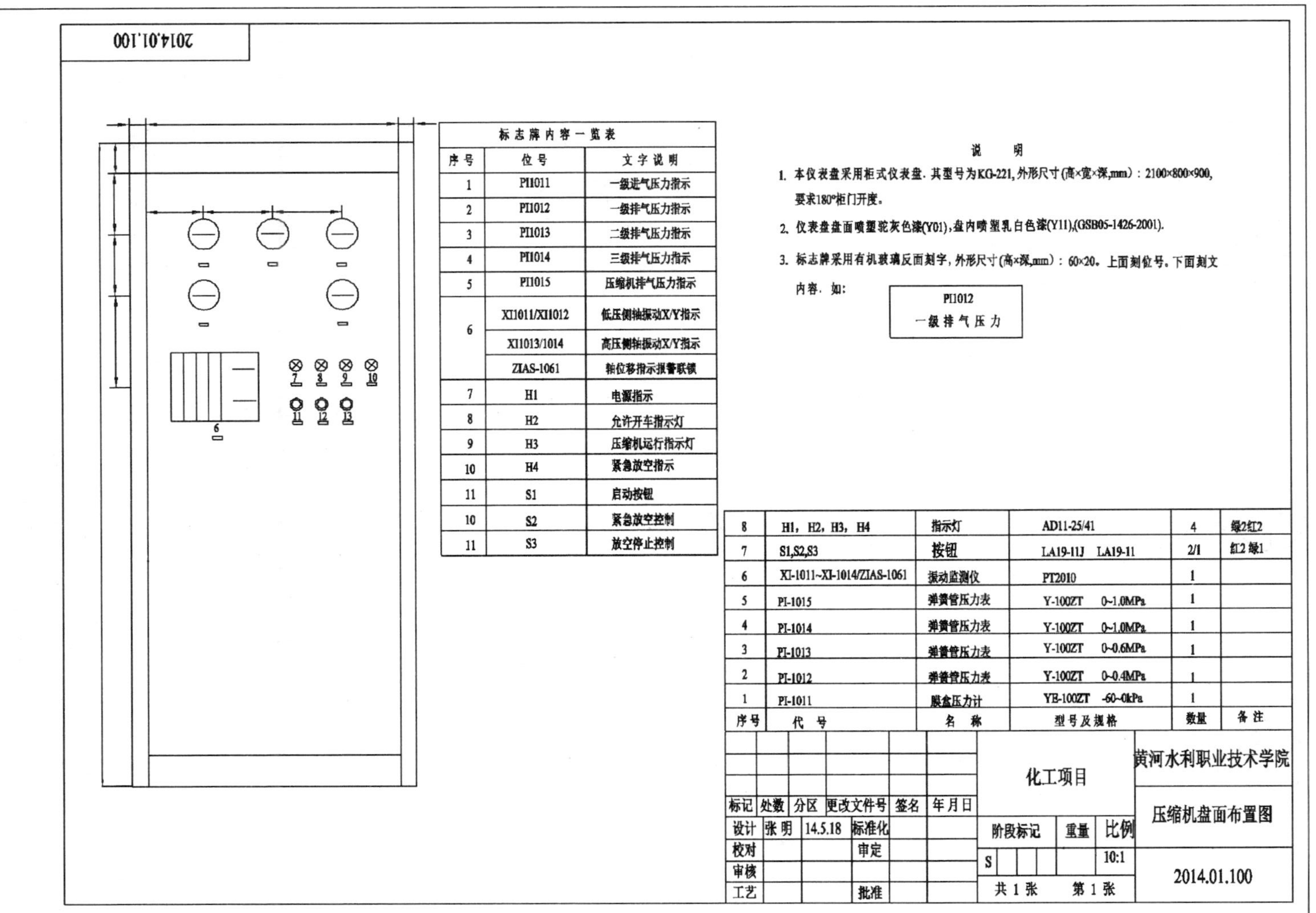

图10-17 完整的盘面布置图

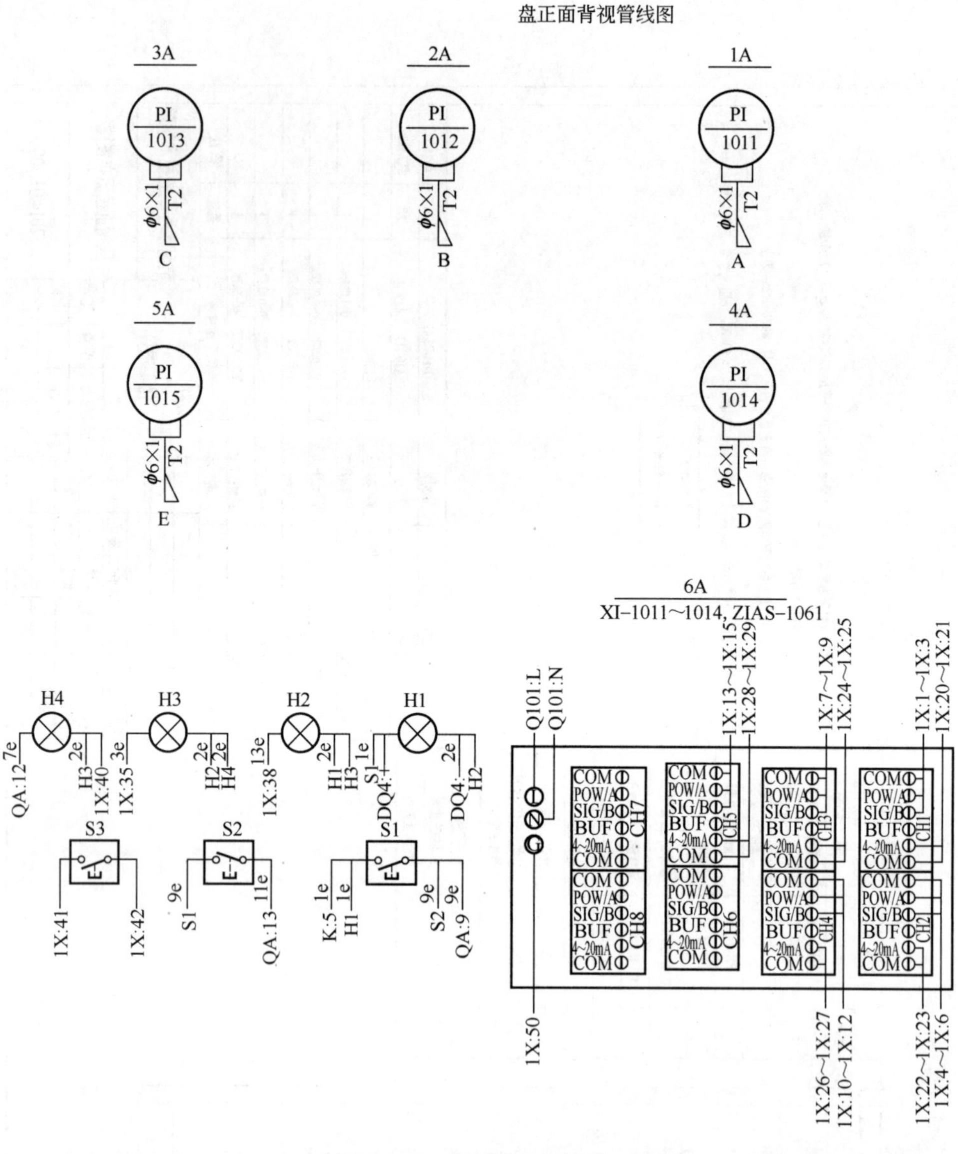

图 10-18 盘面背视接线图

② 压力表阀 压力表测量所用的样气是用铜管（或不锈钢管）从现场引来的，在盘后管线图的下部应设有压力表阀，以方便检修和维护。5 个压力表用 5 个压力表阀，用字母标号与压力表相对应。绘图过程不再详细描述，结果如图 10-19 所示。

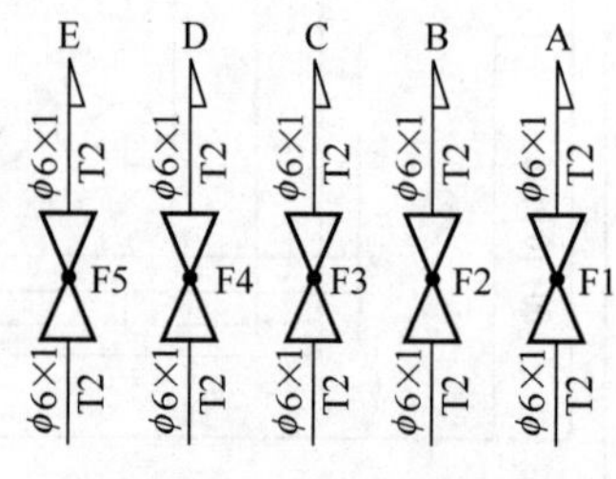

图 10-19 压力表阀的绘制

（3）盘内接线图

盘内除了盘面仪表及其管线外，为了完成控制，还应有一些辅助设备，如电源、接线端子、中间继电器等，这些设备一般安装在盘内的侧面，以方便安装与操作和检修。

图 10-20 中 Q 是盘内的交流电 220V 电压的总空气开关，Q101～Q104 是各个支路的交流空气开关。DQ4 是 24V 的直流开关。K 是直流中间继电器。

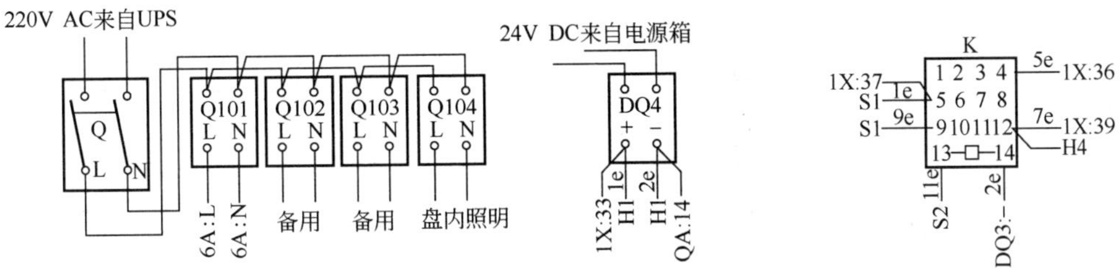

图 10-20 电源和中间接触器部分

（4）端子连接

1X 是端子排，两端是标志端子，中间是普通端子，左边有中间连接线的是连接端子。根据逻辑关系，把各个部分连接起来。连接后效果如图 10-21 所示。

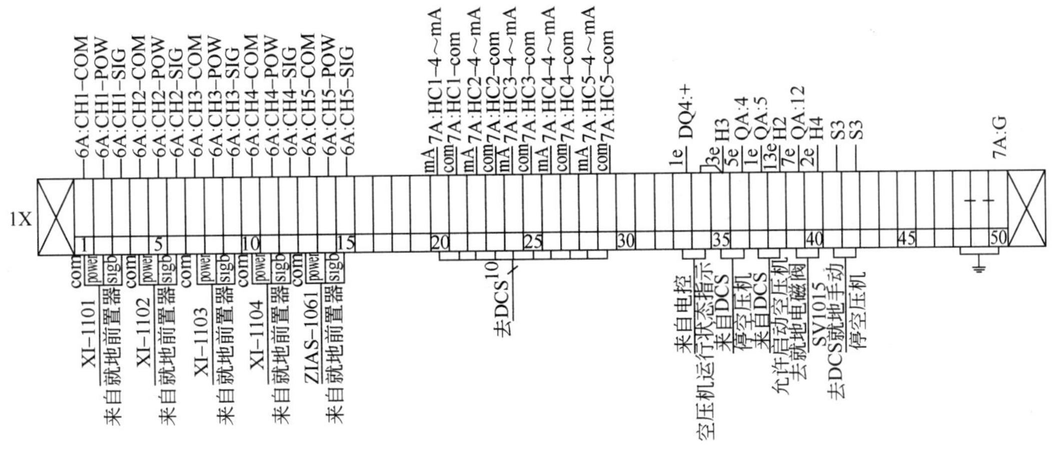

图 10-21 端子排部分

（5）说明

调用“多行文字”A命令，字型选择宋体，大小为 3，为盘面布置图添加说明，以便更明确地表达设计要求。

（6）添加设备清单

在标题栏的上方添加设备清单，标明图纸中使用的仪表名称、型号、量程及其数量。绘制过程如前面所述。

（7）填写标题栏

在图纸的标题栏填写设计者姓名、设计项目名称、设计时间、图号和比例等要素，达到图纸完整，作为实际工程的理论指导依据。

至此，整个盘内管线图的设计完成，把各部分在图纸上进行合理分布，结果如图 10-22 所示。

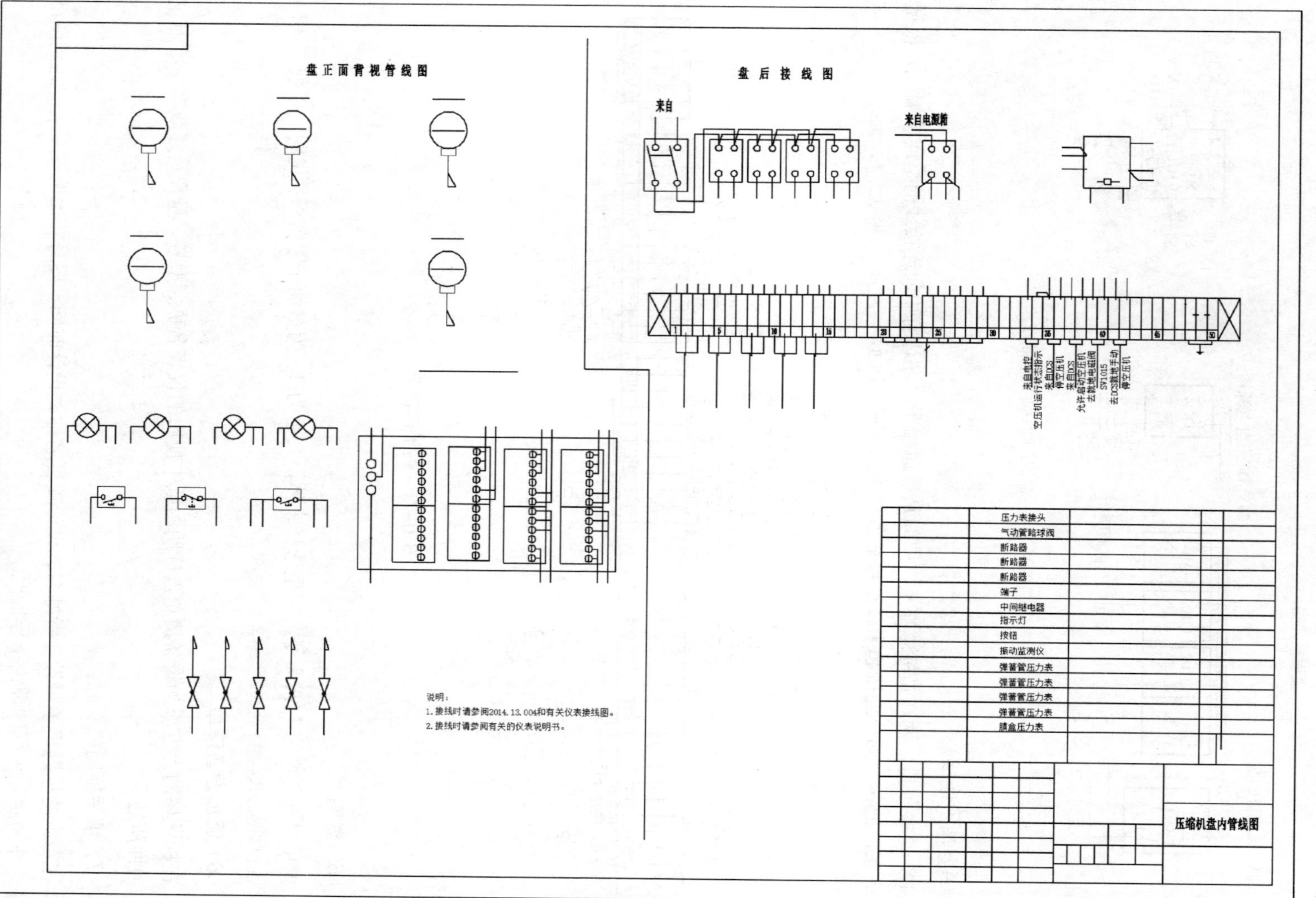

盘正面背视管线图
盘后接线图
来自
来自电源箱
来自电控
空压机运行状态指示
来自DCS
停空压机
来自DCS
允许启动空压机
去联锁电磁阀
SV1015
去DCS就地手动
停空压机
压力表接头
气动管路球阀
断路器
断路器
断路器
端子
中间继电器
指示灯
按钮
振动监测仪
弹簧管压力表
弹簧管压力表
弹簧管压力表
弹簧管压力表
膜盒压力表
压缩机盘内管线图
说明：
1. 接线时请参阅2014.13.004和有关仪表接线图。
2. 接线时请参阅有关的仪表说明书。

图10-22 接线图

10.4 计算机控制系统

计算机控制是现代工业最常用的控制形式，广泛应用于各类工业项目中。一个项目的计算机控制系统的工作流程，包括设计、组态、安装、调试、开车等阶段，其中设计只是其中的一小部分，而CAD设计在其中占的分量更小。计算机控制系统分为硬件和软件，在CAD中只能表现硬件部分的布置及接线。在进行设计前，要求：

① 了解用户需求，统计测点清单；

② 依据测点清单配置I/O卡件；

③ 依据I/O卡件数量配置机柜、主控制卡、通信卡、电源单体、端子板等；

④ 依据用户要求配置操作站、工程师站、软件、交换机等；

⑤ 配置外部设备如打印机等。

下面以美国Honeywell公司的TPS系统为例进行说明。

10.4.1 机柜布置图

（1）设置绘图环境

① 建立新文件　打开AutoCAD 2014应用程序，以“A3.dwt”样板文件为模板建立新文件，将新文件命名为“机柜布置图.dwg”并保存。

② 设置绘图工具栏　在任意工具栏处单击鼠标右键，在打开的快捷菜单中选择“标准”、“图层”、“对象特性”、“绘图”、“修改”和“标注”这6个选项，调出这些工具栏，并将它们移动到绘图窗口中的适当位置。

（2）绘制柜体布置图

① 柜子采用前后开门型，柜体尺寸为高×宽×深＝2100×800×800（mm）。

打开状态栏“正交”按钮，进入正交状态。调用“直线”、“文字”A、“复制”等命令，绘制柜体的正面布置图，如图10-23所示。

② 调用“直线”、“单行文字 dt”AI、“复制”等命令，绘制柜体的背面布置图，如图10-24所示。

③ 调用“表格”命令，绘制材料明细表，如图10-25所示。

④ 说明　调用“多行文字”A命令，添加说明，如图10-26所示。

10.4.2 端子接线图

（1）设置绘图环境

① 建立新文件　打开AutoCAD 2014应用程序，以“A3.dwt”样板文件为模板建立新文件，将新文件命名为“端子接线图.dwg”并保存。

② 设置绘图工具栏　在任意工具栏处单击鼠标右键，在打开的快捷菜单中选择“标准”、“图层”、“对象特性”、“绘图”、“修改”和“标注”这6个选项，调出这些工具栏，并将它们移动到绘图窗口中的适当位置。

（2）绘制端子接线图

在一个计算机控制系统中各种类型的卡件数量很多，它们的接线端子板大致相同，根据工程设计把来自就地的信号通过端子板接入计算机控制系统。因此，在一张图中，通常有几个卡

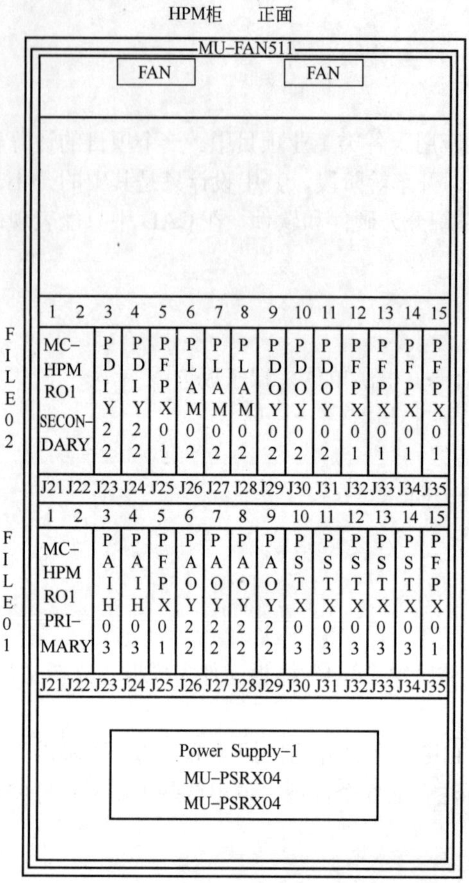

HPM柜　正面

MU-FAN511

FAN　FAN

	1	2	3	4	5	6	7	8	9	10	11	12	13	14	15
FILE02	MC-HPM RO1 SECON-DARY		PDIY22	PDIY22	PFPX01	PLAM02	PLAM02	PLAM02	PDOY22	PDOY22	PDOY22	PFPX01	PFPX01	PFPX01	PFPX01
	J21	J22	J23	J24	J25	J26	J27	J28	J29	J30	J31	J32	J33	J34	J35

	1	2	3	4	5	6	7	8	9	10	11	12	13	14	15
FILE01	MC-HPM RO1 PRI-MARY		PAIH03	PAIH03	PFPX01	PAOY22	PAOY22	PAOY22	PAOY22	PSTX03	PSTX03	PSTX03	PSTX03	PSTX03	PFPX01
	J21	J22	J23	J24	J25	J26	J27	J28	J29	J30	J31	J32	J33	J34	J35

Power Supply-1
MU-PSRX04
MU-PSRX04

图 10-23　柜体的正面布置图

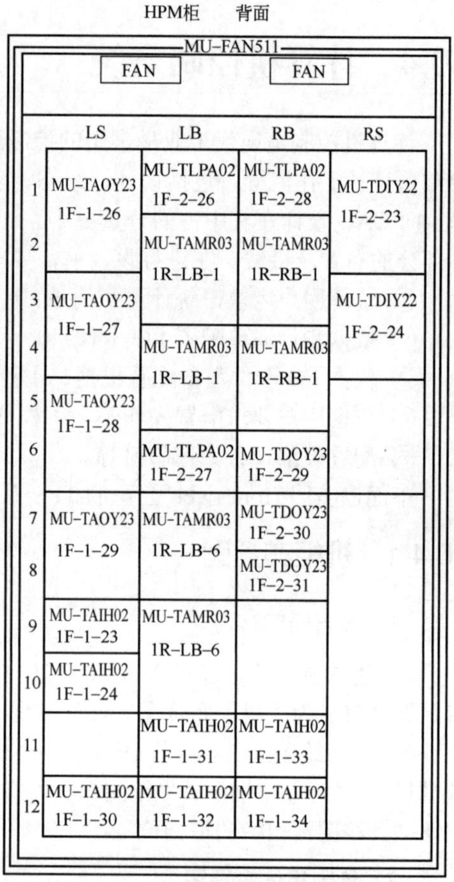

HPM柜　背面

MU-FAN511

FAN　FAN

LS　LB　RB　RS

1 MU-TAOY23 1F-1-26 | MU-TLPA02 1F-2-26 | MU-TLPA02 1F-2-28 | MU-TDIY22 1F-2-23
2 MU-TAMR03 1R-LB-1 | MU-TAMR03 1R-RB-1
3 MU-TAOY23 1F-1-27 | MU-TDIY22 1F-2-24
4 MU-TAMR03 1R-LB-1 | MU-TAMR03 1R-RB-1
5 MU-TAOY23 1F-1-28
6 MU-TLPA02 1F-2-27 | MU-TDOY23 1F-2-29
7 MU-TAOY23 1F-1-29 | MU-TAMR03 1R-LB-6 | MU-TDOY23 1F-2-30
8 MU-TDOY23 1F-2-31
9 MU-TAIH02 1F-1-23 | MU-TAMR03 1R-LB-6
10 MU-TAIH02 1F-1-24
11 MU-TAIH02 1F-1-31 | MU-TAIH02 1F-1-33
12 MU-TAIH02 1F-1-30 | MU-TAIH02 1F-1-32 | MU-TAIH02 1F-1-34

图 10-24　柜体的背面布置图

序号	代　号	名　　称	规格及型号	数量	备注
16	DO IOP	数字量输出FTA（16）	MU-TDR22	3	装于供电柜内
15	DI IOP	数字量输入FTA（32）	MU-TDIY22	2	
14	AO IOP	模拟量输出FTA（16）	MU-TAOY23	4	
13	RTD FTA	低电平模拟量输入FTA(32)	MU-TAMR03	6	
12	HLAI-STIFTA	高电平模拟量输入FTA(16)	MU-TAIH02	7	
11	PFPX01	空槽盖（插）板	MU-PFPX01	7	
10	STI IOP	智能变送器输入处理器（16）	MU-PSTX03	5	
9	DO IOP	数字量输出处理器（16）	MU-PDOX02	3	
8	DI IOP	数字量输入处理器（32）	MU-PDIY22	2	
7	AO IOP	模拟量输出处理器（16）	MU-PAOY22	4	
6	LLMUX IOP	低电平模拟量输入处理器(32)	MU-PLAM02	3	
5	HLAI IOP	高电平模拟量输入处理器(16)	MU-PAIH03	2	
4	HPMM	HPM模件（冗余）	MC-HPMR01	1	
3	Power System	冗余式电源系统	MU-PSRX04	1	
2	FILE02	HPM插件箱	MU-HPFX02	1	15 I/O SLOTS
1	FILE01	HPM插件箱	MU-HPFX02	1	15 I/O SLOTS

图 10-25　绘制材料明细表

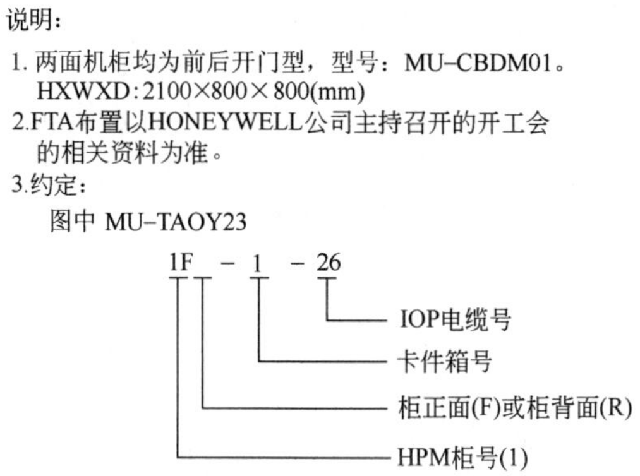

说明：
1. 两面机柜均为前后开门型，型号：MU–CBDM01。
HXWXD:2100×800×800(mm)
2.FTA布置以HONEYWELL公司主持召开的开工会的相关资料为准。
3.约定：
图中 MU–TAOY23
1F – 1 – 26
IOP电缆号
卡件箱号
柜正面(F)或柜背面(R)
HPM柜号(1)

图 10-26 说明

TAIH02, 1F–1–30, POS.LS12
来自就地变送器
TB1
TB2
TB3
PT1103
LT1111
LT1138
PT1201
PT1202
PT1203
PT–Q
FT1201
FT1202
PT1
PT2
PT3
PT4
PT5
PT109
PT112

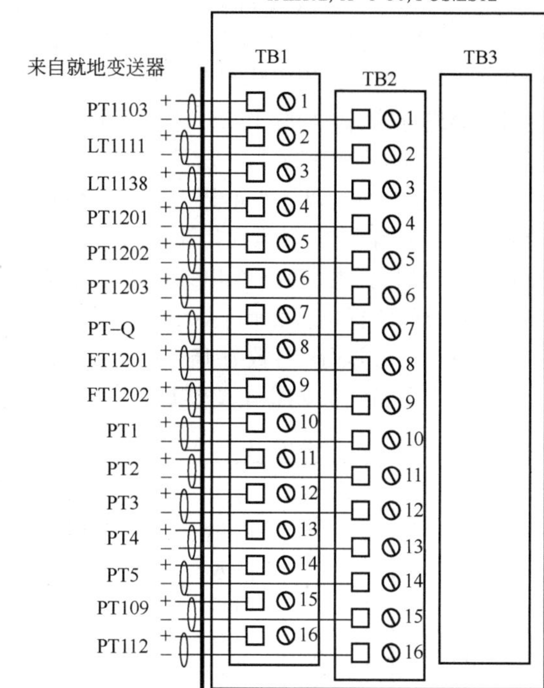

图 10-27 绘制端子接线图

件的端子接线图，一个计算机系统有很多张的端子接线图。在这里仅以一个卡件的端子接线图为例，如图 10-27 所示。端子接线图为示意图，各部分的关系并不严格按照实际物体的比例进行。在实际应用中可以利用复制和修改绘制全图。

① 绘制卡件端子图 调用“矩形”命令，绘制宽 85、高 170 的矩形，如图 10-28（a）

TAIH02, 1F–1–30, POS.LS12
TB1
TB2
TB3
(a)
(b)
(c)

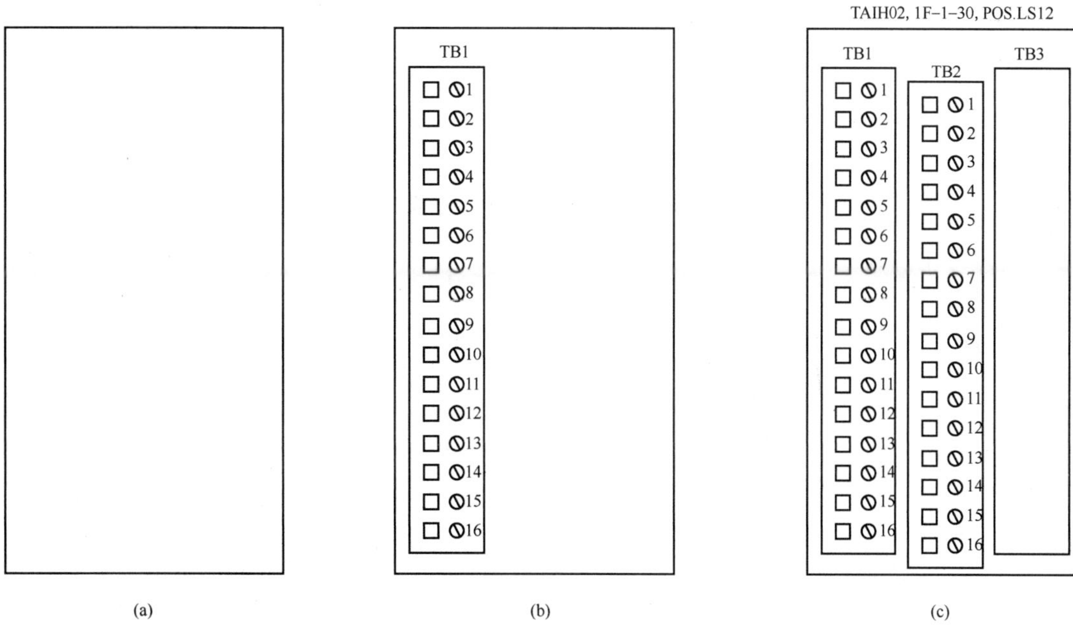

图 10-28 卡件端子图

所示；把线型改为“Continuous”；调用“正多边形”命令，绘制边长为 4.4 的正方形；调用“圆”命令，绘制直径为 4.4 的圆；调用“直线”命令，绘制圆内斜线；调用“单行文字”命令，添加文字；调用“阵列”命令，对绘制内容进行阵列，行数为 6，偏移量为 9；双击文字对内容进行编辑，如图 10-28（b）所示，表示接线端子排；调用“复制”命令，复制另外两排端子。结果如图 10-28（c）所示。

② 端子接线　调用“直线”命令，绘制直线表示来自现场的信号线；调用“椭圆”命令，绘制短轴半径为 1、长轴半径为 5 的椭圆，表示电缆的屏蔽层；调用“多直线”命令，绘制宽为 0.9 的多线段，表示由各个电缆屏蔽层绞制成的屏蔽线；调用“直线”命令，绘制电缆屏蔽层与屏蔽线间的直线，表示屏蔽线接入屏蔽线中，如图 10-29（a）所示；调用“阵列”命令，对图形进行矩形阵列，行数为 16，距离为-9；双击文字对内容进行编辑；调用“单行文字”命令，添加文字。结果如图 10-29（b）所示。

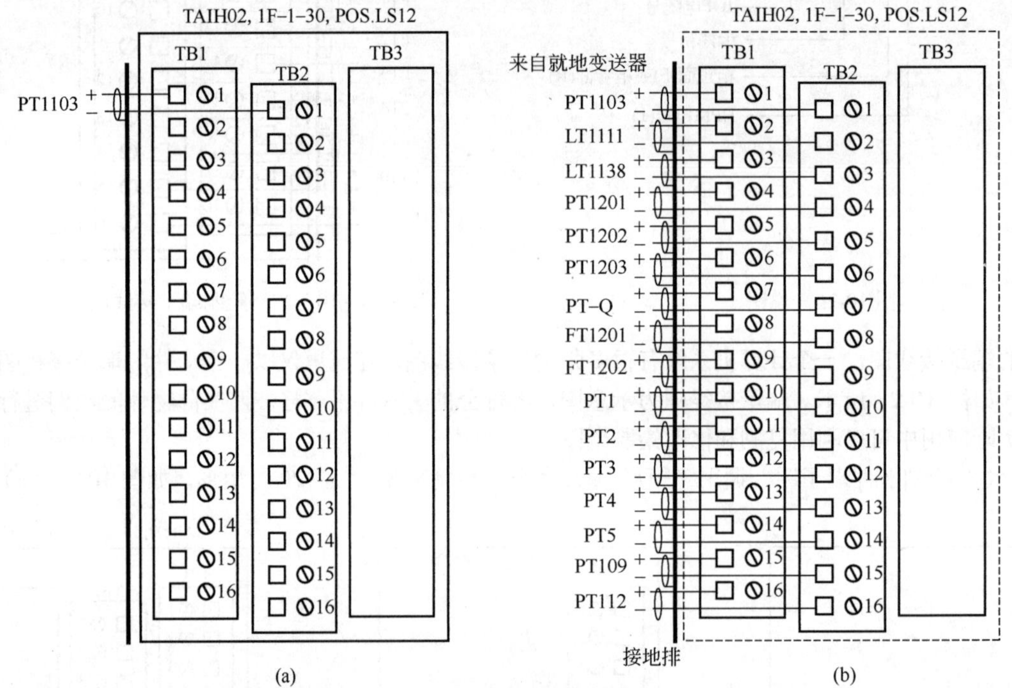

图 10-29　卡件端子接线图

第3篇　进阶提高篇

第11章　电气工程专用绘图软件 AutoCAD Electrical

本章首先简单介绍电气图绘制过程中常用的元件插入命令、元件编辑命令以及其他的辅助工具，主要是通过绘制工程实例，说明电气图绘制的步骤和方法。

知识要点

- 认识 AutoCAD Electrical。
- 掌握绘制电器图的基本步骤、基本工具和基本方法。

11.1　认识 AutoCAD Electrical

11.1.1　AutoCAD Electrical 新增功能

ACE 是 AutoCAD Electrical 的简称，是基于 AutoCAD 通用平台的一个专业电气设计软件，它的操作与 AutoCAD 是一致的。而且 ACE 是用 AutoCAD 本身的块定义来构建整个图形的，它本身的文件格式就是原生的 dwg 格式，因此在 ACE 中画好的图纸在 AutoCAD 平台下一样可以编辑，只是在 ACE 环境下可以大大提高出图效率，显著减少设计错误。

ACE 是在 AutoCAD 通用平台上二次开发出来的，除了 AutoCAD 的所有优点外，还有如下几种功能：自动出明细表，自动导线编号，自动元件编号，自动实现如触点与线圈之类的交叉参考，图框带有智能图幅分区信息，可以实现库元件的全局更新，父子元件自动跟踪，原理图线号自动导入到屏柜接线图，参数化 PLC 模块生成等。

11.1.2　启动 AutoCAD Electrical

可以通过下列方式启动 AutoCAD Electrical。

（1）桌面快捷方式图标

安装 AutoCAD 时，将在桌面上放置一个 AutoCAD Electrical 快捷方式图标。双击 AutoCAD Electrical 图标，可以启动 AutoCAD Electrical。

（2）“开始”菜单

在“开始”菜单（Windows）中，单击“所有程序”（或“程序”）→“Autodesk”→“AutoCAD

Electrical”→“AutoCAD Electrical”。

（3）AutoCAD Electrical 的安装位置

如果具有超级用户权限或管理员权限，则可以从 AutoCAD 的安装位置运行该程序（例如 D:\ProgramFiles\Autodesk\Acade\acad.exe）。有限权限用户必须从“开始”菜单或桌面快捷方式图标运行 AutoCAD。如果希望创建自定义快捷方式，应确保快捷方式的“起始位置”目录指向用户具有写权限的目录。

11.1.3　AutoCAD Electrical 的窗口界面

启动 AutoCAD Electrical 后，程序进入 AutoCAD Electrical 中文版的绘图工作界面。与大多数 AutoCAD 程序一样，其工作界面包括标题栏、菜单栏、标准工具栏、图层工具栏、特性工具栏、绘图工具栏、修改工具栏等。不同之处在 AutoCAD Electrical 有专门用来绘制电气图纸的 ACE 模块及相关绘图工具栏、修改工具栏等。绘图工作界面如图 11-1 所示。

11.1.4　AutoCAD Electrical 的工具栏

AutoCAD Electrical 命令工具栏可以把鼠标放在任意的 AutoCAD Electrical 的工具栏之上（注意不是 AutoCAD 命令工具栏上），可弹出工具快捷菜单，如图 11-2 所示。

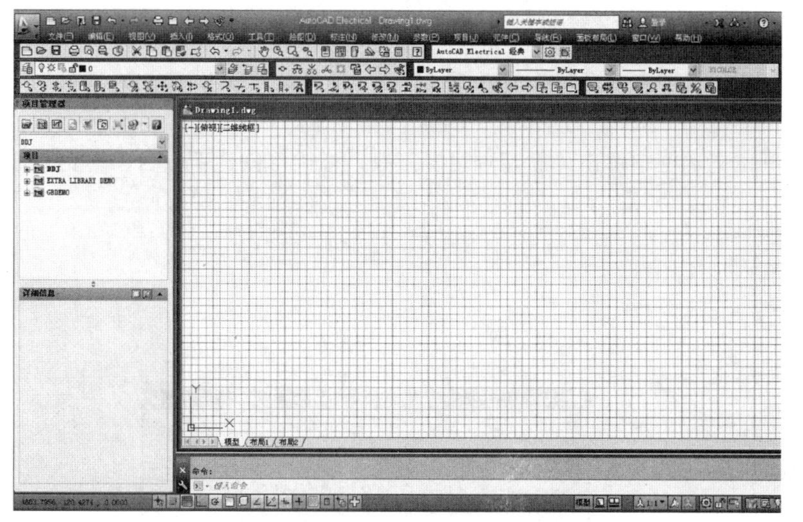

图 11-1　电气 AutoCAD 的工作界面

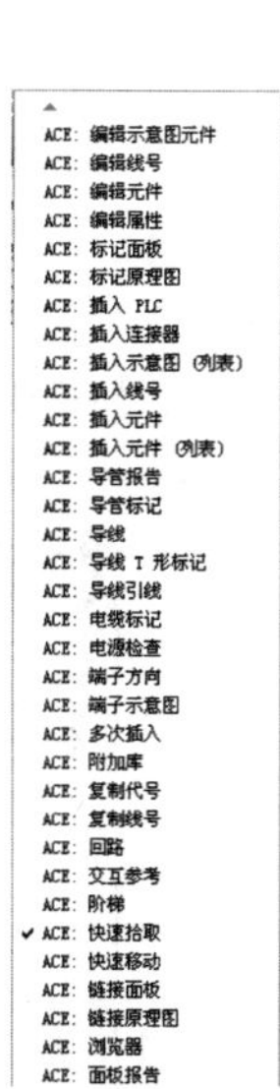

图 11-2　工具栏快捷菜单

工具栏有很多，这里不一一描述，可自主在软件中学习各种命令的应用。常用的工具栏如下。

“ACE 主要元件”工具栏：

“ACE 主要元件 2”工具栏：

“快速拾取”工具栏：

“面板布局”工具栏：

没有介绍的 AutoCAD Electrical 工具栏，可以通过“项目”→“工具栏”菜单或通过在工具栏上单击鼠标右键，然后从 Electrical 列表中进行选择来启用工具栏的可见性。

11.2 AutoCAD Electrical 绘图实例

AutoCAD Electrical 当前支持以下国家标准：JIC（美国）、IEC（欧洲）、JIS（日本）、GB（中国）和 AS（澳大利亚）。尽管 AutoCAD Electrical 支持许多标准，但下面只遵循 GB 标准和样例图形集（在安装软件时可以选择采用何种标准）。

11.2.1 项目

AutoCAD Electrical 是一个基于项目的系统。每个项目都由扩展名为.wdp 的 ASCII 文本文件进行定义。此项目文件包含项目信息、默认项目设置、图形特性和图形文件名的列表。可以拥有任意数量的项目，但每次只能激活一个项目。当前项目的颜色为深色。

使用“项目管理器”，可以添加图形、对图形文件重排序以及更改项目设置。不能在“项目管理器”中打开两个具有相同项目名称的项目。默认情况下，“项目管理器”处于打开的状态，位于屏幕的左侧。可以将项目管理器固定在屏幕上特定的位置，或者将其隐藏，直到要使用项目工具为止。

（1）创建 AutoCAD Electrical 项目

① 点击“项目管理器”工具或者“项目”→“项目”→“项目管理器”，弹出对话框如图 11-3 所示。

② 在当前的项目名称下拉文本框中单击“新建项目”工具，弹出“创建新项目”对话框，如图 11-4 所示。

图 11-3 项目管理器

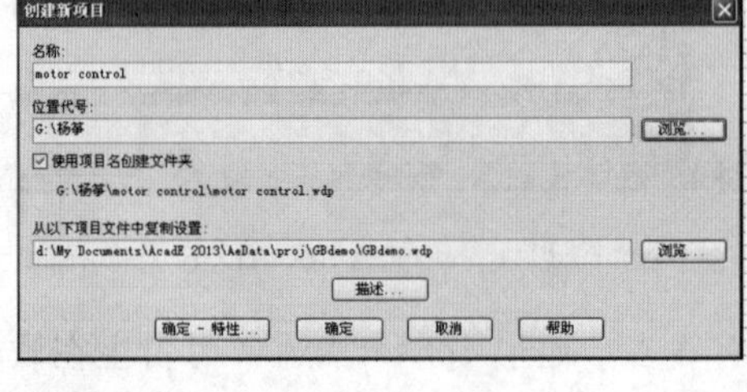

图 11-4 创建新项目文件

③ 在“创建新项目”对话框中，指定：

名称：motor control

必须输入名称。不需要在编辑框中输入扩展名.wdp。

位置代号：由于电脑具有还原精灵软件，不可放置在默认的文件下，否则电脑再次启动时创建的工程就没有了，一定要放置在最后没有还原精灵的盘下。

④ 进行“项目描述”，电动机点击“确定”。

新项目经添加到当前项目列表中，自动变为激活项目，颜色变为深色，如图 11-5 所示。

（2）处理图形

一个项目文件可以包含位于许多不同目录中的图形。一个项目中可以包含任意数量的图形，可以随时向项目中添加图形。

先在目录中创建好空白 A3 图形 101.dwg～104.dwg。

① 在“项目管理器”中，在“montor control”项目上单击鼠标右键，然后选择“添加图形”。

② 在“选择要添加的文件”对话框中，选择图形 101.dwg～103.dwg，然后单击“添加”。

“项目管理器”将列出“montor control”文件夹下的文件。此后，添加的新图形将添加到绘图次序的末端，结果如图 11-6 所示。

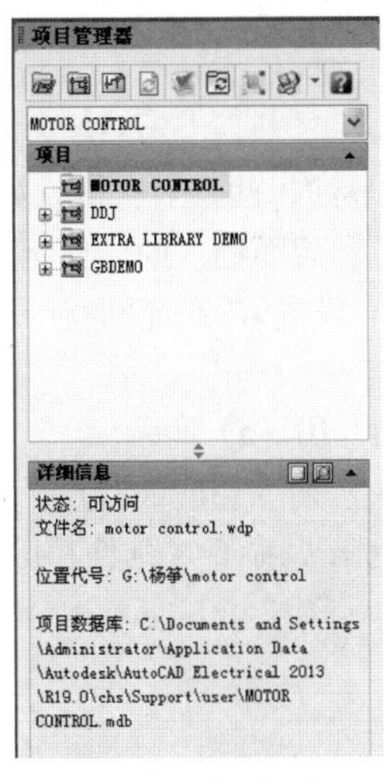

图 11-5　新建项目

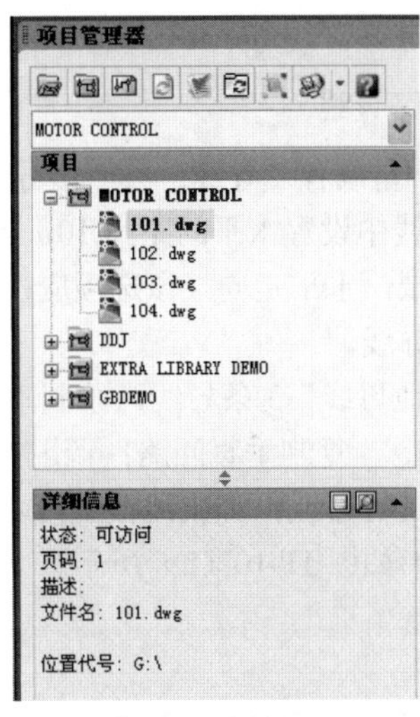

图 11-6　添加图形

注意：激活图形在项目图形列表中以粗体文字显示，可轻松查看正在处理的文件。

11.2.2　继电器控制原理图

下面以自动往返控制线路为例进行原理图设计和绘制，要求如图 11-7 所示

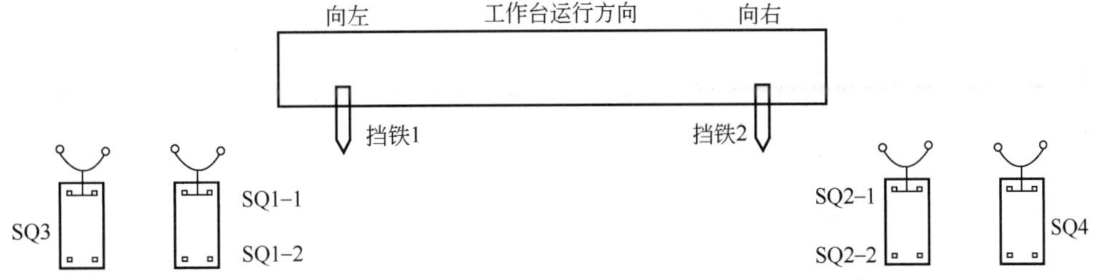

图 11-7　自动往返系统流程示意图

图 11-7 中工作台的左右运动靠电动机的正反转来实现，其中 SQ1 为电动机反转转正转行程开关（SQ1-1 为常闭触点，SQ1-2 为常开触点），SQ2 为电动机正转转反转行程开关（SQ2-1 为常闭触点，SQ2-2 为常开触点），SQ3 为左侧限位保护行程开关，SQ4 为右侧限位保护行程开关。

继电器控制是传统的控制方式，下面绘制继电器控制的主电路和控制电路。

（1）打开 101.dwg（为 A3 图幅）

（2）图形配置

“项目”→“图形属性”，进入图形配置对话框，如图 11-8 所示。

根据需要对属性进行设置。

阶梯设置　阶梯设置为水平，宽度 200，间距 20（阶梯的水平或垂直、宽度和间距，应该根据实际情况进行相应的设定）。

样式　导线交叉采用“实心”样式，导线 T 形相交采用“点”样式。

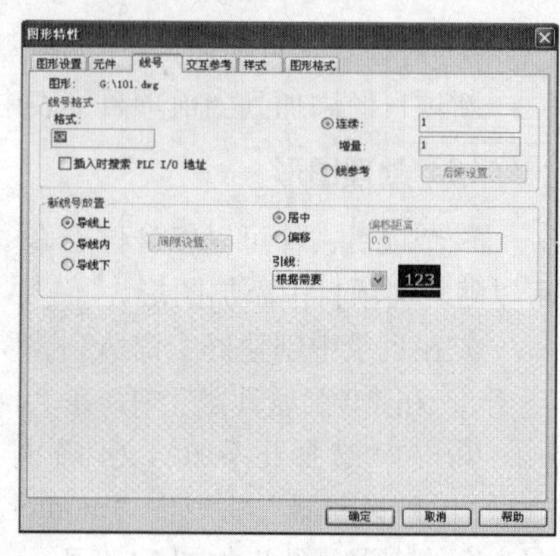

图 11-8　图形特性

线号　为连续，线号从 1 开始，增量为 1。

（3）主电路导线

调用→或者“导线”→“多导线母线”，进入“多导线母线”对话框，如图 11-9 所示。

在三相母线中设置水平间距为 10，垂直间距为 10（为了和后面插入的元件相匹配），开始于设置为空白区域，水平走向（该选项应根据实际要求进行相应设置），在此回路中要用到中性线，所以选择 4 条导线。

选择“其他母线”3 条导线，绘制垂直 3 条母线，如图 11-10（a）所示。

调用命令，复制垂直回路；调用插入 T 形节点命令，插入相应的节点；调用剪切、命令，对线段进行修改；如果线段长度不合适，可以调用→命令，延伸相应的线段。经过修改得到的图形如图 11-10（b）所示。

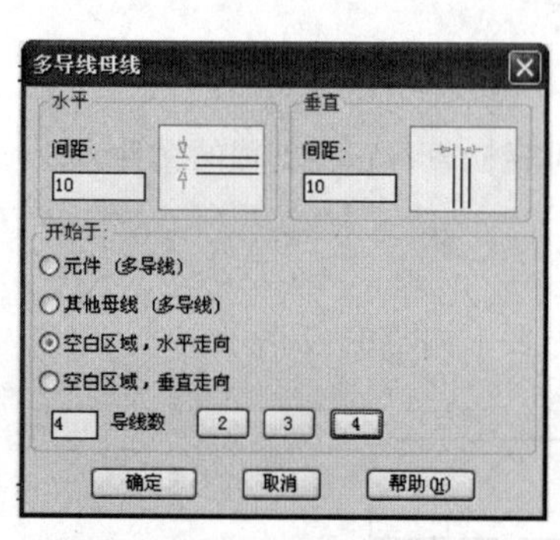

图 11-9 “多导线母线”对话框

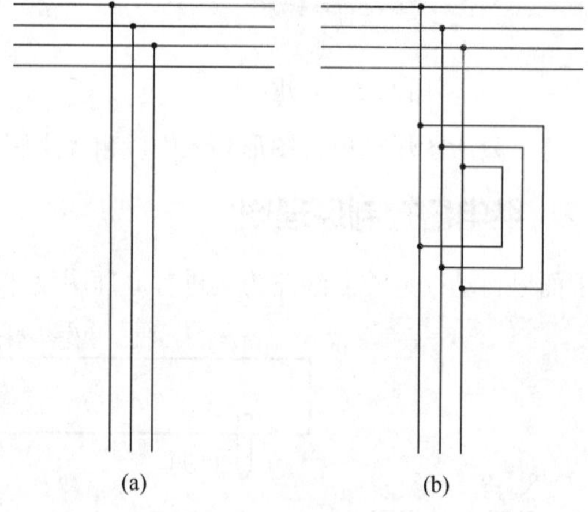

图 11-10　绘制主电路 3 相线

（4）插入原理图元件

AutoCAD Electrical 原理图元件是具有某些预期属性的 AutoCAD 块。插入元件时，可以使用 AutoCAD Electrical，根据打断导线、指定唯一的元件标记，交互参考相关元件，还可以输入目录信息、元件描述和位置代号的值。

AutoCAD Electrical 的原理图元件之间具有主/辅关系。带有多个触点的继电器线圈，可以主线圈符号和辅触点符号表示。主线圈符号在插入时被指定一个唯一的元件标记，而辅触点符号在插入时与主线圈符号相关，因此主线圈符号的元件标记将被指定给该辅符号。

① 插入断路器（主元件）

a. 点击“插入元件”工具或者“元件”→“插入元件”。

b. 弹出“插入元件：GB 原理图符号”对话框，如图 11-11 所示。

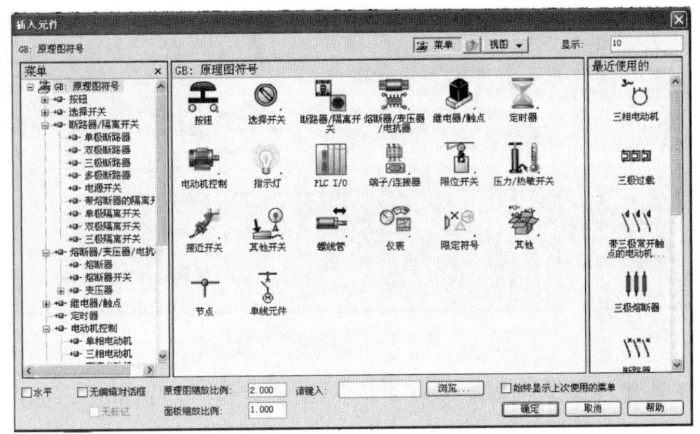

图 11-11“插入元件”对话框

c. 在“插入元件：GB 原理图符号”对话框中，选择“断路器/隔离开关”符号并单击，进入“断路器/隔离开关”界面，如图 11-12 所示。

d. 在“断开方式”中选择“三极断路器”，进入“三极断路器”子界面选择“断路器”，在水平母线的最右上端指定插入点（打开对象追踪功能，勾选其中的最近点选项，在屏幕上指定插入点）。弹出“插入/编辑元件”对话框，如图 11-13 所示。

e. 在“插入/编辑元件”对话框中，确认“元件标记”已设置为“QS1”，描述为“断路器”。

f. 在“目录数据”区域单击“查找”，弹出“零件目录”，如图 11-14 所示。

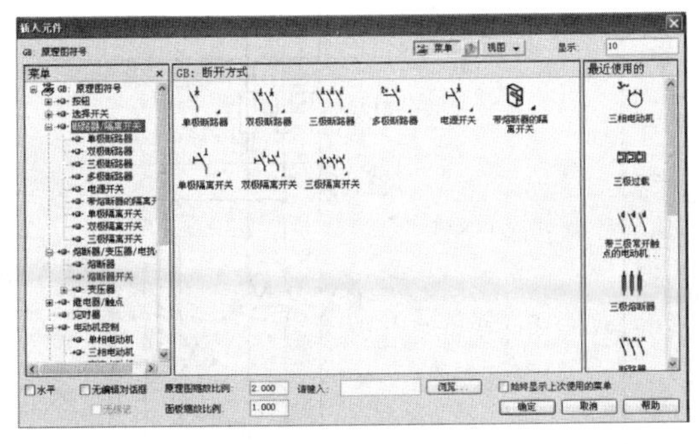

图 11-12“断路器/隔离开关”对话框

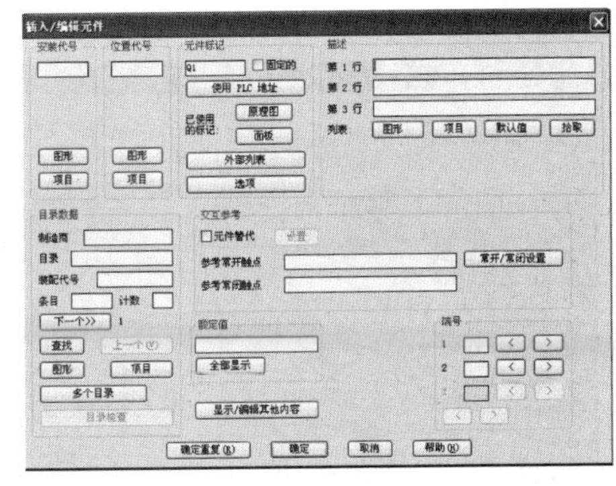

图 11-13“插入/编辑元件”对话框

g. 在“零件目录”对话框中，选择以下搜索标准：

制造商：AB
类型：3-POL CIRCUIT BREAKER
目录：140M-F8N-C32

h. 在“零件目录”对话框中，单击“确定”。

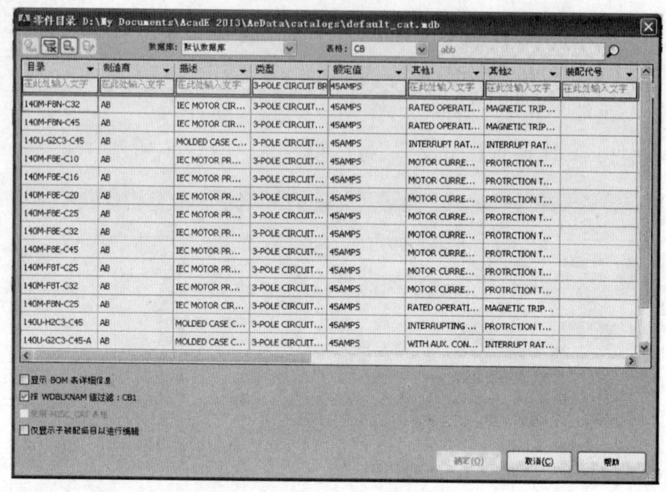

目录	制造商	描述	类型	额定值	其他1	其他2	装配代号
在此处输入文字	在此处输入文字	在此处输入文字	3-POLE CIRCUIT BR	45AMPS	在此处输入文字	在此处输入文字	在此处输入文字
140M-F8N-C32	AB	IEC MOTOR CIR...	3-POLE CIRCUIT...	45AMPS	RATED OPERATI...	MAGNETIC TRIP...	
140M-F8N-C45	AB	IEC MOTOR CIR...	3-POLE CIRCUIT...	45AMPS	RATED OPERATI...	MAGNETIC TRIP...	
140U-G2C3-C45	AB	MOLDED CASE C...	3-POLE CIRCUIT...	45AMPS	INTERRUPT RAT...	INTERRUPT RAT...	
140M-F8E-C10	AB	IEC MOTOR PR...	3-POLE CIRCUIT...	45AMPS	MOTOR CURRE...	PROTRCTION T...	
140M-F8E-C16	AB	IEC MOTOR PR...	3-POLE CIRCUIT...	45AMPS	MOTOR CURRE...	PROTRCTION T...	
140M-F8E-C20	AB	IEC MOTOR PR...	3-POLE CIRCUIT...	45AMPS	MOTOR CURRE...	PROTRCTION T...	
140M-F8E-C25	AB	IEC MOTOR PR...	3-POLE CIRCUIT...	45AMPS	MOTOR CURRE...	PROTRCTION T...	
140M-F8E-C32	AB	IEC MOTOR PR...	3-POLE CIRCUIT...	45AMPS	MOTOR CURRE...	PROTRCTION T...	
140M-F8E-C45	AB	IEC MOTOR PR...	3-POLE CIRCUIT...	45AMPS	MOTOR CURRE...	PROTRCTION T...	
140M-F8T-C25	AB	IEC MOTOR PR...	3-POLE CIRCUIT...	45AMPS	MOTOR CURRE...	PROTRCTION T...	
140M-F8T-C32	AB	IEC MOTOR PR...	3-POLE CIRCUIT...	45AMPS	MOTOR CURRE...	PROTRCTION T...	
140M-F8N-C25	AB	IEC MOTOR CIR...	3-POLE CIRCUIT...	45AMPS	RATED OPERATI...	MAGNETIC TRIP...	
140U-H2C3-C45	AB	MOLDED CASE C...	3-POLE CIRCUIT...	45AMPS	INTERRUPTING ...	PROTRCTION T...	
140U-G2C3-C45-A	AB	MOLDED CASE C...	3-POLE CIRCUIT...	45AMPS	WITH AUX. CON...	INTERRUPT RAT...	

图 11-14 “零件目录”对话框

选定的制造商代号和目录编号将显示在“插入/编辑元件”对话框中，如图 11-15 所示。在对话框中单击“确定”后，这些值将传递到符号。

注意：AutoCAD Electrical 以 Access 数据库格式（.mdb）提供样例目录信息。

i. 在“插入/编辑元件”对话框的“描述”区域中，指定：

第 1 行：断路器

j. 在“插入/编辑元件”对话框中，单击“确定”。

此处输入的任何值都将被保存为该符号本身的附属值。

采用同样的方式，在元件中的“熔断器”元件中插入“三相熔断器”，在“电动机控制”中插入“三相电机”。选择元件时要注意电压的交直流及电压等级，结果如图 11-16 所示。

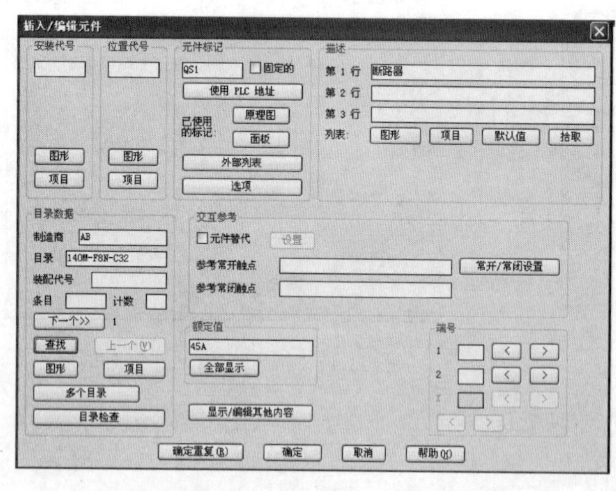

图 11-15 “插入/编辑元件”“断路器”对话框

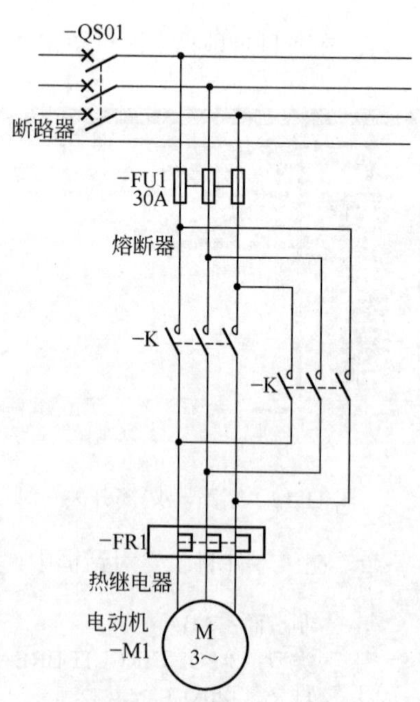

图 11-16 插入主元件

如果元件不合适要进行修改，可选择“编辑元件”，点击相应的元件，进入“插入/编辑元件”对话框，进行相应的修改并确认即可。

② 插入接触器主触点（辅元件）　插入辅元件与插入主元件的步骤基本相同，不同之处在于注释符号的时间。

a. 点击“插入元件”工具或者“元件”→“插入元件”，弹出“插入元件”对话框，如图 11-17 所示。

b. 在“插入元件：GB 原理图符号”对话框中，单击“电动机控制”，弹出对话框，如图 11-18 所示。

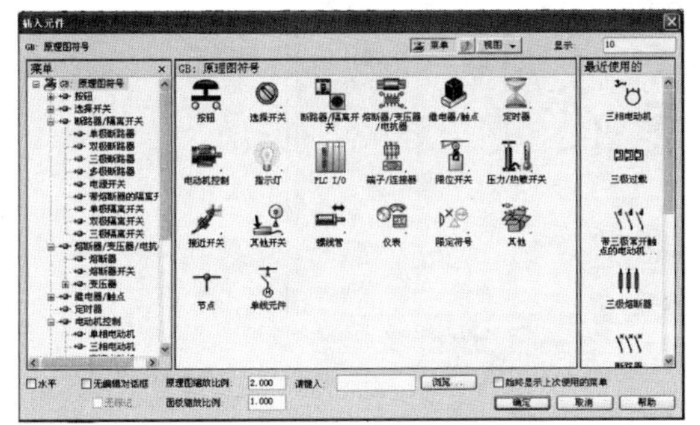

图 11-17　“插入元件”对话框

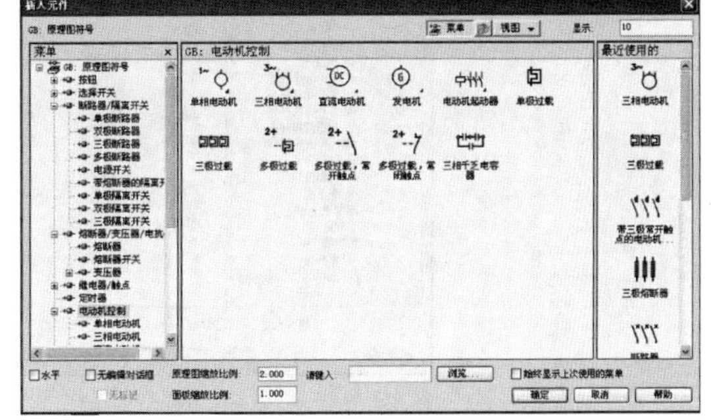

图 11-18　“电动机控制”对话框

c. 在“电动机控制”中选择“电动机起动器”，弹出对话框，如图 11-19 所示。

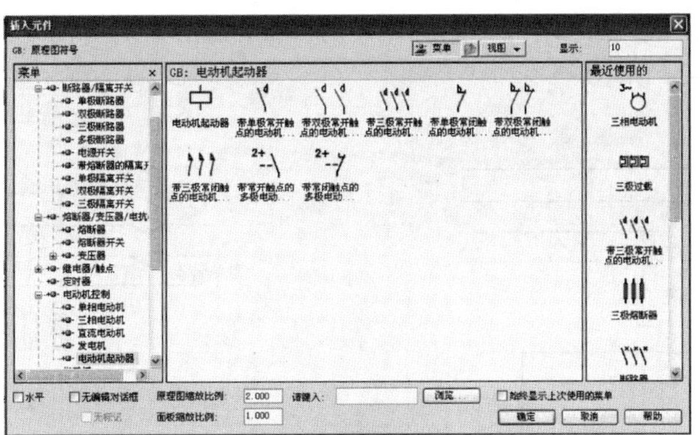

图 11-19　“电动机起动器”对话框

选择“带三极常开触点的电动机起动器”。选择并联支路处作为插入点，出现“构建到左侧还是右侧？”对话框，如图 11-20 所示，选择“右”，弹出“插入/编辑辅元件”对话框，如图 11-21 所示。

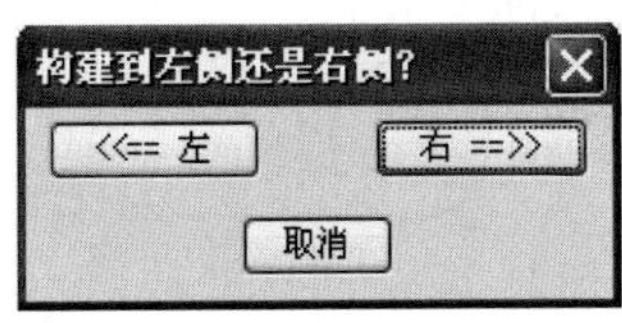

图 11-20　“构建到左侧还是右侧？”对话框

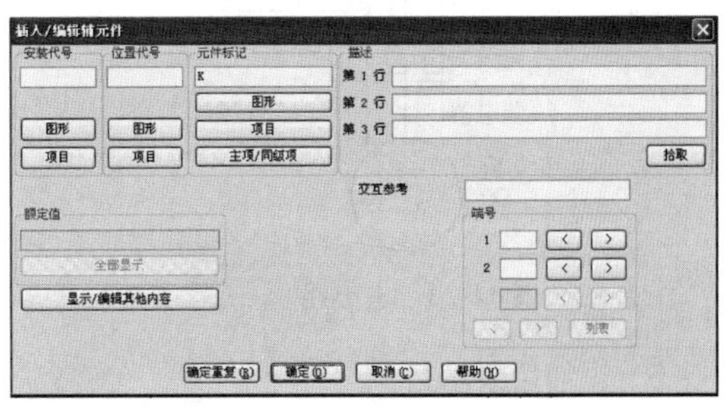

图 11-21　“插入/编辑辅元件”对话框

元件标记为 K，在此处应为主触点为辅元件，不进行任何处理，等主元件线圈插入后，再进行相应处理。

同样，调用“插入元件”工具或者“元件”→“插入元件”，会弹出“插入元件：GB 原理图符号”对话框，如图 11-22 所示，在右侧有刚才使用的“带三极常开触点的电动机起动器”，点击该符号，在另一条支路上插入相应的辅元件。绘制好的图形如图 11-23 所示。

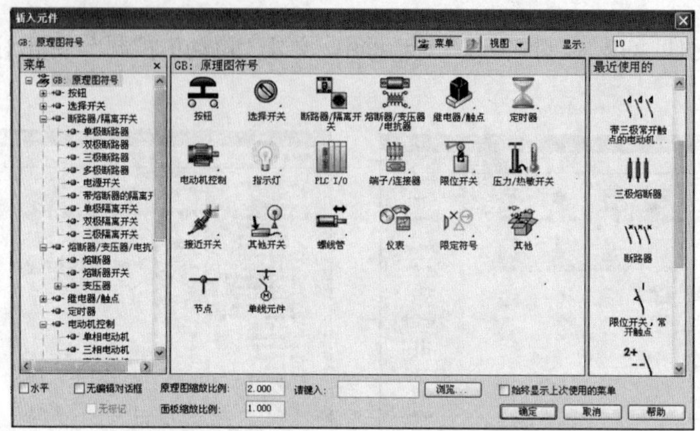

图 11-22 “插入元件”对话框

③ 元件移动与对齐　在图 11-23 中，明显两个主触点不在中心位置，并且是不齐的，可以调用“快速移动”选择一个主触点的中间触点移动到合适的位置，调用“快速移动”→“对齐”命令，选择元件会出现一条水平虚线，这就是对齐线，选择要对齐的元件，元件会自动与对齐线对齐，结果如图 11-24 所示。

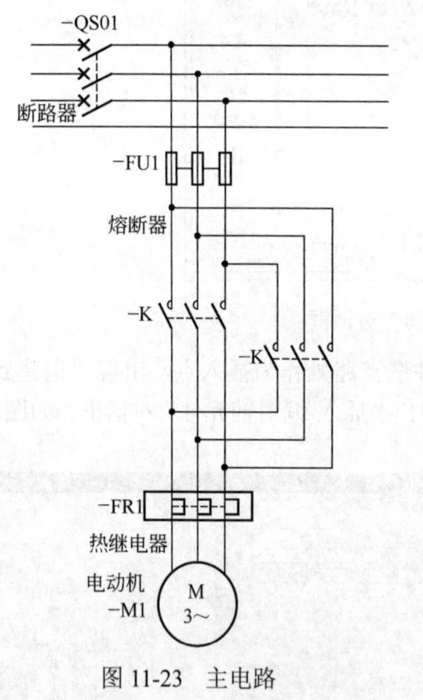

图 11-23　主电路

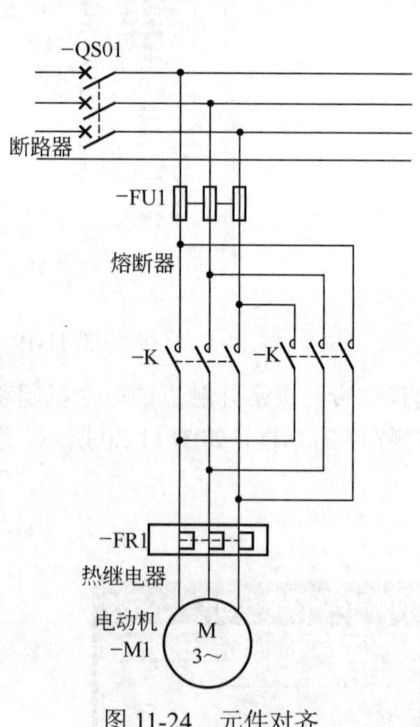

图 11-24　元件对齐

（5）添加目录项目

AutoCAD Electrical 提供 Allen Bradley（AB）公司部分产品的目录信息，这些信息保存在 Access 数据库文件（.mdb）的表格中，这些表格填充了样例供应商数据。数据库中有的目录可以使用目录查找中的排序条件，有选择地显示某个元件类型的目录号。如果要采用其他厂家的产品，可以通过“添加目录”来填写这些目录。

下面以“断路器”为例，进行说明。

点击“编辑元件”工具，点击图形中的“断路器”的文字符号处，弹出“插入/编辑元件”对话框，如图 11-25 所示。目录数据中显示原来的制造商和目录。点击“查找”，弹出“零件目录”对话框，如图 11-26 所示。

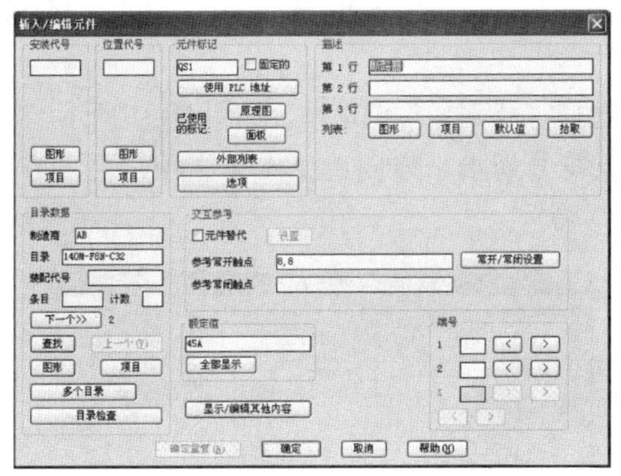

图 11-25　“插入/编辑元件”对话框

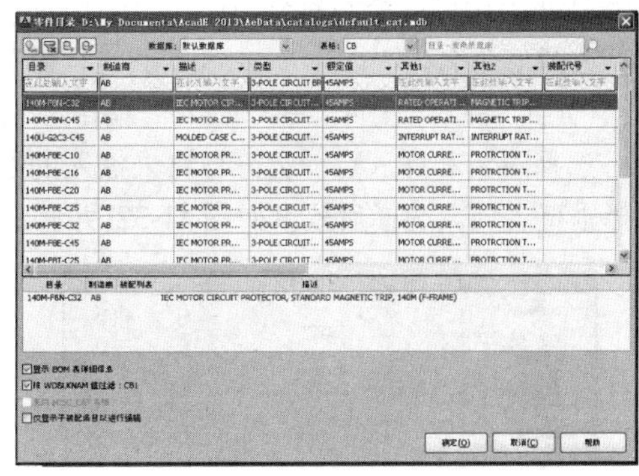

图 11-26　“零件目录”对话框

如果在工程中选择的不是 AB 公司的产品，而是“黄河水院 hhsy”的产品，目录号为 dlq2000-HHSY，那么选择右上角的“添加目录记录”，弹出“添加目录记录”对话框，目录上显示选用目录的详细信息。修改相应的内容，如图 11-27 所示。

点击“确定”后，进入“零件目录”对话框，如图 11-28 所示，在框中就有了刚才添加的目录。选择该目录并确认，则进入“插入/编辑元件”对话框，再显示新的目录，如图 11-29 所示。

可以使用这种方法根据工程中要求的厂家、型号等来添加相应的条目。

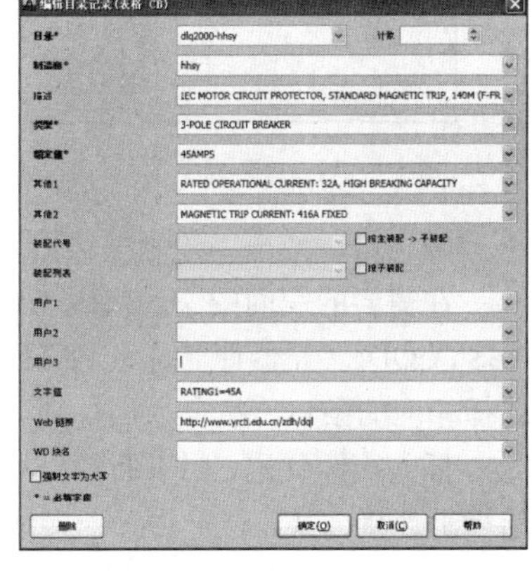

图 11-27　新的目录记录

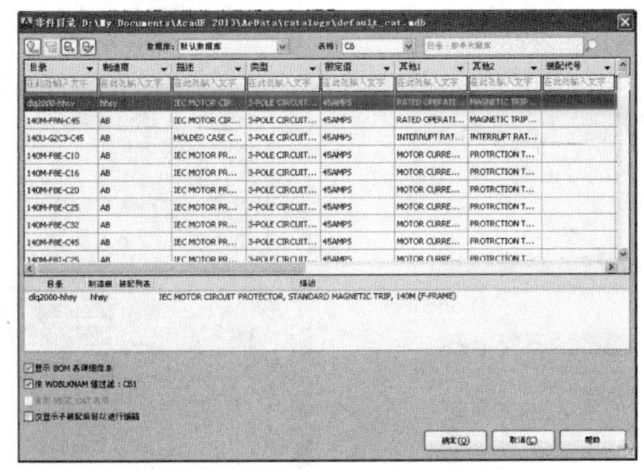

图 11-28　“零件目录”对话框

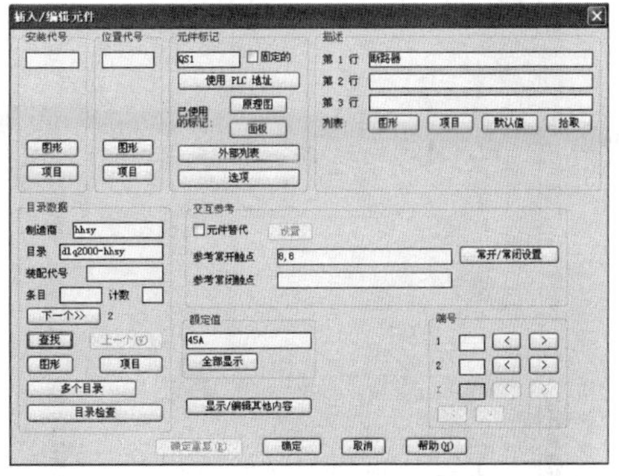

图 11-29　新的目录数据“零件目录”对话框

（6）创建自定义符号

软件数据库中已经提供了很多图形符号，但是可能会与要求不符或没有需要的图形，这时候就要自己来创建自定义符号。

可以使用“黑盒子/符号编译器”轻松创建 AutoCAD Electrical 符号。此实用程序通过向符号的几何图形添加 AutoCAD Electrical 属性，或者通过将文字图元转换为 AutoCAD Electrical 属性，来构建智能原理图符号。也可以使用 AutoCAD 属性定义和编辑命令来完成同样的各种功能。此工具通过允许快速拾取和放置属性，简化了任务。

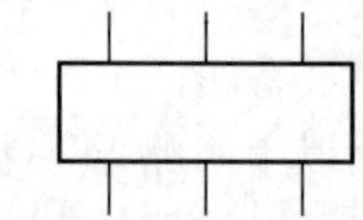

图 11-30 需要自定义的图形符号

打开“101”，绘制长为 30、宽为 10 的矩形，在中间绘制长度为 5 的导线，导线间的距离为 10，该图形命名为“DCF”，效果如图 11-30 所示。

“元件”→“符号库”→“符号编译器”，弹出“选择符号/对象”对话框，如图 11-31 所示。

选择对象和插入点，及符号将来插入的方向，如果符号为水平方向选择水平主项，垂直方向选择垂直主项。选择后效果如图 11-32 所示。

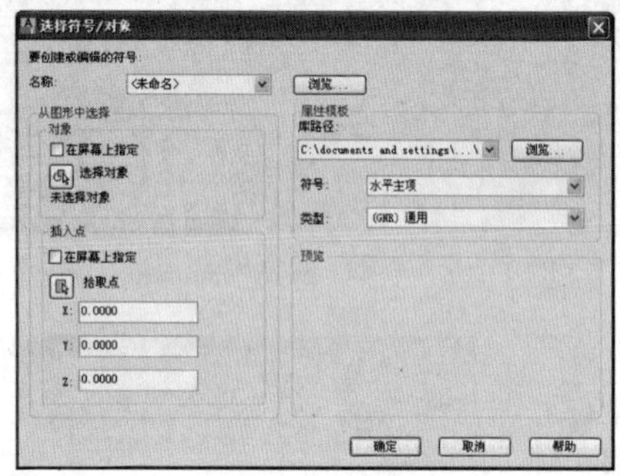

图 11-31 “选择符号/对象”对话框

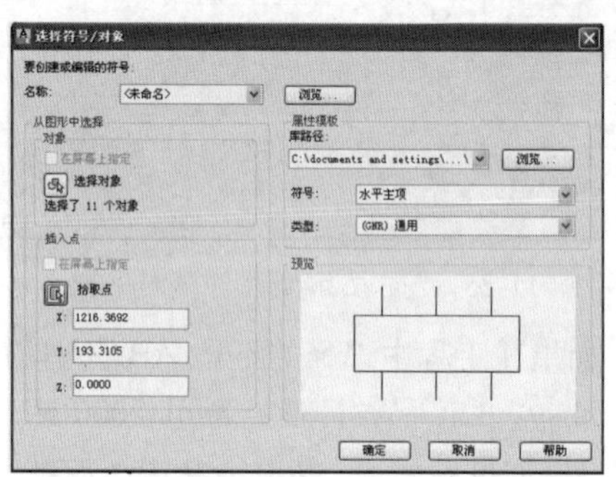

图 11-32 “选择符号/对象”对话框

确认后，弹出“符号编辑器属性编辑器”对话框，如图 11-33 所示。

在需要的空间中添加代码 TAG1（元器件名称）、MFG（元器件名称）、CAT（元器件名称）、ASSYCODE（元器件名称）、FAMLY（元器件名称）、DESC1-3（元器件名称）、INST、LOC、XREF。选择相应的条目，按插入属性，把属性放置在图形的旁边。如图 11-34 所示。

插入接线代码，用于断开导线和添加端号。该器件导线为上下断开方式，单击接线下拉窗口，选择上连接方式，在单击插入接线选择上面的 3 个接线端子端点进行插入；同样，选择下连接方式，在单击插入接线选择下面的 3 个接线端子端点进行插入，如图 11-35 所示。在图形中出

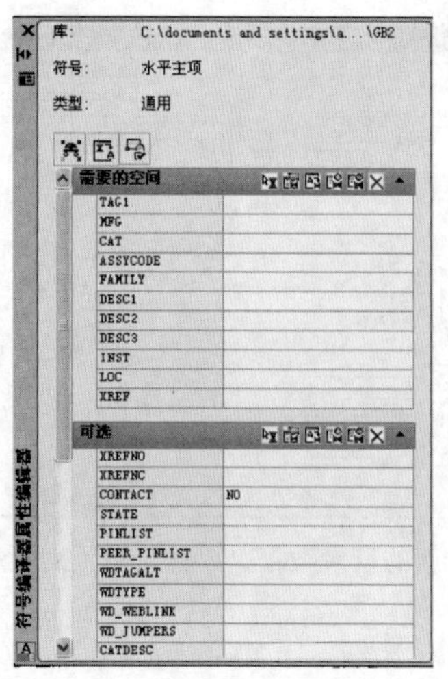

图 11-33“符号编辑器属性编辑器”对话框

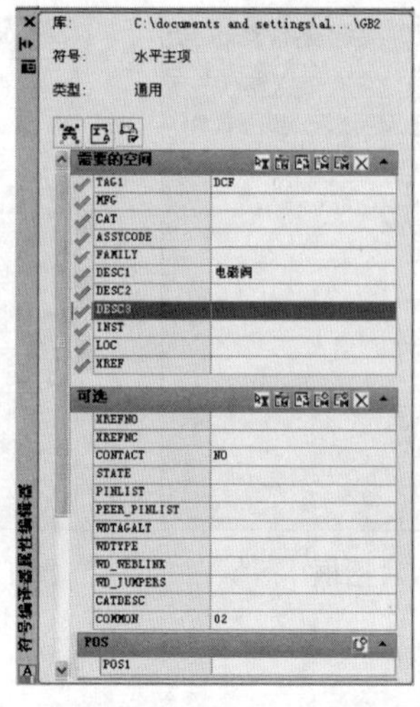

图 11-34 添加相应的属性

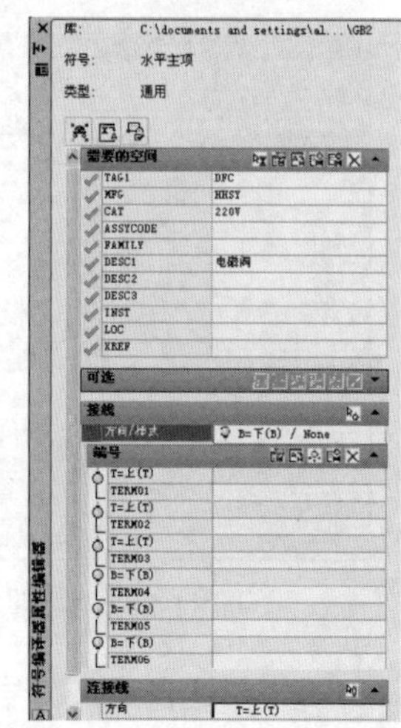

图 11-35 添加相应的接线

现的器件形状如图 11-36 所示。

双击 TAG1，在默认栏中输入：DCF，如图 11-37 所示。

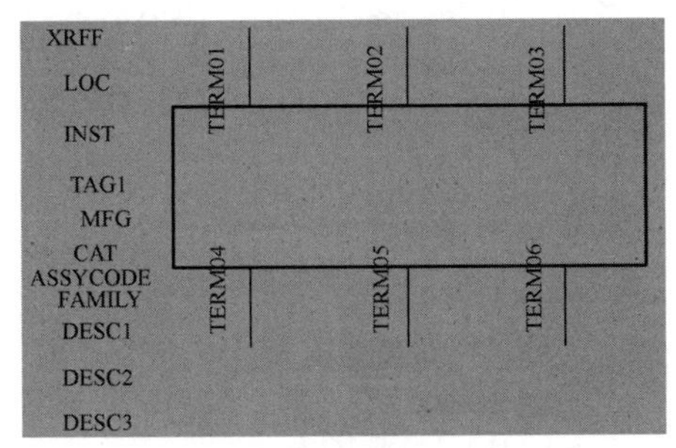

图 11-36　添加属性和接线后的块

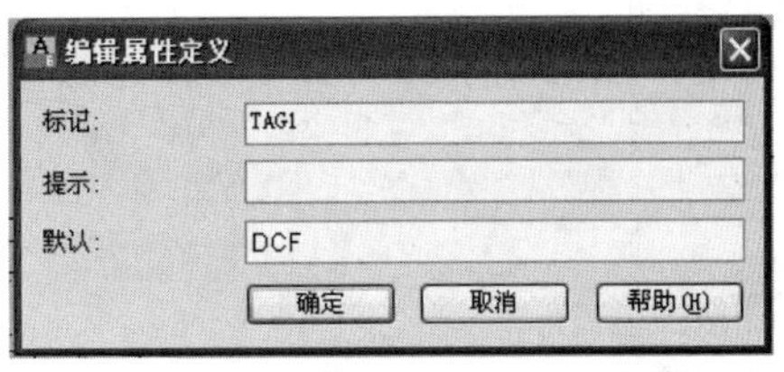

图 11-37　编辑名称

双击 TERM01，在默认栏中输入：1；同样双击 TERM02~TERM06，在默认栏中输入：2~6，如图 11-38 所示。

在块编辑器中单击“测试块”，查看整体布局，检查字体大小、字体对正方式，微调代码至合适的位置。确认无误后，单击“关闭块编辑器”，弹出对话框如图 11-39 所示。

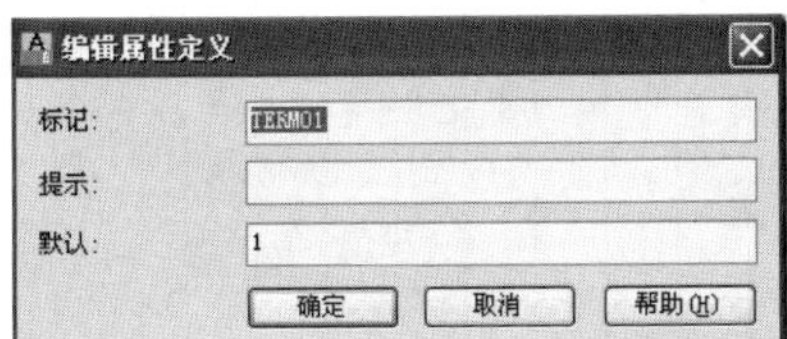

图 11-38　编辑端子号

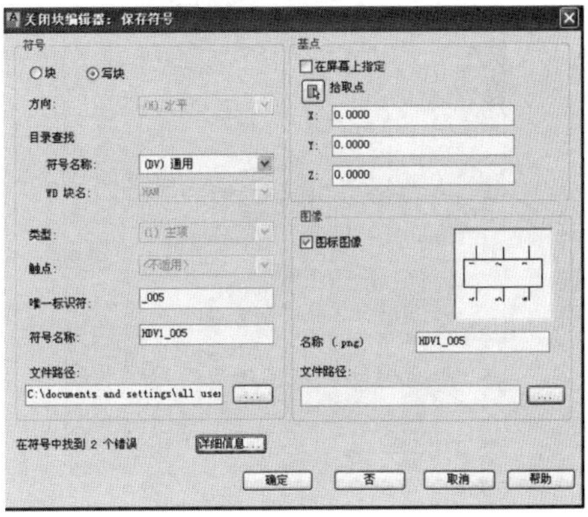

图 11-39　关闭块编辑器

符号名称：DCF（是什么名称就修改成相应的名称）。

左边文件路径：元器件块所保存的位置（一定要修改，因为电脑 C 盘下安装了还原精灵，保存到 F 盘自己的文件夹下）。

右边文件路径：元器件块示意图所保存的位置（一定要修改，因为电脑 C 盘下安装了还原精灵，保存到 F 盘自己的文件夹下）。

基点：元器件插入点，可点击“拾取点”重新定位。

“确定”后，可以插入一个图块，验证功能。

插入自定义图块时，可以调用“插入元件”，弹出对话框，在“请键入：”后浏览相应的图块位置进行插入即可，如图 11-40 所示。

另外，自定义符号时也可以找相类似的图块，插入到图形中。调用分解命令，把图块进行分解，根据需要进行相应的修改后，调用“符号编译器”进行相应的编译即可，这个方法更便捷。

（7）设计绘制控制电路

①“项目”→“图形特性”。样式中设置布线样式导线交叉为实心，导线 T 形相交为点；设置阶梯为水平，宽度 150，间距 20，如图 11-41 所示。

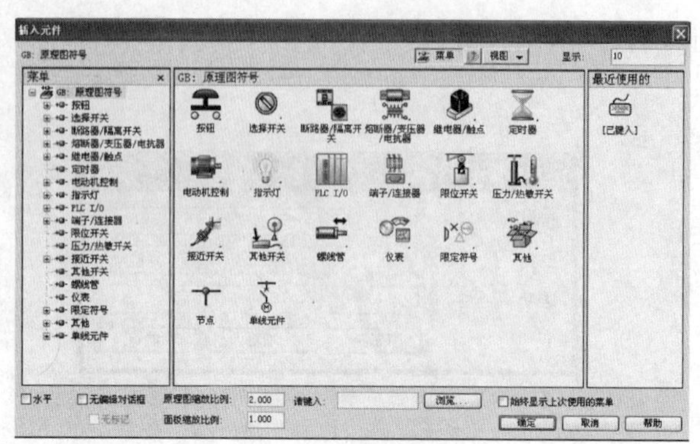

图 11-40 插入自定义图块

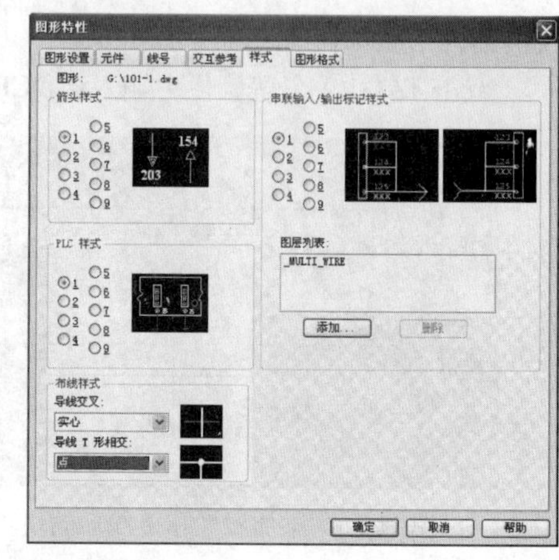

图 11-41 图形特性

② 单击“插入阶梯”，弹出“插入新阶梯”对话框，设置相为“单相”，绘制横档为“是”，如图 11-42 所示。单击“确定”，在图中绘制阶梯，如图 11-43 所示。

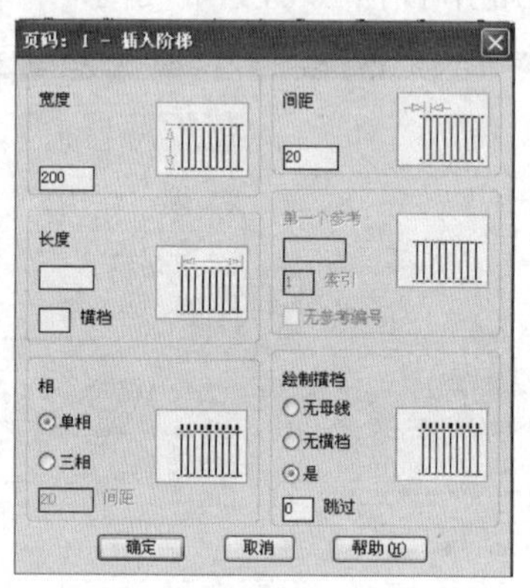

图 11-42 插入阶梯

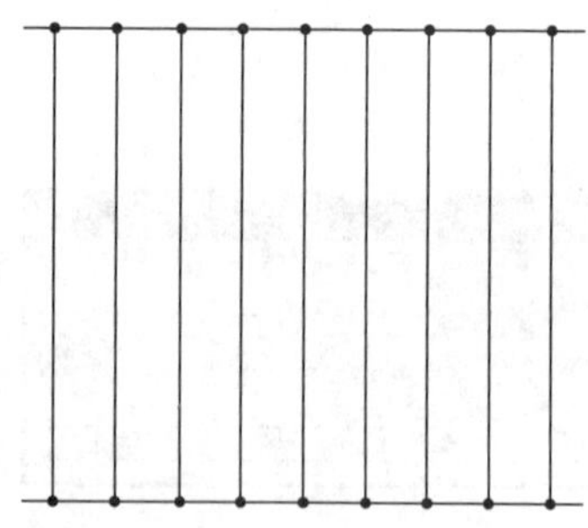

图 11-43 绘制阶梯

绘制的阶梯如果横档过多，可以调用修剪导线，把多余的剪切掉；横档少，可以调用添加横档命令，添加横档来满足要求。

③ 单击“插入元件”，在阶梯中插入熔断器，从电动机控制中插入热继电器的常闭触点、线圈、常开触点及常闭触点。其中，线圈是主元件，可以选择目录，而接触器常开触点及常闭触点是辅助元件，不可选择生产厂家目录。插入后的图形如图 11-44 所示。

④ 显示和移动属性　从上图中可以看出，属性离元件太远，位置不合适，并且有些属性可以省略。为了对属性进行修改，可以单击“移动/显示属性”来选择要隐藏属性的图形对象（此处一定要是图形，不能是文字），则弹出对话框如图 11-45 所示，显示的属性前有*，可以选择属性的可见与隐藏。此处可以在 30A 前点击，进行隐藏。

对于多个属性的隐藏，也可以采用单击“移动/显示属性”下的“隐藏属性单一拾取”，选择要隐藏的属性，进行一一点击，把属性隐藏。

单击“移动/显示属性”，选择相应的属性文字，移动到合适的位置。

经过修改后，效果如图 11-46 所示。

⑤ 单击“插入导线”命令，插入对应的导线；单击“插入 T 形节点”命令，插入对应的节点；从元件→复制回路进行回路复制；双击文字进行修改名字；点击“剪切”等命令，绘制出大致的图形，如图 11-47 所示。

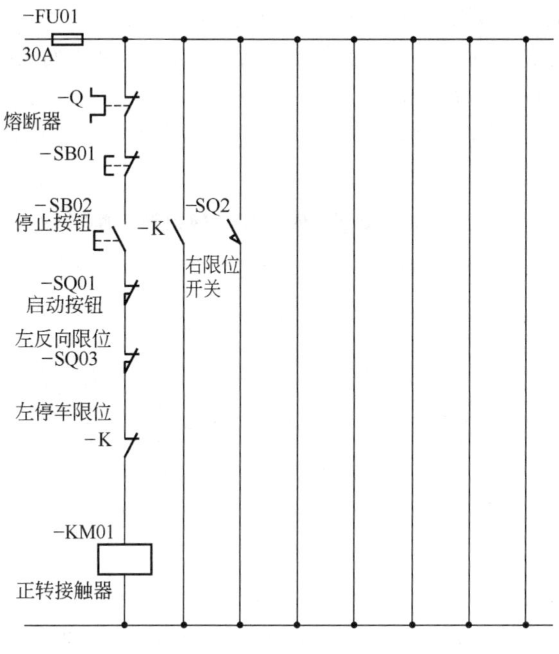

图 11-44　插入元件

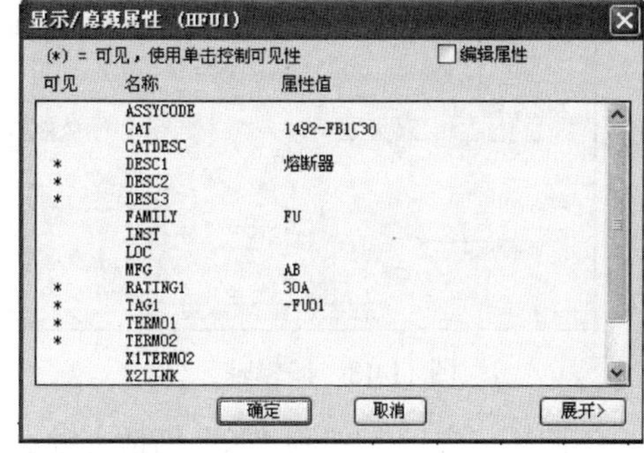

图 11-45　“显示/隐藏属性”对话框

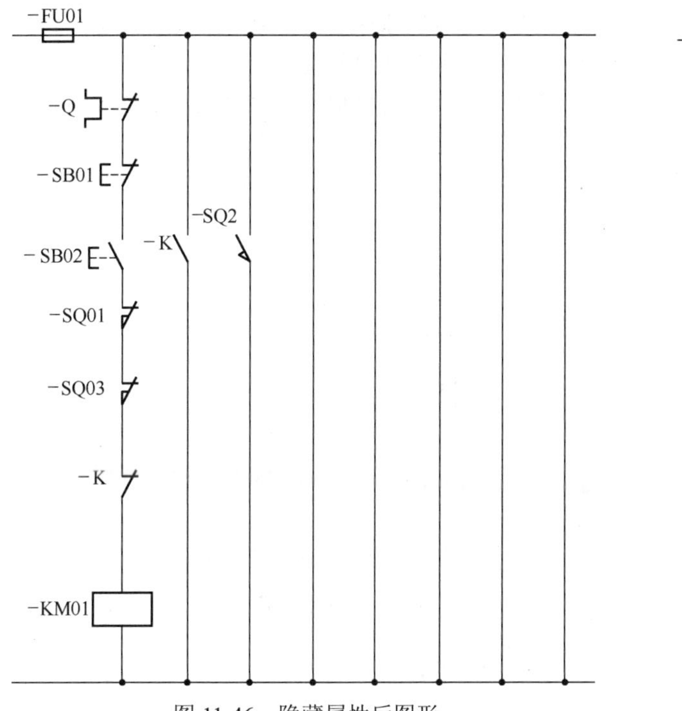

图 11-46　隐藏属性后图形

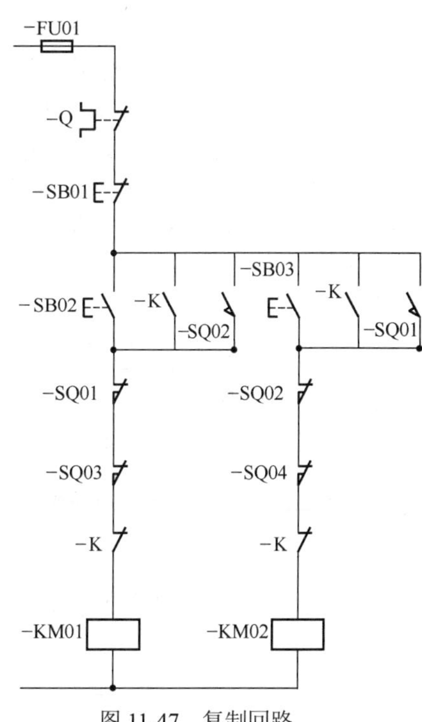

图 11-47　复制回路

⑥ 编辑辅元件中的“主项/同级项”图形中还有“K”和“Q”等辅元件。

点击“编辑元件”，选择辅元件“Q”，将显示“插入/编辑辅元件”对话框如图 11-48 所示。

注意，AutoCAD Electrical 没有自动为热继电器常闭主触点指定标记名称，在编辑框中仅有一个通用“Q”，必须继续确定热继电器常闭触点的标记名称。热继电器常闭触点是一个辅元件，必须链接到激活项目的图形中的主继电器线圈。其名称与热继电器主元件上的名称相同。

可以通过单击“主项/同级项”并拾取图形中的主项，或者通过单击“列表：图形”或“列表：项目”，从具有系统种类名称的元件列表中进行选择来指定标记名称。

单击“主项/同级项”并从主电路中拾取热继电器主元件，主项的值立即被传递到触点，被实时参考，如图 11-49 所示。

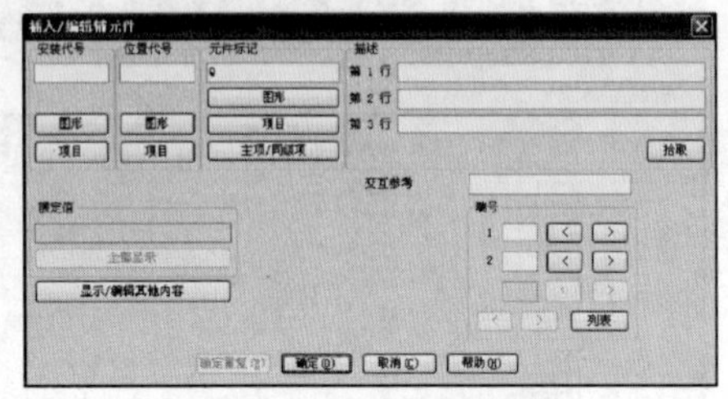

图 11-48 编辑辅元件

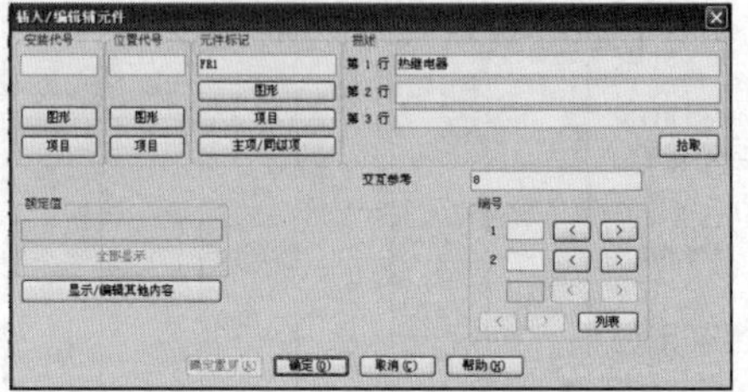

图 11-49 主项/同级项参考

同样，主项/同级项“K”包括主触点、常开辅助触点、常闭辅助触点。

⑦ 完善图形 主要的措施如下。

a．拉伸导线。在使用过程中，如果线的长度不合适，可以用→拉伸命令修改线段的长度。

b．替换元件。如果绘制过程中不小心调用错误的块，可以使用插入元件→替换/更新块或者“元件”→“元件其他选项”→“替换 / 更新块”来进行更改。“替换块”构建在一个图形中或在项目范围内将一个元件替换为另一个元件，例如将“接近开关”替换为“限位开关”。

c．重新定位元件。如果元件未插入正确的位置，可以快速移动它。使用“快速移动”，构建可以选择元件，并在保持所有内容都连接的情况下沿导线来回滑动。

d．对齐元件。将元件与现有的元件对齐。插入元件后，可以根据需要将元件水平或垂直对齐，采用的命令是快速移动中对齐。

e．编辑元件。可以随时返回元件并进行更改。可以使用“编辑元件”工具更改描述、标记、目录号、位置代号、端子号和额定值。

整理后的图形如图 11-50 所示。

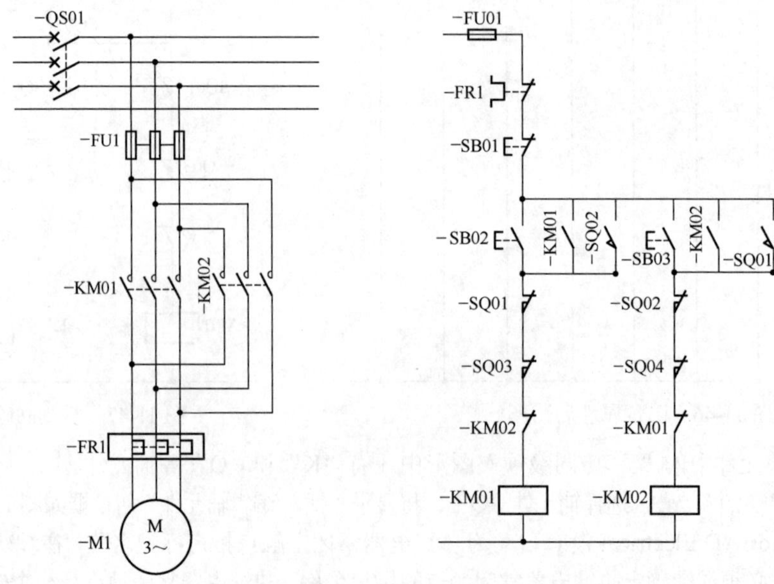

图 11-50 大致的电路图

⑧ 插入线号　线号可以指定给单个选择上的任意或所有导线、整个图形、项目中选定的图形或者整个项目。可以使用有序线号来处理和标记导线，也可以使用基于导线网络的线参考位置起点的线号来处理这些操作。将线号自动插入到图形中时，即使在另一个网络上定义了线号，也不会出现重复的线号，因为在默认情况下 AutoCAD Electrical 会按照从左到右、从上到下的顺序来处理导线网络。可以使用“项目特性”→“线号”对话框（在“项目管理器”中的项目名称上单击鼠标右键，然后选择“特性”）更改导线编号的方向。

a. 单击“插入线号”工具或者“导线”→“插入线号”，弹出“导线标记”对话框，如图 11-51 所示。由于要先对主电路进行线号标记，线号以“L1”开始，因原来已在“项目”→“图形特性”中设置线号增量为 1，如图 11-52 所示，故在图 11-51 中显示增量为 1。

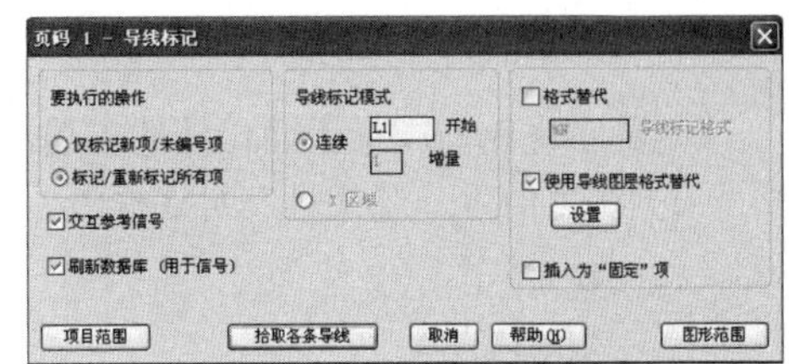

图 11-51　“导线标记”对话框

b. 在“导线标记”对话框（图 11-51）中，单击“拾取各条导线”。选择主电路，线号被指定给主电路中的各个导线段，效果如图 11-53 所示。

图 11-52　图形属性设置

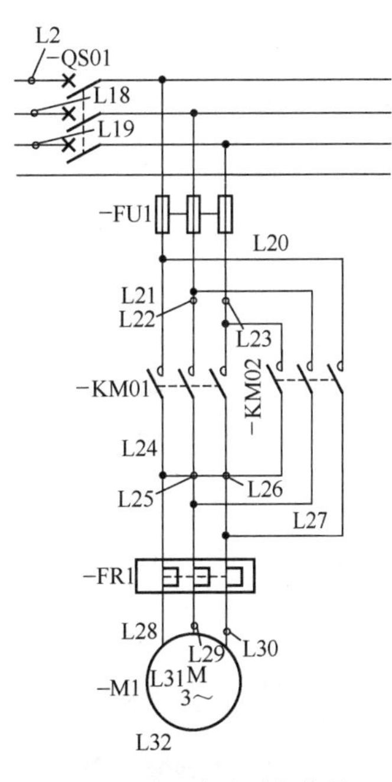

图 11-53　主电路加线号

c. 经过检查，发现第 4 根电源线没有线号，调用复制并进行线号修改为“N”。如果自动线号不符合自己的安排，可以逐个进行修改。

⑨ 附着源信号箭头和目标信号箭头　AutoCAD Electrical 使用已命名的源/目标概念，可以标示要作为源的导线网络，在该网络上插入源箭头，并为该源箭头指定源代号名称。在要作为相同线号延续的导线网络（位于项目中的同一图形或不同图形）上，插入目标箭头，并为其指定与源箭头相同的代号名称。

可以将源信号附着到导线网络的导线段上，这允许给该网络的线信号跳到当前图形或项目中的一个或多个图形上的另一个网络上继续编号。在将源信号箭头附着到图形中的导线之后，可以将目标信号附着到导线网络的导线段上。

此处由于控制电路电源来自主电路，并且主电路和控制电路是分开绘制的，可以使用源信号箭头和目标信号箭头来表示电源的出线和进线。

a．打开“源目标信号” 下的“源信号箭头” 或“导线”→“信号参考”→“源信号箭头”。

b．按一下提示进行操作：

选择源的导线末端：

选择主电路右端最上面母线的末端，弹出“信号-源代号”对话框，如图 11-54 所示。

c．在“信号—源代号”对话框中，指定：

代号：L

描述：火线

d．单击“确定”。弹出“源/目标信号箭头”对话框，如图 11-55 所示。

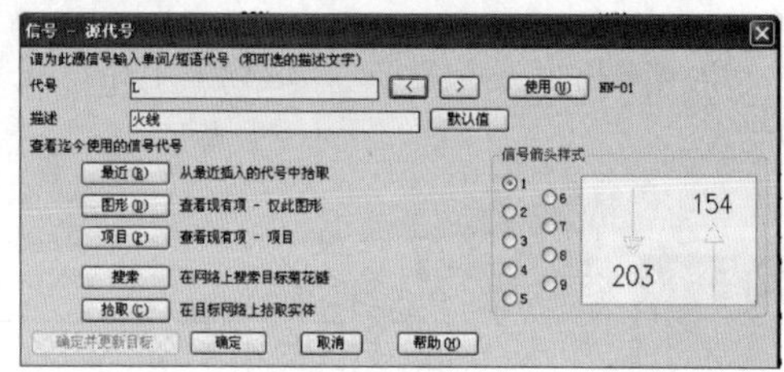

图 11-54 “信号—源代号”对话框

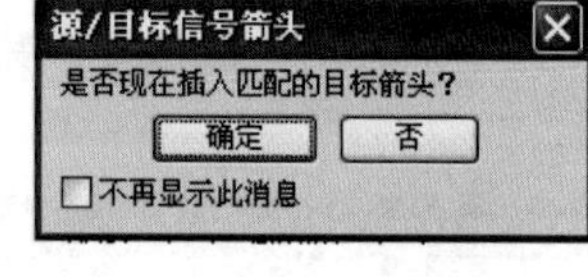

图 11-55 “源/目标信号箭头”对话框

e．在“源/目标信号箭头”对话框中，询问“是否现在插入匹配的目标箭头”，单击“确定”。

注意：单击“确定”，将信号箭头插入到当前图形。单击“否”，将信号箭头插入到下一个图形上。

f．按一下提示进行操作：

选择目标的导线末端：

选择控制电路左侧上面导线的起始端。

对于出现的问号，可以双击对象，进入“增强属性编辑器”，如图 11-56 所示，选择对应的选项，对它的值进行相应的编辑。汉字中出现的问号，应该修改“文字选项”中的文字样式。

g．结果如图 11-57 所示。

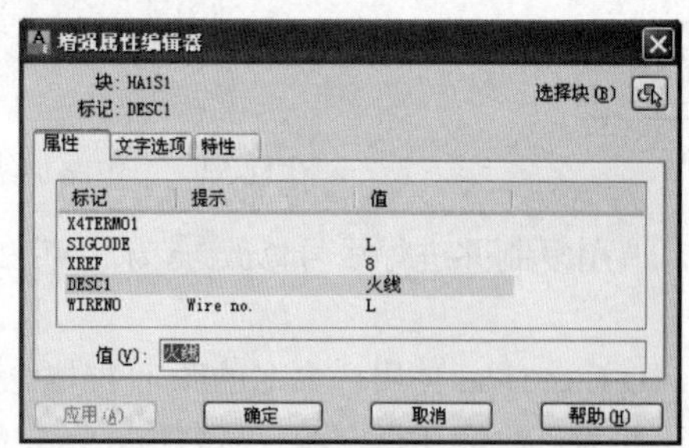

图 11-56 “增强属性编辑器”对话框

L 8 8 L
火线 火线

图 11-57 插入源/目标信号箭头

采用同样的方法，在主电路和控制电路中插入“N，零线”，源信号箭头位置在主电路中第 4 根母线的右末端，目标信号箭头位置在控制电路中下面导线的起始端。结果如图 11-58 所示。

⑩ 插入端子

a．由于端子比较多，可以单击“多次插入元件” 工具，在“插入元件：GB 原理图符号”

对话框中单击“端子/连接器”，选择“带端子号的圆形端子”①。

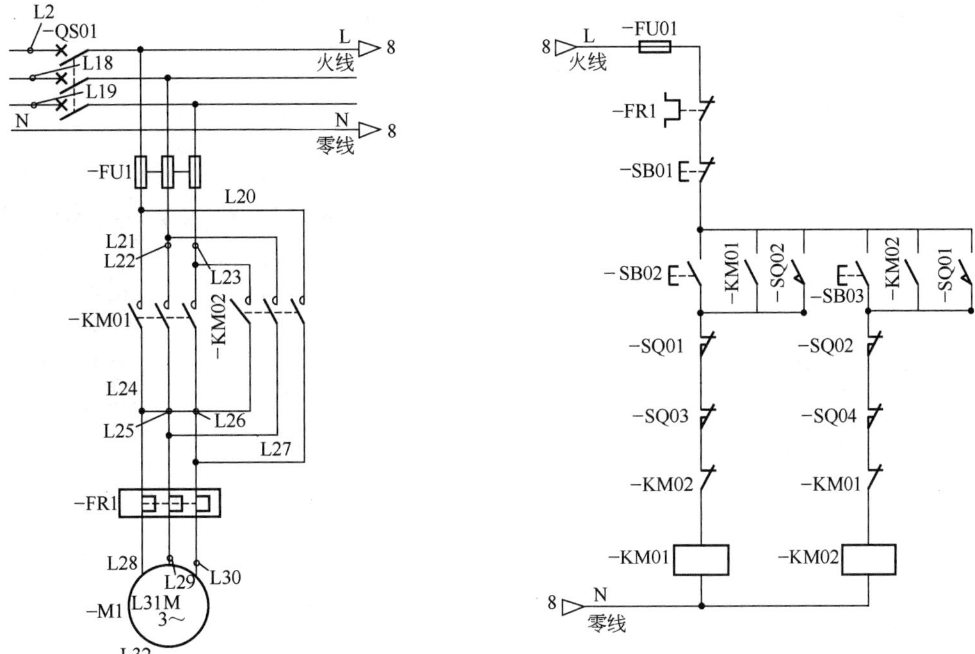

图 11-58　插入“源/目标信号”后的图形

b．按提示指定插入点，分别插入到断路器的前面的短线上。在弹出的“插入/编辑端子符号”对话框中，选择标记排“TB”，端子的编号①，如图 11-59 所示。单击“确定”，在图形中已插入了编号为 1 的端子。

c．继续弹出窗口，自动变换端子编号为 2、3、4，结果如图 11-60 所示。此处端子号码重叠在一起，可以使用属性移动把它们分开。

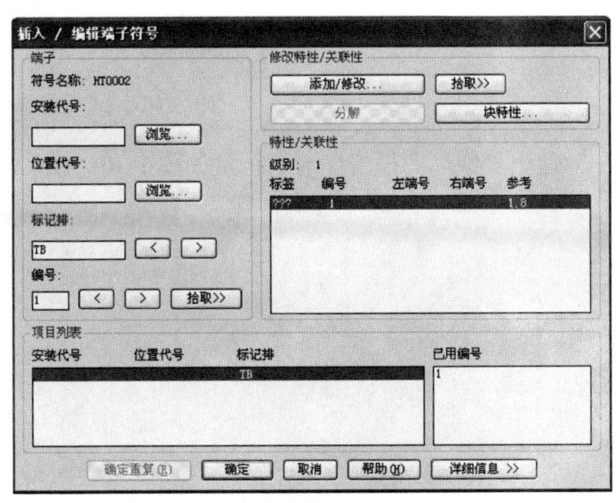

图 11-59　插入端子

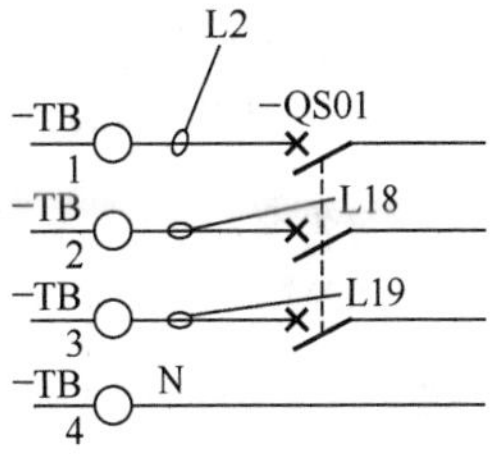

图 11-60　插入电源接线端子效果图

d．同样单击“多次插入元件”工具，在电动机前插入 TB：7、8、9;

e．单击“插入元件”工具，在限位开关附近插入 TB：11、12、13、14、15、16。结果如图 11-61 所示。

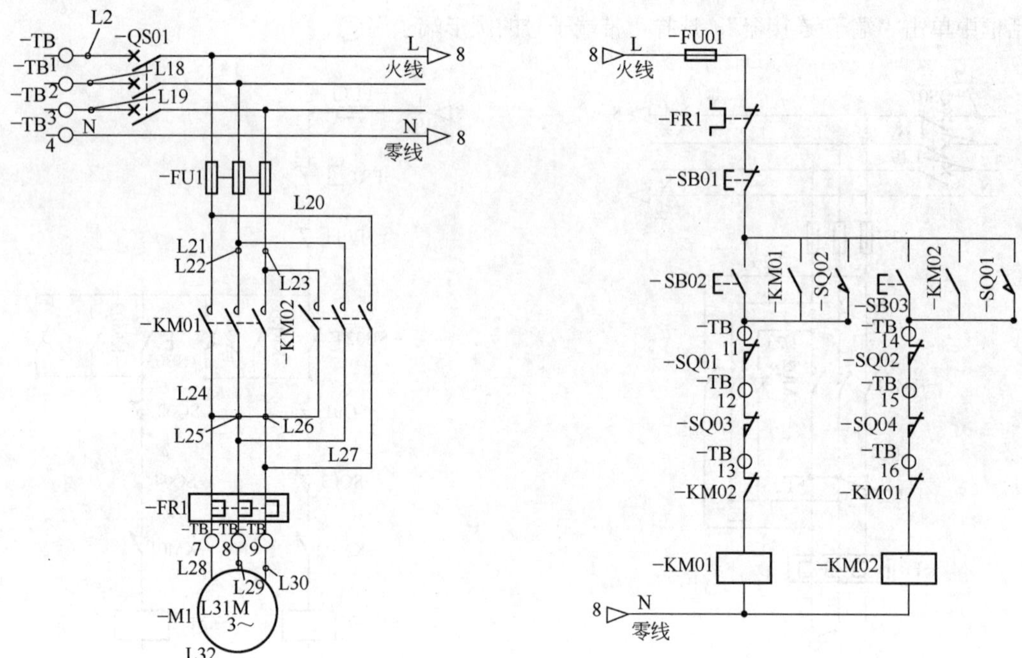

图 11-61　插入端子

至此，电路原理图基本完成，下面可以利用对齐、属性的移动和隐藏等命令对图形进行细化，使图形更加美观和简洁。

11.2.3　报表

（1）生成 BOM 表报表

使用 AutoCAD Electrical，可以在整个项目范围内提取项目图形集上的所有 BOM 表数据。这些数据从项目数据库中提取出来，与目录数据库中的标准条目匹配，然后再从目录文件中提取附加字段。可以将这些数据格式化为各种报表配置，并输出到报表文件、电子表格或数据库中，或者放置到 AutoCAD Electrical 图形中。

① 打开“101.dwg”。

②“项目”→“报告”→“原理图报告”，弹出“原理图报告”对话框，如图 11-62 所示。

③ 在“原理图报表”对话框中，选择：

报告名：BOM 表
BOM 表：项目

“确定”，制定以下选项：

包括选项：以上所有项；

显示选项：标准结算方式；

要提取的安装代号：全部；

要提取的位置代号：全部。

单击“确定”，弹出“选择要处理图形”对话框，如图 11-63 所示。

④ 在“选择要处理的图形”对话框中选择“101.dwg”，然后点击“处理”。

⑤ 确认“101.dwg”显示在对话框的“要处理图形”区域中，单击“确定”。

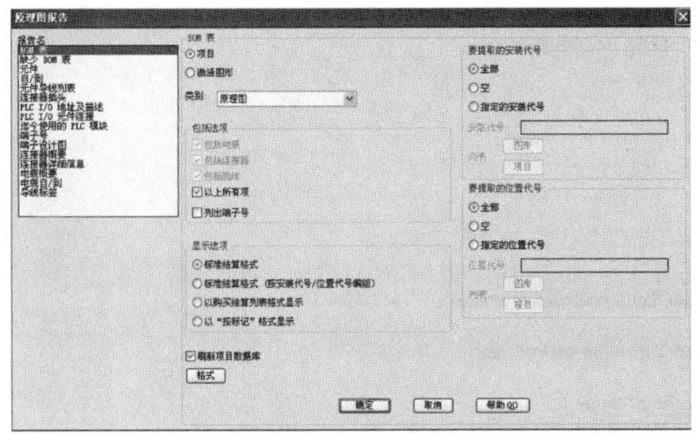

图 11-62 “原理图报告”对话框

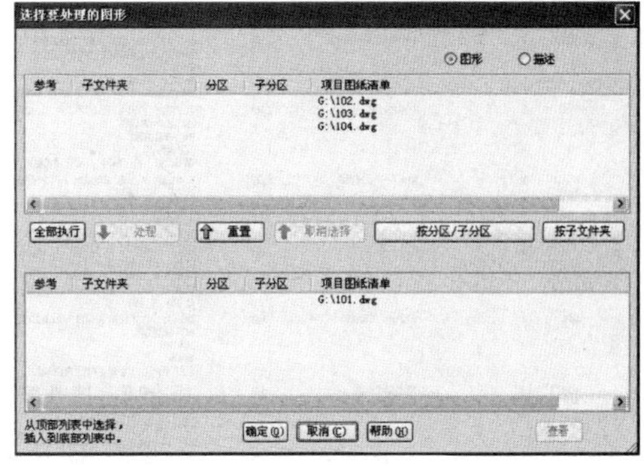

图 11-63 “选择要处理图形”对话框

生成的报表将显示在“报表生成器”对话框中，如图 11-64 所示。

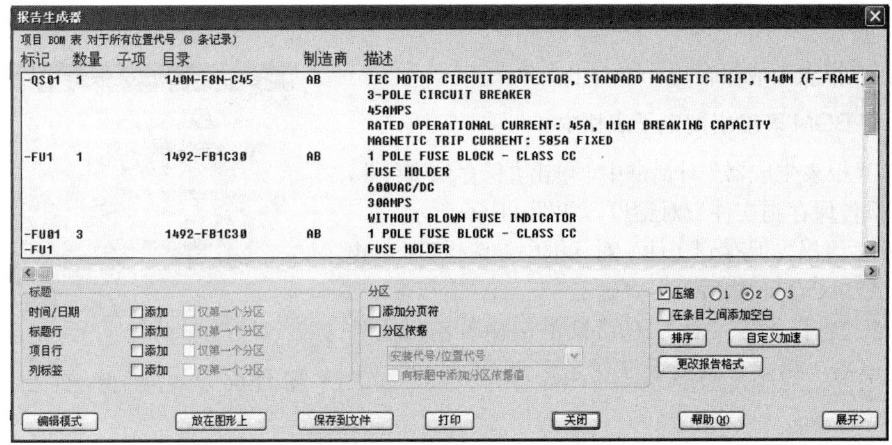

图 11-64　生成 BOM 表格

⑥ 在“报表生成器”对话框中，选择：

标题：时间/日期
标题：列标签

在条目间添加空白。

（2）在图形中插入 BOM 表格

① 当 BOM 表报表显示在对话框中时，单击“放在图形上”。

② 在“表格生成设置”对话框中，选择：

列标签：包含列标签；
标题：包含时间/日期；
列宽：自动计算；
边框：所有边框；
单击“确定”。

注意：临时图形中将显示 BOM 表格的范围。根据需要，按 Z 进行缩放，或按 R 转换到实时平移或缩放模式。

③ 表格轮廓将随着光标而移动。确定表格的位置，然后单击以放置表格，将放置的位置构建 BOM 表格，如图 11-65 所示。

[illegible]	[illegible]	[illegible]	[illegible]	[illegible]	[illegible]
-QS01	1		140M-F8N-C45	AB	EC MOTOR CIRCUIT PROTECTOR, STANDARD MAGNETIC TRIP, 140M (F-FRAME) 3-POLE CIRCUIT BREAKER 45AMPS RATED OPERATIONAL CURRENT: 40A, HIGH BREAKING CAPACITY MAGNETIC TRIP CURRENT: 585A FIXED
-FU1	1		1492-FB1C30	AB	1 POLE FUSE BLOCK – CLASS CC FUSE HOLDER 600VAC/DC 30AMPS WITHOUT BLOWN FUSE INDICATOR
-FU01 -FU1	3		1492-FB1C30	AB	1 POLE FUSE BLOCK – CLASS CC FUSE HOLDER 600VAC/DC 30AMPS WITHOUT BLOWN FUSE INDICATOR
-SQ01 -SQ02 -SQ03 -SQ04	8		801-AMC211	AB	LIMIT SWITCH – NEMA 1 GENERAL PURPOSE SNAP ACTION MAINTAINED ROLLER LEVER SWITCH SINGLE DIRECTION ACTUATION 1 NO 1 NC
-M1	1		1329L-Z8C3012TVHC	AB	BUILD TO ORDER AC VARIABLE SPEED MOTOR, FOOT MOUNTED, COUPLED OR BELTED DUTY PER STANDARD NEMA LIMITS, SERIES C, 1329L AC MOTOR 30HP 460V 1200RPM, CONSTANT TORQUE, 1000:1 SPEED RANGE, MOTOR ENCLOSURE: TESV
-KM01 -KM02	2		193-A2R5K	AB	OVERLOAD RELAY MANUAL RESET, CLASS 20 OVERLOAD RELAY 200-830AMPS,24VAC SEPERATELY MOUNTED USED WITH CONTACTORS 100 AND 104 IEC SOLID STATE RELAY SMP-1, 24VAC, 50HZ
-FR1	1		193-EF2BZY-RF	AB	IEC PLUS SOLID-STATE OVERLOAD RELAY, 193-EF, MCS, ADVANCED VERSION, LED INDICATORS, DIGITAL ADJUSTMENTS AUTO/MANUAL RESET 160-400AMPS VOLTAGE: 48VDC, ADJUSTABLE TRIP CLASS: 2-30 OVERCURRENT INDICATION, PTC THERMISTOR MONITORING
-SB01 -SB02 -SB03	3		800H-BR6A	AB	PUSH BUTTON – MOMENTARY, NEMA 4/4X 30.5mm EXTENDED RED 1 NO 1 NC

图 11-65　BOM 报表（放在图形上）

④ 在“报表生成器窗口”中，单击“关闭”。

（3）将 BOM 表输出到电子表格中

① 在“报表生成器”对话框中，单击“保存到文件”，弹出“将报告保存到文件”对话框，如图 11-66 所示。

② 在“将报告保存到文件”对话框中，选择 Excel 电子表格格式（.xls），然后单击“确定”。

③ 在“选择报告文件”对话框中，输入输出文件名，或者单击“确定”，接受默认名称为 BOM.xls。单击“保存”。

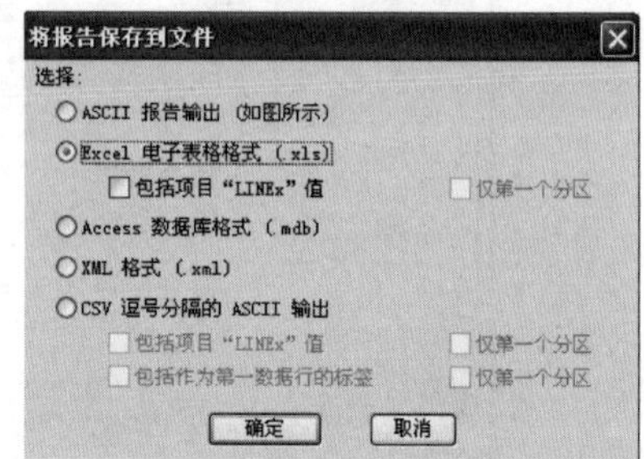

图 11-66　“将报告保存到文件”对话框

④ 在“可选脚本文件”对话框中，单击“关闭—无脚本”。

⑤ 在 Microsoft Excel 中，单击“文件”→“打开”。

⑥ 浏览到保存电子表格的位置（默认位置为 C:\Documents and settings\用户名\My Documents），然后选择电子表格。注意：电脑安装了还原精灵软件，不能保存到 C 盘下，应保存到 F 盘下自己的文件夹里。

⑦ 单击“打开”。将以电子表格的格式显示 BOM 表数据。可以滑动列边框，以显示每个字段的整列文字。

11.2.4　PLC 原理图

随着计算机应用水平的发展，在现代工业应用中，可编程控制器（PLC）控制是常用的控制方式，下面进行相应的练习。在下面控制电路中，选择的 PLC 生产厂家为西门子。

（1）主电路

主电路和继电器控制的主电路是完全相同的，可以把“101.dwg”图形中的主电路复制过来。

① 打开“102.dwg”。

② 打开“101.dwg”，把主电路部分复制到“102.dwg”中。

③ 为避免与继电器控制线路的元件编号发生重复，可利用“编辑元件”工具把所有元件的名称添加 10，如 KM1 改为 KM101。

④ 利用“自动线号”功能，把主电路的线号设置为从 100 号作为起始线号，进行更新，效果如图 11-67 所示。

（2）PLC

可编程逻辑控制器（PLC）模块在从菜单中选择时即可动态建立。

① 在图形中插入阶梯　可以随时在图形中插入阶梯。一个图形可以具有多个阶梯，还可以具有单相和三相阶梯。这些阶梯可以使用不同的参数，例如横档间距、横挡数和阶梯宽度。

a．打开“102.dwg”。

b．“项目”→“图形属性”。设置阶梯为垂直。

c．单击“插入阶梯”工具或者“导线”→“阶梯”→“插入阶梯”，弹出“插入阶梯”对话框，如图 11-68 所示。

d．在“插入阶梯”对话框中，指定：

宽度：100
间距：8
无参考号
相：单相
绘制横档：是
跳过：0

不需要指定“长度”，可以自动计算长度。

e．单击“确定”。

f．按以下提示进行操作：

指定第一个横档的起始位置：

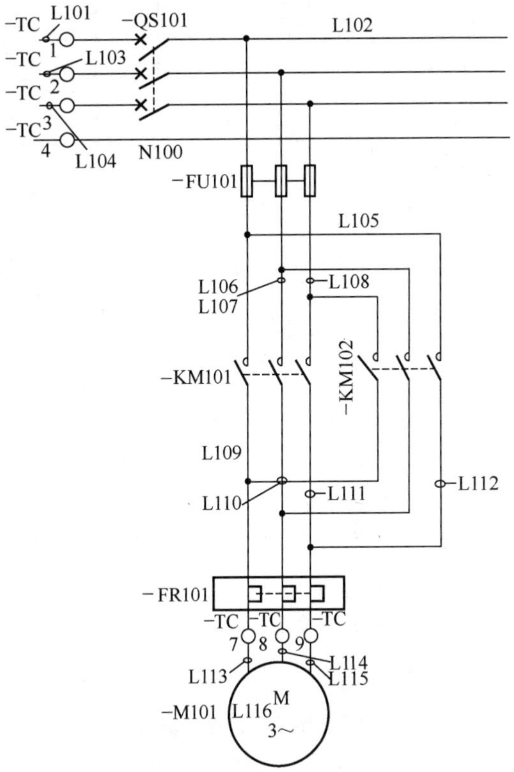

图 11-67　PLC 控制主电路

用鼠标左键单击图形右侧某个位置，向下拖拉鼠标，一个单相阶梯即被插入图形中。如图 11-69 所示（梯子长短没有关系，长了可以剪掉，短了可以拉伸并且添加横档，可以适当长些）。

② 插入 PLC 模块　AutoCAD Electrical 可以根据需要生成数百个不同的 PLC I/O 模块，这些模块的图形样式各异，而且均不需要在系统中具有单个完整的 I/O 模块库符号。模块会自动适应基本阶梯横档间距，而不管取何间距值。插入模块时，还可以将模块拉伸或打断成两个或多个部分。

a．单击“插入 PLC（参数）”工具或者“元件”→“插入 PLC 模块”→“插入 PLC（参数）”，弹出“PLC 参数选择”，如图 11-70 所示。

b．在“PLC 参数选择”对话框中，选择：

制造商：Siemens
系列：S7-300
类型：Power Supply
零件号：6ES7 307-1BA00-0AA0
图形样式：1
垂直模块

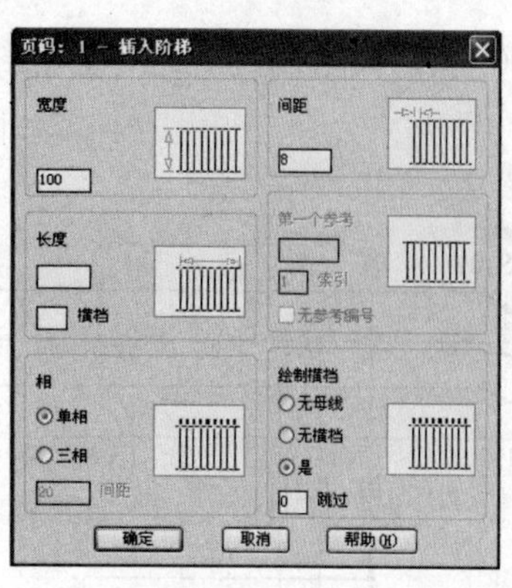

图 11-68 “插入阶梯”对话框

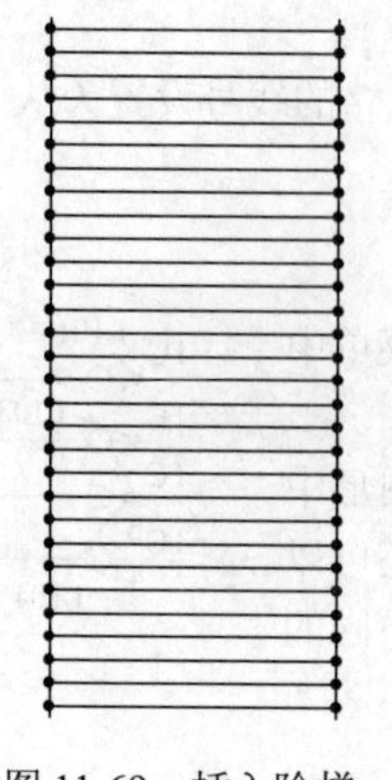

图 11-69 插入阶梯

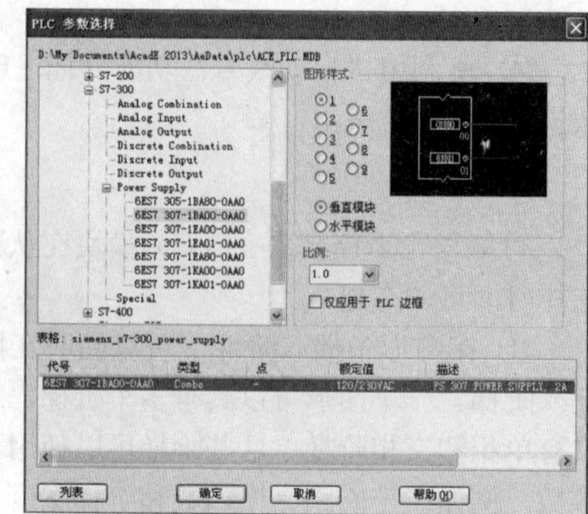

图 11-70 PLC 电源模块参数选择

c．单击“确定”。

d．按以下提示操作。

指定 PLC 模块插入点：

在阶梯的最上一行的左中部位拾取插入点。

弹出“模块布局”对话框，如图 11-71 所示。根据需要设定间距，此处定为 8。

e．在“模块布局”对话框中，验证以下默认设置：

间距：8

I/O 点：全部插入

单击“确定”，弹出“I/O 点”对话框，如图 11-72 所示。

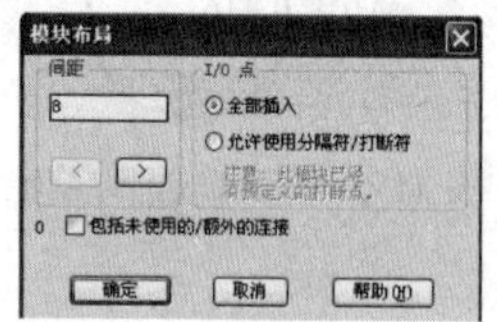

图 11-71 “模块布局”对话框

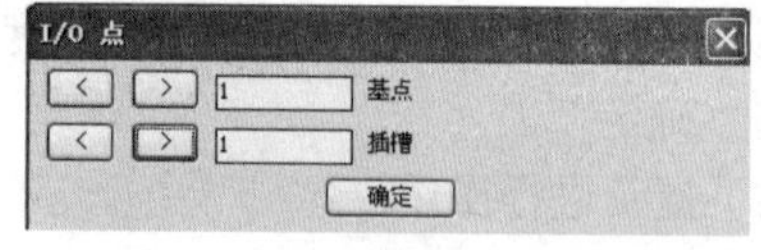

图 11-72 “I/O 点”对话框

f．在“I/O 点”对话框中，指定（电源模块在机架的第一个插槽位置）：

基点：1

插槽号：1

注意：可以通过编辑框中输入文字或者通过单击箭头来指定值。

g．单击“确定”，PLC 电源模块即被插入到图形中，而且插入模块时已注释其相应的端子号，模块将打断并与基础导线重新连接，如图 11-73 所示。

采用同样的方法，插入 CPU 模块（第 1 个机架的第 2 个插槽）。

a．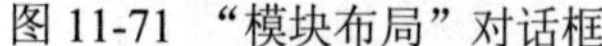单击“插入 PLC（参数）”工具或者“元件”→“插入 PLC 模块”→“插入 PLC（参数）”，弹出“PLC 参数选择”，如图 11-74 所示。

b．在“PLC 参数选择”对话框中，选择：

制造商：Siemens

系列：S7-300

类型：Special

零件号：6ES7 312 5BD00-0AA0

SIEMENS
6ES7 307–1BA00-0AA0
BASE 1
SLOT 1
POWER SUPPLY MODULE
−PLC1
L1
N
GND
L+
M
L+
M

图 11-73　插入电源模块

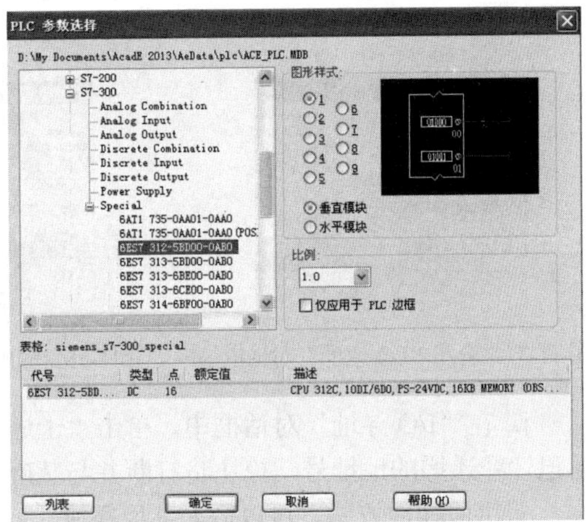

图 11-74　PLC 电源模块参数选择

图形样式：1
垂直模块

c．单击“确定”。

d．按以下提示操作。

指定 PLC 模块插入点：

在阶梯的最上一行的左中部位拾取插入点。

弹出“模块布局”对话框，如图 11-75 所示。根据需要设定间距，此处定为 8。

e．在“模块布局”对话框中，验证以下默认设置：

间距：8
I/O 点：全部插入

单击“确定”，弹出“I/O 点”对话框，如图 11-76 所示。

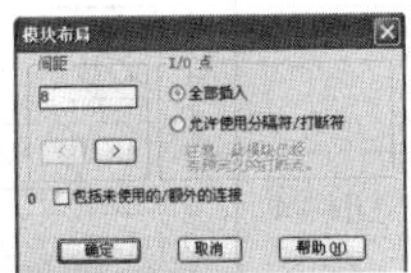

图 11-75　“模块布局”对话框

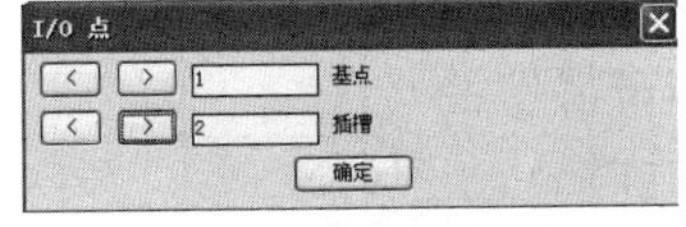

图 11-76　“I/O 点”对话框

f．在“I/O 点”对话框中，指定（CPU 模块在机架的第 2 一个插槽位置）：

基点：1
插槽号：2

注意：可以通过编辑框中输入文字或者通过单击箭头来指定值。

g．单击“确定”，弹出“I/O 地址”对话框，如图 11-77 所示。

h．在“I/O 地址”对话框中，指定：

起始地址：I:0102/00（输入的起始地址）

注意：也可以从“快速拾取”列表中选择起始地址。

在图中将迅速插入 CPU 模块和输入通道。输入插入完成后，弹出输出地址，选择起始地址：

O:0102/00，弹出“I/O 地址”对话框，如图 11-78 所示。

i．单击“确定”，在图中将插入输出通道。插入完成后，弹出“I/O 寻址”对话框，如图 11-79 所示。

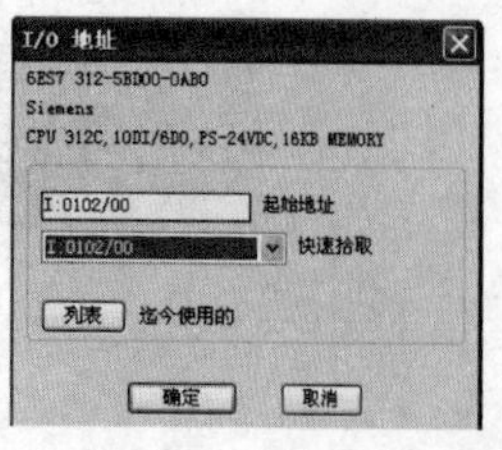

图 11-77 输入“I/O 地址”对话框

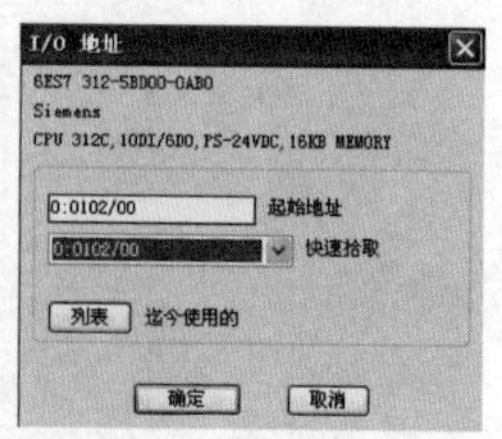

图 11-78 输出“I/O 地址”对话框

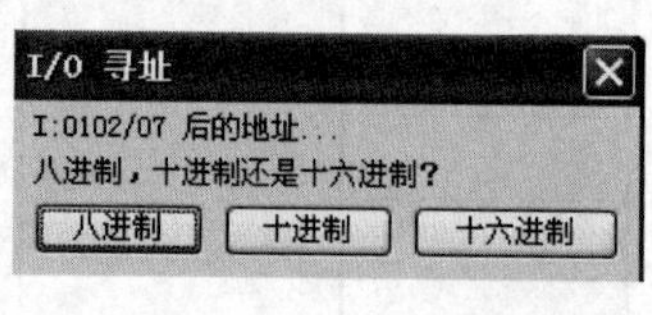

图 11-79 “I/O 寻址”对话框

j．在“I/O 寻址”对话框中，单击“十进制”。PLC 模块即被插入到图形中，而且插入模块时已注释递增的地址号，模块将打断并与基础导线重新连接，效果如图 11-80 所示。

采用同样的方法，可以插入其他模块。

③ 插入输入元件　可以将元件插入到绑定的 PLC 模块中的导线上。

a．单击“多次插入元件”插入“限位开关”和“按钮”到输入端口。

b．选择“常开/常闭”工具切换相应的元件。效果如图 11-81 所示。

c．单击“插入元件”，插入“直流电源”到电源端口。

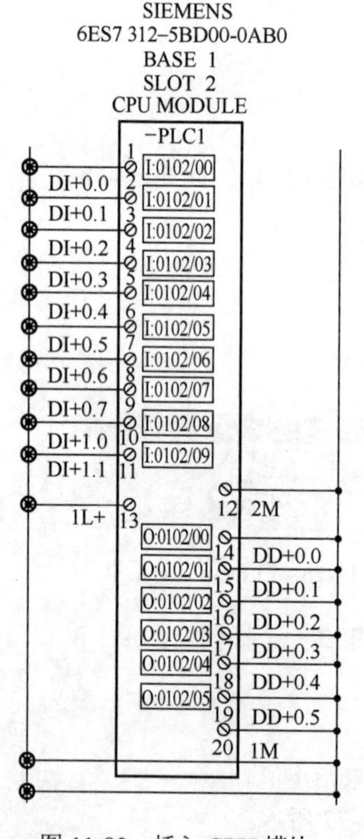

图 11-80 插入 CPU 模块

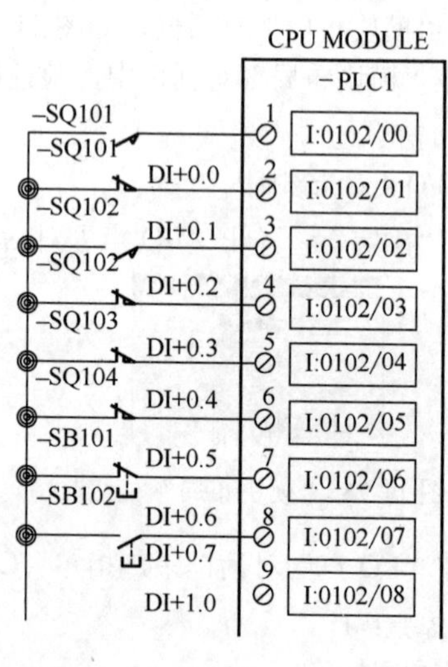

图 11-81 PLC 输入端口连接

④ 插入输出元件

a．单击“插入元件”，插入“线圈”到输出端口。

b．单击“编辑元件”工具，选择主电路中的“主触点”符号，进入编辑元件对话框；

单击“主项/同辈项”，选择 PLC 电路中的“线圈”，进行元件参考，效果如图 11-82 所示。

⑤ 剪切导线

a. 单击“修剪导线”工具或者“导线”→“修剪导线”。

b. 选择需要剪切的导线，把它们剪切掉。得到的效果如图 11-83 所示。

⑥ 电源模块插入电源和接地　按照 PLC 端子接线的要求，在相应的端子上利用“源目标信号”插入相应的箭头，把 PLC 和相关的电源线连接起来。在本练习中，设置：L101 火线，N100 零线；插入接地符号，结果如图 11-84 所示。

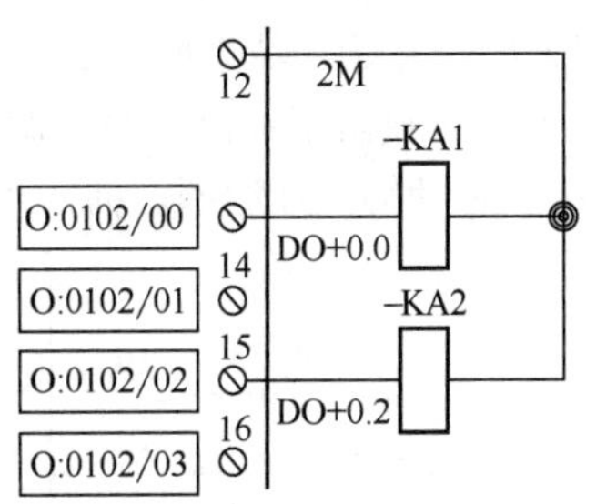

图 11-82　PLC 输出端口连接

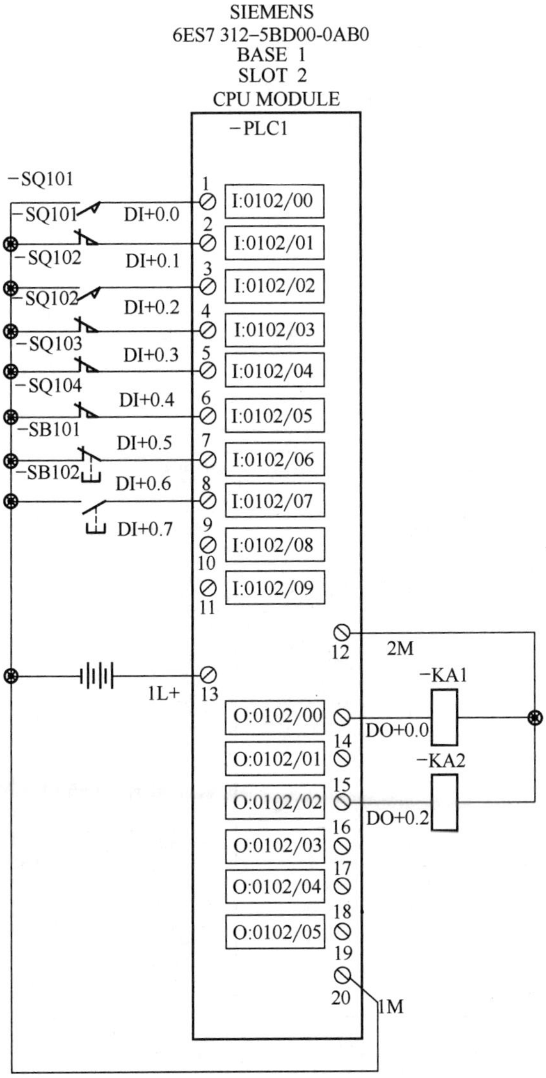

图 11-83　CPU 模块接线

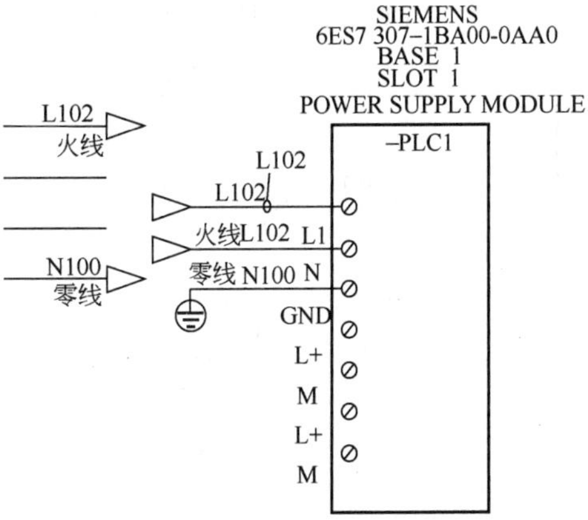

图 11-84　输入侧电源接线

⑦ 插入端子　单击“多次插入元件”工具，在“GB 原理图符号”中单击“端子/连接器”，选择“带端子号的圆形端子”①。在限位开关的前后插入相应的端子，端子排采用 TC，端子编

号从 11 开始，结果如图 11-85 所示。

⑧ 接触器控制回路　调用“插入阶梯”，宽 80，间距为 15；调用“多次插入元件”，插入辅助触点和线圈。插入“源/目标信号”，连接相应的电源线，效果如图 11-86 所示。

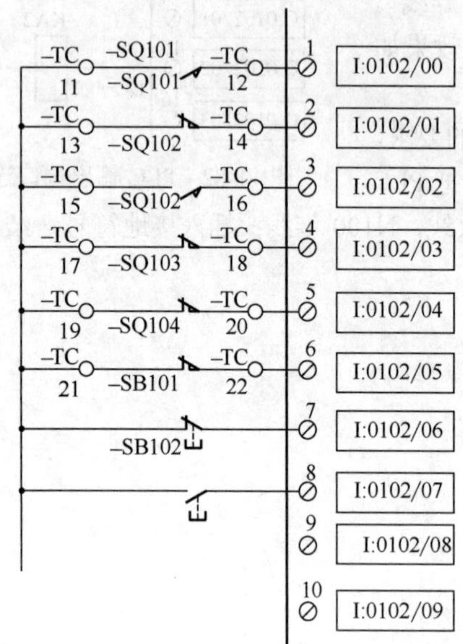

图 11-85　插入端子

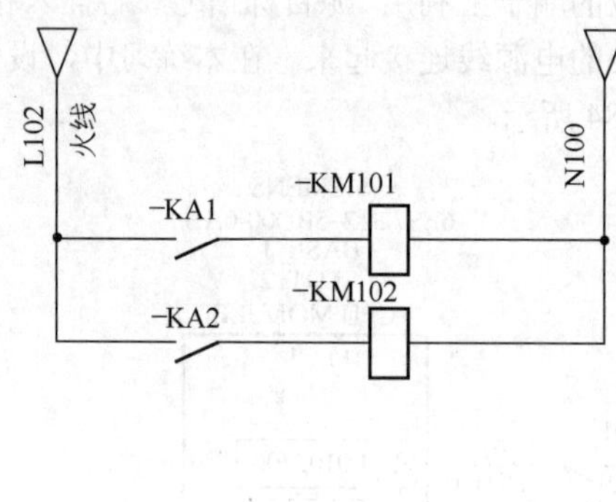

图 11-86　接触器控制回路

至此，PLC 控制原理图完成绘制，效果如图 11-87 所示。

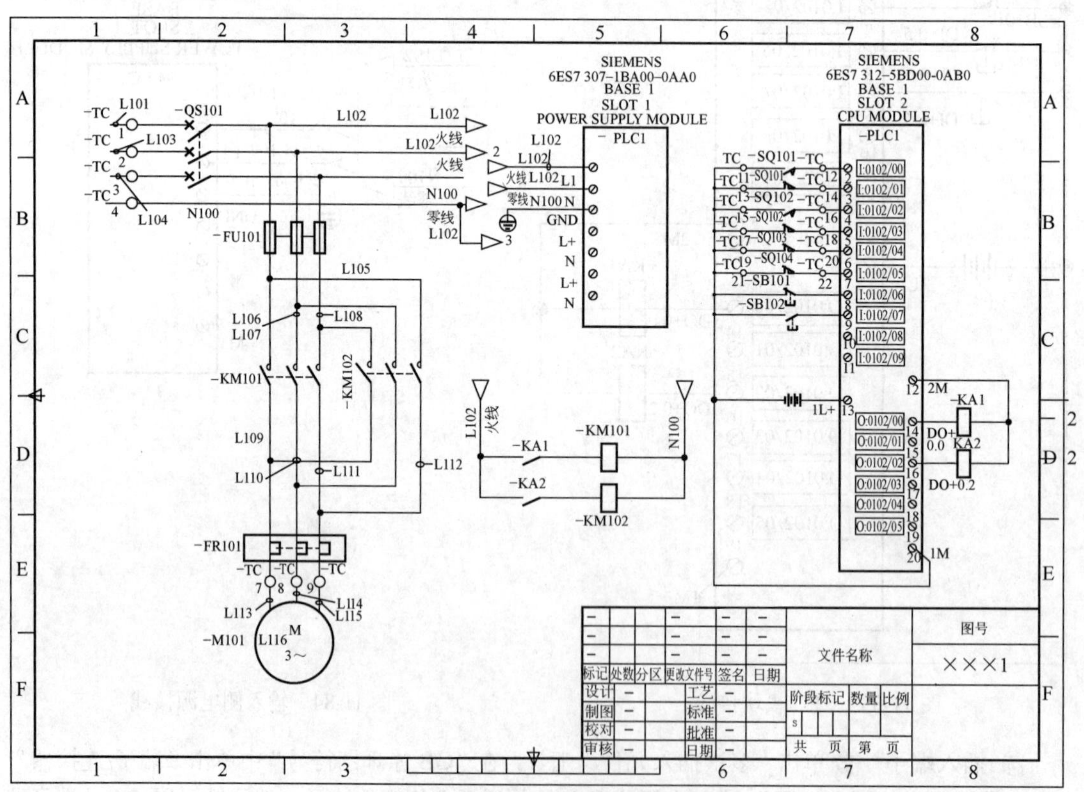

图 11-87　PLC 控制原理图

11.2.5 面板布局

AutoCAD Electrical 提供了可以创建智能面板布局图形的工具，可以根据 AutoCAD Electrical 原理图图形上的信息构造布置，也可以独立于原理图来构造布置。在 101 图中绘制了原理图，可以根据原理图来绘制面板布局图，放置在 104 图上。

（1）插入面板布局

使用 AutoCAD Electrical 的“面板布局”工具，可以从原理图右键列表中进行选择，然后将示意图元件直接放置在面板布局中。

在绘制面板布局时，可以使用“面板布局”工具。

① 选择原理图元件示意图

a．打开图“104.dwg”。

b．展开“插入示意图（图标菜单）”工具，然后单击“插入示意图（原理图列表）”工具或者“面板布局”→“插入示意图（原理图列表）”，弹出“警告”对话框，如图 11-88 所示，单击“确定”。

c．在“原理图元件列表-->插入面板布局”对话框（图 11-89）中，验证：

为以下内容提前元件列表：项目

要提取的位置代号：全部

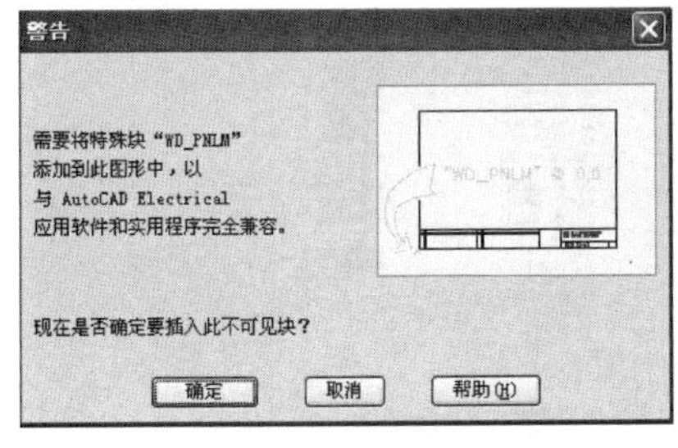

图 11-88 “警告”对话框

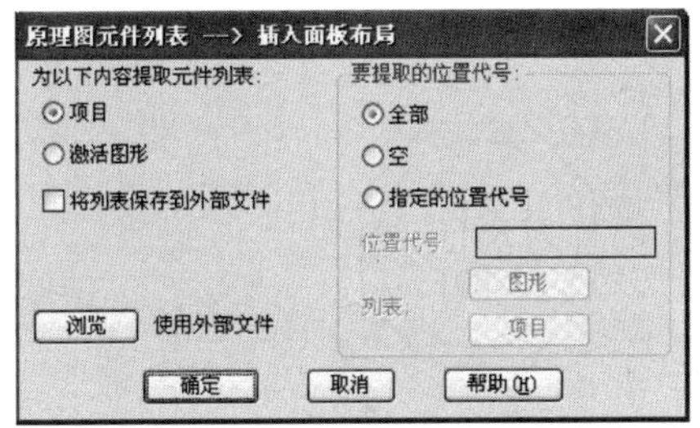

图 11-89 原理图列表对话框

d．单击“确定”，弹出对话框，如图 11-90 所示。

e．在“选择要处理的图形”对话框中，选择“101.dwg”，然后单击“处理”。

f．验证“101.dwg”已经列在“要处理的图形”区域中，如图 11-91 所示，然后单击“确定”。

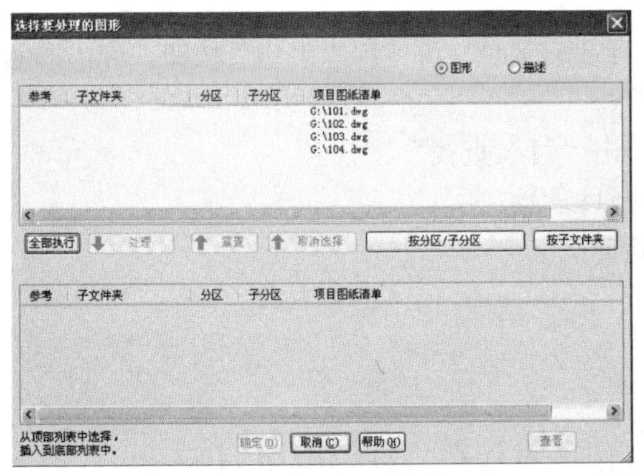

图 11-90 “要处理的图形”对话框

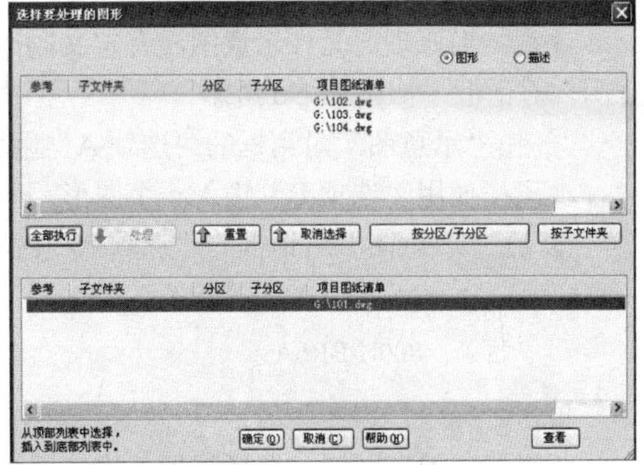

图 11-91 “选择要处理的图形”对话框

g．在“原理图元件（激活项目）”对话框（图 11-92）中，显示原理图中元件的标记名称等信息，未插入的元件前显示为“–”，插入后显示为“X”。

选择要插入的元件如“SB01”，在“自动示意图查找”区域点击自动插入，则会自动插入元件面板图形，并弹出面板布局，如图 11-93 所示，点击“确定”。

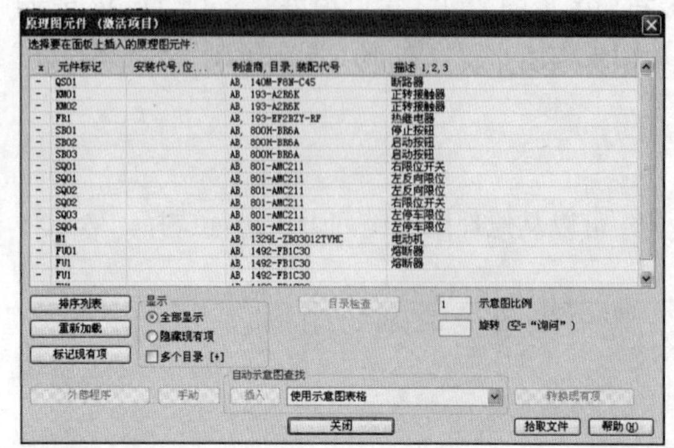

图 11-92 “原理图元件（激活项目）”对话框

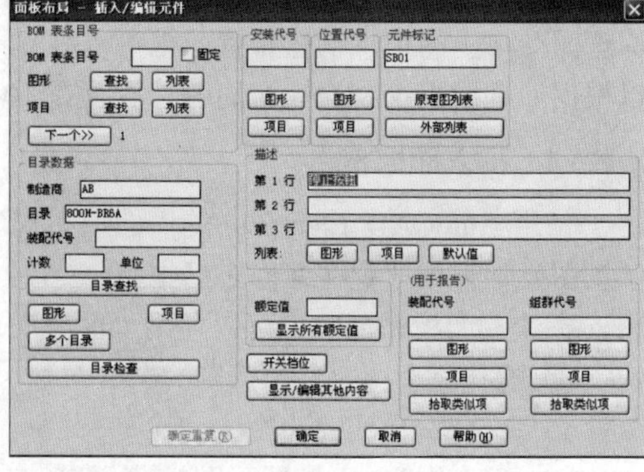

图 11-93 “面板布局”对话框

在图形中会出现一按钮面板图形，如图 11-94 所示。此图形的比例较小，暂时不用放大，等所有元件安置后统一放大处理。

元件插入后，可以在原理图元件中看到，前面的符号变为“X”，如图 11-95 所示。

图 11-94 自动插入“按钮”元件

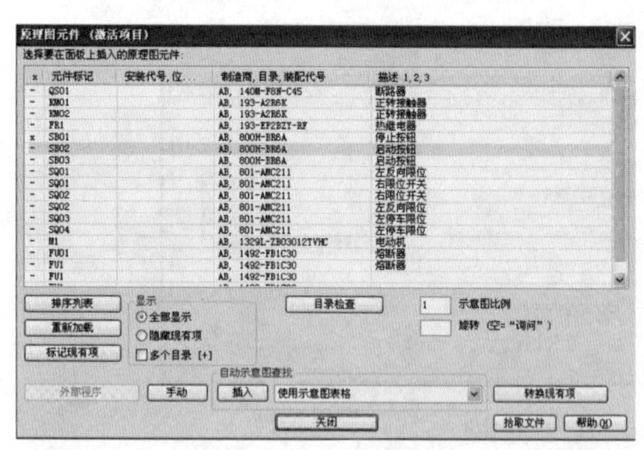

图 11-95 插入元件后的“面板布局”对话框

如果不使用“自动插入方式”，可以采用“手动”插入方式。在“原理图元件（激活项目）”对话框上图中，选择“SB1”。单击“手动”。

注意：当原理图元件示意图没有定义制造商和目录编号时，可使用“手动”按钮。弹出“示意图”对话框，如图 11-96 所示。

② 在“示意图”对话框的“选项 A”区域，点击“目录查找”。

注意：使用“选项 B”输入一个图形，但不选择目录号。

③ 在“示意图”对话框的“选项 A”区域，验证：

制造商：AB

目录：800H-BR6A

单击“确定”。

④“选项 B”区域，选择圆形。确定后弹出“制造商目录”对话框，如图 11-97 所示。忽略自动查找（因要手动插入），则会出现一个圆形的按钮，如图 11-98 所示。

每次插入面板示意图时，都会显示“面板布局—插入/编辑元件”对话框。原理图表示中的信息会自动传送到面板示意图表示中，可以修改和添加相应的描述信息。

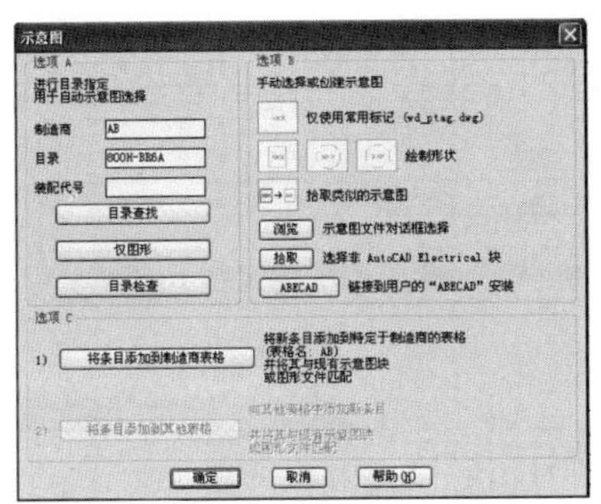

图 11-96 “示意图”对话框

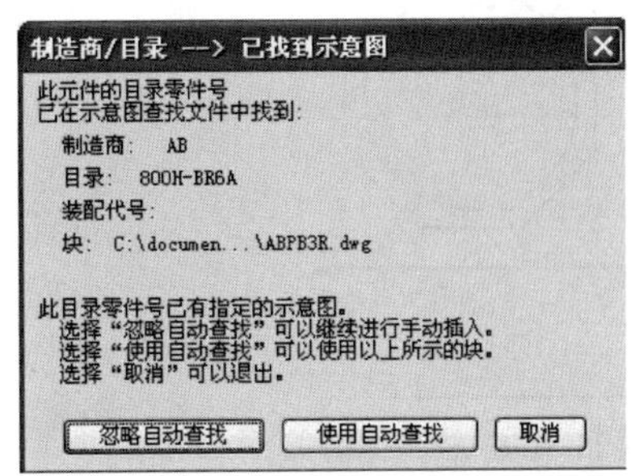

图 11-97 “制造商目录”对话框

在“面板布局—插入/编辑元件”对话框中，单击“确定”，将再次显示“原理图元件（激活项目）”对话框。可以继续插入项目其他原理图列表中的元件。

在自动插入和手动插入两种插入模式中，尽量采用自动插入模式。

采用同样的方法，把其他元件插入到面板合适的位置上。

注意：盘面元件放置在图形的左边，盘内元件放置在图形的右边。元件的放置要便于操作，节约导线，美观大方。

⑤ 插入盘内元件　盘内元件主要包括断路器、接触器、热继电器等，按便于操作和接线的原则，分别把这些元件插入到图形右侧上半部分的位置。

⑥ 插入盘外元件　盘外元件元件主要包括电动机、限位开关等，把它们插入图形右侧下半部分的位置，但要用虚线把同类的元件圈起来，表示盘外的元件。插入后如图 11-99 所示。

图 11-98 手动插入元件　　　　图 11-99 放置元件

⑦ 添加铭牌示意图

a. “面板布局” → “插入示意图（图标菜单）”。

b. 在“插入示意图：面板布局符号”对话框中，单击“铭牌”。

c. 在“面板：铭牌”对话框中选择“通用，仅用 3 行描述”。

d. 按以下提示进行操作：

选择对象：把所有要标注铭牌的对象选择上

弹出“面板布局—插入/编辑铭牌”对话框，从中可以注释铭牌（也可以根据需要选择“图形”、“项目”、“默认值”）。

e. 在“面板布局—插入/编辑铭牌”对话框中，单击“确定”，则铭牌就被自动添加到面板符号的上面。调用移动命令，把目录放置在元件的下方，如图 11-100 所示。

（2）插入端子排

①“面板布局” → “端子排编辑器”。

② 在“端子排选择”对话框中，选择端子排“TB”，然后单击“编辑”，弹出“端子排编辑器”，如图 11-101 所示。

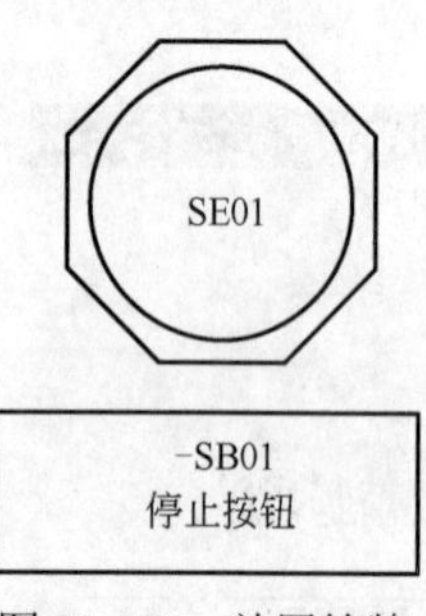

图 11-100　放置铭牌

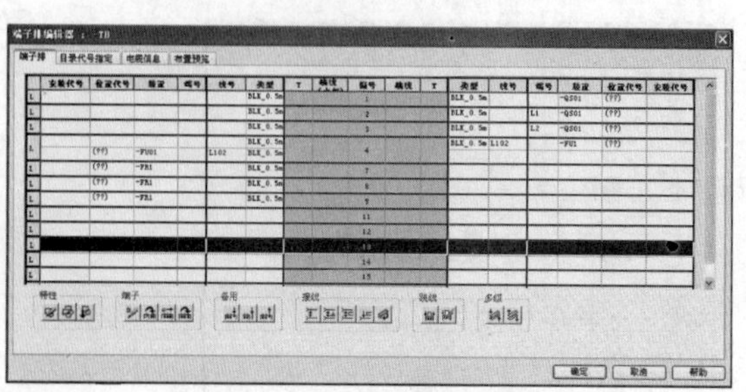

图 11-101　端子排编辑器

③ 在 7 号端子前插入 2 个备用备用端子，如图 11-102 所示。

④ 选择“布置预览”，选择“线号+元件标记”，进行“更新”，出现更新后的图形预览，如图 11-103 所示。如果不符合要求，进行注释格式选择，再更新观察，直到满意为止。

注意：每改变格式后，一定要进行更新。

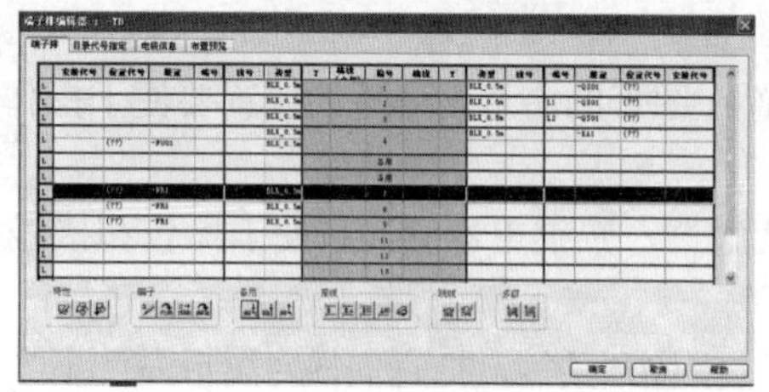

图 11-102　插入备用端子

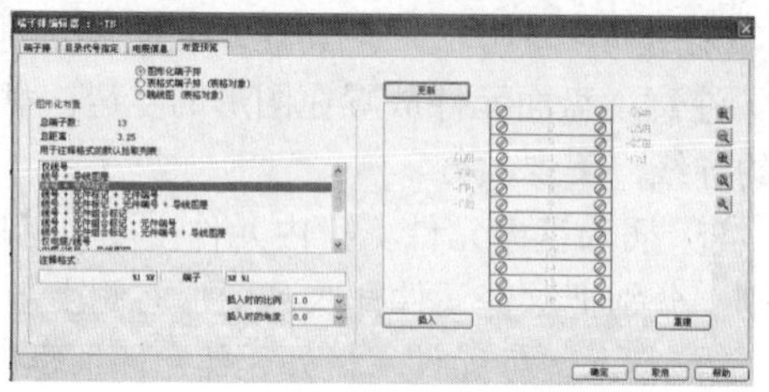

图 11-103　布置预览

⑤ 单击“预览”，进行端子排排布预览。

⑥ 单击“插入端子排”，在图形中指定位置，端子排即被插入到图形中，如图 11-104 所示。

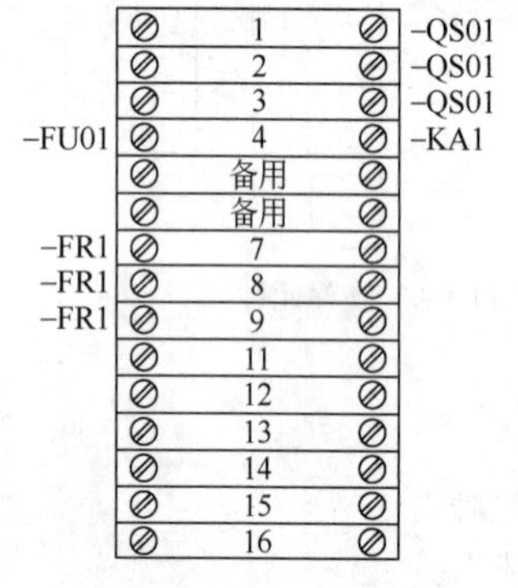

图 11-104　端子排

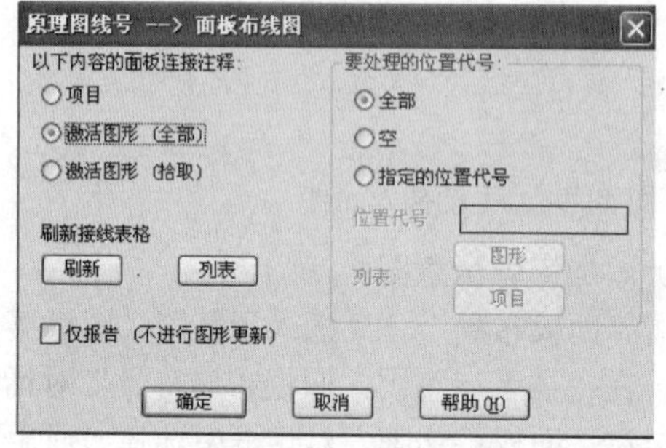

图 11-105“原理图线号→面板布线图”对话框

（3）原理图接线

① 在“面板布局”工具栏上，单击“面板示意图导线注释”工具或者“面板布局”→“面板示意图导线注释”，弹出“原理图线号→面板布线图”对话框，如图 11-105 所示。

②“原理图线号→面板布线图”对话框中，面板连接注释为“活动图形”，要处理的位置代号为“全部”，单击“确定”。

③“原理图线号→面板布线图”对话框中，选择设置为默认值，单击“确定”，端子接线就自动被插入到图形中。

至此，面板布局图形就基本完成了，这幅图和常规的接线方式不同，仅供参考相关的接线。

AutoCAD Electrical 软件的功能还很有多，这里仅介绍了一些简单应用功能。

参 考 文 献

[1] 杨筝. AutoCAD 2008 电气工程设计——基础和典型实例. 天津：天津大学出版社，2009.

[2] 吴丽. 西门子 PLC 应用基础与实训. 北京：化学工业出版社，2010.

[3] 葛芸萍. 电机拖动与控制. 北京：化学工业出版社，2011.

[4] 陈冠玲. 电气 CAD. 北京：高等教育出版社，2009.

[5] 武平丽. 流程工业控制. 北京：化学工业出版社，2011.

[6] 曾令宜. AutoCAD 2008 工程绘图技能训练教程. 北京：高等教育出版社，2009.

[7] 王永华. 现代电气控制及 PLC 应用技术. 第 2 版. 北京：北京航空航天大学出版社，2008.

[8] 张永茂. AutoCAD 2014 中文版机械绘图实例教程. 北京：机械工业出版社，2014.